膨張宇宙の発見

To Steve

The center of my universe, who shared
every light-year along the way

The Day We Found the Universe

膨張宇宙の発見

Marcia Bartusiak
マーシャ・バトゥーシャク 著

Ko Nagasawa　Atsuko Nagayama
長沢 工・永山淳子 訳

ハッブルの影に消えた天文学者たち

地人書館

The Day We Found the Universe
by
Marcia Bartusiak

Published in agreement with the author,
c/o Baror International, Inc., Armonk, New York, U.S.A.
through Tuttle-Mori Agency, Inc., Tokyo

膨張宇宙の発見　目次

発見　309

本文中の〔　〕は原著者による注釈で、〔　〕は訳者による注釈である。
本文中に付されている（1）、（2）、……などの番号は、巻末（四四〇～四六三頁）に各章ごとにまとめられている「原注」の各項目に対応するものである。

序章

1925年1月1日

一九二〇年代は、ただ騒々しいというだけでなく炎が燃えるような時代だった。映画ファンが映画館に集まり、セシル・B・デミルの画期的な無声映画『十誡』〔一九二三年〕でモーセが紅海を分断したシーンを熱狂的眼差しで眺めた。ギリシャが君主制を廃止して共和制を宣言し、恐竜の卵が初めてモンゴルのゴビ砂漠で発見され、クロスワードパズルが大流行した。ヴィクトリア朝の理想主義がフラッパー娘たちの狂乱やフロイト的分析、抽象美術の中に沈んだ時、「ジャズ・エイジ」が最盛期を迎えた。威風堂々とした遠洋定期船が大西洋を五日間で渡るかと思うと、クラレンス・バーズアイが大衆に画期的な冷凍食品をもたらし、芸術家としては失敗したアドルフ・ヒトラーという名の男が『わが闘争』を出版した。F・スコット・フィッツジェラルドがその古典的小説『グレート・ギャツビー』で言ったように、「蘭の香り立つ、心地よくて陽気な気取りがあふれ、オーケストラはその年の流行曲を奏でては日々の悲しさや期待を真新しい響きで要約してみせるような[1]」時代であった。

それはまた、科学の熱狂した時代でもあった。一九二四年一二月三〇日、アメリカ科学振興協会（AAAS）の年次会議に出席するため約四〇〇〇人の科学者がワシントンDCに降り立った[2]。同じ時期に三日間の会合を利用し、アメリカ天文学会が首都ワシントンで会議を開き、ほぼ八〇人の天文学者が全米から出席した。彼らは一八番街とペンシルベニア街の角にある八階建ての豪華なホテル、パウハタンに宿泊し、疲れた旅行者たちが屋上の庭でくつろぐことができるバス付きの部屋は一晩二ドル五〇セントであった。二ブロック先では、カルビン・クーリッジがホワイトハウスの扉を開け、AAAS会員を招き入れていた。このアメリカ合衆国第三〇代大統領は、その寡黙さのため評判は芳しくなかったが、その日のレセプションではいつになく多弁だった[3]。「真実が真実であるということだけでそれを認める勇気を人類が持つまでには、数え切れないほど多くの世代が必要でした」とクーリッジは客人たちに話した。[4]「われわれは、そうすることで生ずる結果を恐れないほどには進歩したのです。率直さや公平無私であることを撤回する必要はありません……。社会的・政治的組織の代表者である私たちは、科学者であるあなた方に多大なる畏敬の念を持っていますし、また、人類に対する私たちの考え方を適切なものとするために、次にどのような革命的思想をあなた方が持ち込むのだろうと自らに問いかけ、ある種の恐れを持ってあなた方を見ているのです」。その六か月後、高校の生物学の教師ジョン・スコープスが、チャールズ・ダーウィンの進化論を教えたことを違法とされ、テネシー州で裁判にかけられた。

しかし、天文学者たちは、ワシントンのAAASの会合に科学者がかつてないほど多数訪れていたことにはほとんど気づいていなかった。彼らの関心は、ほとんど天文学の問題に絞られていて、そこには、火星大気、天体の最大速度、水星の温度、食連星アルゴルに対し最近計算された軌道などの話が含まれていた。

会議の二日目の水曜日、天文学者たちはガラス屋根のバスで街の北西地区にあるアメリカ海軍天文台を訪れ、施設を見学し、格式あるメインホールでビュッフェ形式の昼食をとった。大晦日の夜遅く、「計画の中で特筆に値し、多くの科学の信奉者に祝福される出来事が起きた」と『ポピュラー・アストロノミー』誌は報じた。[5]時計が一二時を打った瞬間に、天文学者たちは、一日の始まりを決めている暦の計算方式を晴れて変更したのである。天文学の上では一日の始まりは正午だった。その伝統はプトレマイオスの時代に築かれたものだが、記録の際にしばしば混乱を巻き起こしていた。それももはや過去のものとなったのだ。今や他の世界と同様、天文学でも夜が一日の起点となったのである。

「天文学に関するこの年の他の出来事が忘れ去られたずっとあとも、おそらくこのことは記録にも留まるだろう」とその雑誌は書いた。

しかし、そのあと木曜日の元日に起こったことが、結局、会合の他の出来事をすべて霞ませてしまった。一九二五年の最初の朝、会議に出席する人がホテルの窓の外を見ると、街は休日のそり遊びを試してみることができるほどの雪の毛布に覆われていたと『ワシントン・ポスト』は報じた[6]。AASの数学者や物理学者と共同の会合があったので、天文学者たちは、降りしきる吹雪にもかかわらず予定どおり会議を行なうことにし、ジョージ・ワシントン大学近くの新築のコーコラン・ホールまでの短い距離を歩いていった[7]。参加した人々は、まず星の進化の話、続いて「宇宙は無限か」を問う講義を聞き、それが出席者の間で活発な討議を呼び起こした。それから昼休みの直前に「渦巻き星雲中のセファイド変光星」という控えめなタイトルの論文が聴衆の前で発表された[8]。天文学に詳しくない人々は、これは専門家しか興味を持たない、さして重要でない技術的論文だと考えたかもしれない。しかし、会場にいた天文学者たちは即座にその重大さを理解した。それは彼らにとって電撃的なニュースだった。タイトルはぱっとしなかったが、これは、宇宙の本当の性質と広がりを理解しようとする何世紀もの間の探求でまさに頂点に位置する論文だった。一九二五年一月一日は、天文学者たちが宇宙が発見されたことを公式に告げられた日だったのである。

論文の著者は、カリフォルニア州南部のウィルソン山天文台に勤務する三五歳の天文学者、エドウィン・ハッブルだった。ハッブルは、当時世界最大のウィルソン山天文台二・五メートル反射望遠鏡を、夜空に肉眼でも見ることができるたった二つの渦巻き星雲、アンドロメダ星雲と、さんかく座星雲に向けた[9]。すばらしい性能を持つ望遠鏡を使用できたハッブルは、もやのような二つの星雲の周縁部にある恒星を個々の星に分解することができたのだ。そして、ハッブルが驚きかつ喜んだのは、そのいくつかの恒星は、まるで宇宙の交通信号であるかのように、ゆっくり点滅して規則的に明暗を繰り返す特別な星、セファイド変光星だったことである。

その信号は、私たちの銀河、銀河系が唯一の銀河でないことを明らかにしていた。アンドロメダ星雲とさんかく座星雲が、私たちの銀河の周辺部よりはるか遠くに位置することを、セファイド変光星はハッブルに教えていた。宇宙における私たちの住みかは突然ちっぽけになり、深遠な宇宙に存在するおびただしい銀河のたった一つになってしまったのである。可視的宇宙は一挙に、これまでの数兆倍という思ってもみなかった大きさに拡大された。もっとありふれた言い方をするなら、それは、それまで私たちが一ヤード四方の地表に閉じ込められていたのに、突然、そのひとかけらの土地の先に、これまで知りもせず、想像もしていなかった広々とした海や大陸、都市や村、山や砂漠が存在することに気づいたようなものだった。望遠鏡が見通せる限りの時空の彼方に、一つ一つの原子のように散らばる他の数十億個の銀河——それまで知られていなかった他の銀河——、ハッブルはそれらに私たちの目を向けさせたのである。宇宙における銀河系の本当の立場は長年問題になっていた。それに関する証拠はみな間接的で互いに矛盾し、対立していた。ハッブルはこの対立に踏み込み、ついに決定的な証拠を提出した。彼は、それまではるかに不安定な土台に乗っていた考えを、誰もが満足できる確実なものにしたのである。

それは世紀の天文ニュースだったが、驚いたことにハッブルは、自らの勝利のその瞬間にその場に居合わせなかった。代わりに、沈着冷静なプリンストン大学の著名な天文学者、ヘンリー・ノリス・ラッセルがハッブルの代理として現われ、この朝、彼の発見を出席者に伝えたのである。(10) しかし、ハッブルは病気でもなく家庭の事情もなかった。彼はアメリカ横断鉄道での長旅に疲れて遅刻したのかもしれなかったが、欠席の理由はおそらくもっと彼特有のものだった。証拠を重視する訓練を受けた元法学者のハッブルは、その天文学の会議の日まで自分の発見がそれらしい反論に出会わなかったことを不安に感じていた。事実、自分の天文台では、同僚がハッブルの結論に対する最強の反証を集めており、彼はまだこれを論破できていなかった。この未解決の状態に彼はとても苛立っていた。演台に立つ前にハッブルが切望していたのは、石一つ覆されず、未回答の疑問が一つとして残らない水ももらさぬ論拠だった。科学的誤りに陥ることは、ハッブルの最大の悪夢だった。カリフォルニア州にこもったこの若い天文学者は、ひょっとすると自分が間違っているかもしれないと、苛立つ気持ちで自問していた。(11)

きらびやかな宇宙の驚くべき姿は、私たちを取り囲む日々の映像として今や広く知れわたっているから、一〇〇年も経ていない昔に、天文学者の持つ宇宙の概念が今日とはまったく異なっていたことを思い浮かべるのは難しい。クェーサーも、はるか遠方の銀河も知られず、とらえどころのないブラックホールも猛烈に回転する中性子星もなく、太陽がとてつもないエネルギーをどのようにして何十億年も生み出し続けてきたのかすらも、確実に知る人はいなかった。「宇宙」と呼ばれていたものは、天空を切り裂いて横切る壮大な帯のように見える星々が、ただ一枚の円盤として集まっているものだった。この巨大な恒星の集団の中に地球があるため、私たちは円盤の中から外を覗き、そのため円盤を帯のように見ているのだった（ちょうど皿を横から見たようなものだ）。その幽霊のように白い姿のため古代から「ミルクの道」として知られてきた天の川は、一世紀前は、単に宇宙の唯一の住人

キットピーク国立天文台（アリゾナ州）にかかる天の川（撮影 Michael R. Cole, UrbanImager）

であるだけではなかった。銀河系は、計り知れない深淵の暗闇に取り巻かれた中で、ただ一つ星に満たされた「オアシス」で、それが宇宙だったのである。

この見解には反論の声がいくらか聞こえはじめていた。天空上に観測される小さく渦を巻く雲は数が増えつつあり、これらの光の弱い天体は、天の川から離れたところを望遠鏡で覗くと宇宙のどこにでも潜んでいた。これらの渦巻き星雲は私たちの近くにあるのか、それともはるか遠くにあるのか？それは誰も知らなかった。というのも、二〇世紀に入ったばかりのそのころ、天文学者はまだ確かな精度で距離を測定する手段を持っていなかったからである。できるのは推測することだけであり、ある人は、ほどけかけたぜんまいのような形の星雲を見て「おお、近くに太陽系が形成中だ」と考えた。別の人は同じ小さい雲を観測し、それぞれ銀河系の姉妹だが、あまりに遠くにあるので星々が溶け合い、白く霞んでいるのだと想像した。このことは、銀河系はまったく特別なものでなく、はるかに広大な群島のただ中にある、一つの星の島にすぎないことを意味していた。しかし、大多数の天文学者はこの奇妙な恐るべき考えを退けた。ほかに銀河が存在するなどとんでもないことのように思えて、彼らは、自分たちが宇宙の枢要な位置にいるという認識に頑なにしがみついた。一六世紀にニコラス・コペルニクスは、地球とその住人を太陽系の中心から移動させたかもしれないが、地球は唯一の銀河である銀河系のまさに心臓部という特権的な位置に留まっているという考えに、人類は依然として安らぎを感じていた。宇宙の真ん中に住んでいるとわかると安心するのだった。ほかの可能性を暗示する確固とした証拠はなかった。

しかし、この安らいだ気持ちは、一九世紀が終わりに近づき、天文学がそのすばらしい変化に遭遇した時に打ち砕かれた。「この惑星での人類の生活のあらゆる側面が、ただならぬ変わりようを示した時代でした」とウィスコンシン州ヤーキス天文台でこの変化を個人的に眺めていたエドウィン・フロストは回想している。[12]「[それは]まさに、その世紀の終わりに、もう一つのヴィクトリア時代を引き寄せたようなものでした」。フロストが育った一八八〇年代、ヨーロッパは文学、絵画、科学といった分野でアメリカの成熟度を試していたのだ。「私が学生だったころもまだ、長距離鉄道の鋼鉄のレールはイギリスから輸入されていました」と彼は言った。「それからアンドルー・カーネギーや他の人々が、アメリカの方がレールをもっと安く上手に作れることを発見しました……」。子供は幼少期を急速に抜け出しつつあったのです」。発見と発明が隆盛を極めようとしていた。電灯、石炭による暖房、スチームの暖炉、屋内の浴室、アスファルトの舗装路をすいすい走る自動車、それらがまるで一夜にして出現したかのようだった。

この革新の横溢する空気の中で、天文学は開花した。カメラは望遠鏡の標準装備となり、観測者はまるまる一晩中の光を集められるようになり、それまでは見ることができなかった暗い星々や星雲の画像を生み出せるようになった。そして、星の光をその成分の色に分ける分光器により、天文学者は恒星や他の天体が本当は何でできているかわかるようになった。突然、まさに「天の化学」が手中のものになったのである。他方、金ぴか時代〔南北戦争後の大好況時代〕のおかげで裕福になった著名な企業家は、長い間待ち望み、大きな夢であった巨大望遠鏡を建設できる資金を提供した。

このような技術革新の急速な進展があったにせよ、その無味乾燥な教科書的解説は、発見を最も本質的要素だけに縮小し、まるでハッブルの歴史的業績が一夜でなされたかのように見せかけてしまう。ハッブルは世界最大の、最高の装置である望遠鏡を使い、その目の届く限りの宇宙に無数の銀河が散らばっていることを、どうだと言わんばかりに示してみせた。銀河系は突如、このはるかに大がかりになったドラマの端役となり、ハッブルはこの驚くべき解明を果たしたことで宇宙論の「第一級設計者」の称号を得たというのである。しかし、実際の話はそんなものではなかった。本当のところハッブルは、他の人々が無視してきた問題に挑んだ先見の明のある天文学者たちの肩の上に立っていたのだ。答えはユーレカのひと声で得られたものではなく、何年にもわたる推論や測定を経て、激しい議論の末でしか到達できない。科学の道は障害物のない直線道路ではなく、脇道や曲がり角、まわり道だらけなのだ。

一方、古典的な方法で研鑽を積み、惑星の運動を計算し、恒星の位置を小数点以下三桁まで測定することに長らく携わってきた天文学者たちは、渦巻き星雲の謎に頭を悩ませることはまったくなかった。彼らは、いったん問題が解決すれば、それは天界の全体的な構造や構成要素に対する認識を大きく変えるものではないと判断していた。一九世紀後半のアメリカ天文学の最長老であるサイモン・ニューカムは、一八八七年、ある天文台の開所式で以下のように述べた。「こと天文学に関しては……私たちは知識の限界に速やかに近づいているように思われます。その結果、天文学者の注目を本当に引きつける研究は、新しい事柄の発見ではなく、既知の事柄を精密にし、われわれの知識を完全に体系化することにあるのです(13)」。

一〇年もたたないうちに、カリフォルニア州リック天文台長のジェームズ・キーラーは、ニューカムの考えがとんでもなく近視眼的だったことを証明した。キーラーは皆の忠告に逆らい、問題の多い反射望遠鏡――高地で反射望遠鏡が使われたのはこれが最初だった――をもう一度稼働できる状態にし、その無類の力を顕示した。その望遠鏡の反射鏡は比較的小さかったが、天空にはそれまで知られていた数の一〇倍にも当たる何万個という暗い星雲が散らばっているのをキーラーは概算することができた。一九一〇年代、リック天文台の天文学者ヒーバー・カーティスがキーラーの発見のあとを継ぎ、この多くの渦巻き星雲の一つ一つが別々の銀河にほかならないことを示す証拠をさらに集めた。同じころ、ロサンゼルスの数百キロ南にあるウィルソン山天文台にいたハーロー・シャプレーは、銀河系はこれまで考えられていたよりはるかに大きいことを測定し、私たちの太陽の位置を銀河系の中心から脇へ押しやった。シャプレーのお気に入りの言い回しによると「太陽系は中心から外れ、人類もまた結果的にそうなった」のだ。

私たちの宇宙の発見について書いたこの物語では、宇宙の真の構造をめぐって何年間も一騎打ちをした科学の騎士、シャプレーとハッブルに最も重点を置いている。一番のライバルどうしだった彼らは、出自は似たようなものだったが、気質や処世術はこれ以上ないというほど違っていた。二人ともミズーリ州の田舎生まれだが、ハッブルは不満を抱えた高校教師から、シャプレーは犯罪報道の記者からという風変わりな経歴を経て天文学への道に入った。そしてそれぞれ、博士号取得後、当時最も優れた天文施設であるウィルソン山天文台に勤務する者としてジョージ・エラリー・ヘールの炯眼に選ばれたのである。二人とも、他の人がほとんど取り上げていなかった問題を追った。シャプレーが問題にしたのは銀河系の中での私たちの正確な位置であり、ハッブルが追求したのは宇宙全体の中での私たちの位置だった。

彼らが研究を行なったのは、大きな変化の起きているまさにその時だった。ヨーロッパの天文学者たちが、第一次世界大戦とその結果生じた混乱に注意をそらされていた間、アメリカの天文学者たちは、渦巻き星雲の謎解きに何の障害もなく突き進んだ。宇宙の正確な姿を描くことにアメリカは取りつかれていて、アメリカ西部に建てられたリック天文台、ウィルソン山天文台、ローウェル天文台の天文学者がこれに参加した。世界にあるそれより古い天文台には、チャンスはまったくなかった。というのも、特にリック天文台やウィルソン山天文台には、謎を解き明かすために必要不可欠な、最も標高の高い場所にある高性能の望遠鏡という組み合わせが天文学者たちに与えられていたからである。

ハッブルは、この謎を解くための最後の力をふりしぼった人物とされるにふさわしかった。「その活力、科学者としての力量、コミュニケーションの技術によって、ハッブルは宇宙全体の問題をとらえ、独自のものにし、それ以前や以後の誰よりも大きな貢献をし、この分野で世界的な専門家として認められるようになった」。天文学者ドナルド・オスターブロック、アーキビスト〔歴史的文書保管の専門家〕ロナルド・ブラッシャー、物理学者ジョエル・グウィンは、ハッブルの生誕一〇〇周年記念式典でこのように書き記した[14]。

銀河に関する最初の発見からちょうど五年後の一九二九年、ハッブルはさらに驚くべき発見をした。ハッブルとその同僚ミルトン・ヒューメーソンは、宇宙は膨張し、それに伴い、外に向かって銀河が膨張の波に乗り続けていることを証明する端緒となる重大な証拠を手に入れたのである。時空は動いていたのだ！　実際は、この驚くべき結論に到達する研究の半分は、一〇年前、ローウェル天文台の天文学者ヴェスト・スライファーによって、アリゾナ州の山の頂上で行なわれていた。しかし、この発見に到達するスライファーの決定的役割は、今では学問外の世界ではほとんど忘れ去られている。これが「ハッブル伝説」の支配力であり、歳月がたつにつれ他の人々の貢献を影に追いやってしまったのである。宇宙の本当の姿を明らかにすることに貢献し、ハッブルの成功の礎となった登場人物たち全員に、本書はもう一度余すところなくスポットライトを当てるつもりである。

宇宙膨張に関する知識は、人間の考え方に変化をもたらし、それによって、天文学者は私たちの故郷である銀河系に縛られることなく、はるかに雄大な宇宙論的様相を探ることができるようになったと言ってもよい。今や銀河系は思考の外へ消え、理論家の手には、宇宙の起源そのものに自由に思索をめぐらせることのできる手綱が握られている。彼らは心の中で宇宙の膨張を逆にたどり、銀河どうしが互いにどんどん引き合うように近づき、ついにそれらが合体し、目がくらむほど明るく凝縮した火の球の形成される様子を想像した。このようにして彼らは、宇宙は遠い過去に恐るべき爆発、すなわちビッグバンから出現したことを悟った。もはや私たちの宇宙の誕生を考えることは、形而上学的な瞑想でも偏見に満ちた酔狂でもなく、検証や証明の可能な科学的原理になったのである。

この新しい宇宙像は、嵐のように猛烈に進展してきた考えがただ一つに集約されることから現われた。これらの発見は、発展しつつあった経済が資金を供給し、観測装置に新技術が適用されたことによるだけではなく、理論物理学に新しく導入された考え方もその答えを与えたのである。当惑させる宇宙の振る舞いに斬新な重力理論によるすばらしい説明を与えてその場に登場したのは、科学者アルバート・アインシュタインにほかならなかった。

宇宙の振る舞いには動的な考え方が入ってきた。アインシュタインの方程式は、時空がある明確な対象物の中に織り込まれていて、その形と運動はそこに含まれる物質によって決定されるという考えを持ち込んだ。彼の一般相対性理論は宇宙の膨張を予測し、その研究を知的で理論的な冒険に変えた。初期の世界探検家は、探索を待っている未知の大地や新大陸を求めて海を渡った。そして、相対論的な時空は曲げたり伸ばしたりできる柔軟な構造であるとして、アインシュタインは、天文学者たちが昔の探検を「宇宙の大地」[15]の探検に作り替えることができるようにした。この天才物理学者によって結合された時間と空間、すなわち時空は、ハッブルがその最初の測量士となって評価され、地図を作成され、精査されて、宇宙における「不動の大地」になったのである。

ハッブルは、最終的に彼の宇宙論的発見を、歴史書でもあり、大学のテキストでもあり、専門的研究論文でもある『星雲の領域』〔邦訳『銀河の世界』岩波文庫〕という著作に要約した。この本は、出版された一九三六年にして同僚たちから「古典」の扱いを受けた[16]。そして、ハッブルの最初の見解は、大まかに言えば今日でも通用する。「[ハッブルの]描いた全体像は、今日のそれと細部しか異なりません」とカリフォルニア工科大学の天文学者ジェームズ・ガンは、出版の何十年もあとに語った[17]。「誤りとわかる事柄を探そうとしてページを繰っても、そんな箇所はほとんどありません。いくつかは見つかりますが、私たちは今でも、最も近い銀河までの距離を[ハッブルが]述べた方法で測定しています。われわれは今でもおおよそのところではハッブル分類を使用しています。そして今でも、ハッブルの問いかけに大いに注意を払っているのです」。

しかし、ガンの言ったことに対しては明らかな異議が一つある。たとえ今日、ハッブルの名が膨張宇宙の発見と強く結びついているとしても、自分のデータの解釈をハッブルがはっきり口に出して主張したことは一度もなかったのだ。それは、一九三〇年代と一九四〇年代には他の仮説もあったからである。自分が新たに見つけ出したデータも、アインシュタインの理論も生まれたばかりだったその時代に、ハッブルは立場を明らかにすることをためらった。ハッブルは常に、自分の研究記録にきず一つ残さないことを強く求めていた。完璧な妻、完璧な科学的発見、完璧な友人たち、そして完璧な人生である。彼にとって、銀河が外に飛び去っているという自分の観測は、常に「見かけの」速度がそうなっていることだった。物理学に新法則がそっと入り込み、その解釈が変わってしまう場合にも、彼は自分の「遺産」を守り続けたいと考えたのである。しかし、現在までそんなことは起きていない。

ある意味でハッブルは幸運だった。もし何か状況が違っていたら、つまり、誰かが早世しなかったら（キーラー）、誰か違う人が彼の研究成果を擁護しなかったら（カーティス）、あるいは誰かが間違った宇宙像に固執しなかったら（シャプレー）、ハッブル宇宙望遠鏡は簡単に他の名前に変わっていたかもしれない。現代の宇宙像の発見は、試行錯誤、幸運な進展、意志の衝突、逃した機会、不屈の精神による計測、聡明な洞察に満ちた物語である。言い換えれば、それは科学を大規模にしたものだ。

初めの一歩

第1章

小さな
科学の共和国

北アメリカ・プレートとして知られる岩石の巨大大陸は、地殻の海洋性スラブの上を東に向けて容赦なく滑っていった。二枚の巨大なプレートがぶつかり合うプレート境界で、大洋底は下へもぐり込み、そこで生じる途方もない圧力が頁岩と砂岩の大きな固まりを作り上げた。やがて、この物質の一部は深部から上方へ持ち上がり、空に向かって執拗に隆起し、カリフォルニアの海岸線に沿って、サンフランシスコ湾から南へ伸びる長さ三〇〇キロメートルのディアブロ山脈の山や谷を形成した。(1) 自然はあたかも舞台の準備をするかのように、天文学者が数百万年後に宇宙研究に使う唯一無二の観測台となる地形を彫り上げた。太平洋の東端にあるこの堂々とした高台は、二〇世紀天文学が最初の偉大な発見をする完璧な観測点となったのである。

海岸から六〇キロメートルのところにあるディアブロ山脈で目を引く山頂は、初期の移民には「イザベルの山」として知られてきた。最初の登頂として記録されているのは、初めてカリフォルニア州の完全な地質調査を行なった地質学者ウィリアム・ブルーワーと地形学者チャールズ・ホフマンだった。サンノゼ出身で当時長老教会派の牧師だったローレンティン・ハミルトンがこれに続き、一八六一年夏の探検に同行した。標高の低いうちは人々はラバを使ったが、最後の五キロメートルは苦労して徒歩でのぼった。二人の科学者が重い装備に悪戦苦闘している間に、牧師は早足で、たっぷりとまぶされたスパイスのように谷間を埋めるカシの木の薮や、メスキート〔マメ科の低木〕、ナラ属の灌木が生い茂った森をかきわけ、先に進むことができた。山頂に到達すると、ハミルトンは空中で帽子を振り「ここが一番高いところだから、わしが一番乗りだ」と宣言した。到着をたたえたブルーワーは鷹揚にも、その山頂にこの「気高く誠実な友人」の名を与えた。(2)

それから三〇年のうちに、ハミルトン山は天文学の新たな革新的研究の地になった。アメリカが富の増大で力を得た「今日、国民の気持ちは独創的な科学研究を重視するようになっています。貧困から富を築いた億万長者の何人かは、その問題に対する研究施設を設立することで、自分の名を永遠に残そうと考えるだろうと信じてよいと私は思います」。スミソニアン協会会長のジョゼフ・ヘンリーは、一八七四年にイギリスの著名な生物学者トマス・ハクスリーへの手紙にこう書いた(3)。この要請に真っ先に応えたのが、サンフランシスコの起業家ジェームズ・リックで、世界で初めて高地に恒久的天文台を建設するために出資をした。これまでプロの天文学者のための望遠鏡は、交通の便を考え、比較的標高の低い大都市付近か、大学のキャンパス内の土地に建てられていた。

一八八八年、リック天文台は、見晴らしの良いハミルトン山頂から、大きさが優に一メートルもあるレンズを二枚備えて天空の光を集光し拡大する、当時最大の望遠鏡を稼働しはじめていた。それは、直線上に並べた二つのレンズに光を直接通すガリレオが最初に覗いたのと同じタイプの望遠鏡だったが、リック望遠鏡の口径はガリレオ望遠鏡の口径の二四倍もあった。巨大屈折望遠鏡の設立者は望遠鏡の建物には資金を提供しなかった。この古風で大きな建物は、ワシントンの建築家S・E・トッドにより設計された。それは遠くから見ると、ヨーロッパの宮殿が魔法によってアメリカ西部に運ばれてきたようだった。ドームの内側は手彫りの蛇腹が壁を飾っていた。床は板材で、ぴかぴかに磨かれ、円型のドームに合わせてスマートにカットされていた。旅行者たちは科学の世界のこの新たな驚異的建築物を一目見ようと、乗合馬車で何時間もかけてやってきた。

訪問者たちは気づかなかったが、この賞賛の的となっている望遠鏡から約四〇〇メートル南の尾根の端、トレミーの尾根(4)と呼ばれるずっと目立たない環境で、実際には、リック天文台で最も革新的な研究(5)が行なわれていた。そこでは、中世の古風なチャペルのようなはるかに小さいドームの中で、像

1910年ごろのリック天文台。口径90cm望遠鏡は大きなドームの中に設置され、小さいクロスリー望遠鏡は左側の離れたところにある（Mary Lea Shane Archives of the Lick Observatory, University Library, University of California-Santa Cruz）

を拡大するのにレンズではなく銀メッキ鏡を使った反射望遠鏡を稼働させようと、ジェームズ・キーラーが苦心していた。それは、誰もが彼に厄介なだけで役立たずだと忠告した望遠鏡だった。一八〇〇年代後半に好まれたのは巨大レンズを備えた屈折望遠鏡だったが、キーラーは果敢に慣習を破り、天文学における専門的研究方法を確立した。その方法は結果的に、世界中の主要天文台のすべてに広まることになった。

今日では、天文学の多くの歴史の中で目立たない人物になってしまったが、キーラーは実際には、現代宇宙論という新分野の誕生に向けて、その立ち上げに決定的な貢献をした先駆者だった。誰よりも巧みに分光器を操作することのできた彼は、天文学者たちが物理学の手法を研究に適用しはじめたちょうどその時、この新しい機器を他の人々に先立って使用していた。新たに「天体物理学」と名づけられたこの専門分野により、観測者は、恒星、惑星、星雲の化学的・物理的性質を認識できるようになったのである。

いずれにせよ、今日の私たちの目から見ると、キーラーの時代は宇宙ははるかに単純な場所だった。宇宙は膨大な恒星の集団のみで成り立っていて、恒星はやや平らな円盤型に分布し、太陽はその中心付近の栄えある場所を占めていた。その先にはただ何もない空間がおそらく無限に広がっていると、ほとんどの天文学者は語っていた。

しかし、天空には説明が難しい奇妙なものがあった。望遠鏡で覗くと、らせん形で淡い渦や雲のように見える謎の星雲があったのだ。天文学者は、オリオン星雲やリング星雲のように無秩序に広がった他の型の星雲には長い間馴染みがあり、これらのおぼろげな天体は〔天球上の〕天の川の領域に存在していた。一方、渦巻き星雲は、私たちの銀河系である天の川から離れた場所にだけ見えた。なぜそれらは、星々を避けるかのように宇宙空間の開けた場所を好むのだろう? 天文学者たちはこの変わった分布に対し、理にかなったうまい説明ができなかった。天文学者にとって恒星と惑星の研究がはるかに魅力的だった時代に、キーラーがこれらの星雲を第一の研究テーマとしたことは、彼の手柄だった。写真技術の導入前には、天空のこの星雲の数は数千の単位と見積もられていた。しかし、キーラーが反射望遠鏡の架台にカメラを搭載すると、星雲は数万はありそうなことがわかってきた。その発見は意外な新事実であり、この名人芸的な観測技術の飛躍によってキーラーは天文学に広大な新天地を開いたのである。

キーラーが最初に天空への好奇心を強く刺激されたのは、一一歳だった一八六九年、その目で劇的な日食を見た時だったかもしれない。この時、月の落とす影がアメリカ合衆国を横断し、皆既日食の見られる狭い帯域ではセンセーションが巻き起こった。数か月後、家族がイリノイ州からフロリダ州メイポートへ引越し、そこでキーラーは、父が購読していた『サイエンティフィック・アメリカン』が山と積まれた自宅で勉強した。この雑誌に広告を掲載していた光学商にレンズを数枚注文したキーラー少年は、ヒマラヤスギの筒で六センチ屈折望遠鏡を初めて組み立てた。間もなく彼は、望遠鏡を覗いて月のクレーターや惑星をスケッチしながら長い夜を過ごすことになった。(6) 彼はアメリカの新たな流行に乗ったのである。

それ以前の一九世紀、アメリカでの天文学研究は、どちらかというと行き当たりばったりだったが、そこで起きた二つの重大な出来事が事態を劇的に変えた。一八三三年の秋、全米の人々は、他の場所では見られない、ものすごい勢いで降り注ぐ流星雨を目撃した。それは「空飛ぶロケットのような火の玉が、天空のある一点から四方八方にひっきりなしに飛び散っていた(7)」と描写され、天上のこのめくるめく花火のようなショーは「星々の落下」と呼ばれるようになった。一〇年後、一八四三年の「大彗星」で、大衆はまたもや大騒ぎをした。電灯がまだなかった時代に、イェール大学の天文学者デニソン・オルムステッドは、この彗星を「現代に見られた最も見事な姿(8)」と明言した。彗星は昼間も見え、その核は満月と同じくらい明るく、尾は三〇〇万キロメートル近く伸びていた。流星雨や彗星はともに、天空に対する一般人の興味を大きく押し上げた。このことはまた、このように魅力的な現象を研究する第一級の科学研究施設が自国に欠如していることをアメリカの政治家に気づかせ、みじめな気持ちにさせた。一八二〇年代の一時期をアメリカで過ごしたイギリス人小説家フランシス・トロロープは、これを「科学への敬意を声高に公言する人々が天文台をまったく持たないとは奇妙なことだ。研究の場にも、町にも、この種の施設が何も存在しないのだから」と評している。(9)

オハイオ州シンシナティ、ノースカロライナ州チャペル・ヒル、エール大学、ハーヴァード大学、ウィリアムズ大学のような大学に天文台が開設されることで、速やかにこの穴埋めはなされていった。そして、最初の国立天文台であるアメリカ海軍天文台も、最初のそれなりの望遠鏡を入手した。南北戦争前のこの時期には天文台がどんどん増えていき、アメリカの主要都市や大学で流行りの科学施設になった。これらの努力により、国家の「空の灯台[10]」の建設を長い間推進してきた第六代大統領ジョン・クインシー・アダムズの描いていた展望は、ついに実現したのである。「文化ではかなわないという感情にとりつかれ、ヨーロッパとの比較で不愉快な思いをしてきた一部のアメリカ人は、天文学の研究を国家の威信にかけて推進した」と歴史学者のハワード・ミラーは書いている[11]。そして、天文学のこれらの最先端施設はひとたびしかるべき形で開設されると、特に、この新しいアメリカの研究にいつかは参加したいと夢見るキーラーのような少年たちが、その関心を持続させる刺激になったのである。

彼を知る人々から、片田舎から出てきた「ひょろっとした青二才」とか、粗野な「貧乏白人[12]」などと言われていたキーラーは、望遠鏡の建造に関する専門技術を身につけた。アメリカで最初の研究目的の大学としてジョンズ・ホプキンス大学がメリーランド州ボルティモアに開設されたが、その技術により彼はわずか一年後にそこに入学することができた。一八八一年に卒業したキーラーは、ピッツバーグに近いアレゲニー天文台で研究を始めた。この天文台は、二〇年後に操縦士が乗って自らの動力で飛べる飛行機の競技で、もう少しでライト兄弟を打ち負かしそうになった人物、サミュエル・P・ラングレーが台長であった。一八八三～八四年、大学院生としてのドイツでの一年間の研究で、キーラーのスペクトル解析法にはさらに磨きがかけられた。これらの準備は、キーラーがカリフォルニア中部にある天文学の革新的メッカであるリック天文台の職員に加わる誘いを受けた時、すべて必要不可欠なものであったことがわかった。

ジェームズ・リックははじめから人々の注目を集めやすい人だった。一九世紀後期から二〇世紀初期にかけて、アメリカ国内の事業で蓄えた富を、天文学史の中で最も成果をあげたいくつかの天文台の建設に使った裕福な支援者たちがいて、リックはその長い列の先頭に立っていた。金銭を惜しまないリックは、その富を天文学に賭けた。これ以前は、最も一般的に認められていた天文台はヨーロッパにあり、それらは大学か政府から支援を受けていた。しかし、これらの機関は資金が乏しく、新技術や新機器への対応が往々にして遅れがちであった。どの天文台でも、研究にはたった一台の主要望遠鏡が使用され、何十年もこつこつと努力が重ねられていた。しかし、潤沢な個人資本により、リック天文台は他より速い速度で研究を進行させる新しい研究スタイルを示した。リックはこの大望遠鏡を、アメリカの新興富裕層における最上の記念碑として建設したのである。さらに、これらの個人投資によってゼロから建てられた天文台において、彼らは最もすばらしい観測機器を購入し、最新技術を採用することができた。その結果、アメリカ合衆国では、科学史において他のどの国よりも速い速度で天文学が進歩したのである。「一九世紀はじめに実質的にゼロから出発したアメリカは、世紀の終わりにはドイツを追い抜いて第二位に飛躍し、すでに第一位の座をめぐりイギリスに挑戦している」と歴史家のスティーヴン・ブラッシは言った(13)。天空での優位性は、経済的な豊かさと手を結んでいるようだった。

リックは富を築いた。一七九六年、アメリカ合衆国という新しい共和体制が作られつつあったちょ

ジェームズ・リック（Mary Lea Shane Archives of the Lick Observatory, University Library, University of California-Santa Cruz）

うどその時、ペンシルベニア州の田舎でオランダ系の一族に生まれた彼は、父親のもとで木工製品の貿易を学んだ。ニューヨークで自分の店を経営してかなり快適な生活を築き上げたリックは、さらなる富を得ようと決心し、一八二一年に突然南アメリカに引越した。ここで彼はピアノの精巧な木枠を作る熟練職人になったが、この大胆な試みは、ダンスや音楽がたいへん重視される文化の中では大層な富をもたらすことがわかった。彼は最初はアルゼンチン、その後チリ、最終的にペルーに住んだものの、二七年後にさまざまな事業を売却する決心をしてアメリカ合衆国に戻った。カリフォルニア州がメキシコから分離しようとしていた一八四八年、船がサンフランシスコに到着すると、リックは、三万ドル相当のダブロン金貨と友人のドミンゴ・ギラデッリが作ったペルーのチョコレート六〇〇ポンドを持って上陸した[14]。

リックはぐずぐずせず、すぐさま事業への鋭い洞察力を働かせた。サンフランシスコ内の当時住人が一〇〇〇人いるかいないかのみすぼらしい町の不動産の購入に、彼は自分の金《きん》を抜け目なく使った。カリフォルニアのゴールドラッシュで財産を作ろうと住民たちが山を目指しはじめた時、リックはその場にいて、町の土地を二束三文で買い上げて儲けた金で、彼らに資金を提供した。また彼は、製粉所を買ってそれを大きく拡大し、町の一区画をまるまる占めたカリフォルニア州で最初の豪華なホテル、リック・ハウスを建てた（のちにこのホテルは、一九〇六年の恐るべきサンフランシスコ地震後に町中を焼き尽くした火事で焼失した[14]）。

リックは一度も結婚しなかったが、サンノゼの南端に家屋敷を建て、そこで世界中から集めた珍しい植物や低木を愛情を込めて育てた。浮浪者のような身なりをし、時にピアノの上にむき出しのマットレスを敷いて寝る彼を、町の人々は変わり者のけちん坊と思っていた。若かった時に彼はある少女を妊娠させたが、裕福な製粉業者だった少女の父親が、リックがあまりに貧乏で社会的地位も低いと判断し、プロポーズを断った。製粉業者は、このお高くとまった拒絶が数十年後に天文学に大きな利益をもたらすとはとても想像できなかっただろう。嫡出の相続者のいなかった[15]リックは、老年にその巨万の富のいくらかを自分の巨大な記念碑を建てることに使おうと考えはじめた（彼は四〇〇万ドル近くの財産を蓄えていて、これは今日の約一億ドルに相当する[16]）。リックにとってそれは自分の名を永遠に残すチャンスだったのだ。彼は特に、エジプトのギザの大ピラミッドをしのがんばかりの大きさの大理石でできたピラミッドをサンフランシスコ下町の四番街と市場通りとの交差点の角に建てるという考えが気に入っていた。
しかし、喜ばしいことに、この虚栄心の強い計画はいくつかの出会いによって変更された。昔、リックは、アマチュア天文家ジョージ・マデイラを訪問して数日間彼の講義を聞いたことがあり、その時、天文学の最新の発見に関する彼の話に魅了された。数年後、ある望遠鏡を覗くために彼らが再会した時、マデイラは「リックさん、もし私にあなたの富があるなら、建設できる最大の望遠鏡を造るでしょう」と力説したと伝えられている。[17] ほぼ同時期に、当時国立科学アカデミーとスミソニアン協会の会長だったジョゼフ・ヘンリーがサンフランシスコを訪れてリックに会い、豊かな人々は科学の発展のためにどのようにお金を使うことができるかを話し合った。翌一八七二年、ハーヴァード大学の博物学者ルイス・アガシーがカリフォルニア科学アカデミーで講義を行なった際にそのことは広く報道され、そこでアガシーはヘンリーの言葉を繰り返していた。[18]
これらの講義には心の琴線に触れるものがあった。間もなくリックは、博物館とそれ以上にお金がかかる博物館本部を下町に建てるのに十分な援助を、カリフォルニア科学アカデミーに前もって知らせずに提供し、アカデミーを驚かせた。アカデミー会長の測地学者であり天文学者であるジョージ・デヴィッドソンは、リックを訪問して礼を述べ、二人は親交を築きはじめた。リックがのちに脳卒中で倒れ、彼のホテルの二部屋続きのスウィートルームに一年近くこもりきりになった時、デヴィッドソンは定期的にリックを訪問し、土星の環、木星の縞模様、そのほかの天文学の話題について話をし、リックの気持ちを引きつけた。間もなくリックはピラミッドの建設計画を破棄し、代わりに「今まで建てられたものよりはるかに優れた高性能の望遠鏡」を、愛する町の中心の四番街と市場通りとの角に建てようと決心した。[19]

町なかの天文台は（幸いにも）デヴィッドソンの意見が大きくものを言い、建設されることはなかった。アマチュア天文家でもあり測地の専門家でもあった彼は、その仕事がら高くそびえる山地にも行くことがあり、天文学のためには、澄んだ希薄な大気で望遠鏡の解像度が大きく向上する、できる限り標高の高い土地に機材を置くのが最もよいと長年信じていた。この点はアイザック・ニュートンが一八世紀に最初に指摘し、彼はその著書『光学』に「私たちは大気を通して恒星を見るため、恒星が常に揺れ続ける……。（この揺れを）改善するには唯一、きわめて澄んだ静かな大気が必要で、それはおそらく分厚い雲の上に出た高い山頂に存在する」と書いている。[20] そして、なるべくなら雨に悩まされない乾燥した季節のある土地が好ましかった。

時がたつと、リックはデヴィッドソンの説得力に富む考えを受け入れるようになり、一八七三年秋に、最先端をゆく天文台をシエラネヴァダ山脈の標高三〇〇〇メートルの乾燥地帯に建設する資金の出資を認めた。[21] この画期的な冒険にすっかり興奮したリックは、王侯のように気前よく総額一〇〇万ドルを出すと約束した。これほど人里はなれた標高の高い土地に天文台が建てられたことは、今までになかった。この決定的な飛躍によって、これまで都市にあった観測場所をさっさと引き払い、間もなく天文学は目覚ましい変化をとげることになるのである。

それからの三年間、リックは評議委員団を解雇したり雇い入れたり、出資金を七〇万ドルに減らしたり、望遠鏡設置の場所に関する考えを変えたりして、約束した内容をいじり回した。一度はネヴァダ州境のタホー湖近くと決めた場所も、結局、それより低い標高一三〇〇メートルのハミルトン山に移動された。そこはサンノゼのすぐ東で、リックが自分の土地から天文台を見上げ、誇らしげに眺めることができるのだった。標高が下げられたことと、リックの吝嗇とにひどく失望したデヴィッドソンは計画を離れ、かつての支援者と二度と話をしようとしなかった。
デヴィッドソンの冷淡な態度は、結局ほとんど影響を及ぼさなかった。というのも、リックは間もなく亡くなったからである。一八七六年一〇月一日、八〇歳の時だった。山頂に天文台を建設するというまったくはじめての困難な作業が本格的に進められることになったのは、ちょうどその時で、アメリカ議会はついに公有地の権利譲渡を認め、地元の郡は山頂への道を敷設し、山頂の大気が特に安定していることも専門家によって確かめられた。ナイフの刃のように鋭い形をしたハミルトン山の側面が、西から空気が流れ込んできても乱流を最小限に抑えるのであった。リックの決定したとおりの世界最大の屈折望遠鏡――それまで記録を保持していたアメリカ海軍天文台の望遠鏡より二五センチ大きいレンズを備えた――が、望遠鏡の長い筒に合わせて作られたイタリアのルネサンス様式にのっとって設計された壮大なドームの中に据えつけられた。天文学者は巨大な油圧式シリンダーで円形の床全体を上下させ、自分がいつも望遠鏡の接眼部の高さにいられるようになっていた。山頂から一〇メートル下までの高さの部分は爆破され、家屋、作業場、事務所、図書館など四方に展開する施設のための平地が用意された。家族は現地に住み、生活用品は毎日サンノゼから荷馬車で運び上げられ、天文台は小さな町のように運営された。ある訪問者は町を「小さな科学の共和国」と名づけた。[22]
リックはこの新共和国の守護神になった。というのも、天文学への高潔な贈り物とともに彼のわがままは死後も決して完全には消えなかったからである。一八八七年一月、望遠鏡の基礎が完成するとすぐ、リックの遺体は山に運び上げられもう一度埋葬された。その亡骸は、彼が出資した巨大屈折望遠鏡を支える土台の真下に眠っている。旅行者のグループは今日でもその墓を訪れる。デヴィッドソンは、（ご多分にもれず）望遠鏡の下に埋葬するアイディアを最初に発案したのは自分だと、リックの生存中から主張していた。老人がそれに同意したので彼は驚いた。デヴィッドソンがリックに、火葬して遺灰を埋葬することをそれとなく勧めた時、かつては大工だったリックはすぐに「とんでもない！　私は高貴な身分の人と同じように朽ち果てるつもりだ」と答えたのだった。[23]

リック天文台の新台長に選出されたのは、ウェストポイント陸軍士官学校を卒業し天文学を学んでいる最中だったエドワード・ホールデンであった。[24] 彼が選出された唯一の理由は、海軍天文台で当時アメリカで最も尊敬されていた天文学者サイモン・ニューカムの下で働いていた時、その活動力と指導力で印象を残したことだったようである。誇り高く尊大なホールデンは、少なくとも人の才能を見出す資質には恵まれていた。アレゲニーでキーラーの目覚ましい業績に注目したホールデンは、山頂の新しい天文台と観測機器を立ち上げ稼働させるため、一八八六年に彼を雇った。ホールデンが雇い入れた人々の中で、ジェームズ・キーラーは図抜けた手腕を持っていた。キーラーを山に連れてきたことは、その混乱に満ちた統率の中でホールデンが行なった最良の決定だったのである。

第2章

驚くべき数の星雲

キーラーは当時としては驚異的な土木技術で敷設された道路を通り、リック天文台へ出かけていった。ハミルトン山は標高一六〇〇メートルにも満たなかったが、麓から山頂まで高度が徐々に上がるジグザグに曲がりくねった道路が三〇キロメートル以上も続いていた。折り返しは全部で約三六〇か所あり、そのいくつかには「トンネル」「ワニの顎」「これぞ私の場所！」のような特別な名前がつけられ、これらの名称は、馬車に乗る人々が急傾斜の崖のある地点で恐ろしげに下を覗いてたびたび口にするごとに定着していった。(1) ヘビのようにくねくねした道が敷かれたのは、一九世紀の馬車を引く馬が歩調を乱さずにすむよう勾配を緩やかにするためだった。

山頂に着くやいなや、キーラーはその見事な眺めに息をのんだ。「天文台のある山頂からの眺めは、周囲の山々が明るい新緑に覆われ、眼下に何エーカーにもわたる野の花を見渡せる春がとりわけ美しい」と、彼はのちに訪問者用のパンフレットに書いている。(2)「西には素敵なサンタクララ谷があり、ハミルトン山脈よりやや低い山々が海を隔てています。時には、澄んだ空と明るい太陽の下から雪の川のように流れ出す雲に、谷全体が覆われます。周囲の山々の頂は、まるで黒い島のように霧から突き出します」。日没時には太平洋から霧がわき上り、北はゴールデンゲート・ブリッジから、南はモンテレー湾から、しばしばその霧が流れ込んできた。

ハミルトン山では、キーラーの到着を皆が熱狂的に迎えたわけではなかった。天文台の施設管理長のトマス・フレーザーは、最初はこの新参者に警戒心を示した。「もし彼が本物ならすべてはうまくいくだろう」とフレーザーは言った。(3)「だが、もし彼の手に余るようなら、物事はうまくいかず、彼は出て行かなければならない。それだけの話だ」。しかし、望遠鏡の稼働への準備でキーラーが並みならぬ技術を示し、フレーザーが兜を脱ぐまで長くはかからなかった。

ジェームズ・キーラー（Mary Lea Shane Archives of the Lick Observatory, University Library, University of California-Santa Cruz）

その巨大レンズは、結局、一八八七年の大晦日に取りつけられたが、悪天候のため職員たちは数日間望遠鏡をテストできなかった。冬期にはよくあることだが、風速二五メートル以上の嵐が山上を吹き荒れ、居住施設周辺に吹き寄せられた雪は三メートル以上にもなった[4]。やっと職員たちは望遠鏡に戻ったが、テストはうまくいかなかった。恐るべきことに、望遠鏡製作者のアルヴァン・クラークが、機器に必要な長さを間違えていたことを天文学者たちが突きとめたのである。一世紀後に起こったハッブル宇宙望遠鏡の初期のトラブルとよく似ていて、焦点が合わなかったのだ。望遠鏡の鏡筒は長さが一六・八メートルでなければならなかったが、一五センチ長すぎたのである。彼らは貴重な時間を数日間つぶして、筒の長さを詰めなければならなかった。望遠鏡製作工場の共同経営者であるクラークの息子がテストに立ち会っていたが、キーラーは彼のことをホールデンに「とんでもないほら吹きで不平屋だ」と言った。クラークは、自分の工場のガラスは優秀で、接眼鏡は「技術の勝利」と強弁する一方、ドームのことは「無価値」と言ってのけたからである(5)。

一八八八年一月七日、刺すような寒さの雲のない夜に、鏡筒を縮められた望遠鏡がついにテストされた。その夜ドームが凍りついて動かなくなっていたので、数人の職員と来客たちは、南東に開いたドームのスリットを天体が横切るのを待って観測するしかなかった。それでも、「少し待たなければならないこと以上の不都合は感じなかった」とキーラーは回想している。運転時計が順調に動き、架台がうまく作動している様子を見て彼は喜んだ。グループは最初に青白色の二重星リゲルを観測し、続いてオリオン星雲を見ると、この星雲の巨大な流線は、望遠鏡を通して見ると魔法にかけられたかのように美しく、最高の眺めの一つだった。「この対物レンズの集光力が非常に高いことが、ここで衝撃的なほどはっきりした」とキーラーは記した。やがて夜半をやや過ぎたころ、土星が視野に入ってきた。この惑星は「これまで人類が望遠鏡で見た中で間違いなく最高の眺め」だったとキーラーは報告した。「見事な環、帯、衛星を持つこの巨大惑星は輝きを放ち、細部まではっきり見えることもこれまでの比ではない」。その場にいた全員が土星を見た。そのあとキーラーは、時間を費やしてさらに注意深く土星を調べ、これがリック天文台ではじめての発見につながった。彼は土星の外側の環に暗く細い線が一本あるのを見つけ出し、「まるでクモの糸のようだ」と表現した(6)。これは、今まで決してはっきりとは見ることのできなかった〔土星の環の〕隙間だった（歴史的な理由で、今日では、一九世紀初期のドイツ人天文学者の名にちなみ「エンケの間隙」としてよく知られている)。この夜のスケッチをもとにキーラーが描いた土星の見事な絵は、一八九三年にシカゴで開かれた万国博覧会に展示された(7)。

身長一八〇センチで髪に見事なウェーブがかかったキーラーは、容姿の際だって良い人物だった。フロリダ州の辺鄙な田舎で育ったにもかかわらず人を見る目のあるキーラーは、天文台の人事上や科学上のピンチを切り抜けることをしばしば求められ、そういう時は外交官のように穏やかな思慮深さで問題を解決した。「彼は辛抱強く、快活に振る舞い、中立でないことを嫌っていました」とキーラーの伝記を書いたドナルド・オスターブロックは言っている(8)。「誰の活動に関しても、いつもできる限り最良の結果となる方向を模索していました。肯定的な面を強調し、どうしても必要な時でなければ批判はしませんでした。世の中で最も勇気ある考え方ではなかったかもしれませんが、その性格は、結局彼の昇進につながりました」。

そして、天文学者としてのキーラーは、日食から惑星の特徴に至るまで幅広く研究する傑出した存在だった。写真術はまだ発達していなかったので、キーラーは〔天体の〕スケッチを描き続け、それらは目を見張るほど本物そっくりだと同僚たちから賞賛された。「美しくて正確」。リック天文台特別研究員だったエドワード・E・バーナードは、王立天文学会に宛てた寸評にこう書いている(9)。「[キーラーは]ほとんどの観測家にはない、真の芸術的才能を備えている」。しかし、キーラーの本当の強みは、比較的最近天文学の「観測の武器」に加わった分光器を使用することだった。その科学的基盤は一七世紀に確立されたものだった。

一六六六年、若かったアイザック・ニュートンは暗くした部屋に座り、鎧戸の穴から細い太陽光を導き入れた。それから彼は、その光をガラスの三角プリズムに通した。大昔からガラスのかけらを使って観察されてきた美しい現象である虹を背後の壁に認めて、ニュートンは、白色光が、片端には赤い帯、それから橙、黄、緑、青の帯と続き、もう一方の端が深紫で終わる多くの色の混じり合ったものであることを鮮やかに示してみせたのである。彼は、こうして示された多数の一連の色相に、かつては幻影や錯覚を表わしていた「スペクトル」という名をつけた。一九世紀初期には、バイエルンの優れた光学者ヨゼフ・フォン・フラウンホーファーが、スリット、プリズム、小型望遠鏡を上手に組み合わせて、のちに分光器と呼ばれるようになる装置を作り、さらに太陽光スペクトルの研究をした。接眼鏡を覗いた彼は、黒い糸がスペクトルに縫い込まれているかのように、暗い線が何百本も虹を横切っているのに気づいて驚いた。それらは、現在商品で目にするバーコードに似ていた。しかし不幸にも、それらの謎めいた暗線の起源を突きとめることができないうちに、フラウンホーファーは亡くなった。

その解答は、化学実験室で行なわれた独創的実験から与えられた。フラウンホーファーのスペクトル実験以前にも、金属や塩は白熱されるとある特定の色を発することに化学者たちは気づいていた。たとえば、ナトリウムを含む塩は高温の炎で熱すると強い黄橙色を発する。そして、熱せられた物質を分光器で見た化学者たちは、そのスペクトルがさまざまな色の垣根の柱のように見えるばらばらの線からなっていることを見てとった。太陽光スペクトルは謎の暗線のある連続した虹だったが、実験室のこれらのスペクトルはまったく逆で、暗い背景に色とりどりの細い輝線が輝いていた。

一八五九年までに、物理学者のグスタフ・キルヒホフと化学者のロバート・ブンゼン（伝説的なブンゼン・バーナーの製作者）が、これらの暗線と輝線の意味をついに明らかにした。ブンゼンが改良した明るく熱い炎を出す機器を使うと、過去の研究者を悩ませてきた紛らわしい不純物が混じることなく、熱して分光器で見たそれぞれの化学元素の色の線が特定のパターンを現わすことを、同僚の二人のドイツ人は最終的に証明したのであった。各元素の発するスペクトルは完全な虹ではなく、その中の二、三色だけだった。さらに重要なのは、そのパターンが指紋のように一定で識別可能なものだったことである。周期表の個々の元素は、それぞれひと組の固有の輝線を持っていた。ある晩、研究室の窓からライン平原越しのはるか遠くに見える、マンハイムの港町の火事を分光器で覗いていたキルヒホフとブンゼンは、燃えさかる炎の中にバリウムとストロンチウムのスペクトルの特徴を見つけ、戦慄が走った。宇宙空間を通る光に距離は関係ない。太陽光や恒星の光を同じ方法で分析できると彼らが推測するのにさして時間はかからなかった。光源までの距離が一メートルでも、一〇キロメートルでも、一〇億光年でも、光は分光器にかけられる。この事実が判明するまで、天文学者は、恒星については、光り、天球上のある決まった位置を占め、時に移動するということしか知らなかった。しかし、彼らは今、かつては情報の入手は不可能と考えられていた恒星を作る物質と温度を決定する手段を手に入れたのである。

ある元素が高温で輝いている時、それはある決まったパターンの色のスペクトルの光を放射する。しかし、場合によっては、その元素は同じ波長の光を吸収することもできる。このことは、フラウンホーファーが太陽光スペクトルに発見した暗線の起源の説明になる。太陽の外部にあるやや温度の低い大気中の個々の元素は、光が地球に到達する前に、特定の波長の光を太陽光から奪い、その色を吸収する。輝線は単にその逆の過程で、元素は激しく熱された時にまったく同じ波長の光を発する。輝線にしても暗線にしても、線のパターンがその元素の存在を示す。この振る舞いは、二〇世紀初頭の直前、原子物理学の発展により、原子の中の電子があるエネルギー準位から他のエネルギー準位に飛び移る時の現象、つまり、原子がエネルギーを失う時には光を放出し、光子を吸収する時にはエネルギーを吸収する現象と科学者は理解するようになっていた。

恒星を作る物質が明らかになるにつれ、恒星のスペクトルは星がどのように運動しているかも教えてくれるかもしれないことを、天文学者はすぐに気づいた。一八四〇年代に、オーストリアの物理学者クリスチャン・ドップラーは、音波や光波のような波の振動数は、波の発生源が移動する時は必ず変化すると推測した。パトカーや救急車が私たちに向かって走ってくる時、サイレンの音が高くなるのは、誰でも聞いたことがあるだろう。これはまさにドップラーが述べた効果で、音が近づく時はかん高くなり、響くサイレンの音波も波が密集して波長が短くなり、ピッチが上がる。逆にパトカーが去る時は、音波が広がりピッチは下がる。同様に、光も光源が近づく時は波長が短く（より青く）なり、光源が遠ざかる時は波長が長く（より赤く）なる。

しかし、天文学者は、この速度を測るために恒星や銀河の全体の色を測ったりはしない。それは、しようとしても大変すぎるのだ。それよりは、天空のスペクトルの輝線と暗線の位置が、彼らの慣れ親しむ実験室での位置と比較してどのように移動しているかを調べる方が簡単である。天体の運動により、スペクトル線はスペクトル中で青の方向にも赤の方向にも移動する。たとえばもし、恒星や星雲が私たちの方に向かってくるなら、そのスペクトル線は青の方に寄り、これを「青方偏移」をするという。もし私たちから遠ざかるなら、スペクトル線は赤の方に寄り「赤方偏移」をする。そして、正確な速度はスペクトル帯中の移動量によって決まる。青方偏移も赤方偏移も、まさに宇宙における速度計なのだ。

分光器に入ってくる天空の光がどのようにその成分の波長へ分離され、個々のスペクトル線が魅力的な手がかりを提示するかを調べる時、キーラーは鷹のように鋭い目を持っていた。この新技術にかけて彼はアメリカの専門家の先頭に立ち、それまでの最も優れたいくつかの業績は銀河系の中にある星雲の速度の測定だった。「星雲」(nebulae)とはラテン語で「雲」や「霧」を意味する言葉で、これはまさに、この広がりを持つ天体が望遠鏡で見えるままの姿を述べている。そのいくつかは丸い形で、望遠鏡で覗いてそれらが惑星に似ていると考えたイギリス人天文学者ウィリアム・ハーシェルにより、一八世紀に「惑星状星雲」と名づけられた。今日、このような丸い星雲は、年をとった恒星がその外側の部分をまき散らした結果であることを天文学者は知っている。有名なオリオン星雲のような他の星雲は、もっと不規則な形に散らばり、宇宙に大きく広がったガスの海の中で誕生しつつある新しい星に照らされて輝いている。

一八八〇年代後半、キーラーは三〇代にさしかかり、このような天空の探索を続けていた時、仕事に危機が訪れた。キーラーは、天文台建設の責任者でリック財団理事長のリチャード・フロイトの姪であるコーラ・マシューズとの結婚を強く望んでいた。二人は最初に山で出会ったが、いったん結婚してしまったら、リック天文台の事務局が天文台で彼らにふさわしい住居を提供しようとしなくなるため、すぐに挙式できなかった。また、台長のホールデンに対する不満も募っていた。ユーモアを解さず専制的なホールデンは、しばしばキーラーの発見の手柄の半分を自分のものにしようとし、時にこの若者の気の進まない観測を行なうよう命令した。陸軍士官学校あがりのホールデンは、まるで「敵に包囲された要塞の中で」司令官が命令を出すかのように天文台を運営したと言われている。[10] しかし、そこには何にも増して、町に逃れもっと満ち足りた社会生活をする機会がほとんどない人里離れた山頂の退屈さがあった。「私はまず人間であり、それから天文学者なのです」とキーラーはある友人に告白している。[11]

心配事がふくらんでいったキーラーは、天文学者のつてをたどって、一八九一年、最初に雇われていたアレゲニー天文台に戻り、その台長の職についた。彼の昔の上司だったラングレーは、その時すでにワシントンDCに引越してスミソニアン協会の理事長を務め、飛行機の飛行を成功させる生涯の夢に向かって研究を始めていた。

望遠鏡の能力の点から言うと、アメリカ随一の鋼鉄都市と川を隔てて真北の丘にあるアレゲニー天文台へ転職したことは、キーラーにとり大変な後退だった。天候は不順で、ピッツバーグの工場の煤煙で空気は汚れ、観測の際の大気のゆらぎは大きく、天文台の主要望遠鏡は口径三三センチの屈折望遠鏡で、リックの九一センチと比較するとはるかに小さかった。それでも、恵まれていた点もいくつかあった。この制約が、キーラーを否応なく星雲のような天体に関する天体物理学の研究に向かわせた。これは当時流行りの分野ではなかったので、発見からさらに大きな成果が望めた。恒星と比較すると星雲には大きさがあるため、このぼんやり広がった天体は、サイズの小さい望遠鏡でもなおかなりの観測ができた。さらに、天体写真術がより効果的で便利な方法になったので、キーラーは露光時間を重ね、かつて肉眼だけではわからなかったスペクトルの細部を見ることができるようになった。彼はリック天文台に劣る点を補おうとして、どのようなものであれ分光学と写真器材の進歩を根気強く追い求めた。この経験は骨の折れるものだったが、その天体観測技術はひたすら高められていった。

キーラーがペンシルベニアで新しい職を得たことは、やがて、世界的ニュースの見出しへとつながっていった。アレゲニーで彼は、分光器を使って、金星、木星、土星などいくつかの主要な惑星がどのくらいの速度で自転しているかを調べていた。太陽の自転の測定ですでに用いられている方法に基づいて考えると、惑星の自転によって、私たちに近づく方向に動く縁からくる光は、スペクトル線が青方偏移するが、遠ざかる方向に動く縁からくる光では、同じスペクトル線が赤方偏移する。そのことをキーラーは知った。これとまったく同じ技術を使って土星の環の速度を決定できることを、キーラーは抜かりなく理解したのであった。

一八五六年、スコットランドの有名な理論物理学者ジェームズ・クラーク・マクスウェルは、土星の環はレコード盤のような一枚の固体ではなく、独立の軌道を回る小さな無数の「破片」からなることを理論的に証明する論文を書いた。[12] どのように固い円盤であっても、土星の強い重力はそれを粉々にしてしまうはずだとマクスウェルは明言した。もしそうなら、ニュートンの重力の法則から、土星の重力によって、環の内側の破片より外側の破片の方がゆっくり動いていることが推測される。これは、太陽から遠く離れている冥王星が、太陽系の内側の惑星より遅い速度で公転するのとまったく同じことである。

一八九五年四月九日夜に撮影したスペクトルが、キーラーにその直接の証拠をもたらした。そのスペクトル線は、環の粒子がアイザック卿〔ニュートン〕の法則に従って土星のまわりを回っていることを示していたのである。結局、環は一枚の固い円盤ではなかったのだ。数日のうちにキーラーは、新しく創刊された『アストロフィジカル・ジャーナル』誌に報告を送り、[13] それから彼の大発見に関する新聞記事や雑誌記事が堰を切ったように現われた。キーラーの科学的評価はうなぎのぼりに上がっていった。それは、やりさえすればできるはずだと何年も前からわかっていたことであるが、マクスウェルが推測したことを、的確に簡単にテストする方法をキーラーが工夫したからであった。

キーラーが土星にかかりきりだったころ、リック天文台長のエドワード・ホールデンは、当初一八七九年にロンドンのアンドルー・コモンによって作られた「歴史的名器」であるクロスリー反射望遠鏡を導入し、[14]自分の「天文王国」を拡張しようと計画していた。コモンはこの望遠鏡を作って設計に関するいくつかのアイディアをテストし、オリオン星雲の最初の画像などの見事な写真をこの望遠鏡で撮ったことで、一八八四年に王立天文協会のゴールド・メダルを受賞している。その鏡は直径九〇センチのガラスの円盤で、反射鏡の製作技術としては比較的新しい銀メッキを施してあった。初期の反射望遠鏡の鏡は金属でできていて、すぐに曇り、形が簡単にゆがんだ。[15]大きくて頑丈なガラス鏡をいかに鋳込むか、そのあと光を焦点に結ばせる理想的な形に成形し、研磨し、反射率を高めるため表面を薄い金属でメッキするにはどうするか。それらの技術を機器製作者たちが一九世紀半ばに習得するまで、反射望遠鏡の使用が広まることはなかった。

自分の設計に満足したコモンは間もなくさらに大きな望遠鏡を製造することに熱中し、賞を獲得した望遠鏡を、一八八五年に裕福な繊維業者エドワード・クロスリーに売った。クロスリーは望遠鏡をヨークシャーの自分の土地に移したが、数年後、残念ながらイギリスの田舎はまともな天体観測には不向きだと考えて、一八九三年に、この反射望遠鏡を（彼の建てたこの望遠鏡専用のドームとともに）売りに出した。

天文学者としての力量は優れていなかったかもしれないが、ホールデンは人を説得する力量には優れていた。彼はこのイギリス人大実業家に対し、その時リック天文台を所有し運営していたカリフォルニア大学にその設備をまるごと無償で寄付するように説得した。一八九五年、ひとたび望遠鏡の部品とドームが到着すると、ホールデンはできるだけ早く装置をもう一度組み立てるように強力に後押しした。ドームがトレミーの尾根の端に再び建てられると、タイムカプセルが壁の中に埋め込まれた。今でもそこに隠されている小さな亜鉛の箱には、クロスリーからの手紙、当時リック天文台の職員だった天文学者たちの名刺、リック天文台の来訪者へのパンフレット、アメリカ合衆国の切手一式が収められている。(16)

しかし、リックの天文学者たちは、自分たちの装備にこの新しい機器が加わることにまったく興味を示さなかった。不満を持った職員の一人は、望遠鏡をもう一度稼働させるためにおざなりの仕事を行なったすえ、この機器は「がらくたの集まり(17)」だと言ってのけた。クロスリー望遠鏡はいろいろな点で、台長と職員との間の積年の対決にとどめの一撃を加えるものだった。名誉をどん欲に求め、果てしなく干渉を続けるホールデンの軍隊調の命令に疲れた職員は、ついに反旗を翻した。リックの職員たちに裏で「ロシア皇帝」「独裁者」「ほら吹き」「悪党そのもの」「うぬぼれ野郎(18)」と言われていたホールデンは辞任に追い込まれた。大学の評議員たちも、彼への信頼を失ったのだ。ホールデンが「リック街道」と呼ばれる埃だらけの山道を最後に下っていったのは、一八九七年九月一八日のことだった。若い助手が一人だけ外に出て、別れの挨拶をした。(19)

そのころペンシルベニアに戻っていたキーラーは、どんどん忙しくなっていた。ピッツバーグ地方の強大な製鉄工場は拡大し続け、石炭を燃やした黒いすすは彼が観測する空をいっそうひどく汚していた。キーラーは国内で最も優秀な分光学者と注目されていたが、四〇年前に、本来はアマチュア観測家のために作られた口径三三センチの小さな屈折望遠鏡は、彼の足をますます引っ張った。古くなっ

リック天文台にあった元祖クロスリー望遠鏡（Mary Lea Shane Archives of the Lick Observatory, University Library, University of California-Santa Cruz）

たレンズは波長の短い青や紫の光を吸収してしまうので、研究は原則的にスペクトルの黄から赤の部分だけに制限された。事態をなお悪くしたのは、リックで以前キーラーの助手だったウィリアム・ウォーレス・キャンベルが、リック天文台のために新しい分光器を手配したことだった（この分光器は、光をただ成分の色に分けるだけでなく、スペクトルを記録することもできた）。この機器はピッツバーグで組み立てられていたので、それがカリフォルニアに送られる前にキーラーは同意してテストを行なった。この出来事により、キーラーは、間もなくリック天文台に太刀打ちできなくなることがはっきりわかった。特に一八九三年に始まった景気後退が数年間も続き、経済が大幅に縮小したため、設備の拡張や昇給の資金がついえてしまってからは、なおさらだった[20]。ホールデンの解雇はキーラーにとっては好都合な時に起こったのである。

ホールデンの後任探しでは、たくさんの名が挙がった。そこには、尊敬されていたサイモン・ニューカム、最初にリックに天文台への出資を説いたジョージ・デヴィッドソン、リック天文台の何人かのベテランの天文学者たちなどが含まれていた。この候補者のグループにキーラーはダークホースとして加わっており、間もなく彼は大学の進歩的な評議員たちに好感を持たれるようになった。彼らは、誰か若く、印象がよく、カリフォルニア大学が一流校に到達するのに役立つ人をほしがっていた。投票の結果一二対九でキーラーが勝ち、次点はデヴィッドソンだった[21]。

台長がいなくなるかもしれないと聞いたアレゲニー天文台の支援者たちは、十分な資金をピッツバーグの名士たちから募って、口径七五センチの立派な望遠鏡を備えた新しい施設を建設しようと土壇場になって努力した。運動を盛り上げるために詩まで書かれ、地方紙に載せられた。

「キーラー　ここにいて下さい」とみんな言います
「リックの二倍、私たちは、お金を出します」
そうすれば、彼は、たぶん辞めないでしょう
そして、星々の秩序も、保たれるでしょう[22]

もし、必要額が全部寄付されたら、愛する町を裏切りたくないと思っていたキーラーは町に留まっていただろう。しかし、キャンペーンは短期間で頓挫した（よく晴れた西海岸に戻るのを待ちこがれていたキーラーの妻はほっとした）。望遠鏡の大きさの記録を最近塗り替えた口径一メートル屈折望遠鏡のあるウィスコンシン州ヤーキス天文台も、彼に職を提示したが、終身雇用のポストを保証することはできなかった。キーラーは、研究と教授職の両方をこなしていけるか不安だったが、最終的には、カリフォルニア大学の事務局に電報を打ってリックの台長になることを受諾した[23]。それは、アメリカがついに深刻な不景気から抜け出した時だった。国家は世界的な経済力を獲得しつつあり、富の総額でついに大英帝国をしのいだため、希望と楽観が強まっていた。高速道路はアスファルトで舗装され、町は夜も電灯の光にあふれて明るく輝いた。電話線が人工の蜘蛛の巣のように都会の道路を密に覆った。キーラーの仕事は上げ潮に乗ったのである。

東海岸へ初めて発ってから七年後の一八九八年六月一日、ハミルトン山に住む人々には「丘」として親しまれている山にキーラーは戻ってきた[24]。そこには小さな町の町長のような新たな義務があることを彼は知った。父のウィリアムが職員だったころこの山で育ったケネス・キャンベルは「船が難破して島に流れ着いたみたいだった」と回想している[25]。「天文台長は……言ってみれば王のようなもの

でした。渦巻き星雲のことを考えるのと同じように、あの裏階段でマクドナルド夫人が脚を傷めなかったかと、彼は気にかけなければいけなかったのです」。そのころ天文台の施設には、上級天文学者が三人、助手の天文学者が三人、作業員のグループ、彼らの配偶者たち、使用人、子供たちがいて、総勢約五〇名だった。ある夫人が夜の集いに人々を招待する時でも、「雲のない時にはパーティーもない」ことがはっきりとした了解事項になっていた。[26] 天文学がつねに最優先だったのだ。教室が一部屋の学校には、新しい教師が毎年のように雇われた（女性教師はそこの天文学者と結婚して仕事を辞めることがしばしばだったからである）。リラックスしたい時、住人たちはクラブを持ち、上級天文学者の一人が山頂の少し下の平らな土地に作った八ホールの初心者用コースでゴルフをした。人間が障害物を作る必要はなく、すべては溝、うね、小さな谷、岩層といった自然のままで、「グリーン」は油まみれの土だった。時々、ジリスがおいしい木の実と間違えてボールを運んでいった。[27]

ハミルトン山を訪れたある生物学者は、「まるでしばらくの間シナイ山に住み、星々を並べて星座に分割するのを見たかのようだ」と感じながら下の谷へ帰ったという。[28] 土曜日には、時に二〇人から三〇人もの来訪者が、荷物を積んだ乗合馬車や四輪馬車に乗って列をなしてやってくるので、夜の観測はしばしば中断された。馬車はサンノゼを出て、最初はイチジクやオレンジ、オリーブ、モモの果樹園を通りながら、うねうね曲がる道を四〇キロメートル進まなければならず、七時間もかかることもあった。ゆるやかな上りの間ずっと見えているのは、天文台の明るい白色のドームだった。自動車が使えるようになって、所要時間が二時間に短縮されたのは一九一〇年のことだった。

望遠鏡が設置されていた主な建物から石を投げれば届くほど近いところに「煉瓦の家」と呼ばれる三階建ての家があり、その一画にキーラーは妻と二人の子供、ヘンリーと幼いコーラとともに住んでいた。リック天文台へ移動したことは、彼の日常生活を決定的に変えた。数えきれないほどの管理業務、特に、大学事務局、業者、有望な学生、同僚、一般人とのやりとりで、今や彼の研究時間は縮小された。キーラーに質問の手紙をよこした人に、彼は「キリストの再来とともに、あるいはそれに先立って起こると考えられる天文現象はありません」と丁寧な返事を書いている。[29] キーラーはその態度も気性もホールデンと正反対だった。「些細なことでも、個人を犠牲にするように求められた職員はいませんでした」とリックの天文台員のW・W・キャンベルは言っている。「どんな人の研究でも、成長具合を見るために植物を根から引き抜くようなことはありませんでした。キーラーの管理の仕方はとても思いやりに満ちていて穏やかで、その上効果的でしたので、手綱を握られて管理されるようになったことや、そう感じたことはありませんでした[30]」。

しかしそれでも、キーラーが台長を引き受けた主要目的は科学研究にあった。彼はもう一度、工業地帯の汚れた空気から遠くへ離れ、観測にはすばらしい環境にある巨大望遠鏡を使うことができるようになったのである。到着後一か月もたたないうちに、彼は特異な恒星を取り巻いている周辺大気のスペクトル分析に関する最初の論文を仕上げた。この研究に彼は有名な口径九〇センチ屈折望遠鏡を使った。キーラーは台長として権力を行使し、九〇センチ望遠鏡を最優先で使うこともできたはずだが、そうはせず、大胆かつ重要な決断をした。キーラーは、自分が不在の間にリック天文台の中心的な分光学者になっていたキャンベルに、彼がすでに着手していた野心的な計画である恒星速度の測定を、引き続き九〇センチを使ってやりとげるように命じた。そして誰もが驚いたことに、キーラーは、不評のクロスリー反射望遠鏡を稼働させて、まったく違うことを研究する道を選択したのである。

キーラーは、まだアレゲニー天文台長だったころ反射望遠鏡に興味を持ちはじめていた。反射望遠鏡は、自分の専門分野である分光学を研究するには特に有利なことが彼にはわかっていた。屈折望遠鏡の分厚いガラスレンズは、光をそのまま記録するのではなく、目で見るにせよ写真を撮るにせよ、(ガラスとレンズの組み合わせ次第で)そのある特定の波長を選択的に吸収する傾向がある。これは、天体の発する光をことごとく集めることに全力を傾けている分光学者にとっては大きなマイナス効果である。一方、鏡にこの問題はない。鏡はすべての光の波をその色を問わず同じように焦点に導く。さらに、レンズは一九世紀末に大きさの限界に達していて、口径一メートルを超えるレンズを自重でゆがまないように作ることはできなかった。それに対して、鏡はそれよりはるかに大きく作ることができる。キーラーが見るところ、反射望遠鏡は安直に作られたちゃちな架台に乗せられていたため、過去に芳しくない評価[31]を受けていたのである。

キーラーが最初に反射望遠鏡の威力を知ったのは、一八九六年にイギリスを訪れ、イギリス科学振興協会の会合に出席した時だった。そこでは、かつては実業家で優れたアマチュア天文家のアイザック・ロバーツが、自分の五〇センチ反射望遠鏡で撮った写真を見せて注目を集めていた[32]。ロバーツは長時間露光のさまざまな技術の先駆者で、アンドロメダ星雲が渦巻き型であることを最初に明らかにした人物だった。写真は当時、天文学にとてつもない衝撃を与え、その研究方法を急速に変えた。リック天文台が開設される直前にホールデンは、天文学者たちは今や「後輩たちに箱にしまってある天空の映像を手渡す」ことができると書いていた[33]。観測者はもはや、簡単なスケッチや急いで書いた作業記録のメモ、夜間望遠鏡に向かっている間に薄れていく記憶に頼ったりせず、研究室の机に向かい、精度の高い画像を数値的に分析して研究を続けられる。天体の変化はついに、年ごとに、いや何十年もにわたって正確に追跡できるようになったのだ。

リック天文台では、かつての台長に反対する「お家騒動」のあと、クロスリー望遠鏡は見捨てられていた。それは山での持て余し物になった。リックの観測者たちは誰も反射望遠鏡の使用に興味を示さなかったが、そのさんざんな評価を思えば驚くことではなかった。ホールデンが去る前ですら、天文学者のある職員が、クロスリーを使ってどのような研究ができるかをまとめた長い覚え書きを書いていた。その表題は、遠慮会釈なく「重要な研究はできない(34)」という解答をはっきりと示していた。

しかし、これまで一度も反射望遠鏡を使ったことがなかったにもかかわらず、キーラーは別の考え方をしていた。それは、彼が珍しい目標を追っていたからである。標的とされた特殊な恒星や星雲は、光が弱いためにこれまで分光学者が避けていたが、クロスリーの特徴のおかげでキーラーはかなり良いスペクトルが得られるようになりつつあった。クロスリーの反射鏡は他の望遠鏡とはまったく違っていた。この種の鏡ではアメリカで最大だったが、キーラーが直面したのは、その機能を発揮させるまでに解決しなければならない技術的問題が数え切れないほどあるという事実だった(35)。その一つは、彼が使う分光器はあまりに大きく、ドームを閉めるたびに望遠鏡から取り外さなければならないことだった。そして、もともとイギリスで恒星を正確に追尾できるようになっていた望遠鏡の架台をイギリスより南にあるハミルトン山で使うには、もう一度設置方法の手直しをしなければならなかった。さらに、新しい接眼鏡と、天球の日周運動に合わせて望遠鏡を駆動させるための時計も必要だった。口径一メートルの鏡に銀メッキを施すには、硝酸銀、苛性カリ〔水酸化カリウム〕、アンモニア、それに、氷砂糖、硝酸、アルコール、水からなる還元剤などの化学薬品を集めなければならなかった。近くの天文学者用の小屋からドームまで電話線も伸ばさなければならなかったし、接眼鏡内の十字線を照らす電灯も必要だった。

望遠鏡の改善は時々思い出したように、三歩進んだり二歩戻ったりしながら行なわれていたが、一八九八年九月、リックに戻ってきてからちょうど四か月後に、キーラーは、仲間とついに望遠鏡を辛うじて使える状態にした。そして同月一五日、最初のカメラ・テストが行なわれた。はじめの目標のわし座で最も明るい星、アルタイルはぼやけていたが、その東を写したもう一枚の写真はそれよりうまく撮れていた。「暗い星は良いが、明るい星では不安定になる……」と彼は観測ノートに書きとめた。二週間後、キーラーは満月に近い月の写真を撮り、一言メモした。「写真乾板はかなり良い」[36]。クロスリーのドームの中は、天空からまぎれ込んだ反射光を吸収するため壁の上方部は黒く塗られていたが、下半分は明るい赤に塗られていたので、キーラーと助手は暗闇でも自分たちの足元が見えた[37]。写真乾板は赤色光には感度が低いので感光する心配はなく、ドーム内はどこも、真紅のガラスに覆われたランプでうすぼんやりと照らされていた。クロスリー鏡は筒に収められていたのではなく、鉄枠で支えられただけで剥き出しになっていたので、このような照明で事故防止をすることは必要不可欠だった。

晩秋にブルックス彗星が空に現われ、これでキーラーは、クロスリー望遠鏡の観測による最初の論文を書くことができた。彼が助手のハロルド・パルマーの手を借り連続一一夜にわたって撮影した写真画像には、これまで撮られた彗星のどの写真よりも細部がよく写っていた。それは二重核すらとらえていたのである。「一一月一〇日の露光時間五〇分のネガでは、彗星の頭は、はっきりと二つに分かれたぼんやりとした核からなり、それらはほぼ円形のコマに取り巻かれている……」とキーラーは記録した[38]。「核の分離は確かだと思う」。彗星のこのような構造を認めたのは最初のことではなかったが、それでもこれは刺激的な写真だった。

間もなくキーラーは、秋の夜空でおうし座とオリオン座の近くにある印象的な散開星団、プレアデス星団（七人の姉妹）を観測した。露光時間が時に一時間を越す一連の写真を撮ることによって、プレアデス星団はフィラメント状のほのかなガス雲の中に埋もれていることが示された。「星雲の切れ端……は、この領域では特徴的だ」と彼は記録した。[39] のちにキーラーはオリオン星雲の見事な写真を撮り、これまでは暗すぎてわからなかった特徴を明らかにできる反射望遠鏡の能力を天文学者たちに納得させてうならせた。この衝撃的な画像は『太平洋天文学会誌』の口絵写真になり、その写り具合には彼自身も驚いた。「よく晴れた夜にクロスリー反射望遠鏡で撮った写真の威力は、少なくとも今まで研究に屈折望遠鏡しか使ってこなかった人にとっては驚くべきものだ」と彼は書いている。[40]

キーラーはクロスリー望遠鏡を使って、光が曲がりくねって連なる干潟星雲、オメガ星雲、三裂星雲のような目を奪う天の眺めを記録し続けた。「私たちは現在、これらの星雲の姿をとてもよく知っているので、彼の写真が当時の天文学者たちにどれほどのセンセーションを巻き起こしたかを認識するのは難しいのです……」とオスターブロックは指摘する。[41]「それらの写真は、今まで眼視で観測していた人の一番見事なスケッチより、はるかに細部まで写していたのですから」。当時キーラーは、今ならハッブル宇宙望遠鏡に相当する写真を撮っていたのである。

リック天文台長の職務を離れた時間をキーラーは可能な限りトレミーの尾根で過ごし、星雲に関しては世界的な権威になりつつあった。「［クロスリーの］動作は鈍く、設計も気が利かないけれど、よく晴れた夜の写真の威力は本当に特筆ものです。これまで見てきた星雲の写真で、クロスリーで撮れるものにかなうものはないので、普通の星雲の写真撮影に時間をさくことは価値があると思います」と彼は友人に話している。[42]

月面が暗い影に覆われる新月を含む一週間前後が、最良の観測期間だった。月光に妨げられず、検出しようとしていたかすかな星雲を写真に撮れるほど空が暗いのは、その時だけだった。澄んだ穏やかな夜には、しばしば何枚かの写真を撮る時間があった。しかし、空に雲がない時でも一息入れることはあった。それは、強風が吹くと架台上のクロスリー望遠鏡が揺れて、観測を台無しにするからであった。

一八九九年四月四日、ついにキーラーは最初の渦巻き星雲に取りかかった。[43] 最初はおおぐま座の「ひしゃく〔北斗七星〕」のすぐ上の、M八一という番号のつけられた星雲だった。この像を写真乾板にしっかり記録するには集光に二時間必要だったので、その夜九時から一一時までキーラーは注意深く追尾した。現像された写真乾板のうすぼんやりした渦巻きにはすぐ気づいたが、この写真は「価値なし」と判断された。残念ながら、望遠鏡の極軸合わせが不十分で、星々が小さい弧を描いていたのである。

翌月、キーラーの運は上向いた。彼はクロスリー望遠鏡〔の極軸〕を調整し、「渦巻き」の面が私たちに向き、見事な星雲として知られるM五一の写真を何枚か撮った。ハミルトン山の安定した大気の助けも大いにあり、四時間の露光はそれまで見えなかった星雲の特徴をとらえた。この写真のポジを、キーラーが友人のヤーキス天文台長ジョージ・エラリー・ヘールに送ると、ヘールは息をのんだ。「天文台の誰もが、この写真は、今まで見たことのある写真や、期待していた写真よりはるかに優れているると思いました」とヘールは大いに興味を示した。[44]

キーラーはその重要性をただちに悟ったわけではなかったが、この画像にははるかに重要なものが写っていた。小さく暗いものだったが、M五一のまわりには星雲がさらに七つ写っていたのである。彼は、これらの星雲の正確な位置をロンドンの王立天文学会に送った短い覚え書きに記し、それらに

1899年にジェームズ・キーラーがクロスリー望遠鏡で撮影した子持ち銀河（M51）、左上に黒い星雲が見える（Copyright UC Regents/Lick Observatory）

ついて説明した。星雲には、丸いもの、あるいは紡錘形や楕円形のものもあった。そしてこれは事の始まりにすぎなかった。「位置は記録しなかったが、ほかにいくつか暗い星雲が探査中に観測された」と彼は書いた。[45]「実際に、この領域は見たところ独立した小さい星雲だらけで、長時間露光の写真からは間違いなく多くの星雲が見つかるだろう」。それはわくわくする発見だったが、キーラーは、これは単に、空のこの区域だけに星雲が異常に集まっているのだろうと推測していた。

一八九九年九月にヤーキス天文台で開かれた第三回天文学者・物理学者会議で、増えつつあるキーラーの写真コレクションからえり抜きの写真が目立つように展示された時には、大変な興奮が引き起こされた。E・E・バーナードのように、かつて反射望遠鏡の価値に疑いを抱いていた天文学者たちは、意見を変えはじめた。ホールデンの「嵐の時代」にリックからヤーキスに逃れたバーナードは、オリオン星雲、プレアデス、M五一の渦巻きの見事な細部をすべて見てとろうとキーラーの写真の前に何時間も立ち尽くしていた。[46]

メディアを熟知するキーラーは、天文台にも自分の経歴にも両方に役立つように、上手に宣伝することの重要性を知っていた。ある日食についての広報活動を十分行なったあと、日食の観測結果をある会議に提出しようとしていた特別研究員の天文学者に、キーラーは「失敗より成功のことを強調するる」よう助言した。[47]「君が、一〇枚の写真乾板のうち三枚は失敗したと記者に話した時と、(同じことを) 一〇枚のうち七枚は成功したと話した時とでは、まったく違った印象を与えるだろう」。キーラーは自分の最良の写真を、王立天文学会、ニューヨーク科学アカデミー、フィラデルフィアのアメリカ哲学協会に送った。これらはみな、科学者たちの意見に影響を与えることができる学会であった。彼はまた、反射望遠鏡のかつての所有者であるクロスリーが、オリオン星雲の特に美しい画像を確実に受け取れるように送ると、このイギリス人実業家は「私がこれまで見た中で一番すばらしいものでした。強力な機器をただ所有するだけでなく、その長所を最大限引き出せる場所に設置することがどれほど重要か、これで私はわかりました」という返事をよこした。[48] これらの結果が広まったことは、キーラーの利益になったようである。彼は、天文学の研究のための権威あるヘンリー・ドレーパー・メダルを受賞し、その一年後の一九〇〇年に、国立科学アカデミー会員に選出された。そして、アメリカの最先端の天文学者の一人になった。

夏の終わり、ヤーキス会議の直前に、キーラーは暗い星雲をさらに詳しく調べはじめ、NGC六九四六を一時間露光して撮影した。これは、一八世紀の終わりに天文学者ウィリアム・ハーシェルが最初に見つけたぼやけたシミのような天体で、一八八八年にJ・L・E・ドライヤーが発行した『新総合カタログ』に六九四六番として掲載されている。写真乾板を現像したキーラーは、これはM五一やM八一に似ているが、それより小さな渦巻き星雲であることにすぐ気づいた。数日後の夜、彼はさらに二個のぼやけた星雲を調べた。そして再び、どちらの星雲も渦巻き腕が明るい中心に巻きついているのを発見したのである。これらの暗い星雲はアンドロメダ星雲によく似た平らな円盤のように見えたが、皆違った方向を向いていた。

この研究が進むにつれさらに驚くものが現われてきた。写真を撮るごとに、キーラーは画像の背景に何となく写っているもっと光の弱い星雲を見つけたのだ。探索のはじめにM五一の写真乾板に七個の星雲を見つけた時、彼は「約一度四方しか写らない写真にしてはかなり驚くべき数だ」と思った。[49] その領域は、天空で一辺が満月二つ分の長さにすぎなかった。しかし、間もなく彼は、結局この天体の集団はそれほど驚くべきものではないことに気づいた。写真を一枚撮るごとに、キーラーは天空に

キーラーが1899年に撮影したNGC891、○印は背景に写っている星雲(Copyright UC Regents/Lick Observatory)

満ちる星雲を次々に見つけたからである。一八九九年の秋の間中、彼は月のない晴れわたった夜には必ずクロスリーに足を向け、星雲の数を増やし続けた。渦巻きの縁がこちらに向いているNGC八九一を四時間の露光で撮ると、写真乾板には、中心の渦巻きのまわりに三一個の新しい星雲が映画の背景のエキストラのように散在して写っていた。NGC七三三一の写真にさらに二〇個の星雲を発見した時に彼は、「他の何枚かの写真乾板と同じくらいたくさん写っている。これらの新しい星雲のほかにも……とても小さいので、その本来の形を認識し、本当の性質を明らかにするには望遠鏡の分解能が足りないけれど、写真乾板にはおそらく星雲と思われる天体が、かなりの数写っている」と記している。[50]

　そのことにキーラーは物を言えないほど驚いていた。宇宙にはとても小さな星雲があふれていて、それらのほとんどは、見ている角度はさまざまだがはっきりと渦巻き型を示していた。「私たちの九〇センチ反射望遠鏡で見ることができる星雲でまだ記録されていないものが、数千とは言いませんが数百はあるのです」とキーラーは報告した。(51)キーラーは、一度四方につき新しい星雲が三個と仮定し（その推定はあまりにも控えめすぎたが）、「全天の新しい星雲の数は約一二万個」と見積もった。彼はさらに多いかもしれないとも考えていた。これ以前に、天文学者たちによって約九〇〇〇個の星雲がカタログに載せられていたが、その一パーセントに満たないわずか七九個だけが渦巻き型と認められていた。(52)そのころまでに、ウィスコンシン州ヤーキス天文台は口径一メートルのレンズを持つなおいっそう巨大な望遠鏡を、鳴り物入りで稼働させはじめていたが、それでもまだキーラーの反射望遠鏡には太刀打ちできなかった。バーナードですら、海抜三〇〇メートルのはるか低地に立地する新しい本拠のヤーキス天文台は「望遠鏡は立派なのに気候が湿っていて、発見はごくたまにしかない」と匙を投げた。(53)

キーラーは自分の奇妙な発見を、ドイツの権威ある天文雑誌『アストロノミッシェ・ナハリヒテン』に論文を書き、注意を喚起した。「これまで渦巻き星雲は、それに特別興味を持つ観測者だけに観測され、星表に感嘆符がつけられる珍しい天体で、ごくまれな特異で奇妙な現象と考えられてきた。しかし、非常に多くの他の星雲も渦巻き型であることがわかり、この分類はすぐに意味をなさなくなった……。暗い星雲の中にも大きさは小さいが同じ渦巻き型のものがいくつもいくつも出現した」(54)。今や渦巻き星雲は天空の例外的存在ではなく、普通のものになったのだ。それらは、「巨大なアンドロメダ星雲から暗い恒星とほとんど区別がつかない天体まで、さまざまな大きさの(55)」宇宙の重要な構成要素に違いないとキーラーは想像した。

しかし、渦巻き星雲とは一体全体何なのか？　誰にも確かなことはわからなかった——それはひとえに、距離を決定する方法がないという天文学者がたびたび悩まされてきた問題があったからである。もし、渦巻き星雲が近くにあり、銀河系の一部なら、見かけの大きさから考えてそれらは比較的小さな天体で、おそらく一つ一つが形成過程にある新しい星だろう。しかし、もしそれが非常に遠くにあるなら、望遠鏡写真の見え方から考えて、それらは銀河系そのものと同じくらい巨大でなければならない。

その性質がどのようなものであれ、キーラーにとって、渦巻きという形態は、その天体の回転を示しているように思われた。そして、同時代の多くの人々と同様、彼はこの形は星の形成と何かしらの関係があると想像していた。「もし……渦巻き型が通常思われているように、星雲の物質の収縮によるものなら」と彼は考えた[56]。「その考えは即座に、太陽系が渦巻き星雲から進化したことを暗示する」。この考えを前提にするなら、個々の渦巻きは新しい恒星とそれにつき従う惑星が生み出される場所を示すことになる。私たちの太陽系が回転するガス雲の凝縮でできたという考えは、すでに何十年も前、イマヌエル・カントとピエール・シモン-ド・ラプラスによって提案されていた。スタンフォード大学の講義ではキーラーはまさにこの点を指摘した。「リック天文台のクロスリー反射望遠鏡で最近撮った、さまざまな凝縮の段階にある巨大な渦巻き星雲の写真を見ると、天にはラプラスの考えた美しい実例が満ちみちています[57]……」。

アインシュタインの相対性理論が、そのはじめから数々の芸術作品や文学作品に影響を与えたのと同じように、一九世紀の星雲説もそれらに影響を与えた。その一例が、イギリスの偉大な桂冠詩人アルフレッド・ロード・テニソンが一八七四年に書いた「王女」の中にある四行詩に見られる。

かつてこの世は光のもやに満ち
中央へ進むと星々の潮があった
そして、回転する鋳型、太陽たちの中へ渦となって流れ込み、
惑星たちは……

この方向の研究をもししていれば、キーラーがどこまで進めたかを想像するのは興味深い。望遠鏡操作術がずば抜けていた彼は、良質のスペクトル・データをすでにとっていたので、渦巻き星雲には他の説明もありうることを否応なく考えさせられたであろう。「キーラーは……（当時のどの天文学者より）はるかに経験豊かで熟練した分光学者でした。渦巻き〔星雲〕は、恒星の集まった銀河だという結論に彼が到達していたことは、間違いありません」とキーラーの七〇年後にリック天文台長を務めたオスターブロックは強く述べている。[58] また、キーラーは、渦巻き星雲は銀河系から高速で遠ざかっていることにも他の人々よりずっと早く気づいていたかもしれない。彼は洞察力があり、道具も備わっていた。そして、すでに数々の惑星状星雲の速度を突きとめ、渦巻き星雲の研究に進もうと計画していた。友人のヘールはこう思っていて、キーラーが「クロスリー反射望遠鏡を使い、画期的なスタートを切ったあと、新しい星雲を星表に載せ、それらのスペクトルで何かを研究する」つもりだったことを確信していた。[59]

しかし、本当にそうであったかは知るよしもない。[60] というのも、キーラーは四三歳の誕生日の一か月前の一九〇〇年八月一二日に急逝したからである。一九〇〇年の春から夏にかけて、キーラーは彼

の言う「ひどい風邪」に苦しみ続けていた。[61] 学生時代からヘビースモーカーだった彼は、すでに胸部に疾患を抱えていた。医師も胸膜炎と診断し、キーラーは友人たちに「それほど深刻なものではない」と話していたが、[62] 肺気腫か肺癌に冒されていたようである。クロスリー反射望遠鏡から家に帰るまでの急な上り坂では、彼は息切れがして何度か休まなくてはならなかった。医師が観測の継続を禁じたので、キーラーは家族と短い休暇を過ごそうと七月の終わりに山を離れた。そして山に戻ったら、クロスリーのために完成したばかりの新しい分光器を使って渦巻き星雲の調査を始めるつもりでいた。しかし、数週間のうちにキーラーは二度発作を起こし、サンフランシスコで亡くなった。友人であり同僚でもあるキャンベルは、彼の死による天文学の後退は「計り知れない」[63] と言った。ハーヴァード大学天文台長のエドワード・ピッカリングはこう書いた。「損失はどれほど見積もっても見積もりきれません……彼以上に輝かしい将来のあった人や、その一流の研究により重要な進歩が起こることを期待されていた人がいるとは、私には思えないのです」[64]。『サイエンス』誌は、一九〇〇年九月七日号の最初のページにキーラーを賛える弔辞を掲載した。[65]

ハミルトン山では、キーラーの思い出はきわめて神聖視されるようになり、それは今日まで続いている。彼は掛け値なしに理想的な台長であり、天文学者だった。しかし、賞賛を浴びたキーラーの評価もリック天文台の外では徐々に薄れていった。百科事典では（キーラーがとり上げられているとすればだが）、まず土星の環の研究のことが書かれ、高地で反射望遠鏡を最初に使用したこと、それにより多数の渦巻き星雲が記録できたことには短くしか触れられていない。しかしそれでも、クロスリー反射望遠鏡を使って星雲を根気強く探索したことは、まさに彼の最も後世に残る遺産である。「屈折望遠鏡の時代は終わりました」とオスターブロックは言った。[66]「中間のサイズの屈折望遠鏡はさらにいくつか作られましたが、クロスリーを使ったキーラーの研究のあと、アメリカのプロの天文学者で、反射望遠鏡以外の巨大望遠鏡を作ろうと真剣に考えた人は一人もいません」。

その革新的な精神と、かつては侮られていた機器の修復に成功したことで、キーラーは反射望遠鏡を天文学研究の最前線に押し出した。恒星の運動を広範に調査する計画を実施していたキャンベルは、その観測をリック天文台が遂行するには南半球に二台目の望遠鏡が必要だと考えていた。キーラーの後継者として台長に選ばれた彼は、キーラーが働かせて大成功したのと似た九〇センチ反射望遠鏡をもう一台作る決心をした。[67] この望遠鏡は一九〇三年にチリのサンチャゴ郊外に建てられ、そこで二五年間稼働した。リック天文台の屈折望遠鏡は何十万ドルもしたが、キャンベルはチリの望遠鏡を二万四〇〇〇ドルというささやかな金額で建設した。

キーラーの死からちょうど一年後の一九〇一年秋、ヤーキス天文台には小さいドームの中に試験的に反射望遠鏡が組み立てられた。ヤーキスのこの反射望遠鏡は口径が六〇センチでクロスリーより小さかったにもかかわらず、その機械的性能ははるかに優れ、反射鏡を非常に安定させることができてキーラーのものよりずっと良い星雲写真を撮ることができた。「口径六〇センチの反射望遠鏡で撮った写真から、最良の写真を撮るには何よりも大気の条件に恵まれなければならないことがわかる」と望遠鏡を建造したジョージ・リッチーは報告している。[68]「交通の便の良い、とりわけカリフォルニアという場所で、このような気候や大気条件の中に適切に設置された大反射望遠鏡でどんな写真を撮ることができるかを考察するのは、興味深い」。

キーラーは反射望遠鏡を、天文学の機器として使われるように変えただけでなく、新しい目で宇宙を見るよう天文学者たちを刺激した。宇宙は、単純に銀河系として定義されるのか。それとも宇宙には、望遠鏡を通さずに見るよりもっと多くのものが存在するのか？　キーラーは、それまでアマチュア天文家が取り組んでいた問題——そのほとんどは渦巻き星雲だった——に手をつけ、プロの天文学者が最も興味を示す対象に変えた。そして、一九世紀の終わりに伝統的な天文学に良い刺激を与え、そうする中で何世紀にもわたって続いていた議論に再び活気を与えたのである。全天のいたるところにあり、これほど謎めき、これほど人々を魅了するのに解決できない〔渦巻き〕星雲の本当の性質はどういうものだろう？　もしかすると、宇宙は考えているよりはるかに巨大なのだろうか？

第3章

真実以上に強く

宇宙を偉大で広大なものと思い描くのは近年のことではない。紀元前一世紀、ローマの詩人で哲学者のルクレティウスは、この疑問に巧妙な論理で迫っていった。「とりあえずここで、宇宙は有限だと考えてみよう」と彼は言った。(1)「もし、人が宇宙のそのぎりぎりの果てまで進んでいき、槍を素早く投げたとしよう。あなたは力をこめて投げられたこの槍が、遠くへ飛んでいくと思うか、それとも、何かが槍をそこに留めておくだろうか?」。ルクレティウスや彼以前の数人のギリシャ人思想家には、突き抜けられない壁が宇宙に存在するとは想像できなかった。それは馬鹿げたことに思えたのだ。

しかし、ルクレティウスの推論が決して広く支持されたわけではなかった。その考え方は、紀元前四世紀にアリストテレスによって支持され、お墨付きを得ていた宇宙論の影に隠れてしまった。この著名なギリシャ人哲学者は、ある決まった大きさの天球の中心に地球が動かずに浮かんでいる静的宇宙を好み、その概念は、何世紀も持続する多大な影響力を持っていた。時を経ても学者たちは、宇宙はもっと大きいかもしれないと時たま考えてみたにすぎなかった。たとえば、一六世紀には、トマス・ディッグスがイギリスで、星々は無限の宇宙のいたるところに散在していると想像し、他方、ジョルダーノ・ブルーノがイタリアで「宇宙はいたるところに中心があり、境界線はどこにも存在しない」という先見の明ある断言をした。(2) また、アイザック・ニュートンも、宇宙に果てのないことを支持する優れた科学的根拠を持っていた。もし宇宙に果てがあるなら、重力がすべての物質を徐々に内側に引き寄せるから、最後には宇宙がつぶれてしまう。宇宙を不変不動の状態に保つには、恒星はあらゆる方向に無限に広がっていなければならない。「もし、無限の空間に物質が均一に分散しているなら、物質は決してひと固まりに集まらないはずです」とニュートンは友人に手紙を書いている。(3)

しかし、ほとんどの人々にとってこの途方もない大きさは理解しにくく、考えるのも恐ろしいものだった。トマス・ハーディーの一九世紀の小説『塔上の二人』の登場人物で、スウィシン・セイント・クリーヴという天文学者は、この解釈についてすばらしい発言をしている。「そこから威厳が生じる大きさというものがある。さらに、そこから崇高さを生む大きさがある。さらに、そこから荘厳さの始まる大きさがある。さらに、そこから畏怖を生む大きさがある。さらに、そこから身の毛のよだつ恐怖の始まる大きさがある。その大きさは、星の宇宙の大きさに、少しずつ近づいていく。それなら、宇宙の深みに自らを葬るため想像力を注ぐ者たちは、新たな恐怖を獲得するためだけに能力を酷使しているといってよいのではないだろうか?[4]」。

一八世紀の終わりになってもなお、ほとんどの天体観測者は、宇宙の本当の大きさや性質に関する問題に恐れをなし、尻込みしていた。というのも、当時のプロの天文学者は、ニュートンの法則を、月、惑星、彗星の運動の予測のために使う、本質的には数学者であったからである。彼らにとって恒星はまったく別種の天体で、星図を描くためにできる限り正確にその座標（要するに天空の黄経、黄緯）を決定する以外には、興味のあるものでも研究意欲をかき立てるものでもなかった。その結果、宇宙の大きさや形、運命に関する問題は、主として専門家とアマチュアのはざまにいる人々によって激しく議論されるようになった。その人物としては、たとえばトマス・ライトがいる。彼は、大工の息子というやや身分の低い生まれから、社会をがむしゃらに這い上がってきた好事家であり、策士でもあった。トマス・ライトは、時計屋の見習い、船乗り、数学と航法の教師をしたあと、身分の高い家柄の人々に建築と科学の個人教授をして、イギリスで快適な生活を続けた。また、コーンウォリス卿の娘たち（アメリカ独立戦争の将校の姉妹）の家庭教師をし、ハリファックス伯爵と狩猟をし、ケント公爵夫妻と定期的に食事をともにしたこともあった。

ダーラムのトマス・ライト（Thomas Wright's *An Original Theory; or, New Hypothesis of the Universe*, 1750より）

裕福な支援者たちの後ろ盾を得たライトは、一七五〇年にその知識を惜しみなく注ぎ込んで『宇宙の新理論あるいは宇宙の新仮説』というタイトルの豪華な本を出版し、天の川の構造を説明しようとした。当時三九歳だったこのイギリス人は、独学で習得した測量と幾何学の専門知識を生かして、断続的ながら長年にわたり考え続けた問題、なぜ天の川は、霧のような流れが天球を横切って見えるのかという問題にその知識を適用した。ガリレオは自分の望遠鏡で、この雲のような帯が無数の星々からなることを明らかにしたが、ではなぜ星はこのように川のように並んでいるのか？

公的な教育をあまり受けなかったライトは、当時の流行だった神学への不可解な脱線を著作の中にちりばめたが、その散漫な文章の中で、私たちが宇宙のどこにいるかが、私たちを取り巻く天空の認識の仕方に影響を与える――今日では明白だが当時は驚くべき――という考えを紹介した。天の川の見え方は「観測者の位置による効果にほかならない。この解答はたとえ真実ではなくとも、少なくとも理にかなっていると読者は認めざるをえないだろう。そして、これこそ新理論として提出されるものである」と彼は述べた。(5) 彼はリスクを回避するため、天の川の見え方に対する説明を二つ示した。一つのモデルでは、星々が土星の環のように中心のまわりを大きな円を描いて動く図を示した。しかし、宗教的な見解に強く導かれた彼は、天の川は、星々が球形の薄い殻――要するに泡――を形作ったもので、太陽系はその表面にあり、「その領域を見守る創造主の代理人」が中央に住んでいるという考えの方を好んだ。

ライトは全部で三二枚の図を贅沢にも使い、それによってその独創的な考えを文章そのものより巧みに伝えた。今日でも彼の本の中で見ることのできる一枚の版画は、天の川を星々の平らな一つの層として示している。これは、ライトが巨大な球形の殻を想像する最初の段階だった。「私は、［その円盤が］本物だと確信しているのではない。しかし、この問いは、私が説明しようとすることを、読者がより適切に思い描く助けになると述べたいだけのものである」。(6) 太陽が埋め込まれているライトの大きく緩やかに湾曲する殻の面に沿って見れば、地球上の人間は円盤状の構造がすぐに理解できるだろう。私たちがこの恒星の薄い層を縁に沿って見ることで、天の川が帯のように見え、その面から離れた方向では、見える星の数は少なくなる、とライトは考えた。

ライトはさらに考えを進め、天空に次々に見つかっている星雲は、私たちの境界にある付加的な創

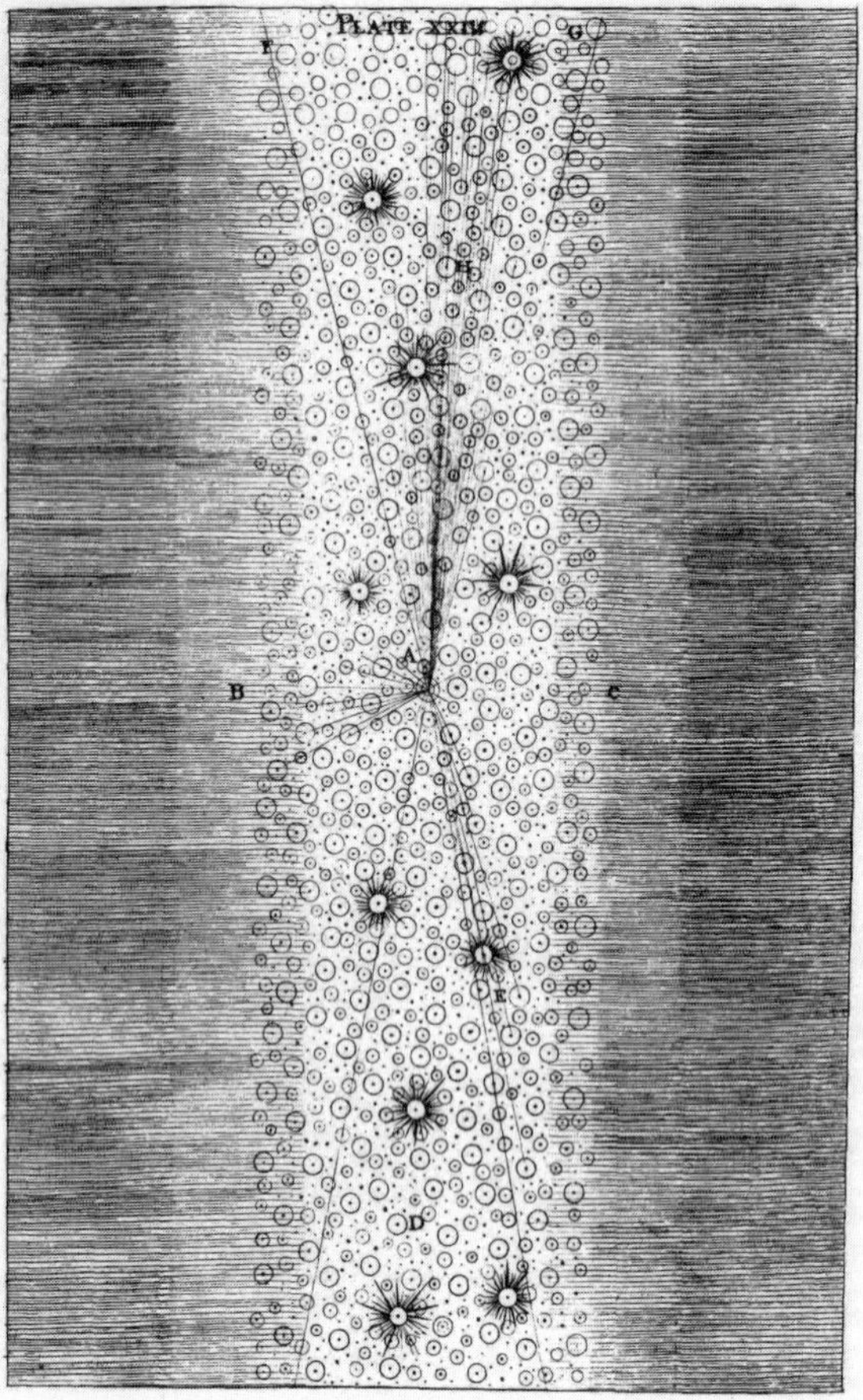

トマス・ライトによる銀河系の銅版面。星々の円盤として描かれている(Thomas Wright's *An Original Theory; or, New Hypothesis of the Universe*, 1750 より)

造物かもしれないが「あまりに遠すぎて望遠鏡でも見えず」、「聖なる中心」を持つ無数の球だと述べた。[7] 一七三四年には、スウェーデンの哲学者エマヌエル・スウェーデンボリは「私たちが見ている宇宙に似た無数の球、無数の天がほかにもあるかもしれず、それらはあまりに多くて広大なので、私たちの球は「その中の」たった一つの点にすぎないのかもしれない」[8]と考えていたので、ライトは彼の言葉を繰り返しているかのようだった。

もしこれだけなら、ライトの想像力あふれる考えや人々の目を奪う図は、天文学史の脚注にすらほとんど残らなかったかもしれない。数年後に彼は、地獄の劫火を心に描くとんでもない中世の宇宙モデルに逆戻りさえしている。しかし、イギリスの歴史学者マイケル・ホスキンが最初に指摘したように、ライトが言わんとしたことを他の人々が「想像し」[9]、それを言い広めたので、ライトはある程度の賞賛を得ることができた。『宇宙の新理論』の出版から数か月後、その鍵を握る考えの概要がハンブルクの雑誌に掲載された。その概要は、天の川に関するライトの考えの中から、球形のモデルより平らな環のモデルを選んで強調していた。この環は私たちの太陽系と比較され、惑星が太陽のまわりを回っているのと同じように、恒星も回っているとされた。雑誌のこの要約に刺激されたプロシアの若い教師が、一七五五年にこの主題について本を著した。彼はライトと同じように、夜空の多くの星雲を「それぞれがまさに宇宙、いわば銀河系で……これらの高みにある宇宙は互いに関係がないのではなく、現在のような相互関係によってさらに広大な系を構成している」と述べた。[10] これらの言葉は、その著者であるイマヌエル・カントが、世界で偉大な哲学者の一人として名声を得るまで事実上無視された。当時ですら、宇宙の構造に関するカントの考えはほとんど世の中から消え去ろうとしていた。彼の依頼した印刷屋が破産した時、その手書き原稿が破棄されてしまったからである。[11] 幸い、一七六三年に出版されたもう一冊の本の補遺にその簡略版が収められていた。

科学的な素養のあるカントは、ライトの恒星の環は実際にはひとつながりの円盤だろうと想像した。彼は、当時最新の天文学的証拠に刺激されていたので、この考えは願望ではなく現実に近いものであった。すでに、フランスのピエール‐ルイ・ド・モーペルテュイが、自ら「星雲状の恒星」と呼ぶかすかな天体を天空に観測していて、その形はちょうど円盤を少し傾けたような楕円形であった。「これらの星々は多数の恒星が集まった以外の何ものでもありえないと、私は容易に納得した……(12)」とカントは書いている。「それらの恒星を私たちから思いも及ばないほど遠くへ離すと、その光が弱いことの説明がつく」。このように理由を述べたカントは、銀河の基本的な構造の正しい姿に到達した。彼は、過去の天空の観測者たちが、それ以前に私たちの銀河系の形を見抜いていなかったことに驚いていた。銀河系は平らな皿のような形をしていて、さらにそれは、天空にたくさん散らばる星の世界のたった一つだったのである。のちに、ドイツの科学者アレクサンダー・フォン・フンボルトは、カントによるその構造に「島宇宙(13)」という名をつけた。これは、ある人はカントの見解を支持しながら、またある人は嘲笑しながらマントラのように唱えて、天文学者の世界に共鳴する文句になった。アルザスの洋服屋の見習いから独学で多少科学を学んだヨハン・ランベルトは、独力で似たような結論に達し、一七六一年の『宇宙論に関する書簡』の中でそれを発表した。これらの研究が出版されると、「星雲の謎」は一世紀以上にわたり哲学者や天文学者を悩ませるものになった。

プトレマイオスの時代から、天文学者たちは肉眼では夜空に「雲のように」見えるいくつかの星々のことを議論してきた。一番有名なのは、北天のアンドロメダ座――アンドロメダは、天空の星座で両親のカシオペアとケフェウス、夫のペルセウスのそばにいる神話の中の王女である——にあるものだった。彼女の腰の部分には、夜空が最も暗い時によく見える卵形の光のしみがある。一〇世紀になると、ペルシャの天文学者アルスーフィーが、自分の星表にこの星を「小さい雲」と記した。望遠鏡が発明されるとこのような星雲はさらに見つかり、一七〇〇年代初期に（彗星で有名な）エドモンド・ハレーは全部で六個の星雲を数えている。[14] ある観測者にとっては、これらの青白い場所は天球の裂け目で、エンピリアン（最高天）の光が下りてくるところであった。別の人々は、それらは遠くの恒星を取り巻くもやのような大気ではないかと言った。しかし、ハレーは、それらは天空の他のどの天体とも異なる特殊な天体だと考えた。それらは「肉眼では小さい恒星のように見える」と彼は書いた。[15]「しかし本当は、エーテルの中にある並はずれて広大な空間からくる光以外の何ものでもない。エーテルを通ることで光る〝媒体〟は散乱し、自分自身の光で輝いているのだ」。

一七八一年、天才的な彗星探索者シャルル・メシエが、今日も使われている一〇〇個以上の星雲をリストしたカタログをフランスで出版すると、[16] 少しずつ発見されていくこれらの天体の重要性はさらに増した。たとえば、アンドロメダ星雲はメシエ・カタログの三一番目の星雲なので、M三一として一般に知られている。メシエは星雲自体にも関心があったが、そもそもは、この種のものでは最も目立ち、夜空にいつも見えるこれらの天体を、彗星と間違えないよう観測仲間たちに知らせたいと考えていた。彼は、パリの緯度で地平線より上に見えるそれらの星雲を指摘して、仲間のために宇宙に道しるべを設けたのである。

その直後、イギリスで「天文学界のプリンス」になるウィリアム・ハーシェルほど、メシエのリストに夢中になった者はなかった。ハーシェルは、メシエ・カタログが届けられるやいなや望遠鏡を天空の星雲に向けた。「適切な状態で調べることのできるほとんどの星雲が、私の〔望遠鏡の〕集光力と分解能に屈し、星々に分解されるのを見て、とても嬉しかった」と彼は数年後に書いている。[17] 当時の口径三〇センチ、長さ六メートルの望遠鏡を使って、ハーシェルは最初にこれらの発見をした。ハーシェルの望遠鏡はその当時最も強力なものだった。これを使って彼は、（今日私たちが散開星団、球状星団と呼ぶ）星雲の多くが、実際は数百、数千の恒星からなっているのを見ることができた。このことからハーシェルは、「すべての」星雲は遠く離れた恒星系だと信じるようになった。接眼鏡を覗いてなお雲のように見える星雲もあったが、それらは距離があまりに遠いため個々の星がはっきり見えないだけだとハーシェルは考えたのである。

ハーシェルはすぐに、自分の巨大反射望遠鏡を使って天空を文字通り洗いざらい走査し、星雲の大がかりな掃天観測を始めた。この大計画を前にすると、過去の星雲探査の努力は色あせて見えた。一七八六年までにハーシェルは一〇〇〇個の新しい星雲と星団を見つけ、三年後にはさらに数百個を加えた。「これらの奇妙な天体は、その数だけでも、それらのもたらす重大な結果を考えても、全恒星系に匹敵する」とハーシェルは書き、[18] ある時点で、一五〇〇個の新しい宇宙を発見したと誇りさえした。その一つ一つは「壮大さにおいて私たちの銀河系に優るかもしれない」と彼は興奮して報告している。[19]

ハーシェルはこの星雲の追跡には遅れて加わった。ハノーヴァー公爵領（現在はドイツの一部）で音楽家の一家に育ったハーシェルは、戦争のさなか十代の時に、ハノーヴァーの同盟国だったイングランドへ逃れ、そこで楽譜の写譜、作曲、個人レッスン、地域の演奏会を生活の糧にした。そして結局、バスの町の合唱指揮者となり安定した生活を手に入れたが、それでも満足することはなくさらに知的な刺激を求めた。

ひらめきは一七七三年五月一〇日に訪れた。その日三四歳のハーシェルは、一般向けの天文学書を購入した。「望遠鏡を使ってなされた数多くの魅力的な発見について読んだ時、私はそのテーマに非常に大きな喜びを感じ、それらの機器の一つを使い、自分自身の目で天空や惑星を見たいと思いました」と彼は述べた。[20] そして秋には、反射望遠鏡の金属鏡の製作を始めていた。新しい趣味の虜になったハーシェルは、間もなくその興味を地上の音楽から天上の音楽へと移してしまった。彼があまりに天文学に情熱を傾けたので、すでにイギリスで一緒に暮らすようになっていた妹のカロラインは、ハーシェルが〔金属鏡の〕研磨や磨きの仕事を中断しなくていいように、食べ物を一口ずつ手で運んで食べさせた。[21] 自作の機器を空に向けたハーシェルは天空を記録するようになり、一七八一年、有史以来初めて新しい惑星としての天王星を発見して、一つの頂点に達した。ハーシェルは間もなく王立学会の特別会員に選出され、イングランド王のジョージⅢ世から年金を支給されるようになった。そして、この年金でついに、天文学への興味、特にさらに大きな望遠鏡の建造（最大のものは一二メートルの長さがある）に力を注ぎ込むようになった。

ハーシェルは時代のはるか先を行っていた。というのも、宇宙を調べるために、彼は今日の天文学者と同じような方法で望遠鏡を使っていたからである。当時、他の天文学者が恒星や惑星の運動だけに焦点を当てていたのに対し、ハーシェルは、その最も著名な論文の一つの表題に使ったように「天の構造」そのものを認識しようと決心していた。彼は、同時代の人々によって研究されていた領域をはるかに超えた遠い空間まで手を伸ばしたいと思ったのだ。すでにライトとカントも同じことをしていたが、彼らは単に理論的な推測をしただけであり、実際に観測を行なう天文学者ではなかった。

ハーシェルは、自分の考えは「一連の観測によって証明され、確立されている」[22]ことを強調した。写真はまだ数十年も先のことだったので、観測をするには、望遠鏡のてっぺんにある不便な台に乗って接眼鏡を何時間も覗かなければならなかった。ハーシェルは望遠鏡作りが非常に巧みになり、その望遠鏡は、当時、宇宙の最遠まで見通せる唯一の機器であった。[23]疲れを知らない助手のカロラインはしばしば一緒にいて、天空の走査中に出会った多数の星雲の位置やその姿、形を急いで書きとめた。

「私は、さまざまな配置で二つ、あるいは三つの星雲が一緒になっているのを見てきた。小さい星雲を伴っている大きい星雲、細長く伸びた輝く星雲、明るいダッシュ記号にも見える星雲……あるものは輝く点から放たれた電光に似た扇形であり、あるものは中心に核がある彗星のような形をしている……。ある一つの星雲にたどり着くと、その近辺にはたいていさらにいくつかの星雲が見つかった……」と彼は報告している。[24] 一時、ハーシェルは、これらの星雲には地球外生命が住み、私たちを見つめ返しているとすら想像した。「また、恒星が作り出し、その恒星につき従う惑星の住人たちも同じ現象を認めるに違いない。そういうことから、それら星雲も恒星と区別するために銀河と呼ばれてよい」[25]。宇宙はかつて想像されていたよりはるかに大きく複雑だというライトの信奉者やカント学派の見解を、彼は確信しているようだった。銀河系は恒星が密集した系で、そこを超えると、銀河系に匹敵する他の恒星系がたくさんある無限の宇宙があった。

もしハーシェルが、数百もの「新しい宇宙」が存在するという考えを突然変えてしまったという事実がなければ、天文学者たちは、他の銀河が存在するという考えを、ハッブルが最終的に証明するより一世紀以上も前に、まったく安心して受け入れたかもしれない。しかし、新たな観測によって、ハーシェルはそれまでの主張を考え直さなければならなくなった。それは一七九〇年一一月のある寒

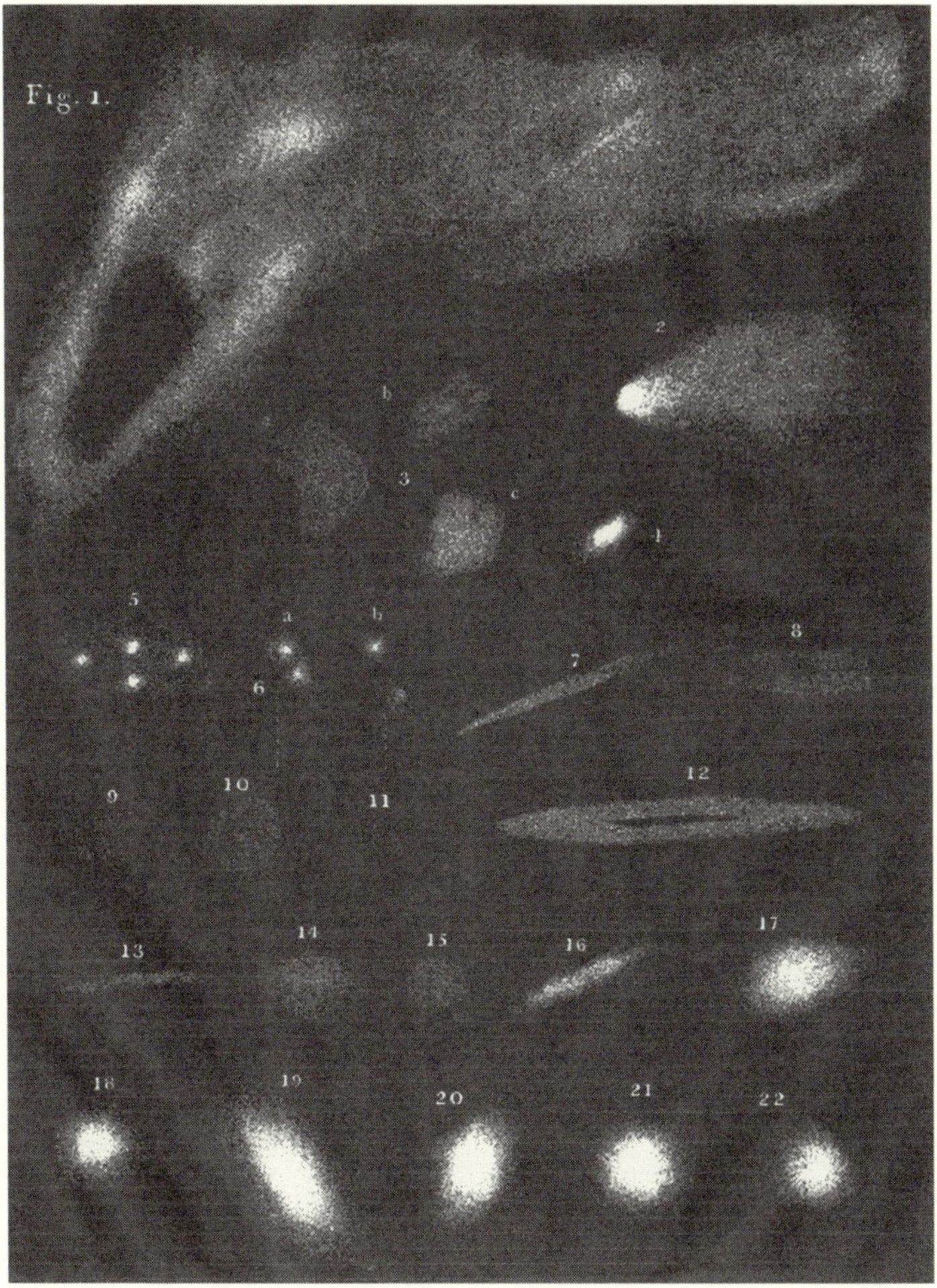

1811年にウィリアム・ハーシェルによって描かれた星雲（*Philosophical Transactions of the Royal Society of London* 101［1811］: 269-336 より，Plate Ⅳ）

い夜、かなりの範囲にかすかに輝く大気に包まれた八等星に出会った時に起こった。「こんな現象は珍しい！」[26]と彼はノートに走り書きした。このもやのような天体は惑星面に似ていたので、ハーシェルはこれを「惑星状星雲」と呼んだ（前述のとおり、このような天体は今では、ガスの外層（エンベロープ）を放出した老齢の恒星とわかっている）。「この雲のような星に目を向けてほしい。そうすれば、その結論は明らかに、〝恒星のまわりの星雲は、恒星とは性質が違う〟ということになるだろう。おそらく、天空にあるあまたの乳白色の星雲が星の光だけで光っていると推測したのは、早計だったのだ」[27]。ハーシェルは、星雲が恒星か「光る流体」か、そのどちらかのみからなるはずだと考えており、その両方が光っているとは考えなかった[28]。したがって、彼は、望遠鏡で星に分解できないすべての星雲は、今や遠い恒星系ではなく、おそらく、星から出た物質が最終的に凝縮した光る物質の集まりだと結論した。

　ハーシェルの望遠鏡は、当時の他の天文学者の望遠鏡よりずっと優れていたので、仲間たちはこの点に関する彼の結論を信用した。彼らはただ、ハーシェルの発見を確認できる強力な望遠鏡を持っていなかったのだ。その結果、ハーシェルの報告は知識として認められた。宇宙はたちどころに銀河系の大きさへと縮んだのである。私たちは再び、宇宙で一人ぼっちになった……少なくともしばらくの間はそうだった[29]。

　一九世紀の間、星に分解されない星雲に対するさまざまな説明が間断なく主導権争いを演じた。時にある説が天文学者の心をとらえたかと思うと、次に他の説がとって代わった。ある人はそれらは近くのガス雲と主張し、ある人は遠くの恒星の島々という説を擁護した。どちらの立場も簡潔で美しい唯一の説明を求め、つまりそれは、二つの可能性の中庸を選ぶことを意味していた。

当時の宇宙論には、大学や政府が資金を提供する天文台で勤務している専門家たちよりも、個人で観測している天文学者の方が興味を持ち続けていた。そして、暗い星雲は銀河系と同様なものだ――そうした一つ一つの銀河は広大な距離を隔てているので、個々の星は一様な光の集まりに溶け込んでいる――という考え方に賛成する人々に新たな希望を与えたのは、こうした個人観測家の一人だった。それは、第三代ロス伯爵ウィリアム・パーソンズが、ダブリンから一一〇キロメートル西のアイルランド中心部にある先祖代々のバー城に、巨大な望遠鏡を建てた時であり、この時は興奮がわき起こった。この望遠鏡の鏡筒はとても大きかったので、天文台開設の祝典では、シルクハットをかぶり傘を開いたアイルランド教会の首席司祭が巨大な鏡筒から降りてきたほどである。(30)

若きロス卿（父の爵位を引き継ぐ前はオックスマンタウン卿）はイギリス議会の議員だったが、彼の情熱は望遠鏡の建造に向けられ、そのためロスは知人たちから「資金の限りを尽くして最大の望遠鏡を作る人」(31)として知られていた。一八三四年、三四歳の時、紳士の科学者という新たな経歴にわが身をささげるため、ロスは政治の世界を離れた。(32)彼は長いこと、ハーシェルの機器を上回る大きさの望遠鏡を作りたいと思っていて、領地にいる人々を手伝いとして個人的に訓練し、自分の工房で金属鏡の鋳込みや研磨を行なう方法を工夫していた。ロスは貴族だったがそんな雰囲気はなく、かつてイギリスの記者が万力を使っているロスをつかまえた時、シャツの袖をまくり上げ、たくましい腕をさらしていた。(33)ロスが作った鏡は錫と銅の合金で、ほぼ銀と同じくらい反射率があった。ロスが最初に大成功を収めたのは、長さ八メートルの鏡筒に収めた口径九〇センチの反射鏡だった。「この望遠鏡で月がどんなふうに見えたかを話そうと思っても、あまりにすばらしいのでまともな言葉はほとんど出てきません(34)」とある友人は述べている。

ロス卿のレヴィヤタン望遠鏡のスケッチ（*Philosophical Transactions of the Royal Society of London* 151［1861］: 681-745 より，Plate XXIV）

ロスは、この大成功で口径がその二倍の反射鏡を作る自信を得たが、アイルランドの気候は晴れよりも悪名高い雨の方が多いことには注意を払わなかった。この反射望遠鏡が完成して最初に稼働したのは一八四五年だったが、それが直立すると、古代アイルランドの円形の塔の一つに似ていたことから[35]「パーソンズタウンのレヴィヤタン」と呼ばれるようになった。「濠から湖の方を見下ろすと、格調の高い石造りの壁が二枚立っていました[36]」と来客は話した。「壁はツタで覆われていて小塔があり、普通の住居に比べかなり高くそびえ立っていました。来訪者が近づくと、壁の間に、一見すると水平に置かれた汽船の煙突のようなものが目に入ります」。それは、直径一・八メートルの磨かれた金属鏡を支える、長さが一五メートル以上もある望遠鏡の巨大な木製の鏡筒だった。この主鏡は、ハーシェルが一番多くの成果を上げた望遠鏡の一四倍の光を集めるだけの面積があった。筒の上端につけられた滑車を使って、二人の男たちは、地上にいながら望遠鏡を星に向けることができた。そして、観測者が大きな鏡筒の口の部分に行けるように、階段と廊下がつながっていた。この望遠鏡は当時としては驚くべき大きさで、以降七〇年間これに匹敵するものはなかった。

レヴィヤタンの最初の標的は「暗い天空に斑点のように見える奇妙な恒星状の小星雲」だった。[37] ロスは、雲状のままでなかなか星々に分解できないこの星雲を、自分が解像できるかどうか見てみようと決心した。しかし、彼が見つけたのは、それよりはるかに魅惑的なものだった。

一八四五年春、ロスと助手のジョンストン・ストーニーはメシエの有名なカタログの五一番目の星雲であるM五一を調べはじめた。ずっと前に、ウィリアム・ハーシェルがそれを観測した時は、ただ明るく丸い星雲に見えただけだったが、のちに彼の息子が観測した時は、それは二本の枝のついた環状のものに見えた。しかし、驚いたことに、M五一の中心にかざぐるまのようなガスの腕がコイル状に巻きついているのを、ロスは明らかに認めたのだ。このようなものが見られるとは、これまで誰も思っていなかった。星雲には渦巻き型をしているものがあり、イギリスの王立天文学会はこれを「構造と配置は、これまで知られていたどのようなものより見事であるが、不可解でもある」と報告していた。[38]

天体写真のまだなかった時代、ロスは入念な注意を払いその形をスケッチした。「光学機器が強力になっていくたびに、星雲の構造はさらに複雑になり、また、私たちが思い描くどんなものとも異なってきた」とロスは報告した。[39]「内部の運動なしにこのような系が存在するとは、まったく考えられない」。M五一がその衝撃的な渦巻き型の外観から「渦巻き星雲」と呼ばれるようになったのはこの時だった。ロスは観測を続け、このような渦巻き星雲を天空に一ダース以上見つけた。

ロスの見事なスケッチがあるにもかかわらず、星雲状物質の渦巻きの筋は「天文学者の想像の産物にすぎない」[40]と信じている人々もいた。ロスの反射鏡はとても大きく、集光力があまりに強力だったので、他の望遠鏡で彼の発見を確認することはできなかった。しかし、他の人々にとってこの発見は、銀河系の外に他の恒星系が存在するというかつてのハーシェルの考えを思い出させるものだった。スコットランドの天文学者であり科学普及家であったジョン・P・ニコルは、明らかにわくわくしていた。というのも、彼は「私たちの銀河系と同じように輝かしい多数の銀河が広大な空間に浮かび、一つのとてつもない体系を間違いなく作り上げている……」[41]という考えを長い間強く主張していたからである。彼はカント学派だった。ニコルは銀河（彼は銀河を「大集団」と呼んでいた）を宇宙の主要な特徴と考えていた。「私たちの集団が、ある種の唯一の実例として、不毛で空っぽの宇宙に孤独にわびしくたたずんでいるというのは、およそありそうもない」と彼は書いた。ニコルにとって宇宙とは、「似かよった集団が互いどうし遠く隔たりながらも、広大な海の中の島々のように群らがっている」ものだった。ある集団は「宇宙空間の非常に奥深くにあるので、それらの放つ光は、何世紀という想像を絶する間、深淵を通る旅を続けたあとでなければ私たちの地球に届かない」と彼は続けた。そして、ある集団はあまりに遠く、その光は「人類の生存したつかの間の期間をはるかにさかのぼった、少なくとも三〇〇〇万年前にその天体を発った！」とさえ想像した。[42]これは一八四六年にしては勇気ある見積もりだった。[43]当時、大衆の多くは、聖書の言うように「天地創造」がわずか六〇〇〇年前であったという神話をまだ固く信じていて、科学者はここ一五年間に、（当時はまだ反論があった

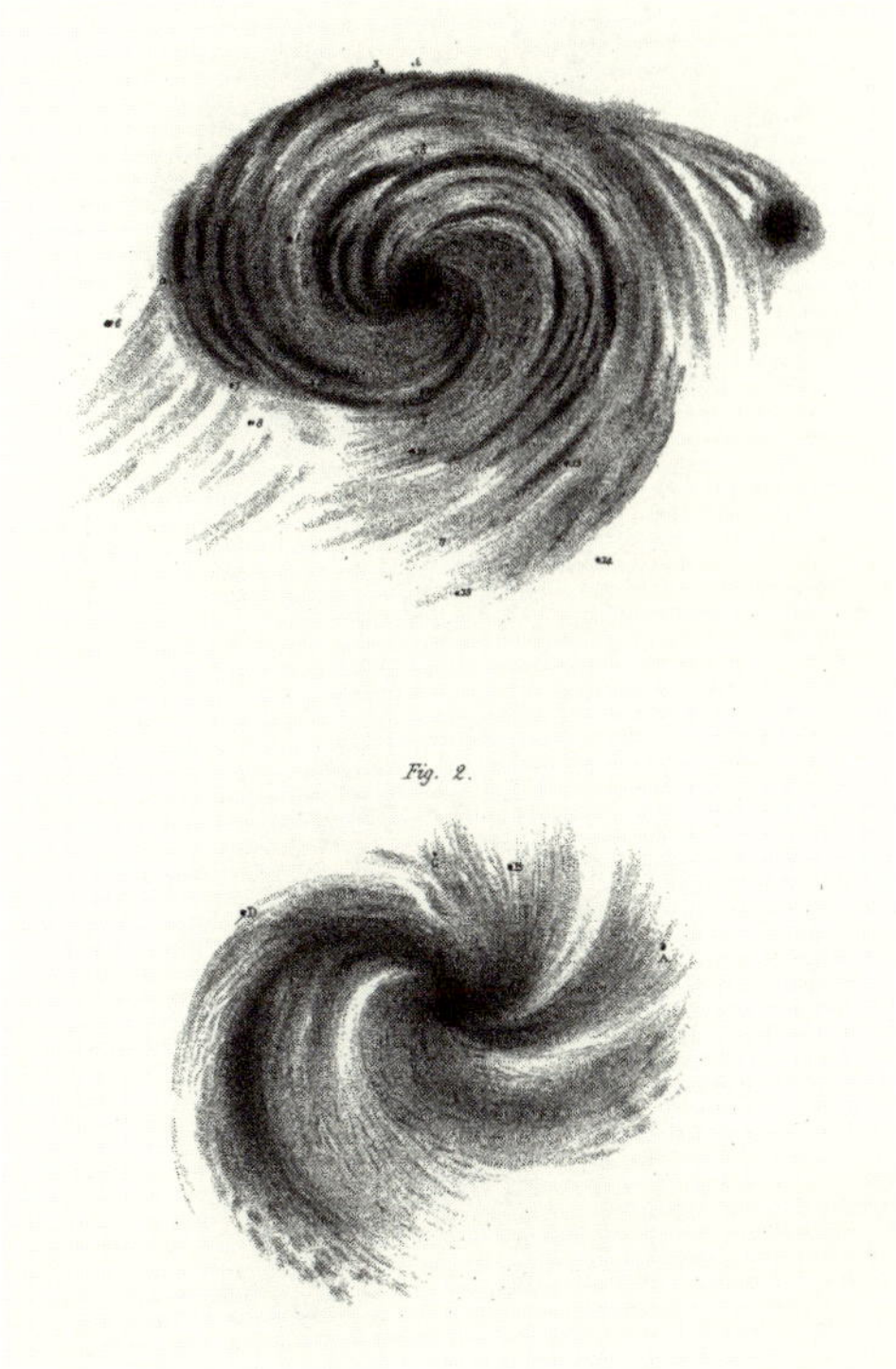

ロス卿の描いたM51（上）とM99（下）。1840年代中頃に初めて渦巻き構造を発見した（*Philosophical Transactions of the Royal Society of London* 140［1850］: 499-514より, Plate XXXV）

ものの）それがもっとずっと長いという証拠をちょうど見つけはじめていたところだった。

ロスの望遠鏡は「非常にたくみにバランスが保たれていたので、子供でも動かすことができた」[44]と言われていた。ある天文学者の計算では、それは肉眼の二万倍の光を集めることができた。しかし、レヴィヤタンには一つ非常に目立つ欠点があった。「この望遠鏡は、天体を完全に明瞭な状態では示せない」ことである。ロスと同時代人で、かつてはこの巨大望遠鏡で天空を覗く機会があったリチャード・プロクターはこう言った。「ウィリアム・ハーシェル卿の巨大な一・二メートル反射望遠鏡について私はよく所見を述べていたものだが、それは〝星像をコックハット〔三方のへりを上に曲げた帽子〕のようにゆがめてしまうものだった〟。そしてプロクターは、同じことがロスの巨大望遠鏡にも当てはまると確信した。望遠鏡の鏡の重さは正味四トンもあり、それがしばしば像をゆがめた。ロスの望遠鏡で見た惑星は「まったくひどかった」とプロクターは断じた[44]。金属反射望遠鏡は、時により良くも悪くも言われたものの、このような批判は、鏡を使う望遠鏡をさらに進歩させようという熱意に水を差すものだった。ハーシェルとロスは、彼らの巨大反射望遠鏡で長足の進歩をとげたが、ほとんどの天文学者は依然として、天空の光をレンズで集光する方を好んでいた。一八九〇年代にジェームズ・キーラーがリック天文台でクロスリー反射望遠鏡をよみがえらせ、運用するようになって、やっと天文学者たちは機器の好みに関する考えを変えはじめたのである。

天才的技術者だったロスは、いつも望遠鏡は使うより建設することに熱心だった。彼の天文学研究は二〇年間ぐらい続いたが、ほとんどの測定は共同研究者が行なっていた。天文学へのロスの最も大きな貢献は、レヴィヤタンが最初に稼働した時の渦巻き星雲の発見だった。この発見により彼はまったく新種の天体を世に紹介したが、この新種の星雲は、それからの数十年間にわたり天文学者をじりじりと苛立たせ、欲求不満を起こさせたのである。

一九世紀になると、写真の使用が増加することに触発されて、一般人の天文学への興味は大きく高まり、これによりついに、一般人も見事な天体写真を都合の良い時に鑑賞できるようになった。最初のダゲレオタイプの天体写真として知られる月の写真は、一八四〇年代にアメリカの医師ジョン・ドレーパーによって撮られている。ついで最も明るい恒星が写真に撮られた。この写真術は、一八七〇年代にさらに感度の良い写真乾板が使えるようになると、ますます日常的なものになり、それによって星雲のようなさらに暗くかすかな天体でも写真に撮られるようになった。

それと同時に、分光器の発明が天文学者に星雲の謎を追求する新しい手段をもたらした。「新しい天文学」あるいは天体物理学として広く知られる分光学は、古典天文学に必要な正規の数学を十分学んでいない熱心な愛好家にとりわけ好まれた。プロの天文学者たちは、この新しい機器の威力をなかなか認めなかった。以前、望遠鏡は立派な金属彫刻のように、塔のごとくそびえ立つドームの中に据えつけられていたのに、今やそれが、分光作業に必要な化学や電気の珍妙な仕掛けに囲まれているので、彼らは望遠鏡を覗くのにも当惑した。しかし、専門家ではない人々は、分光学は優美さには欠けるものの、いまだ手つかずの天文学の領域への道を拓いたことを敏感に感じ取っていた。彼らは、あきれるほどの精度で星の位置を単調に測定するより、天体の性質そのものを知ろうとしていた——つまり、それらが「どこに」あるかではなく「何で」あるかを。(45)

この新しい仕事に、ウィリアム・ハギンズほど力を注ぎ、たゆまずやり抜いた人はなかった。三〇歳でイギリスでの繊維事業を売却したハギンズは、ロンドンの中心から南に約六キロメートルの、当時は田園地帯だったタルス・ヒルに個人天文台を建てた。やがて、彼は決まりきった天文観測に飽きたが、最新の分光学でなされた発見のことを聞いて、再び情熱に火がついた。彼はその気持ちを「乾ききった土地で泉にめぐり会った[46]」ようなものだったと述べている。そして一八六二年までに、地球にも太陽にもある元素が遠くの恒星にも存在するのを示すことができた。「太陽系で起こる化学変化は、星のまたたくところすべてで起こっている[47]」とハギンズは言った。

その後一八六四年八月二九日の夜、ハギンズは自分の関心を恒星から星雲に移した。彼は望遠鏡をりゅう座にある明るい惑星状星雲に向けた。何年もたってから彼は、分光器に目を向けた時「畏怖の念がかなり混じった、スリルに満ちた興奮」を感じたと回想している。ハギンズが見たスペクトルは驚くべきものだった。「明るい線が一本あるだけ！　最初私は、プリズムを置き間違え、光ったスリットの反射光を見たのではないかと疑った。しかし、そう考えたのはほんの一瞬で、それから正しい解釈がひらめいた。星雲の謎は解けた。解答は光自体の中にあったのだ。星雲は恒星の集まりではなく、輝くガスだったのだ[48]」。恒星は複雑すぎるので、スペクトル線の放出が一本ということはない。スペクトル線を放出しているのは、自らが恒星になろうとしているガス状の雲でなければならないとハギンズは考えた。さまざまな発見を照らし合わせ、「すべての」星雲は、恒星や惑星系の形成期であるという考えがより一般的になった。この考えは一八八八年、イギリスの天体写真家アイザック・ロバーツが、アンドロメダ星雲の全体像を写真に撮影した時なおいっそう強まった。その天体は暗すぎるので当時としてはそれは驚愕の離れ業だったのである。アンドロメダ星雲の写真が王立天文学会の会合で展示された時には、聴衆から「星雲説を目の当たりにできた！[49]」というつぶやきが聞こえるようだった。その写真には、もやのような大きな雲に囲まれている明るい核が写っていた。この写真を見たハギンズは、それは「進化がかなり進み、すでにいくつかの惑星が放出された惑星系[50]」だと主張した。

ハギンズの主張には非常に重みがあったので、それは、振り子を逆方向に振る力となった。島宇宙理論はもはやライバルではなくなったのである。それは時代遅れの考えだ。天文学者チャールズ・ヤングは、一九世紀後半の当時の名著『一般天文学』の中で、天文学者たちはもはや渦巻き星雲を「(そこに太陽が所属する) 私たち自身の〝銀河系〟に似た〝恒星の集まった宇宙〟とは考えていない[51]」と強く述べた。「この古い考え方は、いくつかの点で真実以上に強く訴える力を持っている。それは私たちの見解を、今日想像できる以上に宇宙に深く浸透させる」。ヤングにとって、銀河系は一〜二万光年ぐらいの大きさだったのだ。「恒星系の外に関しては、星々の満ちる空間が無限に広がっていようといなかろうと、確かな答えは得られない[52]」と彼は言った。

島宇宙理論は、一八八五年、黄橙色の新たな光点である新星がアンドロメダ星雲の中心付近に観測された時、すでに揺らいでいた。その新星は最も明るい時に約六等級で、星雲「全体」とほとんど同じくらいの明るさがあった。「この奇妙で美しい天体はついに沈黙を破った、とはいえ、そのつぶやきを理解するのは困難かもしれない」とグリニッジ天文台の天文学者E・ウォルター・マウンダーは言った[53]。

もし、アンドロメダ星雲がはるか遠くにある外部宇宙ならば、その新星は太陽の約五〇〇〇万倍のエネルギーで輝いていなければ説明がつかない。それは「恐ろしくて想像できないほどの明るさである」と一九世紀の天文史家のアグネス・クラークは言った[54]。実際は、それでも新星のエネルギーをとんでもなく過小評価したものだったが、その見積もりは、一八八五年にはとても真面目に議論できないほど非常識なものだった。恒星が爆発して超新星になり、自分の姿を完全に消すことができるという考えは、当時は幻想的な物語にさえなれなかった。それを説明する物理学がなかったのだ。恒星は安定し、いつまでも持続すると考えられていたのである。新星は、幼年時代の太陽のような星が、凝縮しながら銀河系の縁に輝く物質の大集団に向かっていくか、あるいはたぶん暗い恒星が星雲物質の中に突入するかして、白熱した爆発を引き起こしたものという方が、まだしもありそうな考え方だった。

新星が現われた当時一九歳で、ダートマス大学の上級学年にいた天文学者エドウィン・フロストは、この出来事を非常に生き生きと思い起こしている。「[新星は]大星雲の心臓部にあり……七等ぐらいでした。それは、この星雲の中で見分けられるただ一つの恒星になりました。当時私たちは星雲を純粋にガスだけでできた天体と思っていました……。その時、星雲までの距離は、銀河系の中の恒星の距離を超えるとは思われていませんでした……。天文学者の間でも、一般の人々の間でも、私たちは星雲が突然恒星に姿を変えるのを観測しているのかもしれないと考えていたのです……(55)」。そしておそらく、惑星系も同じようにできると考えられていた。一〇年後、ケンタウルス座Z星と名づけられた別の巨大新星が渦巻き星雲NGC五二五三に出現し、これは渦巻き星雲が比較的近くにあるという確信を強めた。天文学者たちが当時、恒星がどのようなものであるか知っていたとしても、他の説明は存在しなかった。

このような具合で、二〇世紀に入るころまで、ほとんどの天文学者は星雲について、それらは新しい恒星や惑星が出現しつつあるものという一般的なシナリオに落ち着いていた。この考えは、著名な地質学者のトマス・チェンバレンが天体力学の専門家のフォレスト・レイ・モールトンと共同で太陽系形成のモデルを作成した時、さらに勢いを得た。チェンバレン‐モールトン理論は、はるか昔にさまよっていた恒星が私たちの太陽の近くを通過した時にガスを引き出した可能性を示唆していた。この物質は、結局渦巻き腕を持って回転する星雲になり、そこから惑星が徐々に凝縮したというのである。チェンバレンはシカゴ大学でこの理論を研究する一方で、ジェームズ・キーラーがハミルトン山頂の反射望遠鏡で撮った渦巻き星雲の見事な画像のことを聞き、これは、自分とモールトンが何か真実をつかまえようとしている証拠だと思った。それは、渦は引きはがされたばかりのガスで、凝縮しかかっていて、それが凝縮した結果、渦巻き星雲の中心に輝く恒星のまわりを回る惑星になるという考え方だった。チェンバレンはキーラーに、「もしご好意により、新しい恒星系の形成に関し、あなたの見事な研究成果を使用させていただけたら、たいへん嬉しく思います」と手紙を書いた[56]。

「星雲は外部の銀河だろうかという質問に対して、もはや議論の必要はほとんどない。その答えは発見が増加することでわかったからである」。クラークは、影響力のあった著書『星の体系』で自信を持ってこのように結論を述べた。「今となっては、これに反対する考えの持ち主が、その人の前にあるすべての証拠をもってしても、一つの星雲が銀河系と同等の恒星系であると言い続けることはできないと言って差し支えない」。クラークにとって、このような想像は「大げさ」で「人を誤った方向に導く」ものだった[57]。私たちの「銀河系」と「宇宙」はまったく同じものである、つまり、天界の辞書ではそれらは同義語だった。

しかし、クラークの執筆直後に得られた新しい観測結果は、何かまったく別なことを示唆しはじめていた。一八九九年一月、ドイツのポツダム天文台でユリウス・シャイナーが七時間半を費やし、アンドロメダ星雲のスペクトルをとった。そこで彼が見たのは予想外のものだった。そのスペクトルは、オリオン星雲のようなガス雲のスペクトルとはまったく違うものだった。それは、恒星の大集団から放たれた光と思われたのである。「渦巻き星雲が星の集団だということが、今確実に示された」とシャイナーは報告した。[58] そして彼は、銀河系自体がアンドロメダ星雲にそっくりの渦巻き星雲ではないかと思いはじめていた。しかし、この時点では、シャイナーは事実上、広大な宇宙の荒野でたった一人で叫んでいるようなものだった。リック天文台ではキーラーがこのドイツ人の発見に特に注目していたが、追跡調査をする前にキーラーは亡くなってしまった。

それ以上の調査は、一九〇八年まで行なわれなかった。調査に着手したのはリック天文台の大学院生エドワード・ファスで、彼は学位論文のためクロスリー望遠鏡を使い、アンドロメダ星雲（M三一）のスペクトルに関するシャイナーの発見をほかのいくつかの渦巻き星雲とともに確認した。[59] これは骨の折れる研究だった。それというのも、ファスは数晩にもわたって露光を続けなければならなかったからである。ある写真乾板は、露光時間の合計が八時間四七分にも及んだ。ほかに一八時間以上というのもあった。しかし、この長く退屈な観測は報われた。ファスにとってその結果は間違いようもないものだった。そのスペクトルの特徴から、アンドロメダ星雲は無数の恒星からなっていることがわかり、その多くが私たちの太陽に似たものであったのである。彼はチェックを二重にするため、恒星の集団であることが知られている球状星団のスペクトルもいくつか撮影した。どのスペクトルも、まさにアンドロメダ星雲のスペクトルと同様のものだった。

「アンドロメダ星雲でよく知られているものですが、星雲の中心部が一つの恒星であるという仮説は、恒星が何でできているかに関する一般的な説を大きく修正しない限り、ただちに成り立たないものになります[60]」とファスは報告した。その星々がいまだに個々の光点に分解できないので、渦巻き星雲は非常に遠くにあるのではないかと彼は思ったが、この推測を支持する決定的な証拠——だめ押しの一撃——が彼にはなかった。一九〇八年には、アンドロメダ星雲までの距離を直接測る方法がまだなかったのだ。

それはおそらくファスがまだ低学年の院生で、星雲が新しい太陽系だという教義を覆せるほど力のある立場になかったからだろう。[61] 結局、ファスは、自分の結論を強く推し進めることはなかった。あるいは、用心深く保守的な科学者であるリック天文台長W・W・キャンベルが、彼に自分の考察をあまり言わないよう指導したのかもしれない。理由は何であれ、ファスは公式の報告の結論では特に注意深い口調で述べた。自分の解釈が正しいかどうかは、渦巻き星雲までの真の距離の決定という問題に「すべてかかっている」[62]と言ったのである。

ファスの報告はまったくの空振りであった。わずかな外野を除けば、反応はほぼゼロだったからである。間もなくファスはウィルソン山天文台のポストを提示され、そこで何年か追加的な研究をしたが、飛躍的発展をとげることはできなかった。そして最終的に、ミネソタ州カールトン大学で教師の職を得た。

状況は停滞していたが、そこで昔、リック天文台の博士課程研究生になろうとしたのをキーラーから断られた人物が、一九一〇年にクロスリー反射望遠鏡を引き継ぎ、キーラーとファスの両者による草分け的研究を続けることになった。その人物、ヒーバー・カーティスは揺るがぬ決意を持って伝統的な知識に挑戦した。カーティスは、非常な勤勉さと熱意で渦巻き星雲の問題を引き継ぎ、それを自分の問題にしたのである。

第４章

荒くれ者の西部での天文学の進歩

リック天文台が設立二〇周年を超えようとしていたころ、ハミルトン山の生活には田舎の楽しみが続いていた。住民たちは山道をハイキングしたり、素人劇に出演したり、霜降る夜には燃えさかる暖炉を囲み朗読をしたりした。好天である限り、望遠鏡は年間を通じほとんど毎晩使用される予定になっていた。唯一の例外は、休暇のためその使用が止められるクリスマスイヴで、この日は大学院生たちが靴下を巨大望遠鏡のギアに掛けようと、忍び足で洞穴のようなドームをうろつくのだった。(1)

天文台の土地には新しくテニスコートが加わった。ある見物人は、土曜日の午後、「ローマ花火のようにテニスボールが高々と打ち上げられると、その後、夢中になってボールを探しに人々が峡谷を下るというにぎやかな光景が続いた」と述べている。(2) 毎年七月四日の独立記念日のトーナメント戦では、優勝杯として糖蜜入りの水差しが贈られた。

町へ行きたい人は、ヒーバー・カーティスのような車を持っている一握りの幸運な人にしばしば乗せてもらった。この天文学者は「エリザベス」という愛称のついたミッチェル車に人々を乗せたが、ラジエーターの水が漏れだした時にいつでも注ぎ込めるよう、亜麻仁を一袋トランクにそっと忍ばせておいたものだった。後年のカーティスの病後の写真には、まさに小柄で厳格そうな男が写っている。しかし、リック天文台にいたころの彼は「このうえなく親切で、いつもほほえみ、幸福そうで陽気な人」(3)として学生たちに知られていた。そのにこやかで穏やかな表情が消えるのは、「特筆もの」(4)といわれるくしゃみをする時だけだった。

一九一〇年代になると、長年休眠中だった島宇宙理論が、アメリカとヨーロッパ双方の抜きん出た科学者たちのグループで再び目覚めようとしていた。これらの天文学者たちは、もし島宇宙が非常に遠くにあるのなら、渦巻きの大きさと新星の明るさだけがそれを確かめる手段だと考えていた。(5) 非常に尊敬されていたイギリス人天体物理学者アーサー・エディントンは、スケールの大きいこの考えにとても魅了されていた。それは、彼の夢のような理論を使っていた。「もし、渦巻き星雲が恒星系［銀河系］の中にあるなら、その性質がどのようなものか見当もつかない。私の仮説には終止符が打たれる」と彼は書いた。(6)「しかしもし、これらの星雲が恒星系の外にあり、私たちの銀河系と同格の恒星系ならば、少なくとも検証可能な仮説として存在できる……。［それによって］私たちの想像は、あるさらに外側に系が存在するという真に壮大な展望へ開かれ……そこでは、何億もの恒星のなす巨大な系(銀河系)も、それほど重要な集団ではなくなるだろう」。このようなさらに大きい展望をもって眺めれば、エディントンにとって、天はさらに理屈に合った存在になるのだった。

島宇宙理論復活の中心になったのはまさにリック天文台で、そこでは、台長のW・W・キャンベルも、ますます増えていく証拠を前についには納得し、渦巻き星雲をとてつもなく遠くにある天体と考えることは「既知の事実と最もよく整合する」(7)と明言した。そして、それらの証拠のほとんどは、最も有能な一人の職員、カーティスが集めたものだった。キャンベルはその当時、目標とする恒星を次々と系統的に測定し、銀河系の中の恒星の速度をカタログにする自らの記念碑的事業にまだ集中していた。そのデータが恒星進化の新しい糸口を見つけ出すだろうという希望のもとに、掃天観測を行なっていたのである。カーティスに残されたのは、クロスリー望遠鏡に戻り、キーラーの死後天文台の最優先課題ではなくなった、渦巻き星雲の研究プロジェクトを復活させることだった。(8)とにかく、この小型反射望遠鏡は、天空の雲のような星雲画像を撮影し分析するには、依然として最良の機器の一つであった。

機械技術者として天才であったカーティス(9)は、望遠鏡の重要な改良をすぐに行なった。最初に彼は、

修繕されたクロスリー望遠鏡のそばに立つヒーバー・カーティス（Mary Lea Shane Archives of the Lick Observatory,University Library,University of California-Santa Cruz）

電気モーターで上下する新しい観測台を作り、ドームに動力つきシャッターを備えつけ、望遠鏡駆動装置をより良いものに変えた。一九〇四年、分厚い金属鏡筒に反射鏡が再び組み込まれた。[10] この鏡筒は、横に打たれたリベットのため海軍の戦艦の梁《りょう》のように見えた。この望遠鏡は今も稼働していて、太陽系外の惑星の探査を行なっている。おそらく、プロの研究に使用されている最古の反射望遠鏡ではないだろうか。

　キーラーの渦巻き星雲探究にカーティスが再び気持ちをかき立てられたころ、島宇宙理論は、推論としては良いが直観的には疑わしい、と考えられていた。カーティスはもっと具体的な証拠を求めていた。彼は、たぶんキーラーが行なったと考えられるのと同じ方法で問題をさらに掘り下げはじめた。キーラーが生前にクロスリー望遠鏡で研究できたのは、わずか二年間だったが、幸いカーティスにはもっと時間があり、一九一〇年代を通じて渦巻き星雲に関する天文学的知識を広げることができた。仲間の天文学者たちの言葉によると、この天空の探索はカーティスの「最高傑作[11]」になった。

紆余曲折をたどったヒーバー・ドースト・カーティスの経歴の中で、彼がアナーバーのミシガン大学にいた時、偶然キャンベルもそこで教師をしていたこと以上に驚くべき事実はないだろう。しかし、彼らに出会いはなかった。というのも、カーティスはラテン語、ギリシャ語、ヘブライ語、サンスクリット語、アッシリア語といった古代語を学び[12]、まず学士、それから修士号を取得するコースにいたからである。この時期、カーティスはどのような分野であれ、科学への興味を口にしたことはなく、天文台に足を運んだこともまったくなかった。彼はデトロイトの高校で短期間教えたあと、一八九四年にカリフォルニアに移り、サンフランシスコの北の小さな研究機関であるナパ大学でラテン語とギリシャ語の教授になった。カーティスは生涯、古典学者として静かに過ごす運命にあるかのようだったが、それも、この大学で小型望遠鏡に出会い、その望遠鏡をいじりたいという衝動が起きるまでのことだった。

その小さな大学は、一八九六年にサンノゼ地区にあるパシフィック大学と合併し、カーティスもサンノゼに移った。そこは、リック天文台から影響力を受けやすい場所だった。彼は天文学にのめり込むようになり、この新たな趣味の虜になり、観測技術を非常に向上させたので、この小さな大学で数学と天文学の教師に選任された。一八九七年と一八九八年の夏には、特別履修生としてハミルトン山で過ごすことができた。この経験でカーティスは、天文学を生涯の仕事にしたいとはっきり思うようになった。彼はリック天文台で大学院生として研究を続けたいと思ったが[13]、それまでに科学を十分勉強していなかったことが障害になった。当時リック天文台の台長だったキーラーは、分光学に通じた専門家を探していたのである。カーティスは、結局、ヴァージニア大学から特別研究員の職を提示された。それまでも機械に関する経験をできるだけ積むようにはしていたが、博士号をとるため、そこでは不本意ながらより数学的なテーマである天体力学に的を絞った。それはリスクを伴う転向だった。彼は、それまで訓練を積んでいない分野で新たな学生生活を始めるため、大学教授を辞めたからである。おまけに、養うべき家族も増えていた。

しかし、カーティスは幸運に助けられた。一九〇〇年、博士課程の勉強を始めるためカーティスが東に向かったちょうどその時、リックの天文学者ウィリアム・キャンベルとチャールズ・ペリンは、日食調査のためジョージア州へ旅立った。この日食では、月の落とす影がアメリカ合衆国南部を横断することになっていた。カーティスは「どんなことをする準備もできているし、それを嬉しく思う」と言って助手に雇われた[14]。この機会に彼は、これまで長年使用してきたかのように望遠鏡と分光器を操作できることをリック天文台の人々に示した。これにキャンベルが目をとめた。一九〇二年にカーティスがヴァージニア大学の課程を修了するとすぐ、すでにリックの台長になっていたキャンベルは彼を助手に雇った[15]。カーティスにとってヴァージニアの小さな山で暮らしたことは、夏には子供たちが面白がってガラガラヘビを捕るハミルトン山の生活のちょうど良いトレーニングになった[16]。

乗合馬車の長旅で黄塵にまみれてリック天文台に着いたカーティス[17]は、すぐに研究を始めたくてうずうずしていた。最初の数年間、彼は、恒星の速度測定や二重星の軌道計算、日食観測のための出張といったリックの伝統的な専門分野に集中して仕事をした。生活はかなり単調だったが、それも、一九〇六年四月の記憶すべき朝、山が小さな地震に見舞われるまでのことだった。地震でいくつかの石油ランプがひっくり返り、何棟かの建物で煉瓦が崩れはしたが、天文台の被害は最小限だった。サンフランシスコの方角を見ると、恐ろしい黒い煙が塔のように立ちのぼるのがリック天文台の住人たちの目に映った。災害の深刻さは昼までわからなかったが、いつもなら毎日時計のように正確にお昼に到着するサンノゼからの馬車がやってこなかった。夜になって、天文学者たちはリックの口径三〇センチ望遠鏡をほとんど水平にし、サンフランシスコ湾から太平洋へ抜ける海峡のゴールデンゲートに向けた。すると望遠鏡を通して、五キロメートルにわたり怒り狂ったように燃える炎が見えた[18]。「そして当然のことながら、レンズはすべてを逆さまに映すので、私たちにはビルが上に向かって崩れ、炎が下に向かって這っていくように見えました。それはそれは不気味な光景でした……。私はダンテの『地獄篇』を思い出しました[19]……」と、子供の時ハミルトン山に住んでいたダグラス・エイトケンは語っている。

カーティスはこの騒ぎには居合わせなかった。というのも、彼は、チリのサンチャゴ郊外のサンクリストバル山頂に南半球でのリック天文台の観測所を開設するため、二か月前にチリに到着していたからである。同行していたのは彼の母と妻、三人の幼い子供たちだった。数年滞在するうちに、スペイン語も上手になり、南アメリカのライフスタイルが好きになってきた一家は、チリをとても居心地良く感じて、滞在を延ばしたいと思うようになった。「妙なことに、私たちはここに完全に根を下ろしたようです」とカーティスは書いている[20]。しかし一九〇九年、カーティスは、助手や共同研究者ではなく、上級天文学者としてリックに戻らないかという誘いを受けた。これは思ってもみないことだった。職員不足の天文台は、クロスリー反射望遠鏡で研究を行なう経験者が必要だったのだ。カーティスはこのポストを受け、渦巻き星雲の謎に挑む次の人間としてキーラーの後継者に任命された。

最初にカーティスは、クロスリー望遠鏡の長所と短所を知るために時間を費やした。写真撮影が可能な最微光星はどのくらいか？　何時間の露光が必要か？　新しい冒険の開始に彼は幸先のよいスタートを切った。というのも、約七六年ごとに天空を訪れるかの有名なハレー彗星[21]が一九一〇年に再出現したからで、これはクロスリー望遠鏡の写真撮影能力のテストにはとびきり上質の標的になった。世界中に大騒ぎを引き起こしたこの彗星は、今回は地球の比較的近くを通ったので、一九一一年に望遠鏡でもまったく見えなくなるまで、クロスリー望遠鏡やリックの他の望遠鏡は、その見事な通過の模様を四〇〇枚近い写真に撮った。

クロスリー望遠鏡での操作に習熟したカーティスは、いよいよ謎めいた星雲に注意を向けた。キーラーやリック天文台の他の人々はすでに、クロスリー望遠鏡を使って約一〇〇個の星雲・星団の写真資料を蓄積していた[22]。一九一三年の夏までに、カーティスはその数を二〇〇個以上に増やした[23]。「これらの星雲の多くは特に興味深い形である」と彼は観測報告に書きとめた[24]。「調査が進むにつれ、渦巻き型星雲の数が圧倒的に多いという印象がますます強まってきた」。星雲のパターンを突きとめれば、それが何ものであるかの解明につながるのではと思ったカーティスは、星雲の中でも特に渦巻き星雲を同定し、そのカタログの作成を開始した。カタログの記述には、さまざまな星雲の外見が示されている[25]。渦巻きには「まだら型」「枝分かれ型」「不規則型」「細長い楕円型」「対称型」などがあった。しばらくの間、彼は見たものをただ記録するだけで、それが何であるかを論ずる冒険は冒さなかった。

それは骨の折れる作業だった。「クロスリー望遠鏡は、今なお、ハミルトン山のどの望遠鏡にもましてエネルギーを消耗させるという昔のままの評判を保っている」とカーティスは同僚に話している。[26]彼は望遠鏡を改良したが、それでも望遠鏡の姿勢によっては接眼鏡に到達するのが困難だった。「もし夜に少し眠気をもよおしたら危ない。［観測台から］何メートルも下の地下室の床まで落ちてしまうからだ」[27]とのちに望遠鏡を使った一人は言った。ある皮肉屋は、クロスリーで快適に観測する唯一の方法は、ドームに水をはってボートから観測することだと言った。[28]

カーティスは、最初に研究を始めた時、渦巻き星雲の大きさはそれほど大きくない恒星の集団ぐらいで、数百光年以上に広がっていることはないと考えていた。それは理にかなった仮定だった。ジョージ・リッチーは、ウィルソン山天文台の新しい一・五メートル反射望遠鏡を使って渦巻き星雲の写真を撮りはじめ、それらは「均一に広がる雲のような物質と、同様に、やわらかで星のように凝集した物質、つまり、広がりを持った恒星との混合物」[29]と結論していた。かなりの大きさだが、おそらく「島宇宙」全体ではない大きさを持つ、発達中の恒星の集団を見ているとリッチーは推測した。

しかし、カーティスは、クロスリー望遠鏡で証拠を集めていくうち、この見解を疑いはじめるようになった。最初のヒントのいくつかは、昔キーラーが撮った多くの星雲の写真を彼がもう一度撮り直した時に浮かび上がってきた。自分が最近撮った渦巻き星雲の写真を何年も前の写真と比較することで、カーティスは、雲の渦巻きがどのくらい回転したかを知ろうとした。その運動の量は、距離決定に役立ちそうだからである。しかし、運動の徴候はまったく認められず、ほんのわずかな「回転もその他の運動」もないとカーティスは報告した。[30]「渦巻きは間違いなく回転している。渦の形は他の方法では説明できない。それなのに、回転の証拠がまったく見つからないのは、渦巻き星雲が実際には途方もなく大きく、距離もとてつもなく離れているのに違いない」。もし渦巻きがかなり大きく、なおかつ、はるか遠くの宇宙にあるならば、単に視覚的な観測〔通常の写真による観測〕だけで移動を測定することは確かにまったく不可能である。

これ以前にもカーティスは、自分が撮った渦巻きの写真のいくつかは大きく傾いて、縁がこちら側を向いているので「あまり良いたとえではないが、ギリシャ文字のΦ（ファイ）のように[31]」楕円の環に暗い線が真一文字に横切ったような形と報告するようになっていた。それら横向きの渦巻き星雲について彼は研究ノートにはっきり記していて、NGC八九一のことは「中央に暗い線が見える[32]」と書きとめていた。さらにNGC七八一四には、星雲は小さいが、暗い線が「はっきりと見事に引かれている」と書いた。

ヤーキス天文台の天文学者E・E・バーナードが天の川にある無数の「暗黒星雲」を天文学者たちに報告したのも、このころだった。彼もまた見事な写真を集めていて、それらの写真は、天の川の中で石炭のように黒く、恒星が存在しないように見える領域（ハーシェルはこれを「天の穴」と呼んだ）が、実際には宇宙のガスや塵の雲で、まったく光のないインクのような暗黒の巨大な流れであることを証拠立てていた。この発見をカーティスはすぐに自分の研究と結びつけ、次のように推論した。渦巻き星雲に見えた暗い線は「私たちの銀河の中である種の遮蔽効果を生み出しているのと同様の、一般的な原因によるものに違いない[33]……」。暗い帯がなんらかの物質であるのはおそらく確実だが、その物質は光るものではなかった。

これはまた、天空でいみじくも「空白のゾーン」と呼ばれるある決まった領域に、渦巻き星雲がなぜまったく見られないかの説明になる。渦巻き星雲は非常に局所的な天体で、それらはまるで天の川

1914年にヒーバー・カーティスによって撮影された横向きの銀河。円盤内に塵とガスによる暗黒帯が見えている（Copyright UC Regents/Lick Observatory）

の白く長い帯を避けるかのように、銀河系の南北の極の周辺に集まる傾向にある。天文学者たちは長い間、この奇妙な分布に頭を悩ませてきた。もし、渦巻きが本当に新しい恒星の生まれる場所なら、なぜそれらは星々の一番多い領域に見られないのか？　なぜ、星のまばらな領域だけに見つかるのか？　渦巻き星雲は、天の川の最も濃い部分には一つたりとも発見されていないのである。[34]カーティスは賢明にも次のように推論した。宇宙に存在するかに見えるこの分布の違いは錯覚にすぎない。もし、自分の見つけた暗い帯を持つ渦巻き星雲が本当に遠くの銀河なら、銀河系自身も暗い帯を持つに違いない。銀河系の暗いガス雲は、全体的には不透明な壁のような振る舞いをし、この壁の向こうの渦巻き星雲を隠して見えなくする。そして、「私たちの銀河系の銀河面上に巨大な帯となって存在する遮蔽物質は……天球上に銀河面を投影したあたり〔天の川として見える〕に存在する遠くの渦巻き星雲を、視界から遮断する」[35]とカーティスは説明した。そしてそれは、渦巻き星雲が非常に遠くでなければ起こりえないことだった。

カーティスにとってこの主張は完全に理にかなっていた。しかし、彼がこの考えを提示したのは、ほとんどの天文学者が、恒星間に広がる広大な空間は塵のない空っぽの領域で、銀河系はガラス窓のように透明だと依然として考えていた時代だった。彼の論理は期待したほどにすぐには受け入れられなかったのである。

カーティスは一九一〇年代のほとんどを、データ収集、講演、新しい議論の考察などの戦いに費やした。彼はまるで宇宙の探偵のように手がかりを集めた。「もし、アンドロメダ座の大星雲が現在の五〇〇倍離れているとしたら、それは非常に明るい中心部を持つ特に構造のない楕円形に見えるだろう……そしてそれは、渦巻き星雲が見つかる場所ならどこにでもある何千もの非常に小さい円形か楕円形の星雲と区別がつかないだろう」とカーティスは理由づけた。[36]「このように、ごく小さな天体からアンドロメダ座の大星雲まで、星雲の大きさは連続的につながっているので、この非常に小さい星雲がそれより大きい隣人たちとは型が異なると信じるべき理由が、私には見当たらない」。しかし、カーティスが写真に撮った大小の渦巻き星雲がすべて宇宙に散在する遠くの銀河であるとする見方は、より確実になってきてはいるものの、すべては状況証拠に基づいていた。彼はリック天文台の同僚たちを説得したので、リック天文台は島宇宙支持者たちの拠点と認識されるようになった。しかし、大多数の天文学者は、すべての恒星と星雲が銀河系という一つの大きなシステムの中にあるという考えをまだ支持していた。カーティスは間違いなく正しかったが、天文学者の世界でさらに広い支持を獲得するのはまったく別のことだった。

そしてその時、興味深く、まったく尋常ではないことが起こった。

一九一七年七月一九日、ハミルトン山から約五〇〇キロメートル南東で、ジョージ・リッチーは、ウィルソン山天文台の一・五メートル反射望遠鏡でいつものように渦巻き星雲の写真を撮っていた。それは、彼がこれまで七年間に長時間露光でNGC六九四六を撮影したうちの四枚目の写真だった。しかし今回、彼は渦巻きの外側の領域に新しい点状の光があることに気づいた。それは新星に違いなかった。というのは、この「新しい星」は過去の写真のどれにもなかったからである。それより重要なのは、この新星は三二年前にアンドロメダ星雲でまばゆいばかりに燃え上がっていた星とは明らかに別種の星だったことだ。この星は「たいへんに暗かった」のである。

一八八五年にアンドロメダ星雲で短期間輝いていた記憶に新しい星は、[37]（望遠鏡なしの）肉眼でも認められる明るさに達したが、もう一方のNGC六九四六の新星は、その一六〇〇分の一の明るさしかなかった。他の望遠鏡でわずか一か月前に撮った写真乾板にはまったく何の光も写っていないので、リッチーは、自分がその爆発のかなり初期の光をとらえたことがわかった。この新発見は電報ですぐに他の天文台へも伝えられた。

カーティスはその報告を聞いて意気消沈したはずだ。というのも、彼は何か月も前に似たような新星を見ていたからである。リッチーの電報がリック天文台に届いたちょうどその日、カーティスは机に向かい、他の渦巻き星雲で彼が発見した三個の暗い新星に関する論文を書いていたところだった。最初にその爆発を観測した三月以来、彼はその発表を留保していた。カーティスはとても注意深かったので、その爆発は単に変光星が最大光度に達したものではないことを確認するまで[38]ニュースとして発表するのを控えていた。その用心深さのため、最初の報告者になる栄誉を逃してしまったのである。

カーティスが最初に見つけた新星は、おとめ座の楕円形の渦巻き星雲NGC四五二七の中にあった。カーティスは、これまでハーヴァード、ヤーキス、リックの各天文台で撮られたこの区域の写真乾板をチェックして、過去一七年間にわたりこの渦巻き星雲の中に星が見えなかったことを確認した。彼の写真の中のその小さな点は光度が約一四等級に達した(北斗七星の星々の約六万分の一の明るさである)。そして自分の写真乾板を調べていくうち、彼はさらに二個の暗い新星に気づいた。新星は、今度はかみのけ座の、正面をこちらに向けている見事な渦巻き星雲M一〇〇(NGC四三二一)の中にあった。これらの一つは一九〇一年に、もう一つは一九一四年に新星となった。「これらの新星が両方とも〝同じ〟渦巻き星雲に現われたことは特筆に値する[39]」とカーティスは報告した。カーティスが自分の発見を一九一七年七月に公表した時には、三個の新星はすべて完全に見えなくなっていた。しかし、この新星は「〝島宇宙〟理論に非常に明確な意味を与えるに違いない[40]」。この報告で、彼は確

1901,April 16　　　1914,March 2

ヒーバー・カーティスがNGC4321で1901年と1914年に発見した新星（矢印）
（Copyright UC Regebts/Observatory）

信を持ってこう指摘した。

ウィルソン山天文台とリック天文台からこのような驚嘆すべきニュースが届くと、アメリカ合衆国の第一級の天文台の間で「新星探し」がまたたく間に広がった。昔写した天体の写真乾板を引っ張り出しては新星を探すことが大流行し、新たな新星候補がすぐに見つかった。候補星のリストは週ごとに長くなっていった。「これが、荒くれ者の西部での天文学の進歩だ[41]」とウィルソン山のある天文学者は冗談を言った。このすべての発見にカーティスは夢中になった。渦巻き星雲に新しい新星が発見されるたびに彼は天文台をくまなく歩き、まるで産婦人科の病室でいくぶん誇らしげに振る舞う父親のようにその写真乾板を見せて回った[42]。

間もなくカーティスは、判断を下すに十分な新星のサンプルを手中に収めた。その中で、一八八五年のアンドロメダ星雲での爆発は、一八九五年のケンタウルス座のものと同様、天空ではまれに見る例外的な出来事ではないかと疑った。その新星の輝きが大きかったことで、天文学者たちはそれが存在する星雲は近いはずだと誤って考えたのだと、カーティスは推測した。新星の爆発は実際には二種類あり、まれに起こる方は大規模で見事だが（現在では、恒星が粉々になる爆発とわかっている）、それより頻繁に起こる方はエネルギーがもっと小さい（のちにこれは、白色矮星の表面で起こる爆発とわかった）。そして、渦巻き星雲に見つけられる多くの新星が、銀河系の中で定期的に見つけられる普通の新星に似ていることから、新星がこれほど暗く見えるためには、渦巻き星雲は「何百万光年も」離れていなければならないと彼は結論した。[43] カーティスはAP通信にこのことを話した。彼は大胆にも「私の発見した新星爆発は約二〇〇〇万年前に起こった。その光が今私たちに到達するのだから、その星雲は二〇〇〇万光年の彼方になければならない」[44]と記者に話したのである（一光年は約一〇兆キロメートルなので、その距離は一千兆キロメートルの一〇万倍以上になる）。暗い新星はカーティスにとって、星雲が銀河系をはるかに超えたところに存在する真の証拠だった。しかし、彼がこの考えを推し進めたのは時期尚早だった。まだ物理学がそれを説明できなかったからである。仲間の天文学者たちの多くもまだかなり懐疑的で、新種の天体を無節操に作り出すのには気が進まなかった。彼らには「オッカムの剃刀」の考え方が広まっていた。「オッカムの剃刀」は、一四世紀にイギリスの哲学者ウィリアム・オッカムによって確立され、長年にわたり広く認められた経験則である。**Pluralitas non est ponenda sine necessitate** とオッカムは宣言した。この意味は「必要がなければ複雑な仮定をするな」である。もし、ほかに方法がないのでなければ、複雑な考え方をするより単純な説明を選ぶのがよい。新星は二種類より一種類の方がはるかに望ましかった。

カーティスの独創的な仮説は支持が得られなかったにもかかわらず、彼はそれでもなお、少なくとも第一次世界大戦によって中断されるまでかなりの努力をそこに注ぎ続けていた。一九一七年、アメリカ合衆国が公式に参戦したわずか数か月後、カーティスは士官候補生に航海学を教えるため、最初はサンディエゴに、それからバークレーに行った。そして結局、ワシントンDCに移り、軍用の光学機器の設計開発のため国立標準局で働いた。しかし、出発の前にカーティスは、クロスリー望遠鏡で撮影し今では五〇〇個以上にもなった渦巻き星雲の写真をすべて収録したリストを、念を入れて編集した。そこで、以前と同じように、撮影されたすべての写真には、公式にカタログに収録した主要な渦巻き星雲のまわりに、さらに多くの暗くぼやけた星雲が写っていることがはっきりした。ある写真乾板には、三〇四個もの渦巻き星雲が数えられた[45]。キーラーはかつて、クロスリー望遠鏡の能力で観測できる渦巻き星雲が一二万個あると概算していた。別のリックの天文学者はのちにその数を五〇万個に引き上げた。その数をカーティスは今、さらに増やそうとしていたのである。「私が天の川から離れた領域を撮った写真乾板には、そのほとんど全部に、ものすごい数の小さい渦巻き星雲が写っていました。それ以来ずっと、五〇万という［これまでの］概算は、本当の数よりは多めではなくむしろ少なめだという信念を私は持ち続けていました」と彼は報告した[46]。「クロスリー反射望遠鏡で高感度の写真乾板を使えば、二〜三時間の露光で撮れる総数は、一〇〇万個を超すかもしれないと［私は］信じています」。見積もられた渦巻き星雲の数は、これで驚くほど増加した。

一九一九年の休戦後、カーティスは研究をまとめるためアメリカ合衆国の首都にまだ残っていたころ、渦巻き星雲に関する専門的な講義をしてほしいとワシントン科学協会とワシントン哲学協会に招待された。カーティスがこの問題をどう考えているかは、人々に知られつつあったのである。大いに興味を感じた彼は、リック天文台のキャンベルに「よく写っているスライドを四〇枚くらい集めてすぐ私に送ってください」と手紙を書いた[47]。島宇宙理論を支える苦労して集めた証拠を、影響力のある科学会議に提出できるという実質的にはじめてのチャンスを得て、カーティスは興奮した。自分が出会ったさまざまな型の渦巻き星雲を見せ、それらを横切る暗い筋を示し、それら渦巻き星雲の背景にはもっと暗い多数の星雲が潜んでいることを明らかにしようと、彼は、二〇世紀初期の「パワーポイント」とでも言うべき、映写用スライドを使用することにした。

約束の一九一九年三月一五日、ワシントンの知識人の伝統的な会議場だった権威あるコスモス・クラブ（当時はラファイエット・スクエアにあった）の新しい講義室に、大勢の聴衆がカーティスの話を聞きに集まった。講義のはじめにカーティスはウィリアム・ハーシェルに敬意を表した。「科学の歴史では驚くべき天性の直感を持つ人々が、乏しいデータから先を見通し、真理を垣間見たたくさんの実例があります。その真理は、数十年、数百年が経過しなければ十分な確証が得られないものです」と彼は言った。[48]「渦巻き星雲について申しますと、これらの美しい天体は別々の銀河であるという、完全な裏づけはなかったものの、運には恵まれたハーシェルの見解に、今、私たちは戻っています……。フンボルトの雄弁で的確な言葉を借りれば、それらは〝島宇宙〟だということです」。カーティスはこのように言って、島宇宙理論を最も明確に公然と支持する人間になった。

当時カーティスは、私たちの星々の故郷である銀河系は、差し渡しが約三万光年で約一〇億個の恒星があると概算し、うまい具合に太陽はそのほぼ中央に存在するとしていた。この点では彼は間違っていた。当時でさえ銀河系の大きさはより大きな値に修正され、太陽は銀河系の中の特等席を失いつつあったからである。しかし、渦巻き星雲が遠くの銀河だという点では彼は正しかった。

三月のその夜、カーティスは講義の中で論点を一つ一つ示していった。[49] まず、渦巻き星雲には特徴的な分布が存在する。彼は問いかけた。もしそれら渦巻き星雲が形成途中の恒星なら、なぜ、まさに〔天球上の〕天の川という恒星が最もたくさんある場所に渦巻き星雲がないのか。その答えは「遮蔽物質」が私たちの視界をさえぎっていて、それによって、まるで渦巻き星雲が天の川を避けているかのように見えるのだ。さらに、考慮すべき点が、渦巻き星雲の光そのものにある。渦巻き星雲のスペクトルは、巨大な恒星の集団から放射されたもので、ガス雲から放射されたものではない。

彼の論理には文句のつけようがなかった。歴史上の記録に触れながらカーティスは、また以下のように説明した。ここ三〇〇年間に三〇個近くの「新星」が天の川に出現している。そのどれもが、突然非常に明るくなり、その後再び暗い状態に戻っている星である。しかし、その半分の数の新星がわずか数年のうちに渦巻き星雲中に見つかっている。それはすなわち、「渦巻き星雲それ自体が数億という恒星からなる銀河」である可能性が高いことを意味する。さらに言えば、それらの新星は非常に暗いので、何百万光年もの彼方にあるに違いない。「これはとてつもない距離です」とカーティスは認めた。「しかし、もしこれらの天体が私たちの銀河系と同じような銀河なら、これは大体予想される程度の距離なのです」。

カーティスには、自分の示した新しい宇宙モデルの規模と複雑さが十分わかっていた。「この私たちの銀河の中で太陽系が占める空間の割合は、チェサピーク湾の中で占める一滴の水の割合にほぼ等しいのです」と彼は聴衆に話した。「この考え方をさらに進めると、一つ一つに何兆個もの太陽が存在する私たちの銀河系があり、その銀河系と同様の銀河が何十万個も存在するさらに強力な全宇宙がある。島宇宙理論によって、私たちはそう考えざるを得なくなりました……。天文学的に考えることは一般に畏怖の念をかきたてますが、このさらに新しい考え方はそれらすべてを超越するものです。それは想像を絶します」。カーティスはこの途方もない考えに引きずられて、夢中になっていた。聴衆も心を奪われた。最後に彼らはものすごい熱狂でカーティスをたたえ、さらに議論をしようとその後長い間彼を引き留めた。

終戦の時、国立標準局はカーティスに組織への残留を希望したが、彼は断った。「何をするにせよ、ここに永久に留まるなんて、そのような考えはまったくありません」(50)と彼はキャンベルに言いきった。「［私は］自分の山とクロスリー望遠鏡に戻り、そこにいたいのです……。あなたやヘールのような人は……さまざまな困難に出会って、私たち下々の人間が得る半分の楽しみも持てないのだとますます思うようになりました」。根っからの観測者であるカーティスは彼の星雲に戻りたがっていたのだ。そして、一九一九年五月にハミルトン山に戻り、銀河が遠くにあることを支持する証拠をさらに集めた。

カーティスの主張に賛成して、すでに数人が考えを変えていた。王立グリニッジ天文台の天文学者アンドルー・クロメリンも島宇宙理論を気に入っていたが、警告を発した。「外部に銀河があるという仮説は、確かに荘厳で威風堂々としたものです。［しかし、］科学における結論は、感情ではなく証拠に基づかなければいけません」(51)。仲間の天文学者たちは、高いハードルを設けたのだ。カーティスが、この件で勝利するためには理論的な議論以上のものが必要であった。つまり、具体的な証拠が必要だったのである。手がかりはさらに得られつつあったが、それらはカーティス自身から出たものではなかった。それらの手がかりは、リック天文台の積年のライバルであるアリゾナ北部のローウェル天文台から姿を現わしたのである。

第5章

カボチャを頼みましたよ

ローマの神、戦争をもたらす者、太陽から四番目の惑星、火星。たいへん奇妙なことだが、渦巻き星雲の難問を解くことに夢中の天文学者たちは、その解答へさらに近づくために――回り道であることは確かだったが――火星に立ち寄った。

ルビーのように鮮やかな輝きを放つ赤い惑星は、星を見る人々を何千年も魅了し、望遠鏡の発明後、それに対する興味はなおいっそう高まった。天文学者たちが火星をさらに拡大して見ると、ついにその表面に模様が認められた。両極の周辺の、外見上私たちの地球の北極圏と南極圏の様子に似た明るい斑点は、火星の季節にともなって勢いが増したり衰えたりしていた。その振る舞いがあまりに地球に似ているので、一七八四年にウィリアム・ハーシェルは、火星には「相当な量の大気がないとは言えず……したがって、そこの生き物たちはいろいろな点で私たちと似た状況を享受しているのだろう」と報告した[1]。

火星の詳しい観測は、軌道を回る地球と火星の距離が五六〇〇万キロメートルと特に近づく一八七七年の秋が条件が良かった。この最高の観測条件のおかげで、イタリアの天文学者ジョバンニ・スキヤパレリは、当時「大陸」として知られていた火星の赤みがかった黄土色の領域に暗い縞が横切っているのをとらえることができた。この細い影のような帯を、彼は母国語で「カナリ（canali、溝）」（英語の channel）と呼んだ。この言葉は多くの人に自然の地殻変動で生じた地形を想像させるものであった。

しかし、スキヤパレリの言葉は不正確に翻訳され、この訳の失敗が多くの空想じみた推測を生み出す原因になった。とりわけ最も論争を呼んだのは、「カナル（canal、運河）」は、耕作のため、惑星表面の乏しい水資源を導こうとして高等生物が建設した灌漑設備ではないかという仮説だった。「水路網にかなりさまざまな型が認められるのは、この惑星が活気にあふれた生物の住む場所である証拠である。と同時にそこには、雷雨、火山、嵐、社会の大変動、各種の生命の闘争があるかもしれない」[2]。フランスの天文学者カミーユ・フラマリオンは一八九二年にこのように書いた。この考えをパーシヴァル・ローウェルほど熱心に支持した人はいなかった。ローウェルは裕福な実業家で、その「火星キャンペーン」で一般人にも火星マニアを作り出した。その熱意があまりに猛烈だったので、一九〇七年に、その年のニュースとしては、火星人が存在する証拠が同年の経済恐慌を上回る、と『ウォールストリート・ジャーナル』が報じたほどだった[3]。

ローウェルはニューイングランドの名家の生まれで、五人兄弟の長子だった。彼はボストンの上流階級ボストン・ブラーミンの一人で、アメリカに綿産業を作り上げて富をなした[4]。一八七六年にハーヴァード大学を卒業した数年後、ローウェルは遠方への旅行を始め、特に極東への旅では、その地域や宗教に関して好評を博する著作を何冊も書いた。しかし、一八九〇年代になると、自己実現を求めて心もそぞろだった彼は、子供時代に興味を持っていた天文学に再びのめり込みはじめた。「それは長年の休みを経て再燃し、彼の人生の中心を占めるものになったのです」と弟は回想している[5]。裕福な個人事業者だったローウェルは、（当時すでにアメリカ合衆国の領土だった）アリゾナ州フラグスタッフの小さな村のすぐ隣にあった松林のメサ〔頂上が平らで周囲に急な崖のある地形〕の上に私設天文台を建てる決心をした。最初の目標は、一八九四年と一八九六年の火星大接近の観測だった。のちに、観測分野は太陽系全体に広がった。彼は「チャンスを逃すな」という一族のモットー[6]を心に留めていたのである。天文台建設は、専門家としての経験のないアマチュア天文家にとって大変な冒険で、特に、当時大学や研究機関が建設していた新しくより大規模な天文施設と自分の施設とが競争関係にあ

パーシヴァル・ローウェル（Lowell Observatory Archives）

るとわかってからは、なおさらだった。しかし、この競争の中でローウェルは、まさに彼が興味を持つ問題の追究だけに自分の天文台をあてる在野の観測家になった。彼が赤い惑星のとりこになったため、間もなく天文台の建つこの標高二二〇〇メートルの高台には「マーズ・ヒル」〔火星の丘〕というニックネームがつけられた。

　ローウェルは残りの人生を、彼が心からのめり込んだ天文学に注ぎ込んだ。強烈な個人主義者で人を楽しませることが上手だった彼は、友人宅の来訪帳に自分の住所を「宇宙」と書いたことがある。[7] この高貴なボストン人は、愛想のよさが望まれる時はたいていそのようにしたが、自分の意見や科学的素養に異を唱えられるとすぐに腹を立てた。ローウェルは、創立時の観測員の一人を、最終的にクビにした。それは、彼が火星の運河は結局錯覚かもしれないと主張し続けたからである。(8)

ローウェルは「マーズ・ヒル」に口径六〇センチ屈折望遠鏡を設置した。望遠鏡はそれほど大きくなかったが(当時すでに、世界の他のいくつかの望遠鏡は口径七五センチかそれ以上のレンズを備えていた)、それでも標高は由緒あるリック天文台の巨大望遠鏡より九〇〇メートル以上も高く、ローウェルはあらゆる機会を利用してライバルを打ち負かそうとしていた。時には無理をしすぎることもあった。ローウェルと台員たちは時々、見えにくい星々をとらえたとか惑星上に模様が見えたとか報告したが、そんなものは実在しなかった。フラグスタッフからのこの怪しげな報告に、苛立たしげに目をぎょろつかせていたリックの台員たちは、ローウェルの望遠鏡(あるいは彼の視力)に問題があるのではないかとほのめかした。その結果、ほどなくしてカリフォルニア一とアリゾナ一の機器を擁する天文台どうしの対立が起こったのである。ある新聞は、この果てしない小競り合いを「敵対する望遠鏡」という見出しで表現した。(9)

一九〇〇年、ローウェルは大きな賭けに出た。すでにリック天文台で使われていた分光器の改良版を特注したのである。製造者には「可能な範囲で最も高性能な」ものを作るよう指示した。(10) その分光器を操作させるために、ローウェルはインディアナ大学天文学科を卒業したばかりのヴェスト・メルヴィン・スライファーを雇った。アメリカ合衆国で巨大望遠鏡を持つ数少ない天文台の一つに職を得て、スライファーは喜んだ。加えて、そこは標高が高く大気は澄み、「シーイング」が良い、つまり大気擾乱が最小限のところであった。

ローウェルは、最初、スライファーの仕事を暫定的なものと考えていた（「さしあたり彼にそう約束していたから」雇ったと、ローウェルはインディアナ大学でスライファーの教授に話している）[11]。しかし、この若い天文学者は、一九五四年に退職するまでそのまま天文台に残り、そのうち三八年間は台長を務めた。ローウェルの選択は正しかった。スライファーは惑星研究のためにスペクトルを撮影し、その高度な技術と並外れた忍耐力により、最終的には天文台の観測範囲を太陽系のはるか先まで広げた。天文台の存在理由とされていた火星の模様を新たに見つける代わりに、彼はこれまで知られていなかった宇宙の驚くべき側面を自らの手で明らかにした。彼が何をなしとげたかを他の天文学者たちが完全に理解するまでにはさらに一〇年以上かかりはしたものの、宇宙が膨張していることを示す最初のかすかなデータ——まさに最初の手がかり——をスライファーはつかんだのだ。

一九世紀のアメリカ合衆国では、田舎の農場は多くの場合、互いに何キロも離れていた。灯りはろうそくか灯油だけなので、近くの都市光の邪魔を受けることもなく、夜空は息をのむような眺めだった。天の川は天球を走る幽霊のように縞を描いていた。この荘厳な星々の眺めは、人々の目を強烈に引きつけたに違いない。というのも、一世紀前のアメリカの偉大な天文学者の多くは、スライファーも含め、中西部の農場の生まれだったからである[12]。友人や仲間たちの間では「VM」で通っていたスライファーは、一一人兄弟の一人で、インディアナの学校では数学に鋭い才能を見せていた。二一歳でブルーミントンのインディアナ大学へ入学した彼は、力学と天文学の両方の学位をとった。一九〇一年の夏、フラグスタッフに着いた時、スライファーは不安を持ったに違いない。ローウェル天文台に来るまでに操作した一番大きい望遠鏡は、口径一一センチの小さな反射望遠鏡だったからである。操作を期待されているような規模や複雑さを持つ分光器は、これまで扱っていなかったのは明らかだった。それは、初心者ならひるんでしまうような仕事だった。この若者は、分光器を簡単に操作できるようになるまで一年間悪戦苦闘した。彼は最初、スペクトルの赤の端と青の端を間違えるという科学的に見て最も大きな過ちさえ犯した。困ったスライファーは、ローウェルに、リック天文台に行って教えを乞うてもよいか尋ねたが、ローウェルはだめだときっぱり言った。二つの天文台には敵対意識があり、ローウェルは自分のところの職員が助けを必要としていることをリック天文台に知られたくなかったのだ。「分光器について君がすべて学び終えるのと、彼らとのギブ・アンド・テイクが成立するのとは、別のことだろう」とローウェルは主張した。(13)

スライファーとローウェルは、二つの音符の奏でる和音のように互いの人格に引きつけられ、うまくかみ合っていた。火のように激しく、けんか好きで情熱に突き動かされるローウェルは、他人と功績を分かち合うのをいやがり、特に「彼の」天文台での発見を報告する時はそうだった。幸いスライファーはローウェルとは性格が正反対で、「人前に出ることを上手に避け、科学的な会合にもめったに出席しない」と言われる男だった。(14)彼は心からの平和主義者で、ローウェルのお株を奪うのは賢明でないことがわかっていた。それ以上に、そんなことはしたくなかったのである。観測以外の仕事の時は、スーツとネクタイをいつも身につけ、(15)控え目で威厳のあるスライファーは、意見を言う時はきわめて思慮深く、また用心深かった。中西部から来たばかりの時天文台で撮った彼の写真には、モナ・リザのように何かをじっと見つめながら笑みを浮かべた黒髪のハンサムな男が写っている。彼は旅行をするよりは同僚たちと手紙をやりとりすることが好きで、しばしば自分が発見したことを他人に教えた。その結果、台長も部下もそろって有名になった。

若いころのヴェスト・スライファー（Lowell Observatory Archives）

旅行やボストンの事業の関係で頻繁に天文台を留守にするローウェルは、手紙と電報を絶え間なくスライファーに送り、連絡をとり続けた。スライファーが事実上の台長をしていた間も、ローウェルは遠方から自分の意見を言い立てた。天文に関しては「レンズが傷むから太陽はあまり観測するな[16]」、天文台の運営については「事務のことは何事も人に任せるな[17]」、個人的なことでは「ヘイシャフで、朝食用シリアルのビスケットが手に入るかどうか見てくれないか[18]」。雇用、観測機器、予算、そして野菜のことまで、彼らは互いに相談した。ローウェルは、自分の天文台の菜園をことのほか気に入っていて、天文台を離れている時、それが今どうなっているか報告するようにいつも迫った。ある年など、秋の収穫が近づくにつれ、ローウェルは「カボチャのでき具合はどうか?」と尋ねた。翌週、彼の手紙は「カボチャを頼みましたよ」で締めくくられ、最後は「カボチャが実ったら、その一個を速達小包で私に送るように」であった[19]。

スライファーがほっておくと、心配になったローウェルはクリスマスの直後に「なぜカボチャが着かないのか。できれば至急送ってほしい[20]」と電報を打った。スライファーは不本意ながら、あわれなカボチャはしなびてだめになってしまったと答えなければならなかった。

しかし、次の春にすべては元に戻った。「菜園の世話をご苦労さま! 何かを植えておけば、君も何か収穫できるだろう[21]」とローウェルは手紙に書いた。スライファーはそうして、七月にはローウェルに最近の収穫物を送った。「君の野菜が見事に育ち、私はとても嬉しい[22]」とローウェルは返事を書いた。一〇月にはさらに野菜が送られた。

畑仕事と同じように、スライファーは分光学でも進歩をとげ、ついには分光器操作の名人になった。彼は最初にそれを、木星、土星、火星の自転周期の確認に使用した。次は金星だった。太陽系の惑星は、いつもローウェルの最優先課題だった。それからスライファーは、分光器を使用して惑星大気を分析するよう命じられた。火星大気に水蒸気が存在するかどうかを測定しようとして、そのために彼は、他の天文学者たちとローウェルとの闘いに深く巻き込まれることになった。スライファーがかすかな徴候を検出したと確信すると、ローウェルは即座にこれを、火星は水に富むという自分の見解を支持するものとして公表した[23]。その後、リック天文台の天文学者W・W・キャンベルも同じ観測をしたが、この赤い惑星の大気に水蒸気の証拠はまったく見られなかった[24]。

このような不一致があったにもかかわらず、スライファーは自信を持つようになり、さまざまな種類のプリズムや写真乾板を試すことで分光器の感度を上げていった。そして一九〇九年には、見たところは何もない星間空間にある種の気体が存在すること[25]を確信するようになり、これはのちに世界中の天文学者から賞賛を受ける大発見になった。これらの探求が、結果的には、渦巻き星雲に関する予期せぬ意外な新事実という、スライファー最大の発見につながったのである。

それはまったく他愛のない形で始まった。一九〇九年二月八日、ボストンのローウェルはスライファーに、簡潔な指示をタイプした手紙で送った。「親愛なるスライファーへ、赤に感度の高い写真乾板で〝白い〟星雲――中心がはっきり密集したものが良いのですが――のスペクトルをとってください[26]」。ローウェルの「白」という言葉は、渦巻き星雲のことを指していた。一九〇九年には、一般にはまだ、渦巻き星雲は形成中の新しい惑星系と理解されていたのである。手紙の下には手書きの注があり、撮影してほしいのは「その外側の部分」だと強調していた。渦巻き星雲の縁にスペクトル線の指紋として現われる化学元素が、私たちの太陽系の中心から離れた場所にある巨大惑星の組成と似ているかどうかをローウェルは見たかったのだ。もしそれが関連していれば、渦巻き星雲は実際に形成途中の生まれたての太陽系かもしれないことを意味していた。

最初スライファーは尻込みし、「私たちが白い星雲のスペクトルをとれる望みはあまりありません[27]」とローウェルに伝えた。天文台の口径六〇センチ望遠鏡で星雲の写真を撮るには、〔分光器を使わないで〕普通に写すだけでも最低三〇時間かかることを彼は知っていた。星雲の光はレンズを通すととても弱くなる。分光器を通過したあと、写真乾板に当たる光はさらに少なくなるので、スペクトルをとるのは不可能に思われた。

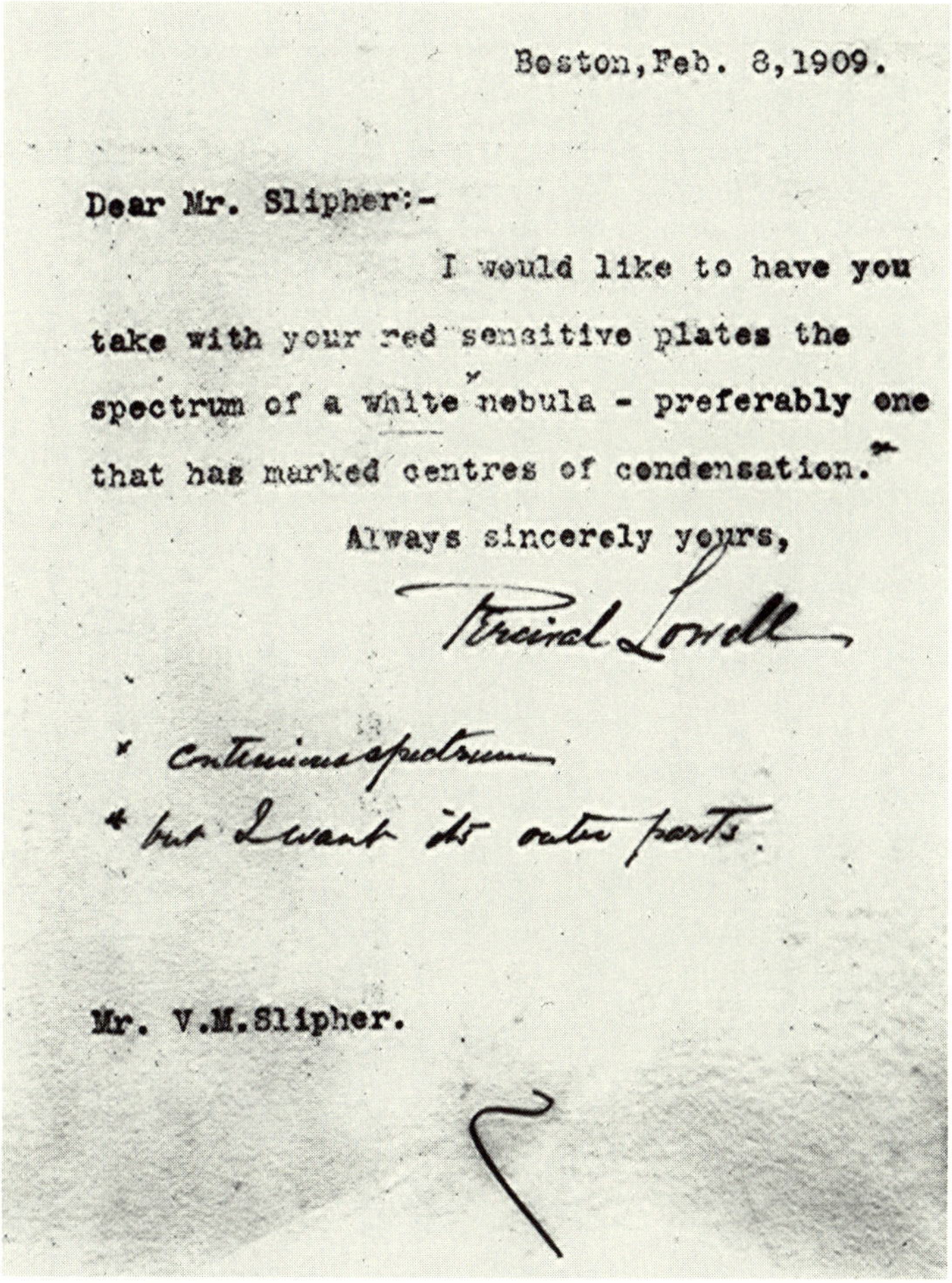

Boston, Feb. 8, 1909.

Dear Mr. Slipher:-

I would like to have you take with your red sensitive plates the spectrum of a white* nebula - preferably one that has marked centres of condensation.*

Always sincerely yours,

Percival Lowell

* continuous spectrum

* but I want its outer parts.

Mr. V.M.Slipher.

白い星雲〔渦巻き星雲〕のスペクトルを撮影するようにと、1909年、パーシヴァル・ローウェルがヴェスト・スライファー宛に送った手紙（Lowell Observatory Archives）

しかし、スライファーにはやらなければならないことがあった。少し前、リック天文台のキャンベルは、ローウェル天文台に批判的な論文をさらに一つ書いていた。[28] それは、天文台間で継続している、どちらの屈折望遠鏡が良い結果を得ているかについての一連の論争で、一番最近の批判だった。それ以前にローウェルは、マーズ・ヒルのすばらしい大気の中で六〇センチ屈折望遠鏡を使うと、天空のある領域に一七三個の恒星が見えたが、リック天文台の九〇センチでは一六一個しか見えなかったと主張していた。[29] 自分たちの天文台に忠誠を誓うスライファーは、これを最後にこの問題を沈静化させたいと思っていた。彼は、同じ時に同種の写真乾板で撮られた恒星写真を比較するという、二つの天文台の「果たし合い」を準備したのである。しかし、ローウェルはこの考えを退けた。そこで、天文台の名誉回復のため、スライファーは、渦巻き星雲のスペクトルをとるという困難な仕事に的を絞ることにしたのである。「私たちは、防御しなければならない時には、どんな場合でも自分たちを守るという結論に達しました。さもないと、私たちが出版したものはすべて信用を失ってしまいます」[30]。わずか数か月前、スライファーは、インディアナ大学のかつての師ジョン・A・ミラーにこう手紙を書いている。

スライファーはこのスペクトルの仕事は見込み薄と考えていたが、それでも頑張り、一九一〇年一二月、苦労しながらアンドロメダ大星雲からかすかなデータをとることができた。「私のこの写真乾板は、これまで言及されなかった特異性をわずかに示しているように見えます」と彼は手紙でローウェルに知らせた。[31] 彼は「おそらくわずかに示している」と書こうとしたが、「おそらく」を消した。今や彼は、一八九〇年代のシャイナーのように、他の分光学者がこれまで見つけなかった何かをスペクトルにとらえたと確信していた。

技術的な目端をきかせ、試行錯誤を繰り返しながら、スライファーは分光器に改良を施しはじめた。スペクトル線の分離には三個のプリズムを一組にして使う方が良かったが、彼はそうせず、一個だけを使うことに決めた。これだとスペクトル線は密集し、判読は困難になるが、入ってくる光子を吸収するガラスが少なくなるので、得られる光量ははるかに増す。さらに重要なのは、カメラの感度の向上が決定的に物を言うことがわかっていたので、スライファーが、市販品の中から非常に「速い」〔明るい〕レンズを購入したことである。望遠鏡の釣り合いを保つための重りを含めた分光器全体の重量は二〇〇キログラムで、それは望遠鏡の底に特大のクルミ割りをつけたような姿だった。天空の光は接眼鏡には入らず、プリズムに直接入って、プリズムはその光をそこに含まれる波長に分離する。そして、赤から紫へ連続するスペクトル線を記録できるように、小さい写真乾板が適当な位置に配置されていた。

惑星の研究、ハレー彗星回帰の報告、管理業務などにより、しばらくの間忙しかったスライファーは、一九一二年の秋まで渦巻き星雲の観測に戻ることができなかった。しかしそれまでに、作り直した分光器が最初の仕様の二〇〇倍の速さ〔感度〕で作動し、長く退屈な露光時間を切り詰められるようになっていた。その修正はうまくいったので、スライファーはついに長い間やりたいと思っていたスペクトル撮影を試みることが可能になった。ゴールまでの道のりは、科学的にも個人的にももどかしいものだった。その二年前、リック天文台長のキャンベルはエール大学で講演し、「現在、その数が大きく増加している星雲の視線速度を測る以上に緊急の研究テーマはない」(32)とはっきり述べていた。視線速度——私たちの視線方向に沿って天体がどんな速さで私たちに近づいているか、あるいは遠ざかっているか——というキャンベルの専門分野で彼を負かすことは、ローウェル天文台に忠誠を誓う人々にとっては甘美な大勝利になるはずだった。渦巻き星雲の速度はまだ誰も測定していなかった。それには、これまで撮影することができた、あるいは撮影できると考えられていたスペクトルよりさらに詳細なスペクトルが必要だった。

スライファーは最初の観測を九月一七日に行なった。非常にかすかな光を十分に記録するには合計で六時間五〇分かかった。彼は、それをすぐローウェルに伝えた。「本当のところ、あまり良くとれたとは言えず、私たちはもっと上手にできると思っていました。しかし、他の天文台で、通例はるかに長い露光時間で撮影された結果を見ると、勇気づけられる気がして、もう一度試してみようと思うのです[33]」。そのスペクトルはとても小さく、長さはたった一センチ、幅は一ミリしかなかった。写真乾板自体の長さは約八センチで、ガラスの上には、撮られた天体がアンドロメダ星雲であることを示すため、スライファーが「Sept 17 And Neb」と書くのに十分なスペースがあった。

一〇月中は、ゲール彗星の観測に集中しなければならなかったので、スライファーがアンドロメダ星雲の観測に再び戻ったのは一一月一五日であった[34]。雲が少しあり、天気はまあまあだったが風は強かった。その夜、彼は七時に観測を始めた。冬だったのですでに完全に暗く、彼は早朝まで働いた。写真乾板を八時間露光し、乾板をそのまま分光器の中に置いてシャッターを閉じた。次の夜、彼は望遠鏡をもう一度目標天体に向け、さらに六時間観測した。長い露光時間をとりスリットを狭くしたので、スペクトルは九月にとったものと比べてかなり良くなっていた。

一二月三日と四日[35]、暗い星雲の観測を妨げる月がもはやのぼらなくなると、スライファーはこの観測に再度取り組んだ。この時、スライファーは作業ノートに、大気の透明度は「たいへん良好」と走り書きし、それを強調するためにアンダーラインを引いた。二晩にわたり、彼は全部で一三時間半かけて乏しい光子を集めた。ただ一つの問題は、厄介な運転時計の設定に一五分もかかることだった。

この観測を行なう間、木製ドームの内側は時として、望遠鏡のそばで高電圧の誘導コイルが火花をパチパチ散らし、[36]まるで映画版マッド・サイエンティストの研究室のようになった。点火に使われるのは一列に並んだ旧式のライデン瓶で、スライファー自身が感電死しないのが不思議なくらいだった。このやたらに手の込んだ奇妙な仕掛けは、鉄やバナジウムの試料を気化させ、その光をキャリブレーション〔較正用基準〕に使用するためのものだった。ドームの中で静止しているこれらの元素のスペクトルは、スライファーが測定する時、宇宙の中を突き進んでいる星雲のスペクトルと比較して、スペクトル線の位置のずれから星雲の速度を決めるものであった。

スライファーがアンドロメダ星雲から得たスペクトル線の一本一本はとても細かったので、較正された標準位置と比較して、スペクトル線がどのくらいずれているかを測定するには顕微鏡が必要だった。ずれが大きいほど、星雲の速度は速い。顕微鏡は、一時的にボストンのローウェルのところにあり、スライファーのところに戻されたのは一二月半ばになってからだった。しかし、いったん顕微鏡が届くと、一目見たいという気持ちを抑えられず、スライファーは、これまでに撮影したアンドロメダ星雲の写真乾板を調べた。そこには「勇気を与えられる結果、というより徴候（というべきでしょう）」[37]がありました、とスライファーはローウェルに報告した。「というのも、星雲のスペクトル線には、紫の方向への移動が明らかに認められたからです」。スペクトル線が青紫の方向へ移動していることは、アンドロメダ星雲が地球に「向かって」動いていることを意味していた。「君のこの見事な仕事を祝福します」[38]とローウェルは返事を書いた。

しかし、スライファーは、速度を正確に測定するには、もっと良質のスペクトルを撮影しなければ

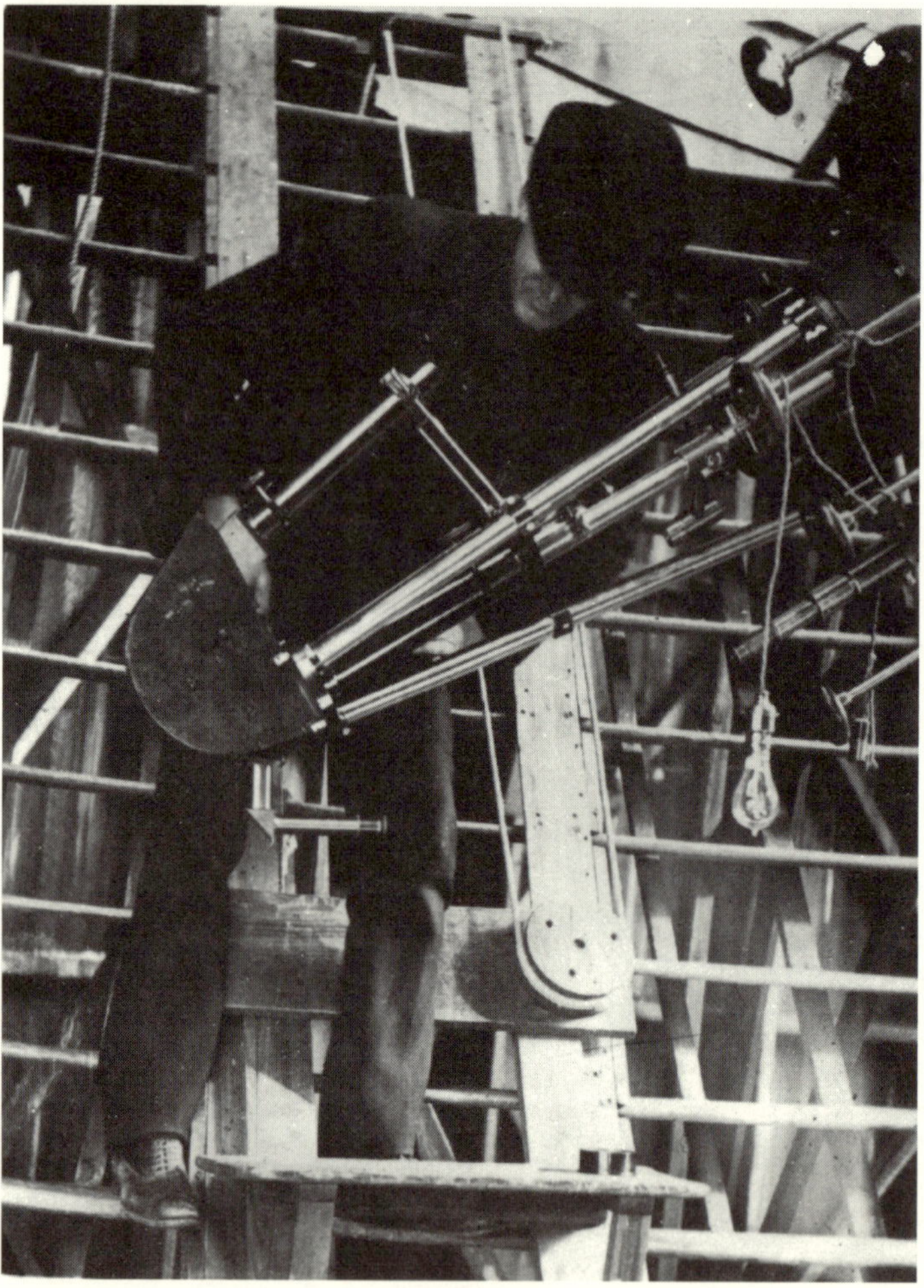

ローウェル天文台の口径60cm屈折望遠鏡に取りつけられたスペクトル分光器を操作するヴェスト・スライファー（Lowell Observatory Archives）

ならないと感じていた。それには大変な努力が必要であった。スライファーはローウェルに「観測者たちは皆、疑いなく、まったく望みのない企てという印象を持っています。多分そうなのでしょうが、私はもう少しやってみたいと思います」と話した。[39]

彼は最後の観測を一二月二九日夜七時三五分から始め、真夜中に雲が出はじめるまで続けた。一から一〇までの段階――一が最悪で一〇が最良だった――によると、ローウェル天文台の天文学者たちは、〔観測条件が悪いと〕一〇で月が見え、五ではまだ望遠鏡が見え、一だと望遠鏡があるとわかるだけだとしばしばジョークを言った。[40] 幸い次の晩も空は晴れ、彼はさらに七時間近く露光することができた。おそらく幸運に後押しされたのだろう、三日目の大晦日の晩にも彼は観測を続けた。しかし、今度は天気が悪く、一九一三年を告げる鐘が鳴る直前に観測を終えなければならなかった。[41] それでも、この露光のおかげで、彼はさらに一時間分のデータを写真乾板に蓄積することができた。

スライファーには、今のところ、この最後の写真乾板を正確に測定する時間はなかったが、ざっと調べただけで、重要な結果が得られたことはすぐにわかった。「今や、星雲の速度は異常に大きいと言っても大丈夫だと思います」[42] と彼はすぐローウェルに手紙を書いた。普段はとても用心深い男のスライファーがこのような早い段階で、こんなにも性急に物を言うのは、まったく異例のことだった。彼は自分が発見した結果に戦慄を覚えたに違いなかった。

一月いっぱい、スライファーは、アンドロメダ星雲の速度を正確に計測するため、全部で四枚ある写真乾板を集中してさらに注意深く測定した。彼はこの作業を、星雲スペクトルの写真乾板を静止位置にある標準スペクトルと照らし合わせて計測する「分光コンパレーター」を使って行なった。[43] スライファーはねじを回転させて、一方の写真乾板をもう一方の標準スペクトルに対して動かした。スペクトル線が最終的にぴたりと重なった時、標準スペクトルと一致させるまで、星雲の写真乾板をどれだけ動かしたかを記録した。星雲の速度は、この移動の大きさからはっきりわかるのである。計測された移動量を速度に変換するスライファーの計算は、鉛筆で整然と記された数字でページを次々と埋めていった。[44] この計測は一月七日に始められ、二四日に終了した。

この最終的な結果にスライファーは驚愕した。アンドロメダ星雲は秒速三〇〇キロメートル（もしくは時速約一〇〇万キロメートル）というとんでもない速度で地球に近づいており、この速さは、スライファーが銀河系の恒星の平均速度から予想した値の約一〇倍だった。星雲がこのような振る舞いをするとはまったく思われていなかったのである。一般に、当時の天体物理学者は、星雲は恒星よりはるかに動きの遅い比較的低速の天体と考えていた。しかし、渦巻き星雲は、それらの中でまったく別の分類に属しているように思われた。アンドロメダ星雲は、宇宙での最速記録を打ち立てたのだ。今日風に言えば、それは、軌道を回るスペースシャトルのほぼ四〇倍の速さだった。

いつも慎重なスライファーは、撮ったばかりの写真乾板をもう一度計測し、間違いがないか確認した。また、そのずれが本物かを独立にチェックするため、スペクトル写真のプリントをエドワード・ファスに送った。[45] 一九〇八年にはファスも、リック天文台でアンドロメダ星雲のスペクトルをとった時、スペクトル線のずれを発見していた。しかしその時、この予想外の変化は分光器の誤作動のせいと考えて、ファスは考察の対象から外していた。天体はそんなに速く動くはずがないというのが、一般に認められていた知識だったからである。この異常な数値を彼は不注意にも「答えが求められている疑問に対する直接的な意味はない」[46] と報告し、捨て去った。あわれなファスは、天文学史に名を残すチャンスをまたもや逃してしまったのである。スライファーの写真を受け取った時の彼は、さぞ無念だったろう。四年前、ファスはスペクトルの中にスライファーと同じ手がかりを見ていながら、無視して追跡調査をしなかったのであった。

二月になると、スライファーは機器にも自分の技量にも確信を抱くようになった（後知恵で言うなら、今日、天文学者がはるかに良い機器で計測したアンドロメダ星雲の接近速度は秒速三〇一キロメートルで、スライファーの計測と〇・三パーセントしか違わない[47]。これは本当に信じがたいことだ）。スライファーはローウェルに、どの写真乾板も「期待しうる限り精密に一致しているので、私はこの移動が間違いなく本物であると信じています[48]」と知らせた。アンドロメダ星雲は恐ろしい速度で動いているに違いなかった。しかし、スライファーはこの結果を主要な天文学雑誌には報告せず、『ローウェル天文台報』にわずか九段落の短い説明で公表する道を選んだ[49]。例によって、スライファーは、何らかの確証が得られるまでより重要な報告は差し控えたのである。

渦巻き星雲の速度は、まだ、例外的にたった一つがわかっただけだった。それでも多くの人々が、スライファーの結果に興奮した。「君は金鉱を発見したようだ。そして注意深く作業すれば、ケプラーと同じくらい重要な貢献をまったく違う方法で行なうことができる」とミラーは手紙に書いた[50]。ハイデルベルクのケーニヒストゥール天文台のマックス・ウォルフは、そのスペクトルの「美しさ」を賞賛した[51]。当時『アストロフィジカル・ジャーナル』の編集長だったエドウィン・フロストは、このような「信じがたい」速度がわかったことに心から祝いの言葉を述べた。「偏移の理由は、ドップラー偏移以外は考えにくいでしょう」と彼は言った[52]。「この天体であなたが成功を収めたことは、観測点の標高が高いことの重要性を示しています……。海抜三六〇〇メートルから四五〇〇メートルの地点で、この種の他の天体を観測してみることができないのが残念です」。他の天文学者たちがその種の観測を試みたのは数十年後のことだった。

ほかに、リック天文台のキャンベルのように、（予想どおり）きわめて懐疑的な人々もいた。「君の出したアンドロメダ星雲の速度がきわめて速いことにびっくり仰天した。［君の］視線速度の誤差は、かなり大きいのではないかと思う。速度は二つ以上の天体について出してほしい」(53)。

キャンベルに公平を期して言えば、このような特別な発見には特別な証拠が必要で、それはスライファーもわかっていた。彼はすでに他の人々に、裏づけをとる観測を試みてほしいと要請していた。一年もしないうちに、ウォルフが追試観測に成功した。彼のスペクトルはもっと粗いものであったが、それでも結果はかなり一致した。間もなく、リック天文台の気難しい人々もアンドロメダ星雲の速度を確認することになった。リックの天文学者ウィリアム・H・ライトも、スライファーとほとんど同じ速度を求めた。「何年も前にファスが大きなずれを見つけた時、私はこの研究を始めようと計画したことがありましたが、あなたは私を負かしたようですね」と、ライトはスライファーに言った(54)。

ローウェルはたいそうな喜びようで、スライファーが最初に発見をした直後に「君は大発見をしたようだ」と手紙を書いた(55)。そして「確認のため、あといくつかの渦巻き星雲でもテストするように」とつけ加えた。スライファーは精根を傾けて、この挑戦に取り組んだ。というのも、彼は自分自身で科学的探求を始めるより、指示に従う方が得意だったからである。

しかし、他の渦巻き星雲のスペクトル光を集めることに比べれば、アンドロメダ星雲の作業は朝飯前の仕事のようなものだった。アンドロメダ星雲は、その中心部が肉眼で辛うじて認識できるだけではあったが、それでも夜空で一番大きく明るい渦巻き星雲なのだ。他の星雲は小さくて暗いので、スライファーがその速度を求めるのはずっと難しくなった。「渦巻き星雲のスペクトルをとるのは、今ではさらに骨の折れる仕事になった。その理由は、観測しようとする天体がどんどん暗くなるので、非常に長い露光時間が必要になるからである。さらに月や雲には妨げられるし、また他の研究に機器を使いたいと強く要求されるため、装置をセットし観測を最後までやりとげることが往々にして難しい[56]」と彼は予備論文に書いた。これは彼にとって「仕事がハードで結果がなかなか得られない」研究だった[57]。

アンドロメダ星雲のあと、スライファーが次に目標に選んだのはM八一で、ほかの星雲に比べれば明るい渦巻き星雲であった。その次には、おとめ座にあるNGC四五九四という奇妙な星雲に注目した。彼はノートに「望遠鏡で見られる非常に美しい天体[58]」と書いている。これは、横から見たメキシコの帽子にそっくりなことから、今日ではソンブレロ銀河として知られている。スライファーは最終的に、NGC四五九四が「アンドロメダ大星雲の三倍もの速度」で動いていることを知った[59]。しかし今度は、星雲は地球に「近づいて」いるのではなく、秒速約一〇〇〇キロメートルで「遠ざかって」いた。スライファーは非常にほっとした。近づくのではなく遠ざかっている星雲が見つかったことは、速度が本物でないのではないかという、それまで気にしていた疑いを完全に払拭した。「アンドロメダ星雲の速度が得られた時、それが何か未知の物理現象によるものかもしれないと私は恐れ、躊躇しました[60]」と彼は師のミラーに手紙を書いた。一九一三年の春になって、彼は今や、写真乾板上でのスペクトルのずれが確かに「運動」を意味していることを再確認した。

この段階で、まだわずか数個の測定結果しか得ていないスライファーは、渦巻き星雲は銀河系を漂っていて、銀河系の片側では私たちに近づき、反対側では遠ざかるのではないかと考えるようになっていた。渦巻き星雲の正体については、その考察を公にするのをためらったが、友人の天文学者たちとの個人的な手紙では、好ましいと思っている理論のいくつかを話していた。最初、彼は、それら渦巻き星雲は恒星の光を反射して光っている塵の雲かもしれないと考えた。(61) これは、自らがすでに証明し大きな賞賛を受けた、有名なプレアデス星団の輝き方と同じだった。あるいは、渦巻き星雲は「おそらく恒星空間を高速で飛行する、奇妙な崩壊の生じている」(62) 非常に老齢の恒星かもしれない、などとスライファーは思いをめぐらせ続けた。しかし、その時も彼はなお、このような解釈は自分のもとに留めておこうと考えるのだった。一九一三年にある手紙でスライファーが示したのは、もし本当に渦巻き星雲がごく細かい物質に囲まれた一つの恒星なら、なぜそれらは「銀河系の内部より外部に多くあるのだろうか」(63) という疑問だった。それは、カーティスが、リック天文台で問いかけたのとまったく同じ疑問だった。

それからの数か月間、スライファーは一つずつ渦巻き星雲を調べ、リストを増やしていった。機器が比較的お粗末なことを考えると、彼がそれをなしとげたのは驚くべきことだった。ローウェル天文台の六〇センチ望遠鏡は正確な追尾ができるほど精密ではないので、手動制御するしかなかった。スライファーは、頭上で天球が回転するのに合わせて、一つ一つの渦巻き星雲のちっぽけな像を、できるだけ注意深く分光器のスリット上に何時間も静止させておかなければならなかった。こんなことがどうしてできたのか、と何年もあとに尋ねられた時、スライファーは「その観測をせずにいられなかったからです」(64) とそっけなく答えた。目標の光が弱い時、露光時間はしばしば二〇時間から四〇時間になり、(65) それは、露光が数晩に、もし天気が良くなければ何週にもわたることを意味していた。そして、月が明るい夜は何もできなかった。「このように露光時間が延びても、写真乾板への蓄積は少しも速いとは言えません」(66) と彼はローウェルに知らせた。「しかし、その結果にはやるだけの価値がありますし、勇気づけられるものがあります」。意欲が大いにわいてきたスライファーは、彼にしては珍しく発見の手柄に執着を見せはじめた。「この問題は今や私たちの掌中にありますので、できるだけ継続したいと思います」[67]と、彼は上司のローウェルに伝えた。

スライファーに心配は無用だった。彼に追いつける人は誰もいなかった。一九一四年夏には、一四個の渦巻き星雲の速度が掌中に収まっていた。そして、このデータの集まりからついにある否定しがたい傾向が浮かび上がってきた。アンドロメダ星雲のような二、三の星雲は私たちに近づいているが、大多数の星雲は高速で遠ざかっていたのである。

島宇宙信奉者にとってこれは大ニュースだった。「いくつかの渦巻き星雲に大きな視線速度があるというあなたの見事な発見に、心からお祝いを申し上げます」とデンマークの天文学者アイナー・ヘルツシュプルングは手紙を書いた[68]。「この発見により、渦巻き星雲が銀河系に属するかどうかという大問題には、最終的に、大きな確信を持って、そうではないと答えられるように私は思います」。星雲は速度が大きすぎるので、私たちの銀河系に留まっていることはできなかった。しかし、スライファーは、この段になってもまだ迷いを見せていた。「渦巻き星雲がどのくらい遠くにある銀河なのか、それが私の心に引っかかっているのです[69]」と彼は答えた。

スライファーは、彼自身の研究生活で、自分の天文台の紀要以外に研究の詳細を述べた論文をほとんど発表しなかった。彼は、結果に絶対の自信が持てるまでデータの提出を遅らせるか、ほかの人が解析に使用するために、自分の発見を気前よく提供してやるかのどちらかだった。これは一部には、ローウェルがこれよりもっと人騒がせな発見をしたと報じるたびに、天文台がいつも直面した大騒ぎに対する反作用という側面もあったかもしれない。そのありがたくない宣伝方法が、フラグスタッフから発表される他のすべての研究に対する天文学者たちの意見に影響を及ぼすのではないか。スライファーは、内心ではこれを恐れていた。そのため、スライファーは弾《たま》が飛んでこない位置に頭を下げ続け、研究自体がすべてを語るという達観の姿勢をとりたがった。[70] その唯一の例外が、渦巻き星雲の速度の研究だった。彼は、恒星や惑星のスペクトルを非常にたくさん研究していたので、自分が求めた結果には絶対の自信を持っていた。そのため、この時ばかりは内向的な性格にうち勝って、自分の結果を披露するために、自分からイリノイ州エヴァンストンのノースウェスタン大学に出かけたのだった。[71]

一九一四年八月、六六人の天文学者が、年次会議のため全米からノースウェスタン大学に集まり、四日間の科学的議論、公式行事、コンサート、ミシガン湖への親睦遠足会が催された。その会議で天文学者たちは、投票により満場一致で、会の名称を「アメリカ天文学・天体物理学会」から、簡単な「アメリカ天文学会」へ変更した。そしてこの時、ウィスコンシン州ヤーキス天文台の大学院生だったエドウィン・ハッブルという若者が会員に選出された。

講演は、大学のスウィフト・ホールの講義室で行なわれた。スライファーの論文は会議で発表された四八論文のうちの一つで、表題は「星雲の分光観測」[72]だった。はじめにスライファーは、自分はただ渦巻き星雲のスペクトルをとろうとして調査を始めたと聴衆に話したが、続けて、アンドロメダ星雲の速度が例外的に速かったために、注意が速度そのものに向くようになったと述べた。そして今や、渦巻き星雲の平均速度は「恒星の平均速度の約二五倍」になったと報告した。[73] これまで観測した一五個の渦巻き星雲のうち、三個は地球に近づいているが、残りは遠ざかっている。その速度は、リストに「小さい」と記録したものから秒速一一〇〇キロメートルという驚くべきものにまでわたっている。

1914年にイリノイ州エヴァンストンで開催されたアメリカ天文学会に集まった天文学者。左側の円内がヴェスト・スライファー、右側がエドウィン・ハッブル（*Popular Astronomy*, "Report of the Seventeenth Meeting," 1914より）

この速度は、その当時までに測定されたものの中では宇宙で一番速かった。

この注目すべきニュースをスライファーが報告し終わると、仲間の天文学者たちは立ち上がり、満場の拍手を何度も鳴り響かせた[74]。天文学の会合でこのような光景を目撃した人は、これまで誰もいなかった。スライファーは分光学のエベレスト山に単独登頂したのだから、これはもっともなことだった。ライバルとして情け容赦のないキャンベルでさえスライファーの発見を認め、その影で行なわれた途方もない努力に敬意を表した。会合のあと、彼はスライファーに「困難な仕事に君が成功したことを祝福します」と手紙を書いた[75]。「君の結果は、天文学者たちが近年遭遇した最も驚くべき事柄の一つに含まれます。観測された速度が広範囲にわたり、あるものは地球に接近し、またあるものは遠ざかっている事実は、その現象が真実であるという見解を強く支持するものです」。

間もなくスライファーは、国立科学アカデミーがアメリカの優れた科学研究成果を掲載する『プロシーディング（会報）』と題する定期刊行物を出版しようとしていることを知らされ、その先駆的研究の解説を執筆するよう依頼された。「私の論文をアカデミーで紹介させてくださる親切なご提案を嬉しく思います」と彼は応じた。[76]「ただ、お送りするに足るものを書けるかどうかが問題です」。例によって、スライファーは極端なまでに謙虚だった。

それからの三年間、さらにスペクトルを集めたあと、スライファーはついにヘルツシュプルングの見解に近づいた。彼もまた、銀河系は自らと同じような他の銀河の間を動いているという見解に同意しはじめていた。スライファーは、国家で最も重要な科学的会合の一つであるアメリカ哲学協会の一九一七年年次会議で基調講演を行なうよう招待された時、初めてこの考えを公にした。報告する内容を最新のものにしようと意欲を燃やしていたスライファーは、ローウェル天文台の上級計算者として長年働いていたボストンの数学者エリザベス・ウィリアムズの助力まで求めていた。[77]ウィリアムズは、スライファーが調べた（今では二五個を数える）すべての渦巻き星雲について、運動方向とその大きさを二重チェックする作業を、講演の二週間前に引き受けた。彼女はぎりぎりのタイミングでその結果を電報で知らせた。

「長い間、ひょっとすると渦巻き星雲は、非常に遠くの恒星系ではないかと言われてきました」とスライファーはフィラデルフィアでの四月の会議で述べた。[78]「これはいわば、私たちの恒星系である銀河系を、私たちが内側から見ている巨大な渦巻星雲だと考える、〝島宇宙〟理論です。私は、この理論は今日の観測から見て支持されているように思います」。全部で二五個のうち四個を除けば、すべて外に向かっている渦巻き星雲を見て、スライファーは、ある時点で、それらはある方式にしたがって「四散している」のかもしれないと考えた(79)。これは、ごく初期における宇宙膨張論を暗示する内容であったが、それが完全に受け入れられるまでにはさらに長い年月を要した。

他の天文学者たちもスライファーの結果のいくつかを確認していたが、この新しい分野ではローウェル天文台の天文学者が絶対的な支配者だった。スライファーはこの分野に長年君臨していたのである。一九二五年までに四五個の渦巻き星雲の速度が確定されたが、それらを測定したのはほとんどすべてスライファーだった(80)。一九一五年には早くも、ドイツ、カナダ、アメリカ合衆国、オランダの研究者が、蓄積の進むスライファーのデータに何らかの規則性がないかを探しはじめていた。しかし、これははなはだ困難な仕事だった。というのも、測定された渦巻き星雲の速度には、地球の軌道周回や銀河系内の太陽の移動など、他の速度が絡んでいたからである。それは、自分が高速道路を突っ走る車の中にいて、遠くの列車の正確な速度を測ろうとするようなものだった。

渦巻き星雲が本当はどのぐらいの速さで動いているかを調べるため、研究者たちは余分な要素を除去することから始めた。まず地球の運動、それから太陽の運動である。これらの二次的な速度が除かれたあとも、渦巻き星雲の速度は依然としてとてつもなく大きく、私たちの銀河系の恒星の平均速度よりはるかに速いことが天文学者たちに理解された。さらに重要なのは、一般に、ぼんやりとした円盤に見える星雲が、本当に私たちから遠ざかっていると確認されたことだった。アンドロメダ星雲のようなわずかな星雲は例外だったが（アンドロメダ星雲と銀河系は重力的に結合しているため、互いに離ればなれにはならないことを、彼らはまだ知らなかった）、概して言えば、渦巻き星雲は天空のすべての方向で空間を外向きに離れていくのである。ドイツの天文学者カール・ヴィルツは一九二二年にさらに研究を進め、星雲の大きさと明るさから、どの星雲が私たちの近くにあるか、あるいは遠くにあるかをおおまかに判定した。この仮定により、彼は星雲の飛び去り方には決まった傾向のあることに気づいた[81]。遠い星雲ほど後退も速いのだ。これは興味深いことだった。

しかし、おそらく〔星雲の〕速度と距離の間のこの関係は見当違いなのだろう。ことによると、特に南半球で見えるさらに多くの星雲の速度を測れば、この傾向は消えるのではないか。結局は、平均され、半分の星雲は近づき、残りは遠ざかるのだろう。天文学者たちは、全体が後退するように見えるのは一時的な錯覚ではないかと心配しはじめていた。彼らは方程式に、この点を考慮したある特別な要素*K*――この項に*K*という文字をあてたことが当時の考え方の名残である[82]――を挿入した。この項は最終的に消えるかもしれないが、消えないかもしれない。

このように結論がはっきりしなかったにもかかわらず、一九一七年のアメリカ哲学協会大会のころには、島宇宙理論は眠りからさめつつあった。ヒーバー・カーティスが渦巻き星雲に関する発見を主要な雑誌に発表しはじめていて、銀河が遠くにあることを支持する説得力のある議論は、すでに、イギリス、ケンブリッジ大学のエディントン、リック天文台のキャンベル、当時ドイツのポツダム天文台にいたヘルツシュプルングといった、トップクラスの著名な天文学者たちを納得させていた。スライファーが発見した星雲の速い速度は、渦巻き星雲が銀河系の外縁をはるかに越えた場所に存在するという考えを強化したにすぎなかった。しかし、実のところ、アンドロメダ星雲やその姉妹の渦巻き星雲がどれだけ遠くにあるかを決定する方法を天文学者たちが見つけ出すまで、島宇宙理論が完全な成功を収めたことにはならなかった。これらのいまいましい星雲の距離を、すべての天文学者が納得する方法で誰かが決定しない限り、継続中のこの議論を収めることはできなかった。

スライファーやカーティスはまだ知らなかったが、彼らが渦巻き星雲の研究を始めたばかりのころすでに、天空でこの種の測定を行なう新しい方法が芽ばえつつあった。そこには、魅力的な特徴のある南天の夜空の写真を調べているうちにある種の興味深い星々に遭遇した、非凡で炯眼の女性が関わっていた。

第6章

それは注目に値する

初めて南半球を訪れた人は、ともすると、夜空に明るく輝くその雲を巻雲と間違えるかもしれない。昔のペルシャ人は、この中で一番大きい雲をアル・バクール、あるいは白い雄牛と呼んでいた。(1)ヨーロッパ人は、一六世紀のはじめ、フェルディナンド・マゼランと乗組員が初めて地球を一周した航海で「二つの霧のような雲」と書いた報告書からこの星雲のことを知った。(2)そして、このもやのかかったような二つの雲には、ポルトガル生まれの栄えあるその探検家の名がつけられた。大小マゼラン雲はそれぞれ、多量にまき散らされた光るガスの中に、恒星がたくさん不規則に集まったものである。

このように目新しく魅力的な光景は、ヨーロッパやアメリカの天文学者が南半球に天文台を建てる積極的な理由となった。ハーヴァード大学天文台が、一八九〇年代にペルーのアレキパの町の高地に南半球の拠点を築いて、それは実現した。これより一〇年以上前、ハーヴァード大学は、北半球の空に見えるすべての恒星について、その色と明るさをカタログにする画期的な事業を遂行していた。この分光観測の計画にはかなりの資金が与えられていたので、天文台長のエドワード・C・ピッカリングは、すべての明るい恒星を写真に撮り、そのスペクトル分類をすることも決めていた。ペルーに天文台ができたことで、ハーヴァード大学はこの掃天計画を南天にも広げることが可能になった。そして、これによりピッカリングは、天空上の星の移動をただ追うだけでなく、星の基本的性質を理解するための天文学の道を切り開いた。退屈で消耗する仕事ではあったが、このような掃天観測の過程からは、しばしば驚くような事実が明らかになる。ハーヴァードの掃天観測も例外ではなかったが、しかし、そこへ到達するのにはたくさんの写真が必要だった。

マサチューセッツ州ケンブリッジのガーデンストリートにある天文台には、北天と南天の膨大な数の写真乾板が積み上がっていた。これを見たピッカリングは、やり手らしく、当時、一般には科学研

チリのセロトロロ汎アメリカ天文台から見える大小マゼラン雲（左側の上下）、天の川は右側に見える（Roger Smith/NOAO/AURA/NSF/WIYN）

究機関で働くことができないが、この分野に貢献したいと切実に望んでいる頭のいい若い女性たちの能力を見抜いて活用しようと考えた。ここに、すぐ使える労働力が存在するではないか。ピッカリングは『天文台年報』のある号で、彼女たちは「はるかに多額の給料を取っている天文学者と比較して、質・量ともに完全に同等の一連の仕事ができる。彼女たちを使えば、三～四倍の人数の助手を雇うことができ、それに応じて、同じ経費でこなせる仕事も増加する(3)」と報告した。

応募して採用されたこれらの女性たちは「コンピューター」と呼ばれ、その多くが大学で科学の学位を得ていた。彼女らは、花模様の壁紙と星図で飾られ、快適でこぢんまりした二部屋の作業室にいた。マホガニーの書き物机にひとかたまりになって仕事をしている彼女たちは、一人一人が一日中、選ばれた写真乾板を拡大鏡で覗いたり、気づいたことを一生懸命記録したりしていた。工場の組み立てラインの労働者のように、簡素で飾り気のない衣類を着た献身的な女性たちは、素早く、正確に、そして安い労賃で、与えられた写真乾板の一つ一つの恒星に番号をふり、その恒星の正確な位置を測り、スペクトル分類か写真等級かそのどちらかを決めていた。[4] この仕事を通じて、国際的に採用された恒星の分類体系を作り上げたアニー・ジャンプ・キャノンは、ピッカリングの進歩的な態度を評価していた。「彼は［私たちコンピューターを］天文学の世界と同じように扱いました。私たちに対する彼の態度は、社交的な集まりの時のような丁寧さに満ちていました」[5] と彼女は（いくぶん天真爛漫な口調で）はっきり言った。ピッカリングは、婦人に親切なヴィクトリア朝の紳士だったのである。

ピッカリングが最初に雇ったのは、仕事ぶりに頭の良さが表われていた家政婦ウィリアミナ・フレミングだった。ある日、助手の男の愚かさにいらいらしたピッカリングは、家政婦の方が上手に仕事ができると言ってのけたが、実際、彼女は仕事ができることがわかった。一八八〇年代からピッカリングの亡くなる一九一九年までに、約四〇名の女性が「ピッカリングのハーレム」——と冗談で呼ばれた——に雇われた。選ばれた中で最も才気にあふれていた一人は、最初はハーヴァード天文台でボランティアとして仕事を始めたヘンリエッタ・リーヴィットだった。

リーヴィットはマサチューセッツ州で育った。教育を重んじ、互いに助け合う大家族の中で、生き残った五人の子供たちの一番上の子であった。[6] 父親は、アンドーヴァー神学校で神学の博士号を取得

ハーヴァード大学天文台長エドワード・ピッカリングが見守る中、ウィリアミナ・フレミング（立っている）が監督する「コンピューター」たち（Harvard College Observatory）

していた。リーヴィット一家は、ヘンリエッタが十代の時にクリーヴランドに移り、結局彼女はそこのオバーリン大学で勉強を始めた。しかし一八八八年、彼女は二〇歳でマサチューセッツ州に戻り、ケンブリッジにある女子教育専門学校（のちのラドクリフ大学）に入学した。最初は人文学の課程をとったが、四年生の時に天文学の課程に入った。それはある種のひらめきだったに違いない。というのも、一八九二年に、ハーヴァード大学の人文学士と同等の資格を有すると記された卒業証書を受けたあと、リーヴィットは修士課程をとるためケンブリッジに残り、大学の天文台で無給助手として働いたからである。

彼女を知る人々によると、ヘンリエッタは家族や友人たちに献身的に尽くす真面目な女性だった。彼女の写真には、眼差しに深い感情をたたえた、もの静かな美しい女性が写っている。「彼女は軽い気晴らしにはほとんど見向きもしなかったようです」とハーヴァードの天文学者で同僚だったソロン・ベイリーは言った[7]。しかし、彼はそのあと言葉を続け、ヘンリエッタは「心に太陽の光が満ちあふれているかのようで、そのため、彼女にとっては人生のすべてが美しく有意義なものだったようです」と言っている。大学卒業後のある時期に彼女は重い病気にかかり、重度の聴覚障害が残ったが、そのあとも、その性格の良さはそのままだった。

ボランティアのリーヴィットは、恒星が写真乾板に記す光の点の大きさを判定することでその等級を測る光度測定の達人になった。写真乾板のネガ上では、恒星が明るいほど、黒い点が大きく写る。この仕事を続ける中で彼女は、ある決まった周期で明るさが規則的に増減する変光星を除外することを教えられた。これらの変光星は、時期を変えて天空の同じ領域を撮った写真を比較すると見つけることができる。ある晩に撮ったネガは、別の晩に撮った同じ領域のポジの上に直接乗せればよい。もし、白と黒の像が正確に一致しなければ、恒星は光の強さを変えている可能性があり、したがって変光星かもしれない。

最初の研究の草稿を書き上げたあと、一八九六年からリーヴィットはしばらくハーヴァードを離れ、まず二年間ヨーロッパを旅行し、それから父親が新たに牧師の職を得ていたウィスコンシン州へ戻ってきた。しかし、一九〇二年、リーヴィットはピッカリングに、ハーヴァードでも他のどこでもよいから新しい仕事の機会があったら教えてほしいという手紙を書いた。明らかに、彼女は天文の世界に戻りたがっていたのだ。ピッカリングがフルタイムの仕事があると三日もしないうちに知らせてきた時は、大喜びしたに違いない。「このような場合、通常の賃金は一時間につき二五セントですが、あ

ハーヴァード大学天文台の自分の席で仕事中のヘンリエッタ・リーヴィット
(AIP Emilio Segrè Visual Archives)

なたの仕事の能力を考慮し、一時間に三〇セント払いましょう」とピッカリングは書いてよこした。(8) これに対し、彼女は「とても気前のよい提案」と返事を出した。でもそれは、今日なら、(物価上昇を計算に入れても)アメリカ合衆国の最低賃金をわずかに上回る価格だった。男性なら、通常そのほぼ倍の金額を受け取っていた。

しかし、リーヴィットの人生に変光星が完全に戻ってきたのは一九〇四年春のことだった。時期を変えて撮った小マゼラン雲の二枚の写真乾板を拡大接眼鏡で覗いて、彼女は、その中のいくつかの恒星が明るさを変えていることに気づいた。ある恒星は、一方の写真乾板では比較的明るく、他方の写真乾板ではそれよりずっと暗くなっていた。それは、恒星がゆっくりまたたいているかのようだった。翌年にかけてリーヴィットはマゼラン雲の写真をもっとたくさん見て、さらに数十個の変光星を見つけた。ペルーにあるハーヴァードの観測所から新たに届く写真乾板についても(そして、一八九三年までさかのぼる古い写真乾板も含めて)、それぞれ即座に細心の注意を払って照合し、変光星の数を増やした。それがあまりに見事なので、プリンストンの天文学者は彼女のことを「変光星発見の〝名人〟[9]」と言った。間もなく彼女は、大マゼラン雲も記録に含め、一九〇七年までに、この目立つ霧のような二つの星雲の中に全部で一七七七個という記録的な数の変光星を発見した（その前には、マゼラン雲の中にたった二四個の変光星しか見つかっていなかった）。一九〇八年の『ハーヴァード大学天文台年報』に、彼女は自分の発見したすべての変光星について、天空上の正確な位置、極大・極小光度を一三ページにわたってリストにし、きちんと報告している。

さらに興味深いのは、彼女がこの論文の最後に書いたことだった。骨の折れる小マゼラン雲の測定の中で、彼女は変光星の特殊なグループを目にとめた。それは一六個あった。これらの星はのちにセファイド変光星（ケフェウス座デルタ型変光星）として認識される、太陽の何千倍も明るい恒星だった。この名前は、最初に発見されたこのタイプで最も明るい星の一つ、ケフェウス座のデルタ星からつけられた[10]。ケフェウス座（ケフェウスはエチオピア王）は北天の主要な目印となっている星座である。これらの恒星は、数日から数か月くらいの時間で明るさを規則的に変える。マゼラン雲の変光星の場合、リーヴィットが測定した最短周期は一・二日、最長周期は一二七日だった。しかし、周期が長かろうと短かろうと、どのセファイド変光星も変光周期がメトロノームのように規則的だった。「変光星は、概して大半の時間は暗く」、最も明るい時間は比較的短いとリーヴィットは報告した[11]。たとえば、ケフェウス座デルタ星は、暗い時期から明るい時期に移るまではわずか一日しかかからないが、その後四日間かけて徐々に暗くなって最も暗い状態に達し、それから突然再び明るくなる。

しかし、リーヴィットの報告の中で最も注目すべきであるのは、その次の文章だった。「明るい変光星ほど変光周期が長いことは注目に値する」[12]。リーヴィットが測定したすべてのセファイド変光星は同じ星雲の中にあったので、地球からの距離はどれも大体同じと見なすことができた。そしてこのことは、セファイド変光星の変光周期は、その変光星の実際の光度と直接結びついていると確信できることを意味していた。リーヴィットは、実際、天文学者が渦巻き星雲の謎を解く手段、いわば天文学のロゼッタストーンを、ちらりとではあるが最初に目にしたのだ。その鍵は、セファイド変光星の変光周期——その規則的な振動のリズム——と光度とのつながりだった。かつての天文学者が、より伝統的な手段では測定できなかった遠くの天体までの距離が決定できるようになる物差し——リーヴィットは、その新たな宇宙の物差しを発見する寸前まで来ていたのだ。

リーヴィットは、地球の灯台に等しいものを天空に偶然見つけたのであった。船乗りは、もしある決まった灯台の発する光の量をよく知っていれば、沖から見た時それがどのくらいの明るさで見えるかということから、陸地からの距離を概算できる。同様に、セファイド変光星の周期はその変光星固有の明るさを決める。私たちが地球から暗い光点としてそれを見て、変光星がどのくらい離れていればいいかを計算することで、セファイド変光星までの距離が求まる。他の方法がすべてうまくいかない場合、セファイド変光星は、このようにして深宇宙で距離測定をする時の大切な「標準光源」(と天文学者たちは言った) になった。

セファイド変光星は周期的に明るくなったり暗くなったりするが、それが永遠に続くわけではない。セファイド変光星は、長いこと食連星だと信じられていた。食連星とは、太陽のまわりを回る地球のように、一つの星が規則的にもう一つの星のまわりを回って掩蔽を生じる連星である。しかし、一九一四年までに、この型の変光星は実際に脈動する一つの星であることがわかった。その大気は規則的に何度も何度も膨らんだり縮んだりしている。恒星のこの力の源が解明され、セファイド変光星は進化のある特定の段階に達した、太陽の大体五倍から二〇倍の質量を持つ、太陽よりはるかに大質量の星であることを最終的に天文学者は理解した。主要な燃料である水素の供給が尽きると、セファイド変光星はしばらくの間（約一〇〇万年）、新しい種類の核燃料を燃焼するのに適応しようとして不安定になる。恒星が収縮すると圧力が蓄えられ、それが恒星の外側の大気を膨張させて明るさが増す。しかし、いったん恒星の圧力が減少すると、重力が支配的になり、恒星は再び縮小して暗くなる。その状態は少なくとも、恒星の圧力が再度蓄積されるまで続く。このようにして、セファイド変光星は規則的に脈動する。それより重要なのは、明るく質量の大きいセファイド変光星は、暗く質量の小さいセファイド変光星よりゆっくりと脈動することである。

一九〇八年、リーヴィットは、この「周期-光度」関係を確実に予測可能なものにするには、セファイド変光星の最初の例が一六個では少なすぎると考えて慎重になっていた。さらに多くの変光星が必要だったが、慢性疾患と父の死により数年間の遅れをとった。それに加えて、とても明るいとはいえ、非常に遠くの距離からでも見えるセファイド変光星はごく少なかった。リーヴィットが小マゼラン雲の九個のセファイド変光星をそれまでのリストにやっと加えることができたのは、一九一二年だった。手元にある二五個のデータから、ついに彼女はセファイド変光星の変光周期と観測される明るさとの間の明確な数学的関係を確立することができた。

科学は、それまで誰も気づかなかった規則性と秩序に焦点を当てることによって、あるパターンを発見することを必要とする。そして、リーヴィットがたいへん辛抱強い注意力と鋭い洞察によって簡潔に示したパターンは、ついに宇宙を切り開いた。これは、リーヴィットがデータをグラフにした時

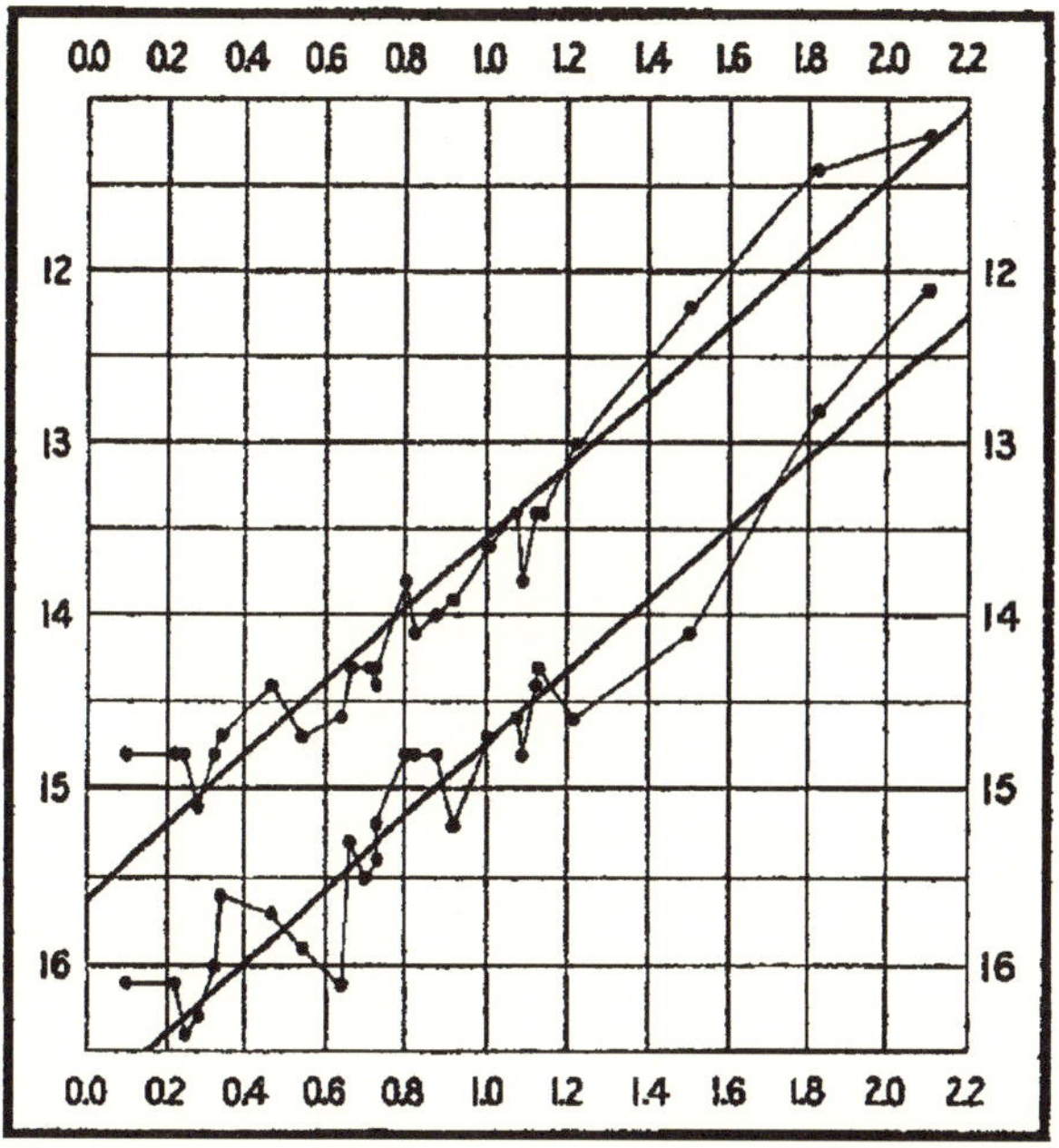

周期（対数目盛で表示）が長くなるにつれてセファイド変光星の光度が増加していることを示すヘンリエッタ・リーヴィットの1912年の歴史的グラフ（*Harvard College Observatory Circular* より、No.173［1912］, Figure 2）〔訳注：横軸の数値は変光周期の対数で（横軸の数値を x とし、周期を T 日とすると、$x = \log T$)、たとえば、横軸の数値0.5は周期が $10^{0.5} = 3.16$ 日、2.0は周期が $10^2 = 100$ 日を表わしている〕

すぐに明らかになった。「これらの変光星の光度と周期との間の驚くべき関係は注目に値する」[13]。彼女は、科学論文には珍しいきっぱりとした口調で書いている。彼女のセファイド変光星の実視光度〔縦軸〕は、対数目盛にとった恒星の変光周期〔横軸〕が長くなればなるほど確実に大きくなっていく。リーヴィットの変光星は、グラフ用紙の左下から右上へまっすぐ引いた直線に沿って集まっているのだ。この歴史的発見は、『ハーヴァード大学天文台回報』

一七三号に「小マゼラン雲の二五個の変光星の周期」と題した三ページの論文として出版され、現在では科学論文の「最高傑作」[14]と言われている。

セファイド変光星はすぐにでも完璧な標準光源になれるが、それには、最初に少なくとも一つの変光星の「真の」明るさ——星のすぐ近くにいたら観測されるはずの光度——を知る必要があった。もし、たった一つでもその明るさが決定できれば、リーヴィットのグラフから他の星の明るさも全部わかる。この方法でひとたびグラフに目盛がふられたら、天文学者は天空のどこにあっても遠くのセファイド変光星を選び出し、その周期を測定し、真の光度を推測することができる。そして、セファイド変光星までの距離も決められる。セファイド変光星の天空の「見かけの」光度（はるかに等級が暗い）を測定することで、その暗さで見えるのなら、どのくらい遠くにあるのかは計算できる。セファイド変光星は、天文学において最も手軽な宇宙の巻き尺になりそうであった。天文学者はついに、それまで測定可能だと考えていたよりもっと遠くの天体でも、その距離が測定できるようになったのである。

このことはわかっていたが、リーヴィットはそう大胆な発言ができる人ではなかった。加えて、ハーヴァードのある天文学者によると、ピッカリングは「考えずに働いて」[15]くれるような「コンピューター」の婦人たちを選んでいた。そのため、論文の締めくくりにリーヴィットは、はるかに抑えた口調で「加えて、この型の変光星の視差［必然的に距離を示す］がいくつか測定されるとよい」と書いただけだった[16]。

必要なのは、正真正銘のセファイドまでの議論の余地のないただ一つの距離だった。しかし、彼女がその答えを求めて望遠鏡に向かうことは論外だった。女性が当時の一番良い望遠鏡を使うことは許されていなかっただけでなく（一般に男性の仕事と考えられていた）、リーヴィットが虚弱体質だっためである。耳が不自由で病気がちだった彼女は、観測者が常日ごろ身をさらすような冷たい夜風を避けるように医師から忠告されていた。そのため、寒さは耳の状態を悪化させると信じるようになっていた。[17] もしリーヴィットに専門的知識があったなら、机に向かい、過去に出版された恒星データを使って計算することもできたかもしれない。しかし、ピッカリングは、天文台の最優先業務はデータの収集と分類であり、それを問題解決に応用することではないと確信していた。[18] 事実を積み重ねることがピッカリングの第一の目的で、彼はすぐにリーヴィットを、はるかに重要と考えていた恒星の等級に関する他の仕事に割り当てた。[19] 彼女は上司の指示に異を唱えることはせず、それを何年間も立派にやりとげ、天文台の自室で、他の人々が写真に撮った恒星の研究を続けたのであった。一九二〇年代にハーヴァード天文台を訪れたセシリア・ペイン‐ガポシュキンは、これを「聡明な科学者をそれに適さない仕事に追い込み、おそらく変光星の研究を数十年間遅らせた無情な決断[20]」と言った。それでも、リーヴィットの努力は無駄にはならなかった。最終的にその仕事は、恒星の等級に関して国際的に認められた体系の基礎となったのである。

しかし、変光星を探求したいという彼女の望みは果たされることはなく、それは時機の到来を待つほかはなかった。ピッカリングの死の直後、リーヴィットはついに、自分が密かに最も興味を持ち続けていた内容を、天文台の新台長ハーロー・シャプレーに明かした。一九二〇年にシャプレーがハーヴァードに着くやいなや、彼女はマゼラン雲の恒星の研究を進めることについて彼の助言を求めたのであった。その時すでに、シャプレーはセファイド変光星の較正をすませていたが、彼はリーヴィットに、脈動が数日にわたるものではなく周期が数時間の変光星をさらに調査してほしいと話した。「球状星団の距離と銀河系の大きさについて今日議論されていることは、とても重要だ[21]」と彼は言った。

さらに、同じ周期‐光度関係が大マゼラン雲の恒星でも成り立つのではないかと彼は尋ねた。これらの疑問に取り組み、彼女が成功を収めてほしいとシャプレーは願っていたのである。

しかし、長引いていた恒星等級調査計画が完成し、おそらくやっとセファイド変光星の研究に戻れたであろう直前に、ヘンリエッタ・リーヴィットは五三歳でこの世を去った。彼女は胃癌で、辛い闘病生活を長い間送っていた。一九二一年一二月一二日の死の時までに彼女は約二四〇〇個の変光星を発見した。これは、当時存在が確認されていた変光星の約半数である。彼女のハーヴァードへの貢献はたぐいまれなもので、他の人が彼女の代わりを務めるのは困難だった。「リーヴィットに代わってその仕事を引き継ぐ能力のある人はいません[22]」と、シャプレーは彼女の死後ある同僚に語っている。四年後、リーヴィットの死を知らないスウェーデン王立科学アカデミー会員が、ノーベル物理学賞候補に彼女を推すため、その発見に関する情報をハーヴァード天文台に問い合わせてきた[23]。しかし、賞の規則により、故人を候補者として提出することは不可能だったのである。

探検

第7章

帝国の建設者

一九一四年、急速に対立を深めた連合国と同盟国は最終的に戦争を開始し、世界は混迷の中に突入した。四年間の戦いで旧帝国は完全に破壊され、世界は現代の形に再編成された。時代がこのように破壊的で大変動期にあったにもかかわらず、天文学では偉大な発見がいくつかなされた。ヴェスト・スライファーは遠ざかる渦巻き星雲を測定し、ヒーバー・カーティスは新たな渦巻き星雲を探索し、ハーロー・シャプレーは私たちの太陽を既知の宇宙の中心という神聖な位置から動かそうとしていた。政治の世界では勢力図が再構築され、私たちの宇宙も同じように再構築された。

長い間、銀河系の大きさは（この時点で見積もりはいろいろ変化していたものの）せいぜい約二万〜三万光年と比較的小さく想像されてきたが[1]、一九一八年に、シャプレーが突如、私たちの銀河系の大きさを約三〇万光年と根本的に拡大した。それだけでなく、私たちの太陽系が銀河系の中心から優に六万五〇〇〇光年は離れたところにあると断言した。地球は、コペルニクスによって太陽系の中心から降格させられ、その打撃からまだ立ち直ってもいないのに、再度降格させられたのである。のちに宇宙を測る尺度目盛が改良され、銀河系全体の大きさは修正されて約一〇万光年になったが、それでも皆がこれまで想像していたよりははるかに広大であった。

しかし、もし、ジョージ・エラリー・ヘールの驚異的な先見の明と不屈の精神がなければ、シャプレーにこのような研究をする機会は決してなかったはずだ。著名な太陽天文学者だったヘールは、太陽黒点に磁場があることを発見した。これは地球外で見つかった最初の磁場だったため、当時としては世間をあっと言わせる結果であった。彼はまた『アストロフィジカル・ジャーナル』を（ジェームズ・キーラーと共同で）創刊し、トループ工科大学をカリフォルニア工科大学に再編成するのに尽力した。しかし、ヘールが天文学界に最も重要な貢献をしたのは、その運営面であった。アメリカ合衆国が天文学の主導権をヨーロッパからもぎ取ったのは、主として数十年間にわたる彼の集中的努力によるものであった。ヘールは、それぞれが以前の望遠鏡より巨大で、革新的な四つの大望遠鏡をアメリカ合衆国に建造することを、ほとんど単独で指揮した。この途方もない努力を要する仕事をヘールが実行したことによって、シャプレーは銀河系の大きさを書き換えることができ、のちの天文学者たちが、宇宙の本当の大きさと天空に存在する驚くべき多様性を明らかにすることができたのである。カーネギー天文台の天文学者アラン・サンデージは、天文学者たちが「〝すべて〟をヘールに負っており、彼の夢と積極的な行動がその夢をガラスと鋼鉄に変えた[2]」ことを強く感じていた。「もし、ヘールがその帝国の建設者でなかったら、今日、世界の天文学はどうなっていただろうか?」。

ヘールは、彼の時代に巨大な生産力があったという点で、とても有利な立場にあった。かつてこんな冗談があった。当時のアメリカの天文学は、二つの発見によって優秀になった。ピッカリングが女性たちを発見し、ヘールが資金を発見した[3]、というのである。アメリカの産業資本家は巨万の富を築きつつあり、それは、連邦所得税が恒常的に課されるようになる前の時代に、人道的事業からの要請を待つ資本金であった。「金ぴか時代」のすべての科学の中でも、天文学は、アメリカ合衆国で最も一般的に個人的な支持が得られる方向にあった。一つには、天文学が、誰もが仰ぎ見て讃嘆する山上の白くまばゆいドームという希望の対象を提供したからである。大衆は「天文学の研究は、無限の宇宙の中にある謎の現象を探り出す力がある［ため］、他の科学分野では感じることのない畏怖の念」を感じているとヘールも言っていた[4]。

ヘール自身、二〇世紀に入ろうとしていた時代の科学と金銭の結びつきを示す典型的人物だった。ヘールの父ウィリアムは、一八七一年のシカゴの大火の後、都市にちらほら現われはじめた多くの高層ビルのために作られた油圧式エレベーターの製造でかなりの富を手にしていた。父の会社はパリのエッフェル塔にもエレベーターを納入していた。これらベンチャー企業から集まる資本金のいくらかは、十代のヘールが、シカゴのハイドパーク地区にある一家の屋敷の屋根裏に自分の分光学天文台を建てるお金になり、そこで彼は、本、実験道具、化石のコレクションを脇に置いて太陽スペクトルについてむさぼるように学んだ。ヘールはいつも好奇心旺盛で、自然界を研究する新しい方法を常に編み出す、恐るべき集中力を持った早熟な少年だった。興味の対象には太陽を選んだが、それは、太陽が一番近い恒星なので、恒星進化の秘密を明らかにできるかもしれないと期待したからである。当時、太陽を構成する元素の中に炭素があるかどうかが大論争になっていたが、一八八八年、ヘールは二〇歳の誕生日の直後に、それが確実に存在することを明らかにした(5)。ヘールは、大学を卒業する前にスペクトロヘリオグラフ〔分光太陽写真儀〕という新しい機器を開発していて、この機器で、天文学者は、これまでは決して写真に撮れなかった太陽表面と、その炎のようなプロミネンスを撮ることができるようになった。その装置は、選ばれた一種類の波長の光——ある特定の化学元素の放射するスペクトル帯——で太陽を撮ることができた。一八〇〇年代後半、地球の歴史について、少しずつ生じた変化をきわめて美しく説明した地質学や生物学上の偉大な発見以来、科学は依然としてそれに引きずられていた。新しい種は進化しつつあり、地形は自然の力により絶え間なく形を変えていた。ヘールは、宇宙自体の中にこれと似たような動的証拠を求めていたのである。

マサチューセッツ工科大学を一八九〇年に卒業したヘールは、幼馴染みの恋人エヴェリーナ・コンクリンと結婚し、ナイアガラの滝、コロラド、サンフランシスコ、ヨセミテを回る長い新婚旅行をした。しかし、彼が最も興奮したのは、カリフォルニアのリック天文台を個人的に訪れた時だった。そ

ジョージ・エラリー・ヘールと彼のスペクトル分光器（The Archives, California Institute of Technology の好意による）

こでは当時、惑星状星雲を観測していたリック天文台の職員ジェームズ・キーラーと一晩一緒に観測をする機会があった。ヘールは、最初に九〇センチ屈折望遠鏡を一目見た時に強い印象を受け、決してそれを忘れなかった。当時それは世界最大で、長い筒が「巨大なドームの中で天に向かって伸びていた[6]」と彼はのちに回想している。ヘールは最初太陽を研究し、キーラーの研究対象は恒星と星雲で、二人とも分光学の熱烈な支持者だった。彼らはすぐに友人になった。

シカゴへ帰って二年もたたないうちに、ヘールは新しく組織改変されたシカゴ大学の準教授になった。将来、さらに大きい望遠鏡のために出資すると大学から約束されたヘールは、彼個人の観測所の使用を大学に許可し、観測所には「ケンウッド物理学天文台」という大層な名前をつけた。その建物はヘール一家の住む家のすぐ隣に建てられ、父の購入してくれた口径三〇センチ屈折望遠鏡と、彼の画期的なスペクトロヘリオグラフがそこに収められた。「もし、いつか巨大望遠鏡が使えるようになり、自分が暖めている計画を実行する見通しがなかったら、［学部の教員になることは］私は〝ほんのわずかたりとも〟考えなかったでしょう」と彼はある知人に話している[7]。

ヘールのこの計画は、ひとえに彼の臨機応変な才能により思ったより早く実現した。一八九二年夏、ニューヨークのロチェスターで開かれたアメリカ科学振興協会の最新の会合に出席したあと、ヘールはホテルのベランダに涼みに出て、そこで、思いがけず手に入りそうな一メートル望遠鏡の二枚のレンズに関する会話を偶然耳にした。そのガラス円盤は、望遠鏡の能力でリック天文台を超えることを目指し、カリフォルニア南部に計画されていた天文台のためにすでに作られていた。不動産熱がロサンゼルス地域に突然富をもたらし、その開発者たちは地域の誇りをかけて、彼ら自身の天文学の巨大な記念碑を建造しようと熱心になったのである。しかし、その熱意も、不動産バブルが崩壊し建設推進者たちが破産するまでのことだった。ヘールは、太陽観測のため巨大望遠鏡を調達しようとしていたので、このレンズがすぐ使えるのは思いがけない幸運だった。一メートルのレンズはリックの九〇センチのレンズより二五パーセント近く面積が大きく、したがって光も二五パーセント多く集められたので、このレンズの獲得はどの分野の天文学者にも非常に価値があった。シカゴで一番裕福なさまざまな実業家たちからレンズ購入の出資をそっけなく断られたヘールは、最後に、巨大望遠鏡建造の資金提供に、シカゴの路面電車の王チャールズ・タイソン・ヤーキスの説得に成功した。この大胆な一歩は、天文学者としてのヘールの研究に関する科学的論争を呼び起こしたが、弱冠二四歳だったにもかかわらず、一族の富と地位は、この大計画への出資で彼がヤーキスを説き伏せる際の自信になった。

この寄贈の約束をとりつけるため、大学は何か月もヤーキスを追いかけ、世界最大の望遠鏡に彼の名をつけることは(ずっと前にジェームズ・リックがそうだったように)人々の気持ちを強く引きつけることになると提案していた。この点の強調にヘールはためらいを見せなかった。「寄贈者にとってこれ以上不朽の記念碑はないでしょう(8)」と彼はヤーキスに手紙を書いた。「もし、リック氏の気前の良さの結果として建てられたこの有名な天文台がなかったら、リック氏の名が今日これほど広まらなかったことは確かです」。ヤーキスはこの餌に飛びつき、ある会合で「天文台を建てなさい」とヘールに話した。「それを世界で最大かつ最良の天文台にし、請求書を私に送りなさい」。

ヤーキスは、ヘールが出資を頼み込んだ相手としては興味深い人物だった。というのも、ヤーキスは、当時の他の新興成金と比べて出自がいかがわしかったからである。人当たりのよく快活なヤーキスは、フィラデルフィア市の警備に関与して富を築き、その後、いくつかの怪しい取引きによる公金の着服で監獄に入れられた。これで彼には「市政腐敗問題の張本人[9]」というレッテルが貼られた。「兄弟愛の市」〔フィラデルフィアのニックネーム〕で富を失った彼は、シカゴに引越すとすぐ、しかるべき政治家に賄賂を贈り、市内の路面電車の管理権を握り、素早く金を取り戻した。この西部への移動の直前、ヤーキスは六人の子をもうけた妻とも別れ、メアリー・アデライーデ・ムーアという美貌で知られたずっと若い女性と結婚した。ヤーキスの生涯があまりに印象的なものだったので、セオドア・ドライサーという著者が『フィナンシェ』や『タイタン』というフィクションで彼のことを書き残した。ドライサーはこの時代を、アメリカの歴史の中で「巨人たちが四方八方で策略をめぐらし、戦い、夢を見た[10]」時期と自伝で書いている。

ヤーキスは明らかに、彼の名が大望遠鏡につく喜びを満喫していた。これで彼の「格」は上がった（そしてもちろん、地方の銀行家による信用の格付けが上がり、結局はこれが彼の目的だったかもしれない）。『シカゴ・デイリー・インターオーシャン』紙は、「ヤーキス氏は、この問題で行動を起こした時に、その天文台と望遠鏡は世界中の競争相手をすべて打ち負かすことを保証した[11]」と報じた。『シカゴ・トリビューン』紙も調子を合わせ、「リック〔Lick〕望遠鏡は、やがて負ける〔be licked〕だろう[11]」と得意げに〔語路合わせを〕書いた。

一八九七年、ヤーキス天文台はものものしい儀式とともに公式にオープンした。二九歳のヘールは台長に任命された。シカゴから一一〇キロメートルの天文台は、ウィスコンシン州ジェネヴァ湖に面した小村、ウィリアムズ・ベイというリゾート地にあり、そこにはシカゴ大学の何人かの評議員たちが偶然避暑に来ていた。開所式で述べられたように、この新しい施設では「新しい天文学」への移行が明らかであった。基調演説を行なったキーラーは、聴衆として来ている著名な人々にこう話した。

「現代の望遠鏡のまわりに、化学や物理、そして電気を使用した設備が並んでいることを不愉快な気持ちでご覧になっている方や、昔の天文台を、その荘厳な美しさがいまだに、現代のうわべだけの装飾で損なわれずにいる古風な寺院として振り返っている方もいらっしゃるかもしれません」[12]。ヤーキス天文台は、天空の研究のための新しい道を造ろうとしていた。天体物理学に深く関わっていたヘールは、写真用の暗室、分光学の研究室、天体物理学者の必要に応じられる特殊な工場をきちんと設けた。ヘールは天文台の機能を変えつつあったのである。

休まず熱心に働くヘールは、天文学の分野における産業界の起業家のようなもので、最先端の結果を得るため、いつも新しい技術や方法を探し続けていた。ヤーキスの立派なドームがジェネヴァ湖畔にそびえ立つ前に、ヘールはすでに、別の望遠鏡――今度は大反射望遠鏡だった――の材料を購入してくれるようお金持ちの父親を説得していた。そして、大きさが一・五メートルのガラス材が、フランスのワインボトルのメーカー、サンゴバン・ガラス製作所によって彼のために鋳造された。開所式のため世界中の天文学者がヤーキスに到着した時、望遠鏡製作者のジョージ・リッチーは、天文台の光学工場で、反射鏡の研磨と望遠鏡支持装置の設計に忙しかった[13]。アイルランド移民の職人の子孫であり、以前は高校の木工の教師だったリッチー[14]は、大学を中退するまで天文学を学んだことのある熟練した光学職人としてヘールに雇われた。リッチーは、新しい望遠鏡の設計と製作に関して伝説的とも言える芸術的手腕があったが、強迫観念のように技術的な完璧さを求めるあまり、とりつきにくい厄介者と評価されることもあった[15]。

ヤーキスの口径一メートル・レンズの試験は、レンズがその限界に近づきつつあることを明白にした。もしレンズがこれ以上大きくなったら、ガラスは自重でたわみ、像がゆがむ。巨大化するためには、レンズではなく鏡を使い、ハーシェルとロスの開拓した反射望遠鏡に戻らなければならないことをリッチーもヘールも知っていた。リック天文台でクロスリー反射望遠鏡を動かしはじめたばかりのキーラーとヘールは、この話題について数々の議論をした。一・五メートル反射望遠鏡の集める光の量は大きく増え、ヤーキスの一メートル屈折望遠鏡の二倍以上になった。このことは、天文台が加速度的に多くの成果を生み出すことを約束していた。写真の露光時間は短縮され、これまでは写真に撮るには暗すぎる恒星のスペクトルもとれるようになる。数百万もの新しい星が姿を現わし、天空の新しい展望が確実に開かれようとしていた。反射望遠鏡は天文学の未来を担う装置だ、という共通の見解を持つリッチーとヘールは、固い絆で結ばれたのである。(14)

ヘールは、自分の一・五メートル望遠鏡を建てる場所として、ずっと以前から西海岸へ目を向けていた。これを聞いた友人のキーラーは、「カリフォルニアで君が隣人になるかもしれないなんて、なんて嬉しいことだろう」と手紙を書いた。(16)「おそらく、私たちがいる場所よりずっと南の海岸線のどこかが、一番良い場所だと思う」。ヘールはそれに賛成した。カリフォルニア州では、南の方が空気が乾燥し、気候も快適なことを彼は知っていた。そして数年のうちに、彼は自分でそれを確認することができた。

一九〇三年の終わり、ヘールは、当時は未舗装の道がまだたくさんあった小さな町パサデナに一時的に家族を移した。ぜんそくにかかっていた娘には、冷涼なウィスコンシンのジェネヴァ湖より、暖かく乾燥した気候が必要だったからである。カリフォルニアに降り注ぐ太陽光は、時に鬱病の傾向のあるヘールの回復の助けにもなった。いったんそこに落ち着くと、パルメット通りに面した寝室の窓から見える「ウィルソン山頂(17)」こそ、彼が天文学の研究を続けるまさに「適地(18)」だとヘールは確信した。その場所は、ハーヴァード大学が一八八〇年代の終わりに永続的な望遠鏡を設置することを少しだけ検討して以来、彼がずっと考え続けていた場所だったのである。[19]

太平洋から約五〇キロメートル離れたウィルソン山は、谷底から突然隆起している。サン・ガブリエル山脈は、ロサンゼルスの市街地とその北のモハーヴェ砂漠との境をなして西から東へ走っていて、そのいくつもの頂の一つがウィルソン山頂だった。いじけたオークの木々と堂々としたトウヒの木々が芽吹く標高一七〇〇メートルの山頂に初めてやってきて、そのすぐ下には町、遠くには濃紺の海というすばらしい眺めを見たヘールは、まるで世界の果てに来たように感じた。明らかに彼は、観測に完璧な場所を求める旅のゴールに到着したのである。

シカゴ大学は、カリフォルニアに最先端の施設を作りたいというヘールの夢に全額投資するのを渋ったので、若い天文学者はほかに資金源を探した。偶然、アンドルー・カーネギーがワシントン・カーネギー協会を設立し、「科学の調査、研究、発見を広く自由な形で促進するため[20]」気前よく一千万ドル寄付したところだった。鉄鋼業で富を築いたカーネギーは、その出資によってさらに名を広めたのである。科学の援助のみのために設立されたこの事業は、ヘールにとって夢であり「本当にうますぎる話[21]」だった。というのも、カーネギーの寄付は、当時、アメリカのすべての大学の研究に対する寄付の総額より多かったからである。[22]ヘールは、すぐに助成金を得るために熱心に計画の詳細を示して活動をした。しかし、当然のことながら、カーネギーのところには国中から要望が押し寄せ、返事は遅かった。

ヘールは、そんなことではくじけなかった。天文台が十分な装備を持つための資金が何も約束されないうちから、ヘールは「シカゴ大学太陽研究事業」として割り当てられた資金をウィルソン山に使い、一九〇四年夏には山で研究を始めていた[23]。助成金が使い尽くされると、この投資は回収できると考え、賭けに出た彼は自腹を切って使用人に賃金を払った。この時、「修道院」として知られることになる建物が南尾根に建てられ、ゲストハウスとして男性天文学者に提供された。その年の終わりに宿舎が完成し、最後に現地の岩で花崗岩の巨大な炉が据えられた時、カーネギー協会がついに、山頂に太陽望遠鏡と一・五メートル反射望遠鏡を建設する計画に出資するとヘールに連絡してきた。このように、活力、魅力に満ち、目標に対するねばり強い献身を示す男には、要求を拒絶することが難しかったのである。ロサンゼルス社交界の華で、ヘールの愛人アリシア・モスグローヴ[24]は、彼のことを「興味が増すにつれ忍耐力も強くなる情熱を秘めた[25]」人と言った。ワシントン・カーネギー協会の新しいウィルソン山太陽天文台の仕事に専念するため、ヘールはヤーキス天文台の台長を辞任した。そして、天文台の土地を賃料なしで九九年間借りる協定が結ばれた。

一・五メートル反射望遠鏡を組み立てる作業所は、町のサンタバーバラ通りに建てられた。現在もそこには、カーネギー天文台の荘厳な本部が残っている。通りには、現在は住宅がぎっしり建っているが、当時のパサデナは住宅がまばらで、近くに数軒農家や家畜小屋があるだけだった[26]。ヘールが最初にウィルソン山の下見に行った時、山にのぼる道は二本あり、それは昔からのインディアンの小道と、ウィルソン山有料道路会社の敷設した幅がわずか一メートルほどの「道」だった。ジャスパー、ピント、ダック、モーデなどという名のいつでも使えるラバがいて[27]、荷物を運んだり、疲れた人を運んだりした。彼らの毛は人間の髪の毛より細かったので、案内望遠鏡（観測中、天文学者が目標天体を追尾するのを助けるため、本体に平行に取りつけられた小型望遠鏡）の十字線に使われることがあった。

口径 1.5m 望遠鏡のウィルソン山への運搬（The Archives, California Institute of Technology の好意による）

一・五メートル反射望遠鏡をウィルソン山頂に設置するのは、まさに力業だった。建物と鋼鉄のドームの建設には、全部で何百トンという資材が、ラバか、ラバに助けられた電動の荷車で引き上げられた[28]。そのためにはまず、一五キロメートルの小道を、一歩一歩つるはしと斧で広げて整備しなければならなかった。一番緊張したのは、誤差が一〇万分の一ミリ以下の滑らかな放物面[29]になるように、四年間も粒々辛苦して磨き上げられた鏡を運んだ時である。一つの車輪が道から外れても、荷車は突然、まるごと谷底にまっさかさまに落ちてしまったであろう。しかし、一九〇八年夏に鏡は傷一つつかず到着し、三か月のうちに最終的に架台に収められ、皆ほっとした（一九〇六年のサンフランシスコ大地震の時には、望遠鏡はそこで建設中であったが、奇跡的に無事だった)。ひとたび望遠鏡が稼働しはじめると、天文学者たちは天空で最も明るい恒星の一億分の一の明るさの星まで見ることができた。

リック天文台は、職員とその家族の生活のために自給自足的な村を建設していたが、ヘールはそのモデルを踏襲しないことにした[30]。というのも、ウィルソン山では、天文台とその機器を維持するのに必要不可欠な職員だけがフルタイムで山に留まり、天文学者は、観測の予定のある時にだけ天文台の本部から山へのぼってくればよかったからである。ヘールが「休暇中の少年のようにナップザックに用具を詰め、一三キロメートルの古い小道を山頂へのぼりはじめる時」、そこにいた人は「その時のヘールが一番幸せそうだった[31]」ことに気づいていた。ヘールは職員たちに、個人的に興味を持つ事柄を研究する自由を与えた。昔の天文台は往々にして「データ生産工場」として建設され、そこでは他の人々が問題解決の際に参照できるように、長期間にわたる観測が行なわれ、大量の写真乾板が収集されていた。しかし、ヘールにとって天文学は今や実験物理学であり、注意深く選ばれた疑問に答えるため、また、収集された事実から理論を導くために、望遠鏡は研究所の実験器具のように使われるべきものだった。アメリカの科学の潜在力を固く信じるヘールは、「木ではなく〝森〟を見るように[32]」、自国の科学者たちに、単なるデータ収集を超えてもっと基本的な発見をすることを望んだ。それは、天文学が何世紀にもわたって行なってきた、宇宙の仕組みにニュートンの重力理論を全面的に適用する方法から、根本的に離脱するものであった。ヘールは新たな物理学を包含する道を探し求めていたのである。

とはいえ、ヴィクトリア時代からの古い習慣はいくつか残った。「修道院」の晩餐では、麻のクロスとナプキンがテーブルを覆い、天文学者は全員、上着とネクタイの着用を求められた。[33] 気候の暑い時分にはそれは試練だったが、もし服装規定を破れば食堂に入るのを禁じられた。このしかつめらしい社交界的雰囲気は、第二次大戦が終わるまで崩れることはなかった。今では、Tシャツを着たウィルソン山の天文学者たちは、たそがれを合図に、観測できる時間は一秒たりとも逃すまいと望遠鏡のところへ飛んでいく。しかし当時は、こざっぱりした身なりの天文学者たちは暗くなっても夕食を食べ続け、食事が終わってはじめて望遠鏡の場所までぶらぶら歩いていくのだった。

この新たな天文の楽園に、ヘールはヤーキスの優秀な職員たちをほとんど全員連れていった。彼には人を引きつけ、畏敬の念を起こさせる力があった。ウィルソン山天文台の副台長ウォルター・アダムズは、自分がヘールと天体物理学に忠実なのは、「一部は、ヘール博士の際だった人格による強い影響力のため[34]」だった、と認めている。「雰囲気がごくわずかでも変化していたら、職業としてギリシャ語の先生になろうという気になったかもしれない」。

ヘールが雇った他の職員は、天文学の正規の教育を受けてはいなかったが、その代わりに仕事の中で訓練を受け、写真術や機械工学などの分野で有益な技術を身につけた。これらの人々の中にはリッチーや、最初はシカゴのヘールの私設観測所に助手として雇われたファーディナンド・エラーマンも含まれていた。

ヘールは結局、職員探しをヤーキス以来の忠臣たちの外にも広げた。プリンストン大学の博士課程に誰にも強い印象を与える学生がいると聞いて、ヘールはその若者とニューヨークで会う手はずを整えた。ハーロー・シャプレーは、天文学に関する最新の発見はどんなものでも議論できるよう完璧に準備して姿を現わした。[35] しかし、二人が終始話し続けたのは、前日シャプレーが見たオペラのことだった。会話はしばらく続いたが、ヘールは突然「さて、私はおいとましなければ」と言った。天文学のことも、仕事のことも、一言も話されなかった。プリンストンの卒業生は、自分はお呼びがかからないと思ったが、驚いたことに、間もなくヘールからの手紙を受け取った。文面は見事に彼の望み通りだった。「ウィルソン山に来てください」。

第8章

太陽系は中心から外れ、人類もまた結果的にそうなった

ウィルソン山に到着したハーロー・シャプレーは、すぐ取りかかる研究予定はなかったが、変光星への興味だけは大きくなっていた。シャプレーはプリンストンの教官ヘンリー・ノリス・ラッセルに、自分はおそらく半端仕事を続けることになると話していた。しかし、やはり天文学に詳しかったシャプレーの妻が球状星団の写真を調べていて、興味深いいくつかの恒星に気づいた。「私が何枚かの球状星団の写真乾板を見ていたところ、星団の中央に新しい変光星が五個あるのに気づき……実のところ妻が見つけたのですが、表向き、私がその発見をしたことにしたいと思っています」[1]とシャプレーはラッセルに手紙を書いた。この発見がシャプレーの研究テーマを決めることになった。彼は銀河系の球状星団——恒星が球状に集まり、そのまま時間が止まったように、宝石のごとく宇宙に輝いているもの——の研究をすることになった。

シャプレーは、ウィルソン山で一九一四年から一九二一年まで働き、生涯で最良の研究はこの時期に行なわれた。シャプレーは危険を恐れない人だった。ヘールがのちに言ったように、「[ウィルソン山天文台の]他の職員よりはるかに冒険心が強く、どちらかと言えばわずかなデータから遠大な結論を出したがった」[2]。そして、この七年間の科学上の出版物を数えると、単独で著したものと共著とを合わせて約一五〇篇の科学論文があった。シャプレーの最初の仕事が、アメリカ中西部の犯罪や汚職を追う抜け目ない新聞記者だったことを考えると、何年か前なら、幼馴染みの中に、彼がこのような経歴をたどることに賭けた人はいなかったろう。

一八八五年に生まれたシャプレーと二卵性双生児のホレースは、姉のリリアン、弟のジョンと一緒に、ミズーリ州ナッシュビル——アメリカ合衆国第三三代大統領ハリー・トルーマンが（一八八四年に）生まれた場所から遠くないオザーク地方のはずれ——の町から数キロメートル離れた農家で育った。シャプレーの父ウィリスは干し草の卸売業者だった。幼いハーローは、数年間、一つの教室しかない学校に通ったが、ほとんどの教育は家で受けた。雌牛の乳搾りをする時、彼はテニソンの詩「調子をそろえて」を口ずさんでいた(3)。

「セント・ルイスの『グローブ・デモクラット』紙が、私たちと外の世界との主なつながりだった」とシャプレーは思い起こしている(4)。一五歳で、家から約一〇〇キロメートル北西にあるカンザス州のごちゃごちゃした石油の町シャヌートの『デイリー・サン』紙の記者になったのは、そんな理由からかもしれなかった。彼はのちにミズーリ州に戻り、『ジョプリン・タイムズ』紙で警察《サツ》まわりの仕事をした。そのころ、自由な時間は地元の図書館で読書をして過ごしたが、それは、当初からシャプレーが十分貯金をして大学に行くことを考えていたからである。彼は、大学入学に必要不可欠な卒業証書を得るため、地元の高校に願書を提出したが、学歴不十分と見なされて入学を許可されず、学力の遅れを取り戻すため自費で予備校に通った。一九〇七年に二一歳で予備校を終えると、彼はやっと、教師だった母がずっと望んでいたミズーリ大学への入学を許可された(5)。

シャプレーは、中西部の事件の記事を何年間も書いていた経験から、ジャーナリズムを専攻しようとずっと思っていたが、いざキャンパスに来てみると、予定されていたジャーナリズム学部は開設が遅れていることがわかった。後年、シャプレーは語っている。「それで僕は、大学で教育を受ける準備を完璧にしていったのに、行き場がなくなってしまったんだ。今に見てろと思ったよ。講義目録を開くと、さらに屈辱的な気持ちになった。リストの一番最初にあった講義は a-r-c-h-a-e-o-l-o-g-y（考古学）だったけど、それが発音できなかったんだから……！　ページをめくると、a-s-t-r-o-n-o-m-y（天文学）があって、それは発音できたんで、ああこれだ！　と思ったよ(6)」。子供のころからホラ話が好きだったシャプレーは、ジョークを言っただけだった。本当のところは、仕事が欲しかったので、大学の天文学部長のフレデリック・シアーズから時給三五セントで彼の仕事をしないかと誘われたことが、決めた理由だったようである。[7] ともあれ、シャプレーは天文学を専攻することになり、この選択は彼にぴたりと合っていた。シアーズは、これまで新聞記者だったシャプレーに強い印象を受けた。シアーズが言うには、特に「彼は自分が何をするべきか〝考えて〟いた」[8] からである。二年間でシアーズはシャプレーに天文学の基礎課程を教えた。それまでほとんど物理学と数学を履習していないまま勉強を開始したにもかかわらず、シャプレーは一九一〇年に成績優秀で卒業した。[7]

修士号をとるためシャプレーはもう一年ミズーリで過ごし、プリンストン大学の有名な研究奨励金の一つを獲得した時、博士号をとるためプリンストンに移ることに決めた。推薦者の一人が、プリンストン大学の事務局に、競争相手の大学が彼をかすめとるチャンスをつかまないうちに、この将来有望な才能を受け入れるよう注意を促したのだ。[9] シャプレーは、ニュージャージー州の牧歌的な内陸で、傑出した天文学者であり理論家であるヘンリー・ノリス・ラッセルの指導の下、食連星を専門に研究した[10]（食連星とは、地球から見ると、軌道を回り合う二つの恒星の片方が、周期的にもう一つの星の前を通る位置関係にあり、二星の光がその間だけ暗くなり、それからまた元の明るさに戻る連星である）。計算尺を使ったり数表を引いたりして、恒星の軌道、密度、大きさを計算するのはラッセルが特に関心を持つ領域だったが、そこでシャプレーは非凡な才能を発揮した。この仕事は、巨星の存在を知ることも含め、さまざまな型の恒星を知るのに非常に価値があった。

この指導教官と学生とは奇妙な組み合わせだった。ロングアイランドの聖職者の息子として生まれ、自尊心の強い貴族のような振る舞いのラッセルと、農場育ちの少年のような髪型をした丸顔の男で、

若いころのハーロー・シャプレー（撮影 Bachrach, AIP Emilio Segrè Visual Archives の好意による）

かつて一日に二度ニューヨークの劇場に行き、その観劇を「対数表を見ているより退屈だ[11]」と論評した「粗野なミズーリ人[12]」とである。しかし、彼らはお互いの専門分野の技量と熱意を評価し合うようになった。ラッセルの伝記作家デヴィッド・デヴォーキンによると、ラッセルが「籐製のステッキで彼らの小道に入ってくる学部生たちを追い払いながら」二人が一緒にキャンパスを散策する姿がよく見られたという[13]。

　ミズーリで開拓した人脈は、シャプレーが経歴を次の段階へ進ませるのに決定的な役割を果たした。学部生の時の教授だったシアーズは、一九〇九年ウィルソン山に移り、シャプレーがこの有名な天文台で天文学者の職につけるよう尽力した。(14)間もなく、ヘールが一九一二年にウィルソン山で月給九〇ドルと食事つきの職を提示した。(15)シャプレーはラッセルとヨーロッパに行き、その滞在が食連星に関する「十字軍」運動遂行のため少々長引いてウィルソン山での勤務開始が遅れ、結局、山へは一九一四年春に到着した。そして、その途中でカンザス・シティに立ち寄り、ミズーリ大学の数学のクラスで出会った恋人、生まれながら学問に秀でた語学の達人マーサ・ベッツと結婚した。ひとたびデートが始まるとマーサは天文学に興味を持ち、シャプレーが博士論文のために集めた山のようなデータの処理を手伝った。新婚旅行でカリフォルニア行きの列車に乗っていた時、彼らは食連星の軌道計算を和気あいあいと行なっていた。(16)シャプレーは、駆け出しの記者をやめて一〇年もしないうちにプロの天文学者になり、当時世界最大の望遠鏡の接眼鏡を覗こうとしていた。

シャプレーが到着した時、標高一七〇〇メートルにある天文台は、まだかなり原始的な状態だった。「裏口のそばにいた一メートルのガラガラヘビが八回ガラガラいう間に、そいつを殺したところだ」(17)と開所時からの職員の一人が言った。「当時、僕たちはタフじゃなきゃいけなかった」とシャプレーはのちに回想している。(18)「時には荷物を運ぶロバを励ましながら、時にはロバなしで、一五キロメートルを歩いて山に上がったものだ。新しい道は［まだ］できていなかったんだ」。ウィルソン山にいない時、シャプレーはパサデナの観測所の事務所や工場で過ごした。パサデナは当時、みずみずしい柑橘類の果樹園やぶどう園のある農村から、花々や東部からの豊かなお客で満ちあふれる冬期のリゾートタウンへと姿を変えつつあった。

社交的なシャプレーは何人かの同僚とすぐに親しくなり、その中には、太陽天文学者のセス・ニコルソンや、最初は一九一一年にボランティアの助手としてウィルソン山に来て、その後三五年間職員として残ったオランダ人天文学者のアドリアン・ファン・マーネンもいた。[19]友人や同僚たちの中で、シャプレーは手がつけられないほどの話し好きだった。「彼との議論は盛り上がった卓球ゲームのようでした。あちこちにアイディアがひらめき、思いもよらない方向に走り、しばしば息もつかないうちに現実に戻るのです[20]」と、のちにシャプレーとハーヴァードで知り合ったセシリア・ペイン - ガポシュキンは言っている。虚栄心がひときわ強かったシャプレーはお世辞に弱く、自分にお追従を言う人間と一番うまくいった。そして、些細なことでも決して許さなかった。「寛大な味方でもあり刺激的な同僚でもありましたが、執念深い敵にもなりえました」とペイン - ガポシュキンはつけ加えている。[21]

シャプレーが、中西部の人をとりこにするその魅力で揺さぶることのできなかった一人の人物は、ウィルソン山の実質的な指導者であるウォルター・アダムズだった。神経衰弱と鬱病の発作に陥りやすかったヘールは、一九一〇年代、しばしばウィルソン山を離れていた。その不在は、時に戦争に関する仕事のためだったが、多くは療養のためだった。しかし、アダムズはいつでもその職務を果たした。質実で知られ、緻密で仕事に忠実なアダムズは、習慣を判で押したように守るので、職員たちは「アダムズの行き来で、時計が合わせられる」と言うほどだった。[22]パイプを離せなかったアダムズは、天文台から当時ウィルソン山のそばで営業していた田舎風の作りのホテルにある煙草屋まで最短路を行ったので、「ラッキーストライク」の小道ができたほどだった。[22]シャプレーは、よくアダムズに対する愚痴を友人にこぼしていた。「もしぼくがここを去ったら、アダムズに決定権のあるうちは戻るチャンスは確実にないね[23]」とシャプレーはある時同僚に話したこともあった。しかし、彼らの間の緊張関係は、シャプレーが台員だった間、その革新的な研究には影響を及ぼさなかったようである。

実を言うと、シャプレーの革新的研究の種子は、彼が山に来る前にすでに蒔かれていた。まだプリンストンの大学院生だったころ、シャプレーはハーヴァードを訪れ、そこでベテランの天文学者ソロン・ベイリーに会った。ベイリーはこの若者に「球状星団の中の恒星を観測するなら」ウィルソン山の新しい一・五メートル望遠鏡を使うといいとアドバイスした。[24] 一八九〇年代、ベイリーがハーヴァード大学のペルーの観測所に所長として赴任していた時、多数の変光星を発見し、[25] そのうちの(セファイド変光星も含む)数百個はいくつかの球状星団に属していて、きわめて重要なものと思われた。この研究を進めるには、ウィルソン山のような大望遠鏡は非常に価値が高いことが彼にはわかっていた。その望遠鏡には、星が密集している球状星団の中心部でも変光星を分離し、それらの脈動を見る力が確実にあると思われていた。

シャプレーは、結局ベイリーのアドバイスを受け入れ、妻が発見した変光星から研究を始め、この分野で確固たる立場を占めるようになった。ウィルソン山では、シャプレーと球状星団とはすぐに「同義語」になった。[26] シャプレーはこのテーマにとても深く関わるようになったので、しばらくして、自分がベイリーの縄張りに侵入していると思われないよう彼に連絡をとった。その手紙は以下のようだった。「私はあなたの研究領域を侵そうとは思っていませんし、あなたもそう感じていらっしゃると思います。球状星団に関する私の研究の多くは、三年前のケンブリッジでの会話で、あなたがウィルソン山の望遠鏡と気候の利点をおっしゃったことの直接的結果なのです」[27]。実のところ、親切で寛大なベイリーはシャプレーの参加を喜んでいた。「これらの球状星団〔の研究〕には、私が占有権を主張しないことをどうぞわかってください」[28] とベイリーは答えた。「それどころか、この分野に他の研究者が参加することを私は歓迎します」。ベイリーがたいそうもの柔らかだったのは幸運だった。べイリーはまずもってデータ収集者[29]だったが、シャプレーは本質的に大胆な解釈者で、これは、疑問につき動かされて研究を進めていたラッセルの弟子だった期間に伸ばされた特質だった[30]。そしてそれは、科学を前進させる上で決定的な違いを生み出すものだった。

望遠鏡を通して見ると、球状星団は高密度で輝く核のまわりを明るい光の粒が舞うように集まっているように見える。ラッシュアワーの地下鉄の乗客のように恒星がぎっしり詰まっている球状星団は、私たちの近くの恒星の領域と比較するとまったく違った天空の様子を作り出す。太陽に一番近い恒星であるアルファ・ケンタウリ〔ケンタウルス座アルファ星〕までは、約四光年離れている。しかし、もし太陽を密集する球状星団の中心に置いたら、アルファ・ケンタウリより近い範囲に何千もの恒星があり、地球の空は、昼も夜もスパンコールをちりばめた毛布みたいに見えるだろう。恒星どうしがぶつかりそうになるのも日常茶飯のことだ。

球状星団が高密度で球状に恒星が集まったものであることは、一六〇〇年代に望遠鏡が出現するまで知られていなかった[31]。それ以前の昔の天文学者は、その天体を「明るい場所」とか、一つの「もやのかかった星」とだけ星図に記していた。今日、これらの星団は、巣のまわりをぶんぶん飛び回る蜂のように、銀河系の円盤のまわりを球状に取り囲むハローを形成していることがわかっている。しかし、一九一〇年代にシャプレーが観測を始めたころになっても天文学者はそれを知らず、個々の球状星団がどのくらい大きいかもわかっていなかった。それらは独立した島宇宙かもしれない、と考える人々すらいた。シャプレー自身もはじめはそう信じていて、最初の研究論文で「球状星団は……それ自身が大規模な恒星系であるのは明らかで、いろいろな点で私たち自身の銀河系に匹敵する恒星の集

球状星団 M80（The Hubble Heritage Team [AURA/STScI/NASA]）

団であるのは間違いない」と書いていた[32]。渦巻き星雲は、球状星団の形成初期の段階で、開いた花が黄昏とともに閉じるように、渦巻きは時がたつと球にまとまるという考えに興味を示す人もいた。シャプレーの目標は、球状星団の真の大きさ、距離、構成物質を知り、このような考えが成り立つかどうかを調べることだった。

シャプレーの初期の観測は、まったく基本的なものだった。一・五メートル望遠鏡を使い、ただ単に最も目立つ球状星団の星の色と等級を調べたのである。これらの星団の中には、オメガ・ケンタウリ(33)(すべての球状星団の中で最大)、ヘルクレス座の球状星団、一七六四年にシャルル・メシエが記録した球状星団M三が含まれていた。これがどこへつながるのかシャプレーにはわからなかったが、天文学では基本的なやり方だった。すなわち、未知のものに出会ったら、データを集められるだけ集め、そこに変わった傾向がないか注意せよというのである。そして、もし何か変わったことが見つかれば、二〇世紀初期の天文学者にはまだまったくの謎であった恒星はどのように年をとり進化するかを理解する上で、シャプレーの観測がヘールを助けるかもしれないという期待もあった。

しかし、写真の蓄積が膨らむにつれ、シャプレーは、球状星団以外の天体に対しても距離決定の巻き尺として使えることがわかっていたセファイド変光星の同定を始めた。わずか二年前、ヘンリエッタ・リーヴィットが出していた論文に非常に注目していた彼は、それを応用しようとしていた。「彼女の発見は……間違いなく恒星天文学の最も重要な結果の一つです(34)」と、シャプレーはのちにリーヴィットの上司ピッカリングに手紙を書いている。

必要だったのは、どれか一つのセファイド変光星までの信頼できる距離であった。それがどんなセファイドであっても、また天空のどこにあっても、リーヴィットの周期‐光度関係を使えば、それは、他のすべてのセファイド変光星の距離を決定するための物差しとして使える。そこに彼女の発見の美しさがあった。たった一つのセファイドの距離さえわかれば、残りのセファイドの距離もわかるのだった。

天体までの距離を測定することは、長い間、天文学者にとっての大きな課題だった。私たちの目には、星空は点状の光が貼りついた球のように見え、すべての星は同じ距離にあるように見える。しかし、私たちの見る星々は、実際は、まったく違う距離に存在する。天球上で一番明るく青白い恒星シリウスは地球から八・六光年の位置にあり、こと座で目立つ夏の星ヴェガは二五光年の彼方にある。天文学者たちは、どうやってこれらの数字にたどり着いたのだろう。それを調べる一つの方法は「視差」である。視差とは、天空上の恒星が、地球の軌道の片端から見た時と六か月後にもう一方の端から見た時との見かけの位置の変化である（近くにある物体を片方の目で見た時ともう一方の目で見た時とで、その位置が移動するように見えるのと同様である）。視差により恒星のずれた角度がわかれば、地球の軌道の半径を基線にして、簡単な幾何学による三角測量で太陽から恒星までの距離が直接求められる。天空で角度を測定して、地球から一秒角の視差で見える天体までの距離を表わすのに、天文学者は「パーセク（parsec）」（*par*allax of one arc*sec*ond）という言葉を作り出した（一パーセクは三・二六光年に等しい）。視差を測る方法は、数百光年までの距離なら有効である。それより遠くなると、地上の望遠鏡では恒星の位置の変化は小さすぎてわからなくなり[35]、それがリーヴィットの法則に非常に価値がある理由である。この法則によって天文学者は、距離の測定をはるかに遠くまで伸ばすことができたのだ。もし、セファイド変光星が一個でも私たちの太陽の近くにあれば、天文学者はその恒星の視差を測定し、比較的簡単にそれを〔距離測定用の〕物差しにできただろう。残念ながら、シャプレーの時代には、地球から直接視差を測定できる範囲にセファイド変光星はなかった。自然はそれほど天文学者の望み通りにできてはいないのだ（私たちから一番近いセファイド変光星は北極星で、約四三〇光年の距離にある。北極星は実際には三重星で、そのうちの一つが大きな黄色のセファイド変光星で、四日周期で明暗を繰り返している）。

セファイド変光星の距離の問題に立ち向かった最初の人は、アイナー・ヘルツシュプルングである。

彼は、リーヴィットが小マゼラン雲の中に見つけた二五個の変光星が明確にセファイド変光星だということに最初に気づいた。彼は、銀河系の中にあり、最も研究の進んでいたセファイド変光星を調べはじめた。それは全部で一三個あった。（遠すぎたので）視差は観測できなかったが、それらの恒星が銀河系の中を移動し、私たちの視線と直角方向に天空上をどのくらい移動したかを、年代を追って星図で調べることができた。それは、時を経て恒星の天球座標がどのように変化したかを決定することだった。天文学者たちは、この移動を恒星の「固有運動」という。ヘルツシュプルングは別のカタログから、星の青方偏移か赤方偏移（恒星の速度のおおよその目安）を基準に、星がどのくらいの速さで地球に近づいているか、あるいは遠ざかっているかを調べた。彼はそこから想像を飛躍させ、恒星の測定された速度と、はるか遠くの視点から見てそれらが天空でどのような速さで動くように「見える」かとを比較することで、セファイド変光星の距離を見積もった。恒星が遠いほど、天空を横切る速度は遅く見える（実際に行なわれた数学的処理には、銀河系内を移動する太陽の動きも関わっているので複雑だが、これが基本的な考え方である）。結局、ヘルツシュプルングの手法からおおまかな統計的基準が得られたので、彼は、この基準をリーヴィットの小マゼラン雲内のセファイド変光星に適用し、小マゼラン雲の距離を三万光年[36]と結論した。これは当時測定された中で最も遠い天体だった。これにより、リーヴィットの発見の秘めている力が最初に示されたのである。[37]

この結果が公表された時、ヘンリー・ノリス・ラッセルはヘルツシュプルングに手紙を書いた。「あなたが行なったミス・リーヴィットの発見の見事な利用方法を、私は思いつきませんでした[38]」。ほぼ同じ時期にラッセルは似たような手法を使ったが、彼の目的は、セファイド変光星の平均等級の決定だった。その過程で彼は、それらセファイド変光星は私たちの太陽よりはるかに大きい巨星であると結論した。[39] ヘルツシュプルングに触発されたラッセルは、小マゼラン雲の距離の算出を独自に進め、八万光年[40]という数字に到達した。どちらの概算も非常に不確かで、今日測定されている距離（二一万光年）よりはるかに小さいことがわかっているが、それでも当時としては、両方とも驚嘆するほど大きな数字だった。

間もなくシャプレーは、ヘルツシュプルングが基準にした一三個のセファイド変光星のうち二個は特殊な星かもしれないと疑い、一一個だけを使用して、ヘルツシュプルングの手法を取り入れた。ちょうどヘルツシュプルングと同じように、総合的な見方として、シャプレーもただ一つの単純なルール――遠く離れた天体ほど移動は遅く見える――を拠りどころにした。遠くの飛行機は空をゆっくり進むように見えるが、同じ速度の飛行機がもっと近くを通過すれば、目の前をすごい速度で飛ぶように見えるだろう。恒星の平均速度を概算したあと、シャプレーは彼の一一個のセファイド変光星がどのような速度で天空を横切っているかを調べた。見かけの速度が遅いほど、セファイドは遠くにある。

しかし、シャプレーがヘルツシュプルングと意見を異にしたのは以下の点だった。小マゼラン雲の星だけに基づくリーヴィットの周期‐光度関係をシャプレーはそのまま使用せず、代わりに、銀河系のセファイド変光星も考慮に入れ、変光星の両集団を組み合わせて独自の「改良・拡張版」周期‐光度関係[41]を構築したのである。それから彼は、球状星団の中に発見されたセファイド変光星にこの新しい法則を適用した。ある一つのセファイド変光星を追ってその周期を確定し、その後、自分のグラフからその恒星の距離を計算したのである。

これは、シャプレーが球状星団の中にセファイド変光星を見つけられるかぎりは有効だった。観測できた範囲では、いくつかの球状星団にはセファイド変光星がまったくなかった。それらの中に潜んでいた変光星は、まったく同じ仲間とは言えなかった。変光周期が数日や数か月というのではなく、数時間程度というとても速い変化をするものだったのである。これらの星々が、リーヴィットのセファイドと同じ振る舞いをする保証はなかった。

シャプレーは、この疑問をリーヴィットとともに調べたいと強く感じ、リーヴィットの上司のエドワード・ピッカリングに何度か手紙を書き、彼女がマゼラン雲に変化の速い変光星を見つけているか、それらが彼女の法則に従っていることを突きとめたかどうかを知ろうとした。[42] ピッカリングは、写真が撮られているところだとはっきり言った。だが、この問題の進捗状況ははかばかしくなかった。ピッカリングがそれより重要だと思っている仕事で、リーヴィットを多忙にしていたのである。ある時ラッセルはシャプレーに向かい、ピッカリングを非難する文句を口にしたことがあった。「〔リーヴィットに〕ルーティンの仕事をさせているって！　しかし、私が非難の言葉を口にするのは妥当ではないだろうな」[43]。

先を急いでいたシャプレーは、変光の速い変光星をリーヴィットの法則に従うとして扱うことに簡単に決めてしまった。彼は、セファイド変光星の周期‐光度関係を拡張し、変光の速いものも遅いものも、すべて含むことにしたのである。これは非常に議論を巻き起こす決断だったにもかかわらず、彼は大胆にも「この命題に証明はほとんど必要ない」[44]とある初期の論文で主張した。星々がとても暗かったので大変な仕事ではあったが、これにより、シャプレーは一番近い球状星団の距離を決定することができた。遠すぎて変光星を確認できない球状星団に対しては、距離の指標に一番明るい星々を使用する方法に頼った。遠くの球状星団の一番明るい恒星は、近くの球状星団の一番明るい恒星の平均と同じ等級と仮定したのである。そして、恒星自体がもはやきちんと解像できない場合は、天空での球状星団の見かけの大きさから距離を判定した。天文学者のアラン・サンデージは何十年もあとにこの技法を振り返り、「推論の全体的な筋道は……鮮やかだ」[45]と結論している。ハーヴァードのベイリーは、シャプレーより前にこの仕事ができたかもしれないが、変光星の扱いが用心深すぎた。ベイリーにしてみれば、変光星の性質には不確実なことが多すぎたので、「これらのデータからはっきりした結論を出すのは危険である」と報告している。[46]シャプレーはこのような懸念は感じていなかった。

とはいえ、それは勇気のいる仕事で、骨の折れるルーティン作業をやりとげるのに四年もかかった。シャプレーは、当時知られていた銀河系の六九個すべての球状星団の距離を確実につかみつつあった。彼はエディソン・ホッジの助けを借り、約三〇〇枚の写真を撮った。[47]露光時間はわずか一〇秒のものもあれば、二時間かかるものもあったが、ほとんどのものは数分だった。その後は作業机に向かい、写真に写っているものを分析する苛酷な労働があった。一九一七年に彼は同僚にこう手紙を書いていた。「球状星団の研究はずっと退屈です――作業に関する限りは退屈ですが、結果は喜びの連続です。時間が十分与えられれば、いつかはこの疑問から何かを獲得してみせます」[48]。当時はまだ戦争が続いていたが、シャプレーは義務兵役の申告登録をしなかった。仕事に留まるようにとヘールが説得したというのが彼の主張であった。[49]

シャプレーは、一人で夜を星々と過ごすことが特別好きだったわけではない。彼を何か月も望遠鏡に引きとめたのは、その発見だった。東の空に最初の暁が見えるころに、ドームのスリットがキーキーと不快な音を立ててゆっくり閉まり、その音に、近くのコヨーテたちが高い鳴き声のセレナーデで応えた。[50]夜が終わると、彼や他の天文学者たちは「修道院」へ歩いて戻る。観測がうまくいき、まだ深い眠りに沈んでいる昼の観測者たち――太陽天文学者――を起こすかもしれないことを忘れた時

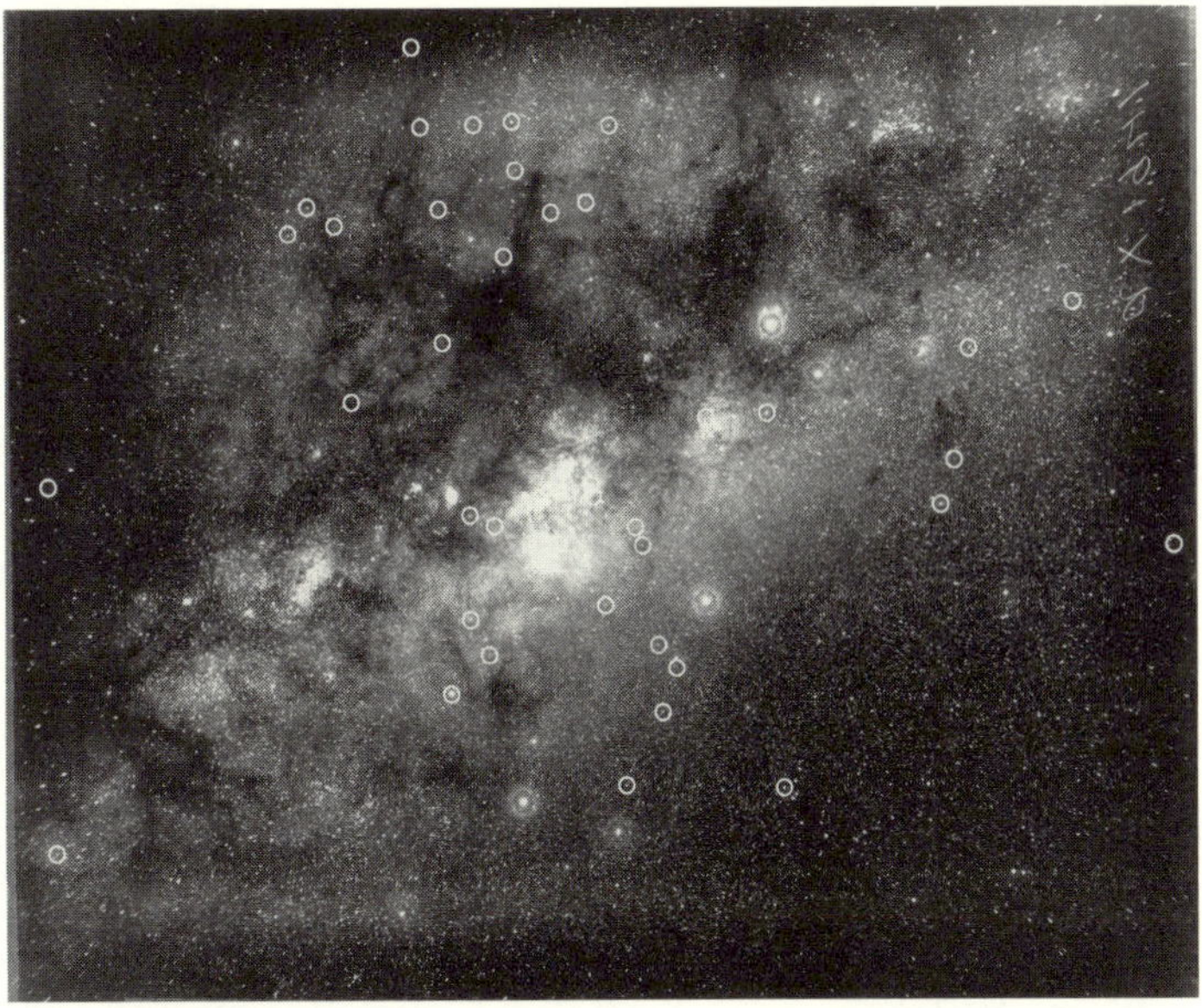

天の川付近にあるいくつかの球状星団（○印）（Harvard College Observatory, AIP Emilio Segrè Visual Archives の好意による）

は、楽しげに口笛を吹きながら。しかし、いったん床についても、昼の観測者たちが動き出して、夜の観測者たちが簡単に起こされてしまうこともあった。昼食は正午にどちらの観測者も一緒にとり、この時がつまらない口論を収束させるチャンスだった[50]。

シャプレーは、山で出会ったものにはほとんど何にでも興味を示した。ウィルソン山で吹雪に足止めを食わされた時、彼は同僚に「あらゆる趣味の中で一番うさんくさい目で見られたのは〝昆虫〟に関するものでした[51]」と手紙を書いた。「虫のことはよく知りませんが、あまりに面白かったので生物学者に転向したいと思いました」。ある意味で、彼はその転向をした。天文台のまわりのアリの動きの研究を始め、気温が高くなるほど彼らの速度が上がることに気づいたのだ。ある種のアリは、太陽で三〇度C暖められると、速度が一五倍になった。言わば「アリの熱運動学」を発見したのである。アリたちの速度を正確に測るため、シャプレーは「スピード・トラップ」を設置し、彼らの巡回速度から、その日の温度を一度C以内の精度で見積もることができると自慢した。「それ以外には、温度計を見る方法もある」[52]と彼は皮肉っぽくつけ加えた。彼の発見は科学雑誌に掲載された。[53]さらに長い休みでゆっくりできる時は、妻と近くの大小さまざまの山すべてにのぼり、植物を採集し、道で出会ったガラガラヘビを全部殺した。[54]

一九一六年から一九一九年にかけて、シャプレーは増えつつあった球状星団のデータに「星団の色と等級に基づく研究」という共通タイトルをつけ、一連の論文シリーズとして出版した。個々の論文では謎を解く鍵が一つ一つ順々に加えられていった。シャプレーは、論文を書くに当たっても新たな特ダネを加味しようとしていた。そして、この努力の中で彼は、「宇宙」について最初に心に描いていたイメージを結局変えざるを得なくなった。銀河系はこれまで誰もが想像していたよりはるかに巨大だというイメージが、目の前に現われはじめたのである。最初のヒントは、銀河系に属するいくつかの有名な恒星集団が少なくとも五万光年は離れていると見積もられた時に訪れた。[55]その後シャプレーは、球状星団までの距離が二万〜二〇万光年の間のどこかに収まることに気づいた。

球状星団は、測量士が立てたポールのように私たちの銀河系の周辺を縁取りし、銀河系は急激に膨らんだ。その結果、球状星団はもはや、かつてシャプレーが考えていたように、銀河系と同程度の大きさとは考えられなくなったのである。球状星団は今では相対的にはるかに小さいものになった。「これは特異な宇宙だ」[56]というのが、この新しい宇宙の様相に対するシャプレーの反応だった。

そうすると、このことは、今ヒーバー・カーティスやV・M・スライファーが個別の銀河であると一生懸命触れ回っている渦巻き星雲にとって、どういう意味があるのか？　このころ、ウィルソン山でシャプレーの親友だったファン・マーネンは、いくつかの渦巻き星雲の回転を検出したと主張していて、これは、もしそれらが非常に遠くにあったとしたらあり得ないことだった。それほど離れた場所で短期間のうちに回転が認められるなら、渦巻き星雲は光速に近い速度で回転していなければならないからである！

なぜこうなるかを理解するには、あなたのすぐそばにある台所の壁の時計を思い浮かべるとよい。秒針は一秒間に約一センチの速度で文字盤を回っている。しかしその時、時計の文字盤が月面全体の大きさだと想像すると、月の見かけの大きさはちょうど壁の時計と同じ大きさになるが、実際の時計ははるかに大きく、一分間に一周するのに、秒針は秒速約一八〇キロメートルというずっと速い速度で動かなければならない。さて、もしこの時計が銀河系と同じ大きさだったら、秒針は悪魔につかれたような速さになるだろう。もし、ファン・マーネンの観測した渦巻き星雲が本当に遠くの銀河で、その腕の移動するのが数年でわかったとしたら、彼は光速をものともしない速さで渦巻き星雲が回転するのを見ていることになる。

シャプレーはこのように奇妙な振る舞いを認めたくなかったので、最初は、ファン・マーネンの発見に懐疑的だった。事実、彼は一九一七年に出版した論文で、星雲中に認められたいくつかの暗い新星と、一番明るい恒星の暗さを根拠に「アンドロメダ星雲の距離は、最短でも一〇〇万光年の桁でなければならない」と言っている。[57]「内部固有運動に関するファン・マーネンの測定と、銀河を外部のものと仮定することを調和させることに明らかな困難があった」と彼は続けた。「光速程度の回転速度を受け入れる準備が私たちにはできていない」。問題は、渦巻き星雲が本当に回転しているかどうかではなかった。一九一〇年代にヴェスト・スライファーはすでに渦巻き星雲が回転している証拠を突きとめていた。その証拠は、彼が調べていた星雲のスペクトルの中に見つかった。フリスビーが投げられ、回転しながら飛ぶ時のように、渦巻きの片方の端では回転は前向きで、計測速度に加算されるが、もう一方の端では回転は後ろ向きで、速度から差し引かれる。この違いはスペクトル線のわずかな傾きから明らかである。しかし、この運動は、わずか数年を隔てて撮られた写真と比較し、目で見ただけで認められるほど高速でないことは確かである。さらにスペクトルの特徴は、スライファーの言い方では、渦巻きの腕が「巻いているねじのように[58]」星雲の中心に強く巻きつき、閉じつつあることを示していた。しかし、これは、渦巻きは開きつつあるというファン・マーネンの主張と真っ向から衝突していた。とても控えめで寡黙なスライファーは、この矛盾を問題化しなかった。もし、彼が自分の証拠を公表してしつこく声高に言い立てていたら、ファン・マーネンの主張はもっと早く退けられていたかもしれなかった。しかし、結局、相反するスライファーの結果は基本的に無視され、時たま天文学者たちの間で非公式に議論されたが、出版物で引用されることはなかった。

間もなくシャプレーはプリンストンの助言者ラッセルに、「V・M（スライファー）は少し、ヘールはそれよりやや強く、私は大いに疑問を感じています[59]」と手紙を書き、彼がファン・マーネンの回転検出に疑問を持っているのかを尋ねた。ラッセルはすぐに返事をよこし、「私は［渦巻き星雲の］内部の固有運動の存在を信じる気持ちに傾きかけ、したがって島宇宙理論に疑いを持っています。しかし、もし［渦巻き星雲が］恒星の集まった雲でないとしたら、それらは一体全体何なのでしょう？[60]」と述べた。

シャプレーがこの手紙を受け取った直後に何が起きたかを考えると、彼はラッセルの助言を非常に深刻に受け取ったようである。弟子として、シャプレーはこれまで自分の教授だったラッセルの見解に大いに敬意を払っていたので、天文学に関する彼の助言を無視することは難しかった。ラッセルの言葉は「法」[61]であり、それが「若い科学者を育てるかつぶすか」を決めることになる。このことはこの世界ではよく知られていた。ラッセルの助言だけでなく、彼の蓄えた膨大なデータをさらに重要視したことも引き金となり、シャプレーは結局気持ちを変えた。

一九一七年一一月から、シャプレーはものすごいスピードで書き続けられた一連の論文の発表を始めた。球状星団に関する進行中のシリーズでは、わずか六か月間で六〜一二番目の論文が完成した。それはまるで、かつての新聞記者の仕事に戻り、日々の締め切りに間に合うように独占記事を書こうとタイプライターを猛烈に叩いているかのようだった。これらのうちの最初の論文には、シャプレーの大きな目標がずばりと述べられていた。彼は「宇宙の構造に関係する恒星系の一般図」そのものを報告しようとしていた。[62]シャプレーは、自分のすべてのデータに意味づけをしているうちに思いがけないことに気づき、この大胆な主張をしたのである。そして、自分の観測結果は銀河系の構造だけでなく、宇宙全体の構造も変えると信じるようになった。仲間の多くの天文学者とは違い、シャプレーは思考の大きな飛躍を恐れなかった。

この段階で、シャプレーは多くの観測と計算に精力を注ぐのをやめ、わかっている六九個の球状星団の位置をグラフに記入した。ここから彼は、星団が宇宙にどのように分布しているかを三次元の感覚でつかむことができた。その結果は七番目の論文に書かれたように「衝撃的」[63]だった。ほとんどの星団は、いて座付近のある特定の方向に存在していたのである。それらは街灯からなかなか去らない蛾のように、私たちの銀河系の中で恒星や星雲の豊富な場所のそばに、対称的な分布を見せていた。

この領域では恒星の雲がとても厚いので、「姿を見せている星をすべて数えることは不可能で、最も暗い星々は……像が互いに溶け合い、連続した灰色の背景をなしている」[64]と言われている。この場所の銀河座標は、私たちの太陽系の座標とは一致しなかった。（予想通り）球状星団は太陽を囲む分布ではまったくなかった。シャプレーの最初の概算によると、古き良き太陽は中心から二万パーセク、あるいは六万五千光年だけ端に寄っていたのである。[65]

　これまでも、他の天文学者たちの中に球状星団のこの特異な分布に気づいていた人もあった。一九〇九年、スウェーデンの天文学者カール・ボーリンは、銀河系の中心はこの方向〔いて座方向〕にあり、そのまわりに球状星団が集まっていると大胆に提唱していた。[66]しかし、当時はシャプレーも含め、誰もこの考えをまともに受け取らなかった。太陽系は銀河系の中心（あるいはその付近）にあると、ただそのように思い込まれていたのである。今やシャプレーは、ボーリンがずっと疑っていたこと〔太陽系は銀河系の中心ではないこと〕を確信しようとしていた。自分の観測から、彼は最初の意見を根本的に変えざるを得なくなったのである。

　この時点からのシャプレーの前進は速かった。出版に向け一二月と一月に提出された八番目から一一番目までの論文には、彼の研究方法、仮定、較正に関する技術的詳細が書かれていた。シャプレーは、自分の結論が革命的なものになりそうなことがわかっていたので、論旨を強化する事実を周到に積み重ねた。そして彼は一ページごとに最終的結論に向け歩を進めていった。「恒星宇宙の配置に関する見解」と題された一二番の論文では、全面的な論戦がはられた。第一次大戦の終結が近づく中で、この特別な論文を『アストロフィジカル・ジャーナル』に提出する準備は四月まで完全にはできなかったが、シャプレーはこのニュースを広めるのをそんなに長く待てなかった。[67]一九一八年一月八日、彼はイギリスの有名なアーサー・エディントンに「［球状星団の研究は］今驚くほど突然に、決定的に、全天空の恒星分布の構造を解明したようです(68)」と手紙を書いた。言い換えれば、それは銀河系の構造だった。球状星団が銀河系の中心のまわりに均一に分散し、太陽が隅に押しやられただけでなく、銀河系はこれまで誰が想像したよりもはるかに大きかった。シャプレーは今、銀河系の円盤の端から端までの大きさを、三〇万光年というとんでもない大きさに測定し、これは過去の見積もりの一〇倍の大きさだった。「この結果をあなたは完全に予測していたのではないかと思います。しかし、私の予測は部分的に当たったにすぎません(69)」とシャプレーはエディントンに伝えた。

「今明らかになりつつある恒星の体系を予測していたふりはできませんが、どのみち私は、それに反対を唱えるつもりはありません(70)」とエディントンは応えた。これはシャプレーにとってすばらしい後押しで、天文学の世界で今でも新参者であるシャプレーは自信を強め、このような有名な人物からの支持を喜んだ。

シャプレーは、当時ストレスの多い戦争に関する用事で町を出ていた上司のジョージ・エラリー・ヘールにも事前通告することを忘れなかった。彼は「改まった話ではないのですが、私の天文の研究に関することで少々お時間を頂戴し、あなたの注意を地上の厄介ごとから天上のことがらにふり向けていただけませんでしょうか(71)」と手紙を書いた。この若い天文台員は何から話しはじめてよいかわからず、簡潔を期し、ヘールの注意をこう喚起した。「科学的な説明に必ずついて回る気の弱さである、〝おそらく、たぶん、もしかしたら、見たところは〟などは省きます。したがって、確信できるのは……自信過剰のためでもなく、自信ありげに装っているのでもなく、私たちの間で合意できることです」。

その性格のままに、シャプレーは現在の問題をヘールに示すため、あちこちでしている大げさな話の一つを作り上げた。「後期鮮新世に最初の人間が出現しました。彼は棍棒で毛むくじゃらのゾウを倒したり、水に映った自分の美しい姿に見とれ、お世辞を言われて喜んだりしていました。その最初の人間が、突如（突然変異で）物事を考えるようになり、ほどなく世界中で初めて思慮深い考えを発展させました。それは〝私が宇宙の中心にいる〟というものでした。そして彼は妻をめとり、その頑固な考えの彼の遺伝子を後世に伝えました。その考え方は数十万年にわたり、さしたる変化をすることもなく代々伝えられてきました」。そして今、シャプレーはこの話の続きを準備しているとヘールに約束した。

シャプレーは、当時知られていたすべての球状星団の距離を決定しつつあり、その結果の報告として、表が二〇ページ、図が一二枚近く、本文が全部で約一〇〇ページになる一連の論文を出版する用意ができていることをヘールに知らせた。この結果をシャプレーはヘールのため、シングルスペースで三ページにタイプした概要にまとめた。その結論で、彼は、銀河系は差し渡し約三〇万光年という巨大なものであり、太陽はその中心からはるかに離れていると述べた。「使者が光の波に乗ってその中心からスタートし、幹線高速道路を下ると」約六万五〇〇〇年後に地球に着くでしょう、とシャプレーは書いた(72)。さらに「宇宙が複数ということはなく……私たちが宇宙と呼ぶものは銀河系が基本です」と言った。シャプレーは、そのせっかちな性格のままに大胆に振る舞った。そして、銀河系は今や非常に大きくなったので、それが宇宙の主要な姿のはずだと考えたのである。

銀河系の広がりがわずか一万光年ないし三万光年と考えられていた時は、渦巻き星雲は別の銀河と考える方が簡単だった。しかし、シャプレーが銀河系はそれよりはるかに大きいと主張した時にすべてが変わった。もし、アンドロメダ星雲も銀河で銀河系と似たような大きさだとしたら、天空での見え方から、その距離は、誰の予想よりも遠く離れていなければならなかった。そしてこのことは、アンドロメダ星雲の円盤内で光る新星は、既知のどんな物理法則で説明できるものよりはるかに明るいことを意味していた。ほんの数か月のうちに、シャプレーは渦巻き星雲について考えを一八〇度完全にひるがえした。かつては島宇宙の信奉者だったシャプレーは、今では、アンドロメダ星雲や他の渦巻き星雲はもっとずっと近く、私たちの銀河系の内側に心地良く収まっているか、銀河系のすぐ外の小さい付属領域に存在するかのどちらかだと考える方が理屈に合うと考えていた。もはやそれらは銀河系と同格の雄大さや力のあるものではなく、単なる付属物であった。それらはおそらく放射圧か静電気の力によって、銀河系から高速で放出された星雲物質の小さな塊かもしれないともシャプレーは考えた。そして、私たちの銀河系が空間を移動する時、「航行する船のへさきが波をかきわけるように、近くの渦巻き星雲をどちらかの脇に動かしているのかもしれない[73]」と推測したのである。

以前はファン・マーネンの発見に懐疑的だったシャプレーは、今ではそれを喜ぶようになっていた。友人が渦巻き星雲の回転を突きとめたことは、自分が新たに構築した宇宙モデルを強く後押しするからである。それは、渦巻き星雲が単なる従属者として銀河系の近くになければならないことを意味していた。私たちの銀河系は、最大の統治者だったのだ。「この証拠は、渦巻き星雲が島宇宙であるとする理論と真っ向から対立すると信じています。アンドロメダ星雲は二万光年以上は離れていないと考えるべきでしょう[74]」とシャプレーは、イギリスの有名な天文解説者であるヘクター・マクファーソンに話した。

予告や公的な宣言を行なった三二歳のシャプレーは大得意になり、宇宙像を完全に一新した自分の聡明さを年上の人々に注目してほしいと、まるで少年のように思った。「観測上の問題は無数に見えてきました。目の前にあるばかばかしいほどの測定量を見ると、ほとんど気持ちがくじけそうです」と彼はヘールに話した。[75]「このところ神経がかなり緊張してはいますが、それ以外のことは楽しんでいます」。

ウィルソン山太陽天文台がその名称から「太陽」を外したのとほぼ同時期にシャプレーはその発見を発表した。そして、何にもましてその山頂からの観測を、太陽をはるかに越える時空の深みにわたる問題にまで広げた。彼がやりとげたことは、コペルニクスの法則にまで及ぶほどだった。一六世紀に、コペルニクスが地球を太陽系の中心から動かしたのとちょうど同じように、シャプレーも太陽系の位置を銀河系の心臓部から動かしたのだ。「太陽系は中心から外れ、人類もまた結果的にそうなったが、これは人類がそれほど大きな存在ではないことを意味するのだから、どちらかと言えば良い考え方だ。人は誰でも付随的な——私の好きな言葉だと〝周縁的な〟——存在なのだ[76]」とシャプレーは一九六九年の回想録で歯に衣着せずに書いた。「もし人類が中心にいるとわかったら、それは自然なことに見えたかもしれない。〝私たちは神の子なのだから中心にいるのは当然だ〟と言えたかもしれない。しかしここに、私たちはおそらく付随的なものだという指摘がある。私たちにそんなに重みはないのだ」。

シャプレーは見事な仕事をやりとげ、その発見は天文学の世界を稲妻のように走った。研究への賛辞が天文学の最も著名な人々から寄せられたのは、それからすぐだった。シャプレーの書き上げた論文を読んだあと、エディントンは彼に「これは、宇宙に関する私たちの知識の限界をこれまでより一〇〇倍遠くへ押しやった、天文学史に銘記される画期的出来事です[77]」と手紙を書いた。ラッセルは

『サイエンティフィック・アメリカン』の記事で、この結果に「ただ驚嘆した[78]」と書いた。そして、イギリス人の理論家ジェームズ・ジーンズは、シャプレーに、この新しく出版された論文は「宇宙に関する私たちの考えを大幅に変えつつある[79]」と話した。

ウィルソン山の天文学者ウォルター・バーデはのちにこう言った。「シャプレーはこの問題全体をごく短期間に片づけ、その大きさに関し、昔の学校で教えられた考え方をすべて完全に打破する銀河系の図を描きました。その手際を私はいつも賞賛していました。それは非常に活気に満ちた時代でした。というのも、これらの距離は途方もなく大きく見えましたが、〝昔の生徒たち〟はその数値に反対しようとはしなかったのです[80]」。

このニュースは天文学界にただちに広まったが、おそらく戦争の影響とその余波のためか、一般の人々への伝達にはずっと長くかかった。一九二一年五月三一日にやっと『ニューヨーク・タイムズ』が第一面で、シャプレーが宇宙の大きさを何倍にも広げたことを報じた。記者は書いた。私たちの銀河系は今では端から端までが三〇万光年もある「超巨大な銀河系で、地球と呼ばれるちっぽけな影がそのまわりを回る小さな光点の太陽は、宇宙の中心から六万光年離れている。そのことを、この若い天文学者はさまざまな計算を行ない、納得のいくよう証明した[81]」。

「個人的には、人類がこのような物理的に無価値なものに沈んでいくのを見るのを喜ばしいと思う。そして、宇宙と比較して自分たちが何というちっぽけな存在であるかを人類が知るのは、健全なことだ[82]」とシャプレーはその記事で語っている[83]。(もし、シャプレーのニュースを不快に感じる読者がいたとしたら、一九二〇年代によく服用されていた胃薬ベル‐アンス錠の小さな広告のすぐ上にこの話が掲載されたのは好都合なことだった)。『シカゴ・デイリー・トリビューン』は同じ報道を一面で、それが愉快なニュースであるかのように、地球は今では「空のブロードウェーから何マイルも離れた田舎者」[84]という見出しで掲載した。

この新しい宇宙体系を誰もが信じたわけではなかった。批判者たちは、シャプレーの主張のいくつかの弱点を指摘し、その中にいたヘールは、渦巻き星雲はシャプレーが想像したのとは何か違うものではないかと思った。しかし、このウィルソン山天文台長は、まだシャプレーの大胆さを支持していた。「君はきわめて有望な道を切り開いた。なるべく早く必要な証拠を集め、古い仮説に代わる新しい仮説を提出する準備ができるなら……君が勇敢な仮説を立て、これまでのように研究を進めるのは正しいと思う」[85]と、ヘールはワシントンの戦時中の職場からシャプレーに返事を書いた。ヘールは、自分の天文台の天文学者たちがチャンスをつかんでほしいと願っていた。ハーヴァードでいつもピッカリングがしているように、彼らを事務的なデータ収集係にすることは望んでいなかったのだ。

しかし、シャプレーが軽率に多くの不確定的要素を無視し、セファイド変光星の信号という新しい方法を使って結論を導いたため、とても満場一致の合意が得られる状況ではなかった。他の天文学者たちは、空全体から宇宙の深部にわたって、恒星の数を数えたり、それらの分布や運動をたどったりして、時間をかけて銀河系の大きさを体系的に測ってきた。この努力の主導者は、オランダのグロニンゲン大学のきわめて名高い天文学者、ヤコブス・C・カプタインだった。カプタインには良い望遠鏡はなかったが、他の天文台で撮られた写真乾板の数十万個の恒星の位置を測るため、一部は、自由に使える国家の囚人の力を借りて、多大な努力を組織的に行なった。[86]彼は「カプタインの宇宙」として知られるようになる宇宙モデルを紹介し、生涯にわたる研究の頂点に達した。このモデルでは、私たちの銀河系の恒星の大部分は（外部にはそれより小さな恒星の集団がある）、概算で差し渡し三万光年、厚みが四〇〇〇光年の空間に集まり、一種のつぶれたサッカーボールのような形になっていた[87]。さらに、太陽は中心近くの一番よい場所に留まっていた。しかし、シャプレーは、銀河系はその一〇倍大きく、太陽ははるか脇の方へ追いやられていると言い切っていた。カプタインや彼の同僚にとって、恒星の配置を探究する彼らの伝統的手法がこうまでないがしろにされるのは、きわめて想像しがたいことだった[88]。他の人々もそう考えていた。シャプレーは距離のはしごを恐るべき遠くまでかけたが、その目盛は、動きが依然としてはなはだ不確実にしかわかっていない、たった一一個のセファイド変光星に基づいていた。もしそこに間違いがあったら、彼の言う「大きな銀河系」はその基礎からすべて、カードで建てた天空の楼閣のように崩れてしまうのだった。カプタインはシャプレーに、君は「上から建物を建てているが、私たちは下から建てている……私たちが完全にかみ合う日はいつ来るだろう[89]?」と話した。

保守的な天文学者は、シャプレーの行なったいくつもの解析的論理の飛躍にたいへん悩まされていた。シャプレーは「カーニバルの物売り程度の確かさしかない真実[90]」で話をする傾向があると言われた。彼は聡明で独創的ではあったが、しばしば乏しい観測結果から結論を急いだ[91]。彼にとって、大規模な全体像を描くことに比べれば、正確さはそれほど重要ではなかったようである。シャプレーが計算の時にひとまとめに扱った変光周期の速い変光星と遅い変光星を、本当は「二種類の別々の猫[92]」だと確信する人もいて、ウォルター・アダムズもその一人だった(彼は正しく、それらはのちに、セファイド変光星よりは質量が軽くて暗い、こと座RR型変光星であることがわかった)。さらに、シャプレーが他の天文学者たちに適切な謝辞を述べずに、彼らのアイディアや技術を借用したという問題もあった。アダムズはヘールに、シャプレーが「その功績が誰のものかを決して言わない[93]」と苦情を言った。

『国立科学アカデミー会報』で出版された論文の一つで、シャプレーは明らかにその草分け的存在だったヘルツシュプルングにもリーヴィットにも言及しなかった。このことはアダムズを烈火のごとく怒らせた。ハーヴァードのある天文学者がのちに「このように機転が利き、ユーモアのセンスの鋭い人は見たことがないが、謙虚さがこうまで完全に欠如した人も見たことがない[94]」と言うほどだった。

シャプレーの批判者たちは、注意深い点では正しかった。後知恵で言えば、ある事柄においてシャプレーは間違っていた。たとえば、のちの天文学者たちは、変光周期の異なる変光星の違いを理解し、また、天体を暗く見せ、実際の距離以上に遠いように思わせる星間塵の存在を確認すると、銀河系の大きさを三〇万光年から一〇万光年に縮小した。しかし、シャプレーはそれらのことを知らなかったので、銀河系を本当の大きさより大きいと誤って信じていた。とはいえ、銀河系の大きさを一〇万光年に縮小しても、それはカプタインやその支持者たちが声高に触れ回る大きさよりは大きかった。シャプレーの発見は、時を経ても本質的にはなお生き残っている。まず第一に、銀河系はこれまで思われていたよりはるかに大きい恒星の集団であること、第二に、太陽はその中心を外れた郊外にあることである。

一九二〇年代半ば、恒星は、まさにシャプレーが銀河系の中心としたいて座方向の一点を中心に銀河系の中を回転していることを、スウェーデンの恒星力学の専門家バーティル・リンドブラッドとオランダのライデン天文台のヤン・オールトが示した。その時、シャプレーが太陽の位置を中心からずらしたことは完全に正しいとわかった。リンドブラッドがこの理論を導き出すとすぐ、それを証明する証拠をオールトが集めた[95]。シャプレーが太陽を銀河系の外れへ押しやったことにたとえ誰かがまだ疑問を抱いていたとしても、リンドブラッドとオールトはすべての疑いを払拭した。太陽系はメリーゴーラウンドの馬のように、一周約二億五〇〇〇万年の周期で銀河系の円盤を回り続ける。私たちが前回天空のこの同じ場所にいたのは、アパラチア山脈やウラル山脈がちょうど形成されつつあった時で、恐竜が地球を支配しようとしていた時だった。

シャプレーによる銀河系の新モデルは、特に渦巻き星雲に関して広い反響を巻き起こした。当時承認の一歩手前まで行っていた島宇宙の考えは、不安定な土台の上に戻された。「このように恒星系の平面図の概要が示されてみると、渦巻き星雲が恒星の集団である別の銀河とは考えられそうもない[96]」とシャプレーは報告した。これまで渦巻き星雲中に例外的に明るい新星が見られたことも、依然として問題だった。これをどう説明すればいいか、とシャプレーは尋ねた。さらに、ファン・マーネンによる回転運動の検出も考慮された。皆がシャプレーの懸念に動揺したわけではなく、外部銀河の熱烈な信奉者の大多数――カーティスのほか、エディントン、キャンベル、V・M・スライファーのような主だった役者たち――は、依然としてその信念をしっかり持ち続けていた。シャプレーの議論に一番影響されたのは意見を留保していた人々で、彼らはどちらの側につくかを決めかねていた。結果として、宇宙の構造に対して、まったく異なった相容れにくい二つの見解が出されることになった。文筆家のマクファーソンはこれを以下のように詩的につづった。「私たちの銀河系は四方をすべて空間の海に囲まれた大陸に、球状星団は岸辺からさまざまな遠さに横たわる小さな島になぞらえることができる。一方、渦巻き星雲もさらに小さな島々に見えるが、あるいは、広大無辺の宇宙の中でかすかに輝く独立した〝大陸〟かもしれない[97]」。「狂乱の二〇年代」がその姿を現わそうとしていた時、シャプレーは「小さな島々」説に一票を投じ、カーティスは「大陸」説に一票を投じたのであった。

第９章

確かに
彼は、
四次元世界の人のようだ！

一九世紀から二〇世紀にさしかかる時、喧噪の中にあった学問は天文学だけではなかった。物理学もまた激動の時代であった。

一八九五年、ドイツの物理学者ウィルヘルム・レントゲンの発見した人体内部を透視するX線は、それをどのように利用できるかを考えて、世界中の医師たちはいまだショックから冷めやらなかった。間もなくパリで、アンリ・ベクレルが、ウラニウム塩の結晶の性質を調べていて、のちに放射能と呼ばれることになる現象を偶然発見した。そして、イギリスでは、J・J・トムソンが原子より小さい最初の粒子である電子を突きとめた。混乱状態にあった新しい量子物理学の世界では、間もなく光自体に波と粒子の両方の性質もあるのではないかと想像されるようになった。その実体が何であれ、物理学者たちが信じていた二〇〇年以上も前のアイザック・ニュートンの運動法則では、光が空間をどのように進むか確実には測定できないことがわかりつつあった。ニュートンの重力と運動の法則を使えば、科学者は一つの答えにたどり着くが、ジェームズ・クラーク・マクスウェルの電磁気学の法則を適用すると、その答えは違うものになった。それを解決するには反逆児が必要であった。学校で行なわれる機械的学習を拒絶し、従来の知識体系を疑い、自分の能力に揺るぎない自信を持つ生意気な若者。この不可解な分野の草分けであり、空間、時間、重力、一般的な宇宙の振る舞いにまったく新しい見解を持つ人間である。アルバート・アインシュタインは誰よりも先に急激な変化の必要なことに気づき、彼はそれを「宇宙の一般原理(1)」と言った。

それは、素足でだぶだぶのセーターを着、髪は逆立ち、身なりはくしゃくしゃの、写真でよく見られるアインシュタインではなく、もっと若く、魅惑的な茶色の目とウェーブのかかった濃い髪を持つロマンチックな人物だった。彼は、二〇代から三〇代にその手腕を最も発揮し、その天分の中には、自然がどのように振る舞うかを知るほとんど第六感とも言える物理的直観力があった。これには、彼がしばしばイメージを思い浮かべて思考することが関連していた。それは、たとえば一〇代のころ、アインシュタインの頭から離れなくなった「もし人が光の速さで進み続けたら、その人に何が見えるか?」という問題だった。ニュートンの法則が示している、氷のように固い電磁波が見えるのだろうか?「そのようなものが存在するとは思えない!」[2]。この思考をアインシュタインはのちにこう回想した。

この問題を長い間一生懸命考えて、アインシュタインは、一九〇五年、自分が動かずにいようと、一定速度で動いていようと、浜辺に静かに座っていようと、列車で本を読んでいようと、物理学のすべての法則は同じままで、光速はどの状態でも一定でなければならないことに気づいた。彼は、自分の疑問の答えを見つけた。どれほど速く移動しようとも、誰も光線に追いつけはしない。あなたの足が地球にしっかりついていても、遠くの惑星に高速で向かう宇宙船に乗っていても、光の運動は正確に、秒速二九万九七九二キロメートルと測定できるはずだ。

一般常識に反しているように見えるこんなことがどうして起こるのか? もしすべての観測者にとって、彼らの運動の状態にかかわらず光速度がまったく等しいのなら、他の何かを犠牲にしなければならないとアインシュタインは巧妙に推論した。そして、「他の何か」とは絶対的な時間と空間だった。この特殊相対性理論によって、アインシュタインは、才気あふれる先人たちによって確立された伝統的な古典物理学の全貌を完全に変えた。「ニュートンよ、お許しください」[3]と彼は自伝で言っている。「あなたは最も優れた思考を持ち、創造力に富む一人の人間だけがその時代で見つけうる唯一の道を発見したのでした」。ニュートンの世界では、全宇宙の一切合切の時間と空間に対して、一つの共通の時計と基準の座標系があった。しかし、この枠組みは最早なくなった。代わりに、時空は今では、私たちの個々の運動に応じて流れる「相対的」なものになった。アインシュタインは、長さと時間が変動することを直観的に知ったのである。もし、二人の観測者が一様な速度で互いに近づくか遠ざかるかすると、一人一人は空間が縮み、時間が相手より遅く流れることを測れるだろう。ニュートンの法則のもとで行なうように、彼らの時計と物差しが一致するのではない。双方にとってただ一つ一致するのは、二人にとって変化しない普遍的な定数である光速度である。これが直観に反するように見える理由は、私たちのいるどちらかと言えば平凡な環境では、こうして生ずる長さと時間の差異が簡単には認められないからである。この変化は、二つの物体間の速度がとてつもなく大きく、光速度と比較してかなり大きな割合になった時だけ目立つようになる。

間もなくアインシュタインはこの修正だけでは満足しなくなった。特殊相対性理論はまさに「特殊」なのだ。それは、速度が一定の物体の性質だけしか説明できない。そこでは、法則の使用がはなはだしく制限されてしまうのだ。自然界のほとんどの事象は、そんなにきちんとした振る舞いはしない。もし何かが加速したり、減速したり、方向を変えたりしたら、何が起こるのか？　もし、ある物体が重力によって加速されたらどうなるか？　このような状態を扱うためには、さらに「一般的な」理論を発展させなければならないことがわかっていて、アインシュタインはほぼ一〇年間にわたりこの問題と格闘した。それはおそるべき仕事だった。偉大なニュートンの重力の法則を、相対性理論の観点から作り直すことに他ならなかったからである。

本当に普遍的で、さらに、重力が弱く速度が小さい最も簡単な場合はニュートンの法則を再現する方程式をどのように書き出せばよいか。この悪戦苦闘の間に、成功は何年も彼の手から逃れていった。

結局、アインシュタインは、二世紀以上の時を経て存続してきた法則を完全に捨て去ることはできなかった。物理学者が長い間実験を行なってきた、時空のゆがみが小さすぎて表立って見えない日常の領域では、アインシュタインの新しい理論はニュートンの法則に非常に近づくはずだった。しかも、その理論は、重力が強かったり、速度が大きかったりして、その奇妙な効果が顕著になるどちらの領域にも、滑らかに接近しなくてはならなかった。「生涯の中でこれほど働いたことはありません」と彼はその考察のさなかある同僚にこう書いた(4)。「……この問題に比べれば、以前の(特殊)相対性理論は子供の遊びです」。

三六歳の物理学者に最終的に突破口が開けたのは、一九一五年一一月のことだった。アインシュタインはその月の間ずっと、プロイセン科学アカデミーに、重力の新理論に向けての最終的な進捗状況を毎週報告していた。月半ば、数十年間にわたり謎として天文学者たちの悩みの種だった水星軌道の小さな移動をうまく説明できた時、詰めとなる解決の瞬間が訪れた。のちにアインシュタインは、この結果を見た時は心臓が高鳴り、「数日間、陶酔状態で我を忘れた(5)」と語っている。

そして、締めくくりの論文を提出した一一月二五日、彼は完全な成功に到達したのである。この頂点をきわめた議論で、アインシュタインはその包括的理論を確固たるものにした決定的な修正点を示した。複雑な関数の大きな集まりを縮めたテンソル計算による簡潔な表記で書かれた一般相対性理論は、見たところ簡単な代数方程式のような数式だった。それは一行に収まり、数学的優美さを体現していた。

$$R_{\mu\nu}-\frac{1}{2}g_{\mu\nu}R=-\kappa T_{\mu\nu}$$

この左辺は時空の幾何学としての重力場を表わす量で、実際には、Rは時空がどのくらい曲がっているかを示している。右辺は質量エネルギーの表現で、それがどのように分布しているかを表わしている。等号は、これら二つの実体の間の密接な関係を示している。プリンストンの物理学者ジョン・アーチボルド・ホイーラーが好んで言ったように、「時空は質量に動き方を伝え、質量は時空に曲がり方を伝え(6)」ている。

アインシュタインは、三次元の空間にもう一次元の時間を加えると、現実の対象が理解しやすくなることを示した。四次元を可視化することは不可能だが、三次元なら図にできる。どこまでも続くゴムのシートのような時空を考えてみよう。恒星や惑星の質量がこの柔軟なマットを窪ませると、時空がカーブする。そして、物体が重くなればなるほど、窪みは深くなる。その時、惑星は、ニュートンが私たちにそう思わせていたように、目に見えない力の蔓《つる》で引かれるから太陽のまわりを回るのではなく、四次元の時空の中に太陽が作った自然の窪みに惑星がとらえられるから回るのである。それは、トランポリンに置かれているボーリングのボールのまわりをビー玉が回るようなものだ。このイメージを心に思い浮かべると、今度は重力が引っ張る力が簡単に説明できる。それは単に、滑降のスキーヤーが滑っていくように時空の起伏に沿って物体が滑っていくにすぎない。のちに、幼い息子エドゥアルドが、父親はなぜこんなに有名なのかと尋ねた時、アインシュタインは、曲がった時空としての重力に関してエレガントで明快な説明をした。「目の見えないカブトムシは、曲がった枝を這っていく時、その道が本当に曲がっているかどうかわからないだろう。お父さんは運良く、カブトムシが気づかなかったことに気づいたんだ(7)」。

アインシュタインがなぜ、水星に関しての結論をうまく導き出したことにこれほどまで興奮したかは、この実感があったからだった。それは、重力に対するこの新たな幻想的イメージ、幾何学的表現が正しいことの明白な証拠だった。彼の洞察は、惑星は太陽のまわりを完全な円軌道で回るのではなく、軌道の片側が太陽にわずかに近い楕円形である事実に焦点が当てられていた。そして、水星の軌道上で太陽に最も近い近日点は、時がたつと他の惑星の重力の合力によって移動することが以前から知られていた。しかし現実には、そこへさらに一世紀あたり四三秒角のよけいなずれが加わっていて、それを適切に説明することができなかった。このずれを説明するため、天文学者は、水星より太陽に近いところにヴァルカンと呼ばれる未発見の惑星があると主張したこともあった。

ここが相対論的幾何学が違いを見せるところである。それというのも、水星は太陽に非常に近いため、太陽の質量がかなり大きな時空の窪みを作っているので、それと釣り合うためには、他の惑星以上に大きな軌道変化が必要になる。アインシュタインは、水星の軌道の近日点がよけいに移動するのは、単に水星が太陽に近いからで、内側にある未発見の惑星のせいではないと断言した。これは単なるあいまいな予言ではなく、一般相対性理論の方程式は、一世紀ごとに四三秒角に達する水星近日点の余分な移動を、これ以上はない精度で正確に説明していた。

アーサー・エディントンは、アインシュタインのこの革新的な研究にすぐに魅了された一人だ。「この理論は、最終的に正しいと証明されてもされなくても、汎用性のある数学的理論の最も美しい例の一つとして注目を引く(8)」。彼は、英語で出された一般相対性理論に関する最初の自著の中でこう書いた。エディントンはアインシュタインの翻訳者、支持者として活動したため、人々はこの二人をしばしば一緒に考えた。科学の普及家として優れた手腕の持ち主だったエディントンは、「鉢からはみ出たニュートンの植物を、もっと開けた野原に移植した(9)」のがアインシュタインだと言った。エディント

アーサー・エディントン（AIP Emilio Segrè Visual Archives）

ンは相対性理論の説明が非常にうまくなったので、あるインタビューで記者たちにうんざりしたあと、「相対性理論は単なる副業なのに、人々は私が天文学者であることを忘れているみたいだ[10]」と嘆いた。

革新的な新理論の代弁者をエディントンが務めるのは、どこかその性格にそぐわないところがあった。彼はいつも、恥ずかしがり屋と言ってよいほど控えめだった。あまりに内気だったので、「エディントンは話がまったくできませんでした……。誰かと一緒にいる時にはパイプをもてあそび、吸い切るとまた煙草を詰め、たまに天気のことをちょっとしゃべりました[11]」と物理学者のヘルマン・ボンディは言っている。平均的な身長だが、射抜くような眼差しを持つ痩身のエディントンは、ケンブリッジ天文台の住居で家事を切り盛りする姉と住んでいた。敬虔なクエーカー教徒で平和主義者だったエディントンは、第一次大戦中は「国益になる人物」というお墨付きを得て、イギリスのケンブリッジ大学の職に留まった(12)。

天文学者でもあり理論家でもあったエディントンは、早くからアインシュタインの考えの革新的重要性、つまり、一般相対性理論が、宇宙の振る舞いを合理的かつ数学的な枠組みで理解する手段を提供することを正しく見抜いていた。ニュートンの法則は、彗星、惑星、恒星の振る舞いを見事に予測したが、それに対し、一般相対性理論だけが広大な時空を全体として扱うことができた。そして、エディントンが一般相対性理論を同僚たちに解説する仕事を始めようとした時、アインシュタインはすでに、この革新的な新理論を宇宙全体に応用する研究をしていた。

ニュートンにとって空間は、永遠に静止し、自らが動くことはない単なる容器で、その中で物体が動き回る三次元の舞台だった。しかし、一般相対性理論はそれらをすべて変えた。そこでは宇宙の中に存在する物質がその全体の曲率を変えるため、舞台自体が積極的な役者になった。重力に対しこの新しい洞察を得た物理学者たちは、ついに宇宙の振る舞いを予測できるようになった。これは、宇宙論をその長年の住みかだった哲学の領域から外に出し、実用的な科学へ変身させる革新であった。

これを最初に行なったのがアインシュタインだった(13)。一九一七年、ちょうどシャプレーがカリフォルニアで銀河系の構造を作り替えようとしていた時、アインシュタインは「一般相対性理論に基づく宇宙論的考察(14)」というタイトルのドイツ語の論文を出版した。その中で彼は、自分の新しい重力理論が、宇宙の振る舞いを決めるのにどのように利用できるかを探った。アインシュタインは、「宇宙の広がりは無限か有限か？」という長年の疑問にずっと関心を持ち、思いをめぐらせていた。「宇宙をその一部だけが観察できる布きれにたとえてみよう。その布の見えていない部分をどのようにして推定するのか、何がその接線方向の張力を平衡状態に保っているのか、その布は無限に伸びているのか、有限で閉じているのか」[15]。アインシュタインは宇宙は閉じていると結論したが、これは球形の宇宙と言われ、地球を四次元で考えたようなものである。この形には始まりも終わりもないが、その量は有限である。そこを通って前進する旅は、十分な時間が経過すると、ちょうど地球を一周するように出発点に戻ってくる。この体系には物質が非常に豊富にあるので、時空はたいへん深く曲がり、文字通り「三次元を超えた」球に自分自身を包み込む。これがどれほど恐ろしく奇妙に聞こえるかがわかったアインシュタインは、ある友人に「この考えは私を精神病院に閉じ込める危険にさらしている」[16]と話した。しかし、この奇妙な概念は、一般相対性理論を宇宙に適用する場合に生ずる他の問題を回避するのに役立ったため、彼はこれに取りつかれた。またアインシュタインは、当時の自分の天文学の知識から宇宙は物質が満ちて安定していると想像していたので、このモデルを気に入っていた。一九一七年当時、アインシュタインに宇宙は不変で永続的に見えたのは確かである。本当のところは、空っぽの空間の中に、恒星の大集合が永遠に固定された不変の宇宙という考え方が好きだったのだ。

理論家の立場から見るとこの選択は数学的に美しかったが、同時にそれは問題点も生み出した。ニュートンすら知っていたことだが、有限の空間に置かれた物質は、しだいに合体して最終的にはどんどん大きい塊になっていくはずだった。天体は互いの重力に引かれ合い、時がたつとどんどん近づく。結局、宇宙は重力の引く力に抗うことができず、崩壊する。したがって、宇宙のこの惨禍を防ぎ、その理論を当時認められていた天文学的観測に合わせるため、アインシュタインはその有名な方程式を変え、のちに「宇宙定数」と呼ばれるようになるラムダ（ギリシャ文字のλ）という項を加えた。この新しい要素は、何もない空間に行き渡り、外へ向かう「圧力」を働かせるように追加されたエネルギーだった。この反発力を生じさせる場——実際にはある種の反重力——は、彼の閉じた宇宙内の全物質によって内に向かって生ずる重力による引力と正確に釣り合い、宇宙を静止させた。その結果、「恒星の速度が小さいという事実からわかるように[17]」宇宙は静止したままである、とアインシュタインは一九一七年の古典的論文で書いた。

他の人々もすぐにアインシュタインの宇宙論での試みに続いたが、その中で最も重要な人物は、ウィレム・ドジッターだった。ヴァンダイクひげをきちんと刈り込んだ、長身痩躯のこの有名なオランダ人天文学者は、一般相対性理論の発展を一九一一年から追いはじめ、それが天文学に与える深い意味を最初に認識した一人だった。ドジッターはアインシュタインと一九一六年にライデンで何度か会い、アインシュタインに球形の宇宙の着想を与えることになった議論を実際に行なったあと[18]、間もなくこの問題についてエディントンと手紙を交わした。ドジッターの洞察に魅了されたエディントンは、一般相対性理論の概説を『王立天文学会月報』に執筆するよう彼に依頼した。それは結果的にこの問題に関する三本の長い論文になり、その最初の論文はアインシュタインの業績をドイツ国外の科学者に広く知らせることになった。ドジッターは明らかにこの仕事に興味をそそられていた。それというのも、その三本目の論文で彼は、一般相対性理論の方程式に対し、アインシュタインとはまったく異なる独自の宇宙解を示したからである。

科学者がある現象を記述する方程式を作っても、その研究の完成からはほど遠い。彼らはそのあと

ウィレム・ドジッター（The Archives, California Institute of Technology の好意による）

方程式を「解かなければ」ならず、一般相対性理論の場合は、RやTがどのような値なら方程式が正しいかを示さなければならない。これは困難な仕事だった。そこで、先へ進むために、研究者は問題を簡単にしようと、しばしば方程式に単純化した仮定を導入する。もし、この方法で解答が見つけられれば――そうなる保証は何もないが――その科学者は、問題を完全に理解するための光を多少とも投げかけたと確信できる。

ドジッターが仮定したのは、物質を含まない宇宙だった。彼は、もし、宇宙が安定でかつ「空っぽ」なら、アインシュタインの方程式は解けることを発見した。見たところこれは馬鹿げた仮定のようだが、ドジッターは、もし宇宙の密度が非常に低いなら、それは本質的には中身がないという近似ができると考えた。この推測により、彼は「光の振動数が減少する」[19]時空モデルを構築することができた。これはすなわち、光の波が光源から遠ざかるにしたがって長くなる（赤くなる）ことで、彼の解から生じる時空は、この特有の性質を満たさなければならない。アインシュタインは天文学の最新情報には通じていなかったが、ドジッターはそうではない。実際、のちに彼はオランダのライデン天文台の台長になったのである。赤方偏移の測定により、いくつかの渦巻き星雲が私たちの銀河系から大変な高速で遠ざかるように見えることは、近年ローウェル天文台のV・M・スライファーが発見し、そのことを彼はちょうど知ったところだった。天文学者たちが観測し、絶えず増え続けている渦巻き星雲は、疑いなく銀河系外にある。それを、おそらく「私たちが知る中で一番遠くにある天体[20]」と当時確信していた天文学者はわずかだったが、その一人がドジッターだった。そして、はっきり感知できるほど赤方偏移が見えることは、自分のモデルが正しい証拠かもしれないと推測した。ドジッターは論文に、星雲からの光の波が地球に向かう間にどんどん長くなる（つまりどんどん赤くなる）ため、星雲が外に向かって動いているように見えるだけかもしれないと書いた。この運動は錯覚なのだ。

一方、ドジッター宇宙のこの効果を説明するもう一つ別の方法もあった。その時空の中に物質のかけらを落とせばすぐに飛び去るというものである。それは、スライファーが気づいた赤方偏移に対して考えられるもう一つの説明かもしれなかった。「アインシュタインの宇宙には物質はあるが運動はなく、ドジッターの宇宙には運動はあるが物質はない[21]」とエディントンはよく口にした。

この一風変わってはいるが魅力的な解を出版する前に、ドジッターはこの問題を詳細に議論するたくさんの手紙をアインシュタインと交わした。宇宙に対し変わった見解を示すドジッターに、アインシュタインは明らかに困惑していた。それが「意味をなすとは私には思えません[22]」と彼は書いた。ドジッター宇宙で、「大量の物質」は、星々は、どこにあるのか？　それが現実的なものとは思えない。

1932年，ウィルソン山天文台のパサデナ本部で問題を解くアルバート・アインシュタインとウィレム・ドジッター（Associate Press）

アインシュタインから見ると、ドジッターの解は物理学的に不可能である。空間の性質は物質の存在なしには決定できないと彼は信じていたのである。

確かにドジッターは、宇宙の密度が非常に低いことから、宇宙は物質のない空間と見なせるという明らかに途方もない仮定をしていた。しかし、彼のモデルが興味深いのは、それが検証できることだった。もし、渦巻き星雲の距離を正確に測ることができれば、ドジッターが論文に書いたように、その赤方偏移が本当に「規則的に」[23]増加しているかを天文学者は調べることができる。それは、渦巻き星雲が遠いほど赤方偏移は大きくなるというものだった。しかし一九一七年に、こういう厳密な測定をすることは夢想にすぎなかった。当時の天文学者たちは、渦巻き星雲が何であるかでまだ合意を見ていなかった。まして、その正確な距離を知ることなどは……論外であった。

その上、アインシュタインの理論に注目していた天文学者はまだほとんどいなかった。第一次世界大戦のため、アインシュタインの研究はドイツ国外には広まらず、天文学者たちがそのことを聞いても、伝統から外れ、人々を困惑させる重力に関する見解を、どう理解したらよいか確信が持てなかった。ジョージ・ヘールは、数学の方程式をひねり回すより観測するように訓練されていた当時の多くの天文学者たちと同様、「それは私の理解を超えたままだろう」[24]と言った。しかし一九一九年、イギリスの日食観測隊による発見が、かつてスイス特許庁の職員だったアインシュタインの名を天才の同義語に変え、それと同時にすべてが変わった。

当時アインシュタインは一般相対性理論を研究していて、自分の予想した時空の曲がりは、天文学者が特別なテストを行なえば確認できることを早くから示唆していた。[25]それは、通常の夜にある領域の恒星の写真を撮り、それを皆既日食で太陽の縁近くを通る時に撮った同じ恒星の写真と比較することだった。太陽のそばを通る星の光線は、太陽の重力に引きつけられて曲がり、その星の天空でのいつもの位置、つまり、太陽が別の場所にある時の位置から移動するように見える。一九一一年に、彼はその曲がりを、ニュートンの法則だけから導かれる値である〇・八三秒角と計算した。しかし数年後、最終的に理論を整えたアインシュタインは、その曲がりの予想を二倍にした。その増加に関与したのは、時空を曲げる太陽の巨大な質量だった。アインシュタインは、太陽すれすれに通る恒星の光線は一・七秒角（月の直径の一〇〇〇分の一）くらい曲がると計算した。

この光の曲がりを突きとめるため、一九一九年以前にも日食観測隊が三回派遣されたが、悪天候や戦争で観測が不成功に終わっていた。リックの天文学者W・W・キャンベルとヒーバー・カーティスに率いられた四回目のアメリカの観測結果は、データの比較に大きな問題があって出版されなかった。それはアインシュタインにとっては幸運なめぐり合わせだった。その時アメリカの出したばらつきのある結論は、彼の予測とは逆であったからである。ほかにもいくつかの観測が実施されたが、それらはアインシュタイン理論がまだ完成せず、誤ってもっと小さい曲がりを予想していた時であった。

一九一九年、好都合にも皆既日食が南アメリカから中央アフリカにかけて起こり、イギリスの天文学者たちがその曲がりを検証すると報じられた時、鋭い注意を向けられたのはこのためだった。この皆既日食は、恒星が非常に豊富なヒアデス星団を背景にして起こるので、その星々は恒星の変位を突きとめるすばらしいチャンスをもたらすと思われた。イギリスのアストロノマー・ロイヤルのフランク・ダイソン卿は、この幸運な出来事を二年以上前に最初に指摘し、その時「これはアインシュタイン理論を大いに確証するか、あるいは逆に反証するかに違いない」と書いた[26]。そして第一次大戦の勝者であるイギリスは、この困難な観測を組織し実行するのに必要な資金を持っていた。

航海に出発する前夜、エディントンと観測隊の同僚のE・T・コッティンガムは、研究室でダイソンに会った。議論は変位の大きさについてのことになり、ニュートンの古典的理論から予想される値と、アインシュタインによるその二倍の値との比較になった。「もし僕たちがアインシュタインの予想の二倍の値を出したら、どういうことになるだろうね」とコッティンガムがふざけて尋ねた。ダイソンは答えた。「そうしたらエディントンは頭が変になって、君は一人で帰ってこなければならないよ！」[27]。

翌日、エディントンと助手はプリンシペ島へ旅立った。その小島は西アフリカ海岸から一九〇キロメートル沖にあり、ちょうど良い具合に皆既日食帯に当たっていた。一方、この観測が天気に恵まれるチャンスを大きくするため、他の天文学者があと二人、北ブラジルのアマゾンのジャングルの中にあるソブラルという村に発った。日食の起こる五月二九日朝、プリンシペ島はものすごい暴風雨で、観測隊は悪運にたたられたと思われた。しかし、正午までに土砂降りがやみ、その一時間半後には、すでに一部が月に隠れた太陽が初めて顔をのぞかせた。皆既日食中エディントンは写真乾板の交換に忙しく、皆既時間が半分過ぎたところで一度だけ暗くなった太陽を見るチャンスがあった。「薄明かりで異様な光景が見え、自然が静まりかえっていることがわかりました。観測者たちの発する声と、皆既の三〇二秒の間メトロノームのカチカチいう音が静寂を破っていました」[28]。のちにエディントンは探検をこのように回想している。

ソブラルの天文学者たちはもっと幸運だった。彼らには機器が二台あり、天気も良かった。彼らは天体写真用望遠鏡で一六枚の写真を撮り、口径一〇センチ望遠鏡でさらに八枚を撮った。プリンシペ島でエディントンとコッティンガムも一六枚の写真を撮ったが、結局、そのほとんどは雲にさえぎられ、役に立たないことがわかった。皆既日食から数日後、エディントンはうまく撮れた写真乾板の星像をとりあえず測定して日中を過ごした。試験的に結果を調べた彼は、同僚に向かって叫んだ。「コッティンガム、君は一人で帰らなくてすむぞ！」[29]。暗くなった太陽のまわりを、星の光線がまさにアインシュタインの法則通りに曲がっている証拠を彼は見たのである。

イギリスに戻って間もなく、エディントンは晩餐の席でルバイヤート風の詩を作り、仲間の天文学者たちを楽しませた。「明らかなのは一つ、他は論争中だ——太陽の近くを通る時、光線は、直進しない」[30]というのがフィナーレの盛り上がりだった。一一月、観測の結果がロンドンで開かれた王立協会と王立天文学会との特別合同会議で公式に報告された。ダイソンは観測隊の関係者の代表として講演し、その背後には、歴史的な彼の重力法則が初めて修正されようとしているアイザック・ニュートンの肖像が、まるで舞台装置のように掛けられていた。アインシュタインを支持する最良の結果は、ソブラルの一〇センチ望遠鏡からもたらされた。その写真乾板から、イギリス人たちは、恒星の変位をアインシュタインの予想よりわずかに大きい一・九八秒角と測定した。これより劣るプリンシペ島の写真は、アインシュタインの計算をわずかに下回る一・六一秒角の変位を示していた。そして、総合してみるとアインシュタインが正しいようだった。これらの結果は、エディントンとダイソンが報告書で強調したものであり[31]、世界中の新聞の見出しに喜びの言葉があふれ、アインシュタインは一夜にして有名になった。「天の光はみな曲がる——科学者たちは多かれ少なかれ日食の観測結果に熱狂した。星々は、予想された場所にも計算された場所にもなかった、だが、心配はいらない」[32]と『ニューヨーク・タイムズ』は書き立てた。突然、一般大衆の注意は、あらゆる相対的なものに釘付けになった。科学者たちが戦争へ貢献したものに恐れを感じていた大衆は、少なくとも、数年後にツタンカーメンという名のエジプトの若いファラオの墓がほとんど無傷で発見されたことに興味が移っていくまで、物理学の最先端の人々からもっと多くのことを聞こうとしていた。

一九一九年の有名な日食観測隊の物語の中でしばしば無視されたのは、ソブラルの天体写真用望遠鏡から得られた最も重要なデータが、アイザック・ニュートン卿の理論に有利な〇・九三秒角の変位を示していたことである。ソブラル望遠鏡には像のぼけなどのさまざまな技術的問題があったため、イギリスの観測隊はこの機器の結果を重視しないことに決めた。エディントンは、自分が科学的根拠なしにアインシュタインを応援していたことを認めたが(33)、この天体写真用望遠鏡の結果を捨てた直観力は優れていたことがあとからわかった。キャンベルは、一九二二年のもう一つの日食観測隊の責任者になり、同じような結果に到達し、アインシュタインの理論をさらに確証した。何を期待していたかと尋ねられた彼は、大まじめな顔で答えた。「それが真実でないことをです(34)」。時空に対する相対性理論のまったく新しい見解は、その複雑さと結びついて、最先端の科学者ですら何人かはそれによる予測を認めることを躊躇していた。まず第一に古典物理学を教え込まれていた彼らは、一般相対性理論による重力の奇妙な様相に大いに疑いを示し、光の湾曲は実際は太陽大気による屈折効果か、そうでなければ、おそらく高温の太陽コロナの撮像によって生じる写真乾板の物理的ゆがみによると考えていた。アインシュタインが最初にアメリカを訪問した時、彼に会ったヒーバー・カーティスは、相対性理論にはひとかけらも興味を示さなかった。「私たちはモナコ王子、アインシュタイン博士、ハーディング大統領という著名人に次々と会い、ホワイトハウスの芝生で集合写真を撮りました(35)」とカーティスは会合の直後にキャンベルに手紙を書いている。失敗した一九一八年の観測隊で、自分はアインシュタインが間違っていることを証明できたとまだ自信を持っていたカーティスは、アインシュタインをひっくり返すことで彼と結託できる人が見つかれば喜んだに違いなかった。カーティスはドイツのこの天才のことを「確かに彼は、四次元世界の人のようだ(36)！」と冗談を言った。「顔はいくらか黄ばんで淋しげだが、非常に明るく鋭い目がそれを埋め合わせている。しかしその髪型は「ポーランドのピアニストのイグナチー・」パデレフスキー風で、長さ一〇センチほどの脂ぎったちりちりの巻き毛だ」。

一般相対性理論が世に出てからまる一〇年たっても、多くの科学者は依然としてアインシュタインの新しい宇宙像に抵抗していた。一九二五年にワシントンで開かれた国立科学アカデミーの会合で、クリーヴランドのケイス応用科学学校の物理学者デイトン・ミラーは、地球の運動とともに光速が変化する「エーテルの抵抗」の証拠を検出したと報告した。会合のある出席者によると、この報告は「アカデミーの会合を完全に台無しにし、そこで起こったどんな出来事よりも〝大きな賞賛を受け〞一般相対性理論支持者を当惑させた[37]」。

アインシュタインの支持者たちは、相対性理論への疑いがいまだにしつこく残っていることに非常に腹を立てた。「相対性理論に反対を唱える原理主義者たちの態度に、私はかなり疲れています[38]」。ヘンリー・ノリス・ラッセルはミラーの爆弾発言にこう反応している。「彼らの心理は、最も保守的な神学者たちに非常によく似ているように私には思えます」。しかし、折良くミラーの実験の間違っていたことがわかり、天文学者たちは結局、宇宙の新秩序に直面することになったのである。

第10章

激論の応酬

一九二〇年は、その輝かしさ、悪名の高さ、創意工夫、ユーモアといった面でそれぞれ何かがなしとげられた年であった[1]。アメリカでは婦人が参政権を得、ジャンヌダルクはローマ教皇ベネディクトXV世によって聖者に加えられ、禁酒法が全米で施行され、ジョンソン・アンド・ジョンソン社の社員がバンドエイドを発明し、合衆国郵政省は子供を小包郵便で送ってはいけないと決めた。さらに、アインシュタインが〔一九〇五年に〕質量とエネルギーとの簡潔な関係式、$E = mc^2$ を導き出し、新たな糸口を提供したにもかかわらず、太陽はどのようにしてそのとてつもないエネルギーを産み出すかも、その球体のほとんどが水素からなることも、天文学者たちはまだ正確には知らなかった。

一九二〇年の最も記憶に残る天文学史上の出来事は、ワシントンDCで、ハーロー・シャプレーとヒーバー・カーティスが会い、国立科学アカデミー会員の前で宇宙の構成について議論したことだった。今やはっきりと分かれた両陣営は、対決の時を迎えたのである。私たちの銀河系はこれまで考えられていたよりはるかに巨大だと述べたばかりだったシャプレーは、渦巻き星雲は私たちの広大な恒星系の端をさまよう脇役だと簡単に考えていた。一方、カーティスの考えは異なっていた。この時代を画す対決は一般には「大論争」として知られているが、実際のところ、それは適切な表現ではない。二つの講演が続けて行なわれただけと言った方がよく、この出来事は科学を対象とする出版物にさえ取り上げられることはなかった。天文学界では、この四月の会合にまつわる由緒ある伝説――その記憶は〝宇宙の巨人たち〟が激しく衝突したというもので、言ってみれば『真昼の決闘』の天文版である――が、時を経て少しずつ発展し、過度に潤色されたため、最後は対立する二つの陣営が最高の殿堂で科学知識を戦わせて相まみえた「ホメロスの戦い[2]」と表現されるようになったのである。

しかし、この対決の物語がここに行き着くその始まりは、きわめて単純なものだった。ジョージ・

エラリー・ヘールの父をたたえ、科学者の興味をひく話題を採り上げる「ヘール講義」は、一九一四年に始まって以来、毎年開かれていた。この講義を一九二〇年春に催されるアカデミーの会期中に開くことを、ヘールはアカデミーのある会合で提案した。彼自身は、当時一番流行っていた科学的話題であるアインシュタインの一般相対性理論について討論をすることに心が傾いていた。しかし、アカデミーの幹事だった太陽物理学者チャールズ・グリーリー・アボットは、重力に関するその革新的見解が、会合時にすでに「葬り去られて」[3]いることを恐れた。大成功を収めたイギリスの日食観測隊は、その年の科学の話題として依然として世界中のニュースの見出しをにぎわし続けていたが、それよりもアボットは、急進的で理解しにくい相対性理論の考え方を警戒の目で見ていた。「科学が進歩して相対性理論を四次元を越す空間に送り出し、再びそこから戻って私たちを悩ませることのないよう、神に祈ります」[4]と彼は言ってのけた。アボットは、「氷河期の原因、あるいは動物学か生物学に関するテーマ」の方が人々に訴えかけるのではないかと考えていた。[5]モナコ王子が海洋学の講演を行なう提案もされた。しかし結局、ヘールの二番目の選択が浮上した。それは未解決の島宇宙理論の問題であった。

三五歳の期待の星シャプレーが彼の「巨大銀河系」説を擁護することは、間違いなかった。しかし、もう一方の陣営は誰が選ばれるだろう? リック天文台長W・W・キャンベルは一時は島宇宙擁護者と考えられていたが、結局、この問題にリック天文台で専門的に取り組んできたカーティスが、当時この主張の先頭を切る人物として選ばれた。それは、性格の点から見ても面白い対戦だった。シャプレーは「観測結果から最後の一滴まで情報を搾りとり、既知のことから未知のことを恐れず推断し……時に直観に頼って推論を結びつける果敢なパイオニア」[6]として知られていた。一方、カーティスは「時に注意深すぎるほど注意深く、観測はすべて尊重し、〝そうではない〟と言うより〝証明されていない〟と結論する方が多い、控えめな人[6]」と考えられていた。シャプレーほど有名ではなかったが、カーティスは天文学者として尊敬されていた。当時四七歳で、眼鏡をかけ、年下の競争相手よりはるかに慎重な彼は、優秀な銀行家のような印象を人々に与えた。しかし、カーティスはその無表情な外見とはうらはらに、そこで話すことがらについてははるかに冒険家であることが明らかになった。

職業的研究者としての経験で優っていたカーティスは、演台にあがってもきわめて落ち着いており、よい討論をしたいと望んでいた。しかし、講演者として落ち着きのないシャプレーが、その時、人前に姿を現わすのには問題があった。イギリスの歴史家マイケル・ホスキンが最初に指摘したように、シャプレーは、天文学界で最も権威ある地位の一つであるハーヴァード大学天文台長の職に自分が一番近いところにいる、と確信するようになっていた。記念碑的業績を残したエドワード・ピッカリングが少し前に亡くなっていて〔一九一九年〕、後任探しが進んでいたからである。シャプレーは若く、世界レベルの研究施設の運営に関してはまったく未知数だったが、鉄は熱いうちに打って経歴を高めたいと思っていた彼は、自分の名を検討してほしいと申し出た。世界最大の望遠鏡から離れることにはなるが、シャプレーは、自分が一番興味を持つ問題を解くための潤沢な情報源となる、ハーヴァードが収集した膨大な量の写真乾板にひかれていた。「ウィルソン山と比較すれば、ハーヴァード大学はおそらくアマチュア的でしょうけれど、あなたも私も……この地にとてつもない可能性を感じるのです[7]」と彼はラッセルに話した。それ以上に、これはシャプレーにとり、ウィルソン山天文台副台長のウォルター・アダムズとの軋轢を回避するチャンスだった。このような野心を持っていた彼は、聴衆の中で選考の最終決定に影響を与えうる人々にどのように接近するか思案していた[8]。カーティスの講演は説得力があることがわかっていたので、シャプレーは自分が見劣りするのではないかと恐れてもいた[9]。討論の前にカーティスからきた手紙には、「もし、〝激論の応酬〟になったとしても、私たちは良い友人になれると信じています……友好的な〝論争〟は時にすばらしく、ある意味で大気を晴れ上がらせるものでしょう[10]」と書かれていた。しかし、シャプレーの心配がそれで静まることはなかった。

この催しの数か月前に、講演者たちと国立科学アカデミーとの間で、討論のルールを決めようとする慌ただしいやりとりがあった。カーティスは、開放的な討論を皆の前で行ないたいと強く望んでいた。彼はシャプレーに「相手の論点は〝手加減せず〟はっきり攻め[11]」たいと思っていると伝えた。しかし、シャプレーの講演の予定はそれとはまったく違っていた。彼は、自分の新しい超巨大銀河系モデルだけを論じたいと考えていて、討論の数週間前ラッセルに、渦巻き星雲についてあまり言及するつもりはないと伝えていた。「時間もデータもないので、それほど良い討論はできません[12]」と彼は不平を言った。実のところシャプレーは、この講演には計画通りに事を運べそうな「宇宙の大きさ」という漠然とした題が選ばれたことに胸をなで下ろしていた。渦巻き星雲という、かくも不確実な証拠しかないテーマを長々と論じることに、シャプレーはまったく気が進まなかった。科学の〝汚れた厨房〟を皆の前にさらすのはまっぴらだと思っていた。

シャプレーは、これらの懸案事項を一生懸命言い立て、いわゆる「討論」は、「二人が同じ主題について話す[13]」むしろ議論であるべきだとヘールを説得した。そして、当初提案された各自四五分のスピーチを三五分にするよう要求して、こう言った。「私はいつも聴衆の身になって考えるのですが、星雲のような話を二時間近くも我慢して聞くことができるでしょうか?[14]」。科学的議論を展開するには自分にはもっと時間が必要だと信じていたカーティスは、この提案に失望した。「三五分では、雰囲気をほとんど盛り上げられないでしょう[15]」と彼はヘールに訴えた。やがて、彼らは四〇分間で妥協した。[16]反論の提出はなしとされた。「もし、相手から指摘された点について答えたいなら、一般討論の時にそれができます[17]」とヘールはカーティスに伝えた。

シャプレーとカーティスにはそれぞれ一五〇ドルの謝礼と、そのほかにカリフォルニアから東海岸までの旅費が支払われた。カーティスの場合は、サンノゼまでの乗合馬車代が二ドルと鉄道の往復切符代が一〇〇ドルかかった。[18]偶然にも、シャプレーとカーティスは南回りでワシントンに行く同じ列車に乗ったが、討論に新鮮さを持たせるため、前もって意見を論じるのは控えることで合意した。列車がアラバマ州で故障した時、彼らは外に出てその辺をしばらく散策したが、話題は花や古典文学に留められた。[19]シャプレーは、その土地のアリを数匹集めるのを忘れなかった。[19]おそらく、沈黙のうちに彼らはひそかに競争心を高めたことであろう。

その年の国立科学アカデミーの年次会合は三日間にわたった。昼間のセッションでは多くの著名な科学者が講演した。アメリカの人類学の父フランツ・ボアズは「環境問題により決定される成長と発展[20]」について話し、ロケット開発の先駆者ロバート・ゴダードは天気予報へのロケットの利用を提唱した。[20]ともあれ「討論」は、一九二〇年四月二六日のにわか雨の降る涼しい夜、会議初日の最後に行なわれた。ワシントン国立遊歩道沿いのスミソニアン「城」の真向かいにある目立つ建物、現在のスミソニアン協会自然史博物館のベアード講堂に、二〇〇人から三〇〇人の聴衆が集まった。『ワシントン・ポスト』紙は、前日のニュースで以下のように報道していた。「ウィルソン山太陽天文台のハーロー・シャプレー博士は、「私たちの銀河系が」これまで考えられていたより何倍も大きいことを示す証拠について述べる。……リック天文台のヒーバー・カーティス博士は、私たちの宇宙と同様なたくさんの宇宙が存在し、その一つ一つには三〇億個ほどの恒星が存在するかもしれないという以前からの理論を支持している[21]」。

講演は午後八時一五分に始まり、シャプレーが最初に話した。ハーヴァード大学学長A・ローレンス・ローウェルの二人の友人――ハーヴァード大学天文学科客員委員会の委員ジョージ・アガシーと、物理学科長のセオドア・ライマン――がシャプレーの評価のため聴衆の中にいたので、彼が神経質になったのも無理はなかった[22]。しかし、用意は整っていた。その時も、シャプレーの宇宙モデルの貴重な擁護者であるラッセルが聴衆の中にいるのを彼は確認した。ラッセルは、討論の時間に彼を支持してくれるはずだった。

その夜にどんなことがあったのか。講演者たちの意図や聴衆の反応に関しては正確な記録がほとんど残っていないので、推測によるところが大きい。出来事の回想には記憶違いも多々あり、謎に包まれている。たとえばシャプレーは、討論前に貴賓客のアインシュタインを招いて開かれた宴席が長々と続く中で、アインシュタインが同席者に「永遠について新しい理論を思いついたよ」とささやいたと回想している[23]。しかし、実のところ会議の晩餐が開かれたのはその次の晩であり[24]、また、相対性理論で名高いこの理論物理学者が最初にアメリカを訪問したのはその翌年〔一九二一年〕のことだった。いずれにせよ、シャプレーは、土壇場に走り書きして完成させた自分の講演のタイプ原稿を保存していたので[25]（記者時代に鍛え上げた速記で書かれているところもある）、これにより彼の講演スタイルが明らかになっている。聴衆はさまざまで、学校で天文学を学んでいない人々もたくさんいたので、シャプレーは技術的な話は避け、天文学の基礎について話すことに持ち時間のかなりの部分を使った。彼は、私たちの銀河系の大きさや構造、その構成要素である恒星、気体状の星雲、星団を注意深く説明した。また、口径二・五メートル望遠鏡で撮った月、太陽、プレアデス星団の星々、球状星団のスライドも示した。それは、既知の宇宙の視覚的な旅だった。聴衆に「光年」の意味を理解させるための特別の配慮もなされた。「皆様は、太陽を、今この瞬間に存在する場所にご覧になっているのではなく、八分前に存在した場所にご覧になっています」と彼は説明した。「そして、星々を今存在する姿でご覧になっているのではなく、おそらくクフ王が少年だった時の姿でご覧になっているのです」。

シャプレーは、その対決の最大の眼目であった渦巻き星雲の性質についてはは話をせず、巨大銀河モデルに焦点を当てた。もし、私たちの銀河系が巨大なことを証明すれば、渦巻き星雲は自動的に宇宙構造の中ではどうでもよい単なる「取り巻き」に格下げされる、と彼は結論した。そして、球状星団の距離決定の標準光源にセファイド変光星を使用したことについては、カーティスが論争を仕掛けてくることを懸念し、その技術的説明を避けた。「[カーティス氏は]データが十分であるかどうか、その使用方法が正確であったかを問われるかもしれませんが、しかし、以下の事実は残っています。私たちはセファイド変光星をすべて放棄し、代わりに、長年にわたり最も有能な恒星天文学者たちが研究してきた何千ものB型星を使用することもできました。そうすれば、「球状星団まで」まったく同じ距離を引き出し……結果的に、銀河系の大きさには同じ解答が得られたでしょう」。しかし、この点でシャプレーは正直ではなかった。二年前、彼は太平洋天文学会で、自分の距離測定においてセファイド変光星は他のものより「はるかに重要」であること、そして、赤色巨星と青色星の等級は「確認のためか二次的な基準として使うのが最も良い」と報告していたからである。(26)

シャプレーは、太陽は銀河系の中心にはないという自分の発見を強調した。「たまたま太陽が局部的な恒星系の中心付近にあったことで私たちは欺かれ、その結果生じる現象から、物事のまさに中心にいると神ご自身から示されたと誤って考えるようになりました」。渦巻き星雲はどうなったか？「この議論の多い問題については説明と議論をカーティス教授に委ねます」と彼は言った。シャプレーは、それらが私たちの銀河系に匹敵する大きさの銀河である可能性があることは認めたが、ただそれは、銀河系がシャプレーが新たに定めた大きさの一〇分の一に縮められた場合の話だった。そして、それはありそうもないと彼は信じていて、渦巻き星雲は正体のよくわからない天体だと考えようとしていた。「今現在、この問題にきわめて積極的な見解を示すことは、専門家、科学者として賢明でありません」と彼は続けた。

討論の相手が話を進めるにつれ、カーティスが不愉快な気持ちを募らせていく様子が想像できる。シャプレーは持ち時間のほとんどを天文学の基礎に使い、一方、カーティスは、細部を科学的に積み上げた本格的な分析を準備していた。リックの天文学者は、シャプレーがまったく持ち出さなかった問題を聴衆に向かって話そうとしていた。演台に立つ順番を不安な気持ちで待つ間、カーティスは、発表をもっと一般的で気楽なものに大急ぎで変えた方がいいだろうかと迷い(27)、心もそぞろだった。しかし結局、はじめの計画に従うことに決めた。

シャプレーとは違い、カーティスの原稿は今では存在しないが、要点を示す何枚かのスライドは残っていて、その夜の彼の議論の道筋の一端を見ることはできる(28)。シャプレーの一般向けの話運びと好対照をなし、カーティスの方が専門的だったにもかかわらず、その話はあらゆる方面に展開されていた。最初に彼は、シャプレーの意見との主な相違の一つである銀河系の大きさに焦点を当てた。そして注意深く、銀河系の大きさは、シャプレーが求めたものの一〇分の一だと信じる理由を概説した。まず第一に、カーティスは、シャプレーが使用したセファイド変光星を信用していなかった。シャプレー自身は、以前手紙で述べたように、銀河系の大きさを大きく変更したのは、一一個の「貧弱な」セファイド変光星(29)に基づいていることを承知していた。

そこからカーティスは、シャプレーが都合良く回避した話題である渦巻き星雲に焦点を当てた。カーティスは、前年のワシントン科学アカデミーで示した多くの点を繰り返し、最良の証拠を特に目立つようにした。そして、渦巻き星雲は、ガスではなく、典型的な「恒星」の集団のスペクトルを示すこと、天の川の中に渦巻き星雲はこれまでただの一つも見つかっていないこと、私たちの銀河面方向では視野を妨げる物質があるため、渦巻き星雲は主に〔天球上の〕天の川から離れたところで見られることなどを強調した。いくつかの渦巻き星雲中に見つかっている多くの新星には、特別の注意が向けられた。もし、アンドロメダ星雲中で輝いた新星が五〇万光年の彼方のものなら、その明るさは私たちの銀河系内で見られる新星の明るさと大体一致する。それより近いところにあれば、はるかに明るく見えるはずである。それから、スライファーの突きとめた渦巻き星雲の運動のことがあった。渦巻き星雲は銀河系内のどのような天体よりも高速で宇宙を移動している。これは、それら渦巻き星雲が私たちの銀河系の外にあることを示していた。

概して二人の意図はすれ違ったままで、話は続いた。シャプレーは主に、銀河系が想定外に大きいという新たな見解で防戦し、一方、カーティスは、渦巻き星雲は遠くの銀河だという論点を繰り返し強調した。後世の知識に照らしてみると、それぞれが部分的に正しく、部分的に間違っていたことがわかる。シャプレーは、銀河系はもっと大きいと（正しく）述べたが、渦巻き星雲はその中にあると

（誤って）主張した。カーティスは、私たちの銀河系はもっと小さいと（誤って）信じていたが、渦巻き星雲は銀河系のはるか外にあり、大きさも銀河系に匹敵するという（正しい）信念をつらぬき通した。その日の話は、結論が何ともはっきりしないまま終わった。

大筋のところでは、聴衆は講演の始まる時に抱いていた考え方を変えないまま帰途についた[30]。データがあまりに混乱していたので、カーティスもシャプレーも同じ事実をとりあげながらまったく正反対の結論に到着していた。どのみち討論の行なわれた当時、この食い違いに決着をつける優位な証拠は存在しなかった。両者は霧やもやを通して目的地を見、かすんだ視界を別々に解釈して、不確かな道を進んでいた。

しかし、講演には勝者がいた。その夜カーティスは、講演にかなり良い感触を抱いて帰っていった。のちに彼は「シャプレーをかなりリードした[31]」とのお墨付きをもらった。一方、シャプレーには負けの判定が下った。後日、ラッセルはヘールに、自分の教え子は「話術」をもっと上達させなければならないとの手紙を書いた[32]。天文台長の選考にかかわるハーヴァードの委員のアガシーは、シャプレーの講演にまったく感銘を受けなかった。「彼は……いくぶん変わり者で神経質なようで……成熟感や力強さに欠け、その地位にふさわしい人物という印象を受けませんでした[33]」と講演の二日後、彼はハーヴァード大学長に報告した。アガシーの目にシャプレーより魅力的に映ったのは、その夜、聴衆の質疑応答時間にシャプレーの話をきわめて雄弁に支持したラッセルだった。ラッセルは「より安定感があり、より優位に立ち、力強く、精神的に落ち着いている[33]」とアガシーは言った。

二人の対決者は、この四月の夜の一部始終を他の人々がどのように感じたかを、あとから知ることになった。「そうですね、私の講演は専門的すぎたように思います[34]」とカーティスは、討論の二か月後にシャプレーにそう認めた。「あなたも同じ路線を行くと思っていたのですが、予想よりはるかに一般的な内容だったので驚きました」。結局、このいわゆる「大論争」は、最終的には期待はずれに終わり、科学劇場としての魅力を下げてしまったのである。

しかし、そのまる一年後、二人の天文学者は『アメリカ研究評議会報』の中で再度論争を行なった。そのそもそもの意図は、国立科学アカデミーで行なわれた講演を印刷物にすることだけだった。しかし、論文を書いていくにつれ、二人とも自分の主張を深め、議論を広げていった。シャプレーとカーティスが大論争を行なったのは、霧のかかった春の夜のワシントンではなく、むしろ『アメリカ研究評議会報』の誌面上であった。何代もの天文学者によって受け継がれ最終的に伝説となったのは、変更や修正が大きく施されたこの印刷版の方で、多くの人々はこれが四月の論争の正真正銘の筆記録と信じるようになった。

最初、カーティスは自分の講演を出版することには熱心でなかったが[35]、もし、自分とシャプレーが専門的な問題をもっと徹底的に論じてよいなら喜んで応じると知らせた。シャプレーは同意した。彼らは最初、一〇ページに収めるよう依頼されたが[36]、カーティスはジョークで、その量では「電報の」ような書き方をしなければならないと言った。彼はシャプレーに手紙を書き、これではおそらく「空に向かって矢を放ち、それがどこに落ちるかわからない[36]」ようなことになると言った。シャプレーは、お決まりの南部風ジョークで、自分は「でたらめやたわごと」を一〇ページ書くつもりだとほのめかした[37]。一方、カーティスは「さらに一〇ページ分の内容」を増やせないかと提案した。

また、シャプレーは、相手の主張に反論の機会を与えるため、それぞれの論文を交換するべきではないかと考えた。「私が前に進んで銃弾を一気に浴びせると、あなたは棍棒（あるいはハンマー）をふるう。そうしたら私はあなたの後ろにこっそり回り、角製の柄のナイフでグサッとやる」[38]。カーティスは面白がり、それからの数か月間は一連の草稿やコメントが両者で活発にやりとりされた。この過程でカーティスは、渦巻き星雲が「もし島宇宙でなかったら、それをどう説明するか。そのことを少なくとも簡単には書いてほしい」[39]と言って、それにもっと紙面を割くようシャプレーに強く勧めた。完成すると、出版された彼らの見解はそれぞれ一〇ページから二四ページに増えていた。そして、その終わりから二番目のパラグラフまで述べられなかったものの、渦巻き星雲に関するシャプレーのカーティスへの反論は、最新かつ最強のものだった。論文のまさに最後の部分で、彼は明らかな切札を切った。渦巻き星雲は、おそらく島宇宙ではありえない。なぜかというと、ウィルソン山のアドリアン・ファン・マーネンの測定した渦巻き星雲の回転が「この解釈には致命的と思われる」[40]からである。今やシャプレーは、渦巻き星雲をただの脇役の天体として片づけ、胸をなで下ろしていた。「それらを恒星かあるいは島宇宙と考える理由は、私には見あたりません」と彼は『アメリカ研究評議会報』に論文を書いていた時、ラッセルに話した[41]。「その考えを打ち崩すには、恐るべき仮定が必要でしょう」。この時から、遠方銀河説支持者に対するシャプレーの最強の武器は、ファン・マーネンにより検出された渦巻き星雲の回転になった。

たとえ、心の奥底ではそんなことはありえないと信じていたとしても、ファン・マーネンの発見が「島宇宙理論が破棄されなければならないことは明らか」[42]なことを示しているのだから、いくらカーティスでも、出版物ではそれを不承不承認めなければならなかった。それからの数年間、ファン・マーネンと彼の観測結果は島宇宙支持者の前に巨大な壁のように立ちはだかった。もし、渦巻き星雲が本当に遠くの巨大銀河なら、そんな遠くからわずか数年間で回転が見えるのをどう説明するのだろう?

その支持者たちが手強い城壁を破る方法を見つけ出すまで、島宇宙理論が承認されるはずはなかった。

ファン・マーネンは一九一五年に渦巻き星雲の測定を始め、一九二〇年代はじめまで続けた。彼の評判はきわめて高かったので、天文学者たちは彼の結果を真剣に受け止めた。ファン・マーネンは、天文学の込み入った処理を文字通り厳密に行なう、注意深い観測者として知られていた。そして、彼の結論は受け入れやすかった。というのは、銀河系こそが宇宙であり、その外見から見て間違いなく回転している渦巻き星雲は単なる付属物であるという当時大勢の人々が信じやすかった考えを、その結論は支持していたからである。恒星、惑星、月は自転し、惑星は太陽のまわりを公転している。回転は宇宙では自然な特徴だった。こう考えれば、渦巻き星雲が回転していると聞いても驚きはなかった。一九一四年にはすでに、スライファーが自分のスペクトル・データから渦巻き星雲の回転を報告していたが、写真が非常に鮮明にとらえていた霧状の腕の曲線を見さえすれば、他の考え方はありえなかった。

ファン・マーネンはオランダ貴族の子孫で、その祖先には大臣、教師、著名な法律家たちがいた(43)。彼を知る人々は、一族の受けてきた尊敬が、潔癖なまでの誠実さや個人の名誉を非常に重んじる心をファン・マーネンに植えつけたと証言している。彼は一九一一年に博士号を取得し、その後ヤーキス天文台のボランティア助手として働くためアメリカに渡った。しかし、オランダの著名な天文学者である師匠のヤコブス・カプタインが、ヘールの目にとまるようにとファン・マーネンを彼のところへ連れていき、ファン・マーネンは間もなくウィルソン山天文台の常勤の仕事を提示された。天文台は

アドリアン・ファン・マーネン（左）とバーティル・リンドブラッド（撮影 Dorothy Davis Locanthi, AIP Emilio Segrè Visual Archives の好意による）

恒星の運動や距離の測定を精密に行なえる技量を持つ彼をほしがっていたのだ。この種の観測に携わっていたファン・マーネンは、一九一七年、当時はなかなか見つからなかった二番目の白色矮星〔ファン・マーネン星と呼ばれる〕を発見していた。

ファン・マーネンは学生の時、長期にわたって恒星の位置の変化をずっと見届ける退屈さや難しさのため、他の天文学者たちが避けようとしていたこの分野の仕事に心をひかれた。この作業は、数か月あるいは数年間の期間をおいて撮られた写真乾板を集中力を保って比較する作業だった。しかし、ファン・マーネンにとってこのルーティン作業は天国で、亡くなる二年前にもこの探究に戻ったほどである。「人はいつも初恋の人のもとに帰る」と彼は、一九四四年の恒星視差の論文の紙面に落書きしている。[44]この仕事を行なうため、彼は特製のステレオコンパレーター（またたきを意味する「ブリンク」〔コンパレーター〕と呼ばれることが多い）で、時間をおいて撮られた恒星の写真画像を重ね合わせた。この装置は、時期を変えて撮った同じ視野の二枚の写真乾板を、ビューアー〔拡大透視装置〕に素早い速度で交互に映し出すことができる。またたきが非常に速いので、二枚の写真の中で動いた天体はすぐ目立ち、動かずにいた天体は静止して見える。それからファン・マーネンは、天空中の恒星の正確な動きを測定するため、マイクロメーターのつまみ〔ネジ〕をゆっくり回転させる。そして、この回転量から恒星がその数年間で動いた量が測定できる。それは、天文台のパサデナ本部で彼が一番大切にしていた機器だということは皆が知っていたので、「ファン・マーネンの許可なくこのステレオコンパレーターを使わないこと」[45]という警告がその前面にぺたりと貼られていた。この張り紙は彼が去ったあと何十年間も、ずっとそのままだった。

社交的で人から好かれていた「ファン」――と皆が彼を呼んだ――はテニスが上手で、ウィルソン山の新入り台員をすぐにくつろがせた[46]。話も生き生きとしていて、少々遊び人でもあった。シャプレーは、ファン・マーネンとほとんど同じ歳だったので、到着早々親しい友人になった。シャプレーは思い出している。「ファン・マーネンが晩餐に行くと、テーブルがすぐ笑いにつつまれた」[47]とシャプレーは思い出している。料理の達人だったファン・マーネン[48]はパーティーを好んで開き、その腕を生かし同僚たちに見事な料理をふるまった。シャプレーとファン・マーネンは、二人ともアダムズに嫌われていることがわかった時、絆をさらに深めた。アダムズは、彼らが自由主義者のように見えることや、ヨーロッパで継続中の戦争にためらいの感情をいだいていることや、その功名心にも疑いの目を向けていたのだ。「ファン・マーネンと僕は、多くのことをしすぎた、あるいはしようとしたので、不愉快な思いをした[49]」とシャプレーは友人に打ち明けている。

ウィルソン山天文台でのファン・マーネンの最初の仕事の一つは、ヘールの太陽磁場の地図作製を手伝うため、太陽表面からとったスペクトル写真を測定することだった。初期の報告によると、磁場の強さは太陽の緯度により変化するようであったが、のちにこれは誤りとわかった。それでも、ファン・マーネンはいつもこの効果を見ているらしかった[50]。物事の変化を見つけようとするファン・マーネンの粘り強さは、この先の数年間、太陽ではなく渦巻き星雲に対し彼が示した努力の前触れだった。

ファン・マーネンは、最初、一九一五年にジョージ・リッチーから依頼されて、渦巻き星雲に関する仕事に携わった[51]。リッチーは当時、ウィルソン山の口径一・五メートル望遠鏡を使用して渦巻き星雲の見事な写真を撮っていた。その像が息をのむほど美しいことは誰もが認めていた。成功の一部はリッチーの発明の才にも負っていた。彼は素早く動作するカメラのシャッターを開発し、これにより、大気が安定している時に短い露光時間で撮った一連の写真を重ね合わせて像を作り上げることができ

れにより、かつてないほど鮮明に星雲の細部がとらえられるようになった。[51] 露光の総時間は二時間から八時間以上、時には二晩から三晩に及ぶこともあり、こ

ファン・マーネンと一緒に仕事をする少し前、リッチーは「回転花火」と呼ばれる渦巻き星雲M一〇一の写真を撮っていた。この星雲は、一九一〇年にも撮ったことがあった。両方の像が手元にあった彼は、ファン・マーネンに、この写真乾板を彼の信頼するステレオコンパレーターに乗せ、この間に星雲に何か変化が認められないか見てほしいと頼んだ。ファン・マーネンは、最初の測定では何も変化を見つけなかったが、それらをさらに調べるため写真乾板を手元に保存する承諾をリッチーから得た。[52] 彼は昔ほかの研究で使った方法をやや変えて、それぞれの写真乾板から、明るさが同じで星雲のまわりにむらなく分布している三二個の恒星を選んだ。[53] そして、これらの恒星と比較して、渦巻き星雲中の数十か所の地点がどのように動いているかを測定した。研究を拡張して、彼はさらに一八九九年、一九〇八年、一九一四年に撮られたM一〇一の写真乾板をリック天文台から借りた。ファン・マーネンは急がなかった。注意深さは非常に細部にわたり、測定を行なう部屋の温度は必ず厳密に管理するようにした。ガラスの写真乾板であれ計測機器であれ、温度による膨張の影響を無視できるよう注意を払ったのである。[53]

その正確なメカニズムはすぐには明らかにならなかったものの、ついに彼は、M一〇一の中の星雲物質は動いていると結論した。「もし、その結果が……見たままの値と解釈できるなら、それらは、おそらく回転運動、あるいは渦巻の腕に沿った運動を示していると思われる[54]」と彼は報告した。もし彼の測定した速さで回転しているなら、M一〇一は八万五〇〇〇年ごとに一回転していた。以前に指摘されたように、もし「回転花火」〔M一〇一〕が本当に銀河系の大きさを持ち、はるか遠くの宇宙に

あるならば、星雲の端の方は光速より速く動いていなければならず[55]、このことは、光速を超える速度で動ける物質はまったくないというアインシュタインの特殊相対性理論によって不可能であった。

どこが問題になるかの予想がついていたファン・マーネンは、その点には十分注意していた[56]。機器による誤差を取り除くため、ホルダーに入れる写真乾板を交換し、同僚に違う機器で再計測してもらうようにし、機器の誤差や測定者による偏りがなるべく出ないようにした。彼は、渦巻き星雲内の物質は、星雲の中心から腕に沿って外部に漂い出ていると確信するようになり、このことは、渦巻き星雲の起源が恒星と星雲との衝突に伴うとしたチェンバレン-モールトン・モデルと一致すると報告に書いた。このニュースをヘールから聞いたトマス・チェンバレンは元気づけられた。「渦巻き星雲は、ただの遠くの星団だという考えが近年復活していて、それが確固たる根拠に基づくとは思えませんでした。確かな証拠がその考えを粉砕していると感じ、私は満足しています[57]」と彼は返事を書いた。

ファン・マーネンは「これらの天体が一般に考えられているほど遠くないこと[58]」を自分の研究が示すかもしれないことに気づいてはいたが、初期の報告からはその推測を削除していた。一つにはこれは、一九一七年にファン・マーネンがアンドロメダ星雲の回転を測定し、それが彼の結論より大きい範囲の誤差を含んでいたためだった。「したがって、これが島宇宙かどうかはいまだにわからないのです！[59]」と彼はヘールに話した。

しかし、それは例外だった。ファン・マーネンは、誰もが期待している解答を最初に得たのである。それは、渦巻き星雲の内部に運動が見られ、したがって、星雲は比較的近くにあるに違いないことである。おまけにその報告は、世界最高の天文台で研究し、恒星の測定に関する専門的知識で名高い、著名な天文学者によるものだった。「天文測定におけるファン・マーネンの経験は幅広く、その結論に天文学者たちは高い評価を与えていたのです[60]」とウォルター・アダムズはのちに回想している。他の観測者たちも、渦巻き星雲が変化していることを確認し、ウィルソン山天文台、ローウェル天文台、ロシアやオランダの天文台からファン・マーネンに同意する報告が出された。それは天文学者の間で一般的通念となった。なぜか？　それが当時の一般的な見解に即していたからである。

ヒーバー・カーティスのようなごく少数の人だけは反対を表明した。リック天文台に渦巻き星雲の写真を豊富に所有していたカーティスは、これ以前に、数年間にわたって渦巻き星雲の変化を測定していたが、「星雲の回転をはっきりと立証するには、おそらくはるかに長い期間が必要だろう[61]」と結論するに留まった。ファン・マーネンが丹念に調べていた古い写真乾板の多くは非常にお粗末で、何を計測するにも役に立たないことを彼は知っていた。カーティスにとって、一九〇〇年にリック天文台で撮った写真と、まったく別の望遠鏡で撮ったウィルソン山天文台のもっと新しい写真とを比較することは骨折り損である。ファン・マーネンのデータをただちに退けてよいことを、カーティスがシャプレーや他の人々より簡単にわかったのは、このためである。「それぞれが役立たずの五つの測定値は、平均しても、五つの役立たずを大きくすることにしかならない[62]」と彼はしばしば皮肉っぽく言った。

しかし、カーティスの警告は意に介されなかった。後知恵で言えば、ファン・マーネンの測定を否定するのは今なら簡単なことに思える。しかし当時、その検討は非常に困難だった。ファン・マーネンは望遠鏡を使った測定が非常にうまく、渦巻き星雲の回転の発見はきわめて理にかなっているように見えた。特に、当時最先端を行く理論家の一人だったイギリス人ジェームズ・ジーンズは、ファン・マーネンを熱烈に支持する側に回った。このオランダ人天文学者の結論を聞いたジーンズは、それは「私が最近考えていたいくつかの推測と完全に一致する」[63]という記事をすぐ『オブザーヴァトリー』誌に送った。ジーンズは、回転し凝縮するガスの小塊の振る舞いを計算する中で、潮汐力が渦巻き腕の形成を引き起こすことに気づいた。そして今や、彼を支持する観測証拠をファン・マーネンが提供したのである。ジーンズは最終的にその考えを『宇宙と恒星力学の問題』という著作に書き上げ、この本は当時の天文学者に計り知れない影響を与えた。さらに、ファン・マーネンもジーンズも、渦巻き星雲の質量はさらに大きな値になるという計算を始めた[64]。したがって、彼らは、渦巻き星雲は形成途中の単独の太陽系ではなく、高密度な（しかしまだ小さい）恒星集団の最初の塊と考えはじめていた。

写真乾板をさらに入手したファン・マーネンは、他の渦巻き星雲にも研究を広げた。彼は、M三三（さんかく座）の回転周期は一六万年、M五一（子持ち銀河）は四万五〇〇〇年、おおぐま座の美しい星雲M八一は五万八〇〇〇年と計算した。続いて他の星雲も観測したところ、すべての渦巻き星雲は腕を解き、外へ広げる向きに回転しているように見えた。また、その大きさは数百光年程度で、距離は一〇〇光年から数千光年の範囲にあると彼は計算した。

間もなく、ファン・マーネンは渦巻き星雲を測定しつくした。というのも、十分な年数を経て比較できるように定期的に写真を撮られた星雲はほとんどなかったからである。そして、ブリンク〔コンパレーター〕を使用する彼の手腕をダブルチェックするため、回転していないことがわかっていた単純な球状星団M一三を測定した。もし機器による誤差があれば、これにも誤って運動が検出されるはずだが、そうはならず、彼の測定方法の有効性が示されているように思われた[65]。これとは別に、あるイギリス人天文学者も彼の方法を検証し、「内部運動が本物であることに誰もあえて疑問を呈するこ

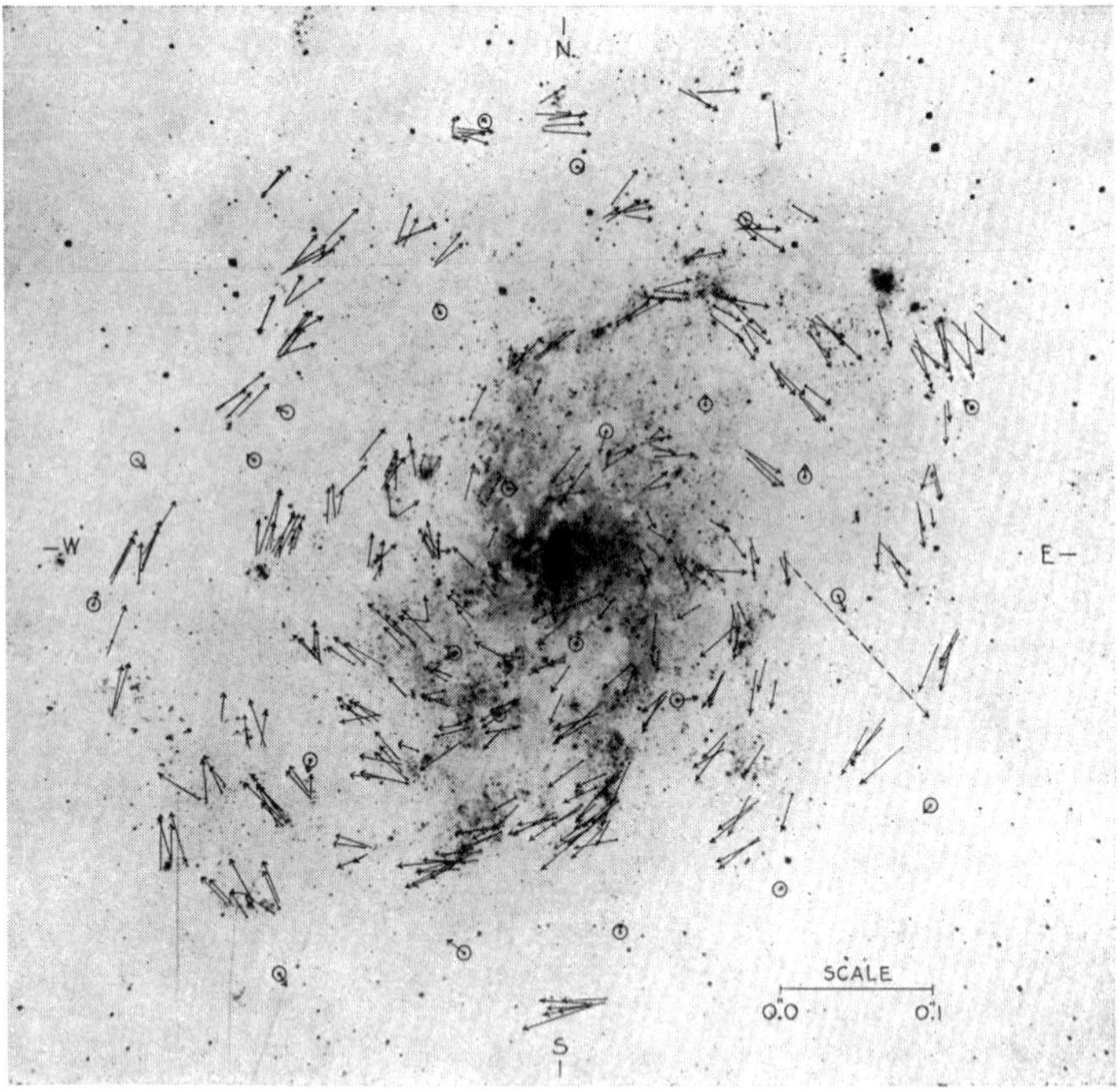

M33の写真上に記したアドリアン・ファン・マーネンの測定による銀河の回転（*Astrophysical Journal* 57［1923］: 264-78より、Plate XIX, American Astronomical Societyの好意による）

とはないだろう。事実、「ファン・マーネンの」測定を調査すればするほど、賞賛の念は強まっていく[66]」と結論した。

一九二一年の春、ファン・マーネンはシャプレーに「M五一の測定を終えました」と手紙を書いた[67]。「結果は、M一〇一より信頼できそうです……渦巻き腕に沿った外への動きに、中心から外へ向かう動きが加わっています……現時点では、カーティスと［スウェーデンの天文学者のクヌート・］ルンドマルクだけが島宇宙理論の強力な支持者に違いありません」。

「星雲についての結果、おめでとう！」とシャプレーは返事を書いた[68]。「まるで、君が渦巻き星雲を呼び込み、ぼくが銀河系を押し広げたかのように、二人で協力して島宇宙説を排撃したわけです。ぼくたちは本当に賢いですね」。シャプレーは友人の最新の結果を、その夏コネティカットで開かれたアメリカ天文学会の会合で報告した。あとで彼はファン・マーネンに伝えた。「君の見つけた渦巻き星雲の運動は、今では真剣に受けとめられていると思う。そしてもし、君の測定が認められるなら、島宇宙説がいかに無意味なものになるかをぼくが説明すると、そのあとは誰もあえて顔を上げようとしなかったよ[69]」。

二人は鼻高々になった。この段階になると、ファン・マーネンの観測は「島宇宙仮説の強力な反論となった[70]」と『国立科学アカデミー会報』に書かれ、ついに公に知られることになった。彼は指摘した。たとえばもし、さんかく座の目立つ渦巻き星雲M三三が数百万光年の彼方にあるとしたら、彼が検出した運動は光速に近い速度になるはずで、「それは明らかにありえず……これらの星雲が、私たちの銀河系に匹敵する系であるという見解に対立する最も重要な主張になっている[71]」。

しかし、この宣言は「大論争」の解決にはほとんどならなかった。シャプレーとファン・マーネンが自分たちだけで悦に入っていた一方で、クヌート・ルンドマルクはリック天文台を訪れ、クロスリー反射望遠鏡を使ってM三三のかそけき光を集めていた。それは、四晩にわたりのべ三〇時間というきわめて長時間の露光を必要とする困難な仕事だった。ルンドマルクは結局、この星雲の渦巻き腕からの光は普通の恒星のものとまったく同じであることを見てとった。他の天文学者たちは渦巻き腕の中にぼやけた光のしみを見つけ、「星雲状の星」と呼んでいたが、ルンドマルクは、そうではなく、個々の霧状の点は「星雲状の天体という印象を与えるが、これは非常に遠くのおびただしい数の恒星が群がったもの[72]」ではないかと考えていた。そして、渦巻き腕の自分の観測は「それが遠くにあることを証明している[73]」という説得力に富む結論にたどり着いた。間もなくこのスウェーデンの著名な天文学者は、ほかにも銀河が存在することを最も声高に支持する一人となり、ルンドマルクの猛攻にさらされたシャプレーは、お気に入りの宇宙モデルに対してかなりのプレッシャーを感じるようになった[74]。

そのころ、アリゾナのスライファーは「とてつもなく巨大で、かつ数百万光年の遠くにある」と判断した暗い渦巻き星雲が「天空の新スピード王[75]」であるという自分の発見に関する話を『ニューヨーク・タイムズ』に送っていた。そして翌一九二二年、エストニアのドルパト天文台のエルンスト・エピックは、アンドロメダ星雲が約一五〇万光年の距離にあることを示す見事な計算を行なった。その計算は、アンドロメダ星雲の質量と明るさが銀河系のそれに匹敵するという仮定によっていた。このことから「[アンドロメダ星雲が]私たちの銀河系に並ぶ恒星宇宙」である「可能性が増大」したとエピックは『アストロフィジカル・ジャーナル』に報告した[76]。論戦に次ぐ論戦。島宇宙説をめぐる対決は続いた。渦巻き星雲の距離に対し、天文学者たちが疑う余地のない明らかな――はっきりとしていて、決定的で、わかりやすく、したがって、すべての疑念を速やかに押さえ込む——測定値が得られるまで、収拾はまったくつきそうもなかった。

あわれなシャプレーは、国立科学アカデミーの会合の振る舞いで自らの立場を危うくしたことがわかった。まだ三〇代のシャプレーは、ハーヴァード大学天文台長になるには行動が性急で、未熟すぎると判断された。代わりにプリンストンの師匠ラッセルがその地位を提示された。「シャプレーは、一人で物事をうまく処理することができませんでした」[77]とラッセルは、会議の二か月後ヘールに明かした。「私はこのことを、ワシントンのシャプレーを見たあと確信しました。しかし、彼はすばらしい補佐役にはなるでしょう。もし知的に成長していったら、彼は驚異的な存在になります」。

ラッセルは、ハーヴァード大学天文台長になるにあたり、シャプレーを助手につけることを真剣に検討していた。「この点に関しては、私はあなたのお気持ちを伺いたいと思います！」とラッセルは続けてヘールに言った。「自分では厚かましいことだとわかっています。しかし、ここでは非常にまじめに話しているのですが、シャプレーと私がハーヴァードでどんなことができるかお考えになってください！　私たちが協力すれば、恒星物理学のかなりの領域がカバーできますし……シャプレーが出版物で想像力を暴走させるのを食い止められるかもしれません」。

しかし、ラッセルは、あれこれ考え悩み、さらにプリンストンから魅力的な代案を提示されたので、この仕事を丁重に辞退した（「私はどちらかというと天文学をしたいのだよ」[78]と彼はシャプレーに打ち明けた）。ハーヴァード大学は、再度シャプレーに仕事を提示したが、それは台長職ではなかった。ハーヴァード大学当局は「観測長もしくはそれに相当する職」[79]という役職を持ち出した。彼は少々気

ハーヴァード大学天文台の回転机の前のハーロー・シャプレー（Harvard College Observatory, AIP Emilio Segrè Visual Archives の好意による）

分を害し、そっけなく断った。[80] しかし一か月後、ハーヴァード大学が（ジョージ・ヘールからの提案にせかされて）、一九二一年春から一年間シャプレーを主席研究者として試験的に雇用する[81]ことで彼と同意し、彼は決断を翻した。彼が合格したのは明らかで、それというのも、彼は間もなく正式に台長に任命され、その職をその後三〇年にわたって務めたからである。彼は車輪のように回転する変わった机に向かって仕事をし、ある友人はこれを「着想を得るための一種の回転銀河[82]」だと言った。

シャプレーは階段を一段飛びに駆け上がり、スポーツマンのような快活さで皆と挨拶を交わし、硬直した天文台に新たな活力を吹き込んだ。[83]「彼は人々に魔法をかけました[84]」とある職員は言った。それまでピッカリングは絶対君主のように天文台を運営していた。しかし、シャプレーの若さと精力は熱意ある職員たちを結びつける絆になった[85]。一九三〇年代にハーヴァードの学生だったレオ・ゴールドバーグは、シャプレーをマフィアの慈悲深いゴッドファーザーにたとえた。一方で「彼は皆を勇気づけました。私たちを元気づけ、失意の底から何度も私たちを立ち上がらせました[86]」とゴールドバーグは言った。しかし、シャプレーには暗い側面も潜んでいた。「分割統治」を原則としていたシャプレーは、ある人には父親のような人物になったが、他の人には暴君になった。彼はまた、新しい科学的データが宇宙の振る舞いに関する彼個人の見解と対立すると、時にはそれを頑なに無視した[87]。

シャプレーがハーヴァードに落ち着いたあとに、以前の職場からもう一つ仕事をしてほしいと言ってきた。それは、一九二〇年、彼がそこで最後に行なった研究を、ウィルソン山天文台の年次報告書に執筆することだった。「この試練を避けるために私はウィルソン山を去ったのだとお話ししたと思いますが[88]」とシャプレーは冗談を返した。「私が邪悪に生き、悔い改めずに死んだとしましょう。それでもまだお偉いさん方と、〝血と脳〟による十分の一税をめぐって争いごとをするおつもりでしょうか?」。シャプレーは、元のシャプレーに戻っていた。それは、彼がカリフォルニアの天文台で起こした最後の騒ぎだった。ウィルソン山天文台は研究の要旨を受け取った。

一方、渦巻き星雲の謎の解決に向かって、さらに多くのことができたはずのカーティスは、この競争から完全に退いた。あの論争のわずか数か月後に彼はリック天文台を去り、かつてジェームズ・キーラーもついたことのあるアレゲニー天文台長になった。実を言うと、彼はワシントンの論争の一〇日前に辞意を申し出ていた[89]。天文台を任され、出世とともに給与も高くなるとあれば、このチャンスは特に家族持ちの男には断りにくいものである。しかし、キーラーの場合と同様、都会に立地し、曇りの天気が多く、装備の粗末な望遠鏡しかないペンシルベニアの天文台で、結局、カーティスはそれ以上の最先端の発見ができなくなった。ある人はそれを「彼の最大のあやまち(90)」と考えた。のちにカーティスも、かつての上司キャンベルにこう打ち明けている。「機器に加えて気候も良いカリフォルニアの〝組み合わせ〟に優るものはありません……。天文学研究にとり丘(ハミルトン山のこと)のような場所はほかになく……このチャンスを手放した人は皆それを後悔することになります(91)」。ある日カーティスを訪れた仲間は、彼がアレゲニーで工具を手にうろついているのを見て、機器製作に転身したのかとがめた。「君はゴルフをするだろう？　まあその、これが僕のゴルフなんだよ(92)」と彼は答えた。

宇宙の見方は異なっていたが、カーティスとシャプレーは長年親密なつき合いを保ち、手紙のやりとりを続けた。論争の二年以上あと、カーティスはその出来事を振り返り、ユーモアをこめて「記念すべき殴り合い」と言った(93)。「お互い相手に向かってふるった棍棒は、丁寧に当てものをしてあったことでなおいっそう効を奏したといつも思っていました」とシャプレーに話した(93)。「子猫をおぼれさせる時、冷たいとかわいそうだからと水を暖めた老婦人の考えに共感していたのでしょう……。私たちは前にもまして自分の考えに固執しているように思います。明らかに私はそうです。自分の意見がほんのわずかでも変わったとは思いません」。しかし、アレゲニーで新しい仕事についているカーティスは傍観者の立場にいなければならず、彼の言葉で言えば、辞任してからはただ「興味津々と競争を見て(93)」いただけであった。

数年後、リック天文台の友人がカーティスに、もし一九二〇年にハミルトン山に残っていたら、君はクロスリー望遠鏡で何をしていただろうかと聞いたことがあった。カーティスは「写真、写真、ただひたすら写真を撮っていただろう」と答えた。[94] 彼の胸中には「新星や変光星をとらえるため、大きいすべての渦巻き星雲を約三〇分の露光時間で高頻度で撮る」計画があった。[94] 簡潔に言えば、のちにエドウィン・ハッブルがウィルソン山で、一・五メートルや二・五メートル望遠鏡を使って行なったすべてのことをカーティスは数年早く開始して、やりとげたかもしれない。その仕事にクロスリー望遠鏡は耐えることができただろうか? カーティスは愛する望遠鏡を完全に信頼していた。「望遠鏡を設計する時は、他のどんな機器よりもこれを模倣するのです」[95] と彼は言った。「一・五メートル望遠鏡とクロスリーが〝競争〟したら、私は必ずクロスリーに賭けるでしょう」。のちに他の人々も、クロスリーにはアンドロメダ星雲までの距離について戦い、勝利を収めるチャンスがあったと判定した。しかし、ひとたびカーティスがペンシルベニアへ発つと、リックの他の天文学者で渦巻き星雲の写真撮影に興味を示す人は誰もいなくなった。そして、カーティスがリック天文台を去ると、そのバトンは実質的にウィルソン山天文台に渡されたのである。

第11章

アドニス

標高一七〇〇メートルのウィルソン山頂にのぼり、南西方向二〇キロメートル先を見ると、広い谷をはさんでハリウッドの街並みとハリウッドのある低い丘が見える。一九二〇年代にそこに存在したこの映画スタジオは、人々を魅了して急成長し、神話的雰囲気を作り出していた。ハリウッドの魅惑的なムードは、サン・ガブリエル山脈まで伝わってきたに違いない。というのも、渦巻き星雲の謎を最終的に解いたのは、ハリウッドの主役が撮影所からそのまま出てきたかのような人物だったからである。

友人の目から見ると、エドウィン・ハッブルは堂々たる偉丈夫で、人を魅了せずにはおかないうす茶色の目、中央の切れ込んだあご、赤みがかった金色にきらきら光る茶色の髪の波打つ「アドニス」[1]〔ギリシャ神話に出てくる美少年、美と愛の女神アプロディーテーに愛された〕だった。顔写真のほお骨は、魅惑的な影をくっきりと投げかけており、まるで映画俳優のようだ。ある女性シナリオ作家は、ハリウッドのドル箱俳優のクラーク・ゲーブルに彼をたとえ、その職業のわりにハンサムすぎると思っていた。「もし私たちがMGM（メトロ・ゴールドウィン・マイヤー）社で「科学者の」役を決めるとしたら、エドウィン・ハッブルはかえって「現実味がない」と却下されるでしょう[2]」。『紳士は金髪がお好き』の著者のアニタ・ルースはこう言った。

堅実な中流階級家庭で育ったハッブルは、その血筋のどこかで傑出した非凡さへの深い憧れを養っていた。身分を高めることを狂おしいまでに決意した彼は、大人になるにつれ、イギリス風のアクセントを身につけ、ダンディに装い、履歴書に怪しげな証明書を加え、自分自身を徹底的に作り変えていった[3]。この若者は、アメリカ中西部の一族という一番うんざりしていた側面を葬り去りたかったようで、映画のスクリーンに登場する大物というイメージを時間をかけて作り上げていった。南カリフォルニアの裕福な一族と婚姻関係を持つことで、ハッブルは、社会的にも経済的にもきわめて高い目標の数々を達成し、それには妻のグレースも協力していた。彼女は夫に心酔し、彼の作り上げた伝説を夫の死後も広めたが、その細部の多くは大いに脚色されていたし、明らかに間違っているものもあった。グレースは、夫を大いにあがめていたのである。そして、時がたてばたつほど、彼はますます祭り上げられたと、かつてハッブルの同僚だった天文学者ニコラス・メイヨールは言った。(4) ハッブルによる現代的宇宙像の発見は、彼にとってはそれほど輝かしいものには思えなかったのだ。

一八八九年一一月二〇日、ミズーリ州マーシフィールドに生まれたハッブルは、幼少期を生き延びた七人の子供の三番目で、エドウィン・パウエルと名づけられたが、本人は、通常はミドルネームやイニシャルの使用を避けていた。ミズーリ州育ちの父ジョンは法学の素養があり、家業の保険業で生計を立てていた。家では、彼は清教徒の厳格さで家長を務めたが、(5) 地元の医師の娘で夫より寛大で気さくな母ヴァージニア・リー・(ジェニー)・ジェイムズがその厳しさを和らげていた。

ハッブルが初めて天文に夢中になったのは、俗に「ショー・ミー・ステート」〔「証拠を見せろ」州〕とも呼ばれるミズーリ州だった。母方の祖父ウィリアム・ジェイムズ(有名な無法者ジェシー・ジェイムズ〔一八四七―一八八二〕の遠縁にあたる)は望遠鏡を作って、ハッブルの八歳の誕生日のお祝いとしてそれを贈った。幼いエドウィンは、就寝時刻を過ぎても、その望遠鏡を使って夜空に宝石のようにきらめく光を覗くことを許された。(6) 彼がこの漆黒の冬の夜空に見た星々の不思議な印象は、生涯失われることはなかった。二年後、家族はシカゴ方面に引越し、最終的に街のすぐ西のウィートンという村に落ち着いた。高校時代、(7) 友人たちに「エド」と呼ばれていたハッブルは才能をぐんぐん伸ばし、成績はほとんど平均して「A」で、陸上競技、アメリカンフットボール、バスケットボールが上手だった。何度か成績の下がった二つの分野は「勤勉さ」と「振る舞い」で、それは授業で教師と平気で議論したからだった。ハッブルは仲間たちと過ごしながらも孤高を保ち、時に傲岸で、夢想家でもあり策士でもあった。「彼はいつも、自分の考えを聞いてくれる相手を探しているようでした[8]」と子供時代の友人は回想している。ほとんどのクラスメートより二歳年下のハッブルは、大人びて自信ありげに見えるよう物知りを装っていたのかもしれない。

一九〇六年、一六歳で高校を卒業したハッブルは、スポーツに秀でていたこともあり、シカゴ大学の奨学生になった。しかし、その専攻を決める時に問題が起こった。祖父の望遠鏡を覗いていた子供時代の経験を忘れることのなかったハッブルは、天文学の勉強を強く望んだが、現実的だった父は、息子には法学を学んでほしいと思っていた。姉妹の一人によると、父親のジョン・ハッブルは、天文学者になることを「風変わりもはなはだしい[9]」進路選択と考えていた。それで、科学――数学、天文学、物理学、化学、地質学――の講義も聞くが、法律家になる準備として、必須のギリシャ語やラテン語という重い科目を含む古典コースも選ぶという妥協をしたのである[10]。

科学の習得という点では、ハッブルのタイミングは完璧だった。比較的新しい施設とはいえ、シカゴ大学は、すでに、アルバート・マイケルソンとロバート・ミリカンという、その独創的研究でのちにノーベル賞を受賞することになる第一級の物理学者を二人雇い入れていた。そして、大学と提携していたヤーキス天文台は、当時存在した最良の望遠鏡の一台を提供していた。一九〇〇年代初期は世界が活気を帯びていた時代だったと、ハッブルはのちに回想している。「自動車は、ついに馬との競争を制した。飛行機は、その能力を試していた。ブレリオはイギリス海峡を飛んだばかりで……無線は地図上をあちこちに伸びていった。マルコーニは、アイルランドから九六〇〇キロメートル離れた

1909 年, シカゴ大学陸上部のチームメートとエドウィン・ハッブル（左）
（The Huntington Library, San Marino, California の許可を得て掲載）

ブエノスアイレスまでメッセージを送った。技術は、まるで最新式の巨大な神のように現代を駆け抜けていた」[11]。

この萌芽期の緊張した空気を、ハッブルはむさぼるようにわが身に深く取り込んだ。ある同級生は、ハッブルが、教授を「しばしば唖然とさせたほど」の微積分学の「達人」だったと言う[12]。二年次の終わりには、彼は物理科の学生では抜きん出た存在になっていた[13]。陸上競技にも参加していたが（ほとんど勝てなかった）、それよりはバスケットボールの方が上手だった。当時としてはかなりの長身（一八八センチ）だった彼は、センターでプレーするのに有利だったからである。彼のいたチームは、一九〇九年の全米チャンピオンになった。さらに、ハッブルは学外のジムでボクシングも行ない、アマチュアのヘビー級としてはかなり強くなっていたので、シカゴの興業主がプロに転向しないかと熱心に誘ったほどだった[14]（そう自分で言っただけかもしれないが）。このような多種多彩な活動や学業は、すべて計画のうちに含まれていたのかもしれない。それは、ハッブルは早くからローズ奨学金を狙っていたからである。南アフリカのダイアモンド鉱山で富を築いたイギリスの帝国主義者セシル・ローズは、大英帝国とアメリカ合衆国との関係を強化する計画に着手したところだった。各州では毎年、イギリスのオックスフォード大学大学院で学ぶ若者を選出していた。そしてローズは、奨学生は学業に秀でているのはもちろん「単なる勉強家」ではない一九～二五歳の学士[15]でなければならないと自分の意志を明文化していた。各人は「道徳心が強く」、スポーツもリーダーシップもともに豊かな、「男らしい男」でなければならなかった。ハッブルは、学生生活で基本的条件をすべて満たしたことを確信していた。最終学年時、彼はクラスの副会長も務めた。反対されずに選ばれると賢明にも見抜いていて、この役には簡単につくことができた。

ローズ奨学生の最初の試験を通ったハッブルは、イリノイ州の最終選考に残った二人のうちの一人になった。そして勝利を収めたが、これは、彼を熱烈に褒めるミリカンの推薦状を判定委員会が読んだからかもしれなかった。ハッブルは、シカゴ大学のミリカンの基礎物理学講座の実験助手として働いていた。ミリカンによると、ハッブルは「身体は頑健で学業に優れ、善良で愛すべき人格で、ローズ奨学制度の創設者の提示した条件にハッブル氏以上にかなう人物を、私はこれまで知りません[16]」ということだった。

一九一〇年一〇月、ハッブルはオックスフォードに着き、それから三年間を年一五〇〇ドルの奨学金で過ごした[17]。彼は、エドモンド・ハレーの闊歩したまさにその講堂を歩き、イギリスの最も裕福な家庭に育ち、軍、銀行業、政府、外交においてエリートになる教育を受けている特権階級の青年たちがいる居心地よいクラブに加わった。父と祖父から絶えず圧力を受け続けていたハッブルは法学を懸命に学び、通常なら三年かかる法律家コースを二年間で修了した。そして、次席優等卒業の栄誉に浴した。しかし、その背後にはいつも天文学があり、彼を誘惑していた。天文学専攻への思いがとても強かったハッブルは、それをやり過ごすことはできなかった。しかし、それが騒ぎを起こすことを察したハッブルは、オックスフォードで最も優秀な天文学者ハーバート・ターナーの家を何度か訪れ、親しくなりつつあっても、それを両親には知らせなかった。

ローズの公式記録はハッブルに対し、以下のように書いている。「かなり有能。男性的。ここで非常によくやっている。私はマナーについては［それほど］気にかけないが、彼のマナーよりは彼自身の方が優れている。評価はA[18]」。彼の「マナー」は明らかにイギリス風になってはいたが、オーバーすぎて漫画のようになっていた。ハッブルが人をびっくりさせるほどの変貌をとげ、生涯失わない際だったスタイルを身につけたのは、オックスフォードに滞在していた時だった。いっぱしの（「過激な」と言う人もいた）親英派になったハッブルは、いつも上流階級のアクセントで話し、パイプを吸い、紅茶をきちんといれ、これみよがしに黒いケープをはおるようになった。それに対して、ローズ奨学生のウォレン・オールトら何人かは白けた顔で、オックスフォードは［ハッブルを］「彼のアクセントが偽物であるのと同じくらい、偽イギリス人に変えたようだ[19]」と考えていた。

このわざとらしい変化は、ハッブルが永続的な目標とする職業を探すのと同じくらい、自分が何ものであるかを死にものぐるいで探していた確たる証しだった。オックスフォードの三年次、ハッブルは、履修の大変な法学のカリキュラムの息抜きにスペイン語を専攻することにした。「時々ぼくは、普通の人ならしないことをしようとする気持ちが自分にあるのを感じます[20]」とハッブルは以前、母に手紙を書いている。「もし、何か本質的なものを見つけられさえしたら、ぼくは他のすべてを手放し、生涯を捧げるでしょう」。その野心はあからさまだった。クラスメートが、ローマで二番になるよりは地方で一番になった方がいいと言った時、ハッブルはしゃあしゃあと「なぜローマで一番をとらないのか？[21]」と言い返した。

一九一三年一月、ハッブルの父が腎炎を何年間もわずらった末亡くなった。父の健康が衰えつつあると聞いたハッブルは帰省したいと思ったが、父はオックスフォードに留まるよう命じた。父の死はどんな子にとっても非常に辛い出来事だが、このローズ奨学生に対しては多くの点で解放される意味があった。完全にそうなるのに多少時間がかかったが、彼はもはや、厳格な父の定めた進路に拘束されなくなったのである。イギリスでの学業を五月末に終了したハッブルは、まずは寡婦になった母と兄弟が住むケンタッキー州ルイヴィルに戻り、一家を助けながら次にすることを探すことにした。

ハッブルの生涯の中で、オックスフォードから戻った直後の時期に対し、初期の伝記作家は一様に、彼は間もなくケンタッキー州の法曹試験にパスしてルイヴィルで法律の実務に短期間携わったと書いている。これはハッブルが皆に話していたことで、彼の生前と死後数十年間にわたる通説になっていた。しかし、実際は彼は試験にパスしたこともなく実務に携わったこともなかった。後の伝記作家のゲイル・クリスチャンソンによると、ハッブルが法律家への道に最も近づいたのは、南アメリカで事業を行なっていたルイヴィルの輸入会社で法律文書に関わったことを、言い換えたものである[22]。ハッブルがイギリスの友人たちにどのような手紙を出したにせよ、彼が専門家として司法に関与した証拠はまったくない。その履歴書には架空の事柄が書き加えられていたのである。実際には、ハッブルはこの間ずっと、ルイヴィルから見てオハイオ川の対岸にあるインディアナ州ニューアルバニーの高校で教えていた[23]。一年間、物理学、数学、スペイン語を教え、生徒たちからは明らかに好かれていたのに、のちにこの経験を話すことは決してなかった。ハッブルがバスケットボール・チームを指導し、シーズンを無敗で過ごし、州のトーナメント戦を三位で終えたあと、彼らは学校の一九一四年度の卒業記念アルバムを、愛情を込めてこの教師に捧げている[23]。

しかし、高校で教えることは、さらに華々しい経歴を求めるハッブルの飽くなき渇望を満たすものではなかった。仲間のローズ奨学生たちが、著名なジャーナリスト、作家、詩人、連邦議会議員になっていくのを彼は見た。ハッブルは、彼らの潜在力が科学分野に向けられればいいと強く感じていた。「それで私は、法律家をやめて天文学に戻りました。これは私にとり試練でした。大切なのは天文学で、たとえ二流か三流だったとしても、天文学に触れている時が幸福だと私にはわかっていました」。このように、その思い出の中でもハッブルは、法律家の経歴の作り話を押し通している[24]。

知られる中で望遠鏡を覗いているエドウィン・ハッブルの最も初期の写真。オックスフォード大学からインディアナ州ニューアルバニーに戻った1914に撮影された（The Huntington Library, San Marino, California の許可を得て掲載）

もはや威圧的な父親という重しがなくなって、長年かき立てられていた情熱が燃え立ったハッブルは、シカゴ大学で好感を抱いていた天文学教授フォレスト・レイ・モールトンに連絡をとり、大学院に戻れないかと問い合わせた。モールトンは、当時ヤーキス天文台長だったエドウィン・フロストに熱烈な推薦状を書いた。ハッブルは、科学に「抜きん出た能力」を示す「すばらしい人物」であるとモールトンは言った[25]。フロストはすぐ、一二〇ドルの授業料をまかなう奨学金を提示して彼を引き受け、さらに基本的生活費として月三〇ドルを給付した。

ニューイングランド出身のフロストは、一八九七年の天文台開設のわずか数か月後にヤーキス天文台の職員になり、ヘールによって天体物理学の初代教授に選ばれた。彼は、恒星の視線速度（恒星が地球へどれだけの速度で近づくか、あるいは遠ざかるか）の測定でよく知られ、『アストロフィジカル・ジャーナル』の編集長も務めていた。ある日、彼は新聞記者から依頼電報を受け取った。「火星に人が住めるかどうか、あなたの考えを三〇〇語で書いて送ってください」。ユーモラスなフロストは答えた。「三〇〇語は必要ありません。三つの単語で十分です。それは・誰にも・わからない（**no one knows**）」[26]。

台長のフロストは、ヤーキスの夜を二つに分け、夜間、多少は睡眠がとれるよう、天文学者たちが、その前半か後半だけの勤務につくようにした。かなりの時間が分光の仕事に費やされ、その他の時間は恒星の距離決定に使われた。さらに残った時間に、観測者たちは測光（恒星の明るさの測定）の仕事や、二重星など興味深い天体の眼視観測をした。

ヤーキス天文台の冬の気温は、マイナス二五度C以下になることもあったが、ドーム内の温度を外気の温度に合わせなくてはならないため、暖房はできなかった。そうしないと、レンズの前を通る暖かい空気の流れが、望遠鏡の視野の中の天体の解像度を落とすのだった。「そのような夜に大きな天文台を訪れた人々は、駆動時計がカチカチ言い続けるかすかな音と、ドームのスリット付近でうなる風のほかには何の音もせず、寒く神秘的な雰囲気だったその場所を決して忘れないと言います」とフロストは回想している。[27] しかし、そこには、エスキモーの服か毛皮のコートと帽子を身につけた天文学者が座り、目を望遠鏡の接眼鏡に釘付けにし、写真乾板が露光されている間、視野の中央に十字に張られたクモ糸から目印の星がさまよい出ないようにしっかり見張っていたのである。

訪問者は時に望遠鏡を覗くよう勧められた。人気のあった天体は、ヘルクレス座にあるまばゆい星団だった。ある人はこの巨大な星団を見て、一九〇八年の大統領選挙の直前にフロストにこう言った。「それではあなたは、あの光の点の一つ一つが太陽のような星で、どれもみな私たちの太陽より大きいと言うのですね。そして、この集団はたいへん遠いので、光が私たちに届くのに三万年から四万年かかるとおっしゃるのですね？　ふうむ――」。（ため息をついて）「もしそうなら、ブライアンとタフトのどちらが選ばれるかなんて、大したことではないように思えます」[28]。

シカゴ大学の大学院での天文学の研究は、最初は天文台の構内で行なわれていた。ヤーキス天文台は、開設当初は当時最先端の天文台の一つだった。しかし、創設者のヘールが、ウィルソン山頂にはるかに巨大な天文施設を建てるため、ヤーキスえりぬきの観測者を連れてカリフォルニアに移った時には、研究の盛りをとうに過ぎたか、あるいは、二線級の天文学者だけがあとに残った。フロスト自身は白内障のため徐々に視力が弱まっていて、天文学者にとっては究極の悲劇であるが、もはや観測はできなくなっていた。[29] いくつかの例外はあったが、このころヤーキスで博士号を取得した大学院生はほとんど、天文学に大きな貢献はしなかった。しかし、ハッブルは、落ち目のヤーキス天文台に足を引っ張られることはなかった。

一九一四年の秋、ヤーキス天文台で研究を始める直前、ハッブルは、イリノイ州エヴァンストンのノースウェスタン大学内で開かれたアメリカ天文学会の会合に出席した。それは、渦巻き星雲が非常に高速で動いているという恐るべき結果をヴェスト・スライファーが発表し、波乱を引き起こした重要な会合だった。その日、偉大な天文学者に混じったハッブルは、スライファーの発表の重要性を間違いなく感じ取ったに違いなかった。ハッブルは天文学者として名声を博したいと思い（アメリカ天文学会には入ったばかりなのに集合写真ではうまく前列に入ることができ〔一四七頁の写真〕）、そこには皆の注目を集めてしまう不思議さがあった。スライファーの研究成果をたたえ、聴衆と一緒に立ち上がり拍手をしたまさにこの週に、ハッブルは星雲に的を絞って研究しようと決断したのかもしれなかった。

大学院生だったハッブルは天文台では一番下っぱだったので、ヤーキスの一メートル巨大望遠鏡を定期的に使用できるわけではなかった。しかし、努力家でもあり自信家でもあった彼は、使える機器として、当時天文台で遊んでいた口径六〇センチ反射望遠鏡を利用することにした。それは興味深い状況だった。というのもその機器は、リック天文台で活躍したクロスリーの反射望遠鏡と成果を競うために、ジョージ・リッチーが数年前に製作した六〇センチの反射望遠鏡だったからである。ハッブルは望遠鏡にカメラを取りつけ、さまざまな星雲の写真を撮った。間もなく、これらの写真はその博士論文「写真による暗い星雲の研究」のテーマになった。ハッブルの最初の発見は、ある暗い星雲が変化することだった。彼は、ＮＧＣ二二六一と呼ばれる彗星の形をしたガス雲である星雲の写真乾板を、以前に他のいくつかの天文台で撮った写真と比較した。彼の最新の写真は際だった違いを見せ、この星雲が比較的小さく、近くにあることを示していた。（銀河系内にあるこの星雲は、現在は「ハッブルの変光星雲」として知られている）。

この努力は多くの点で、銀河に関するのちの彼の研究の下準備になった。現代の基準で言えばハッブルの望遠鏡は小さかったが、暗い白色の星雲のすべてが渦巻き型（当時は多くの人がそう信じていたが）ではないことに気づいた。ただ膨らんだ形のものもあり、これはのちに楕円銀河として知られるようになった。また、これらの星雲の多くは天空上に密集していることもわかった。恒星について天文学者たちが何世紀も前から研究してきたのと同じように、ハッブルもまた、星雲の天空上の分布から何かを知りたいと思った。「それらが恒星集団［すなわち銀河系］の外に存在し、私たちはおそらく銀河の集団（銀河団）を見ているのだ[30]」とハッブルは自分の発見について書いた。「それらが私たちの銀河系の中にあるとすると、その性質は謎になる」。もしそれらが別々の銀河で、一つ一つが銀河系の大きさを持つとすると、それらの銀河がこれほど小さく見えるには何百万光年もの彼方になければならない、と彼は概算した。

この考察は先見の明があるように見えたものの、この時点では、彼の発見はそれほど画期的ではなかった。カーティスやスライファーのような人々は、すでに同じことを言っていた。ハッブルの学位論文は先行文献の参照がほとんどなく、理論に混乱が見られるため、今日の天文学者たちは、技術的にあまり良い出来ではないと評価している。「しかしそこには、大きな問題の解決を模索する偉大な科学者の手腕が明らかに表われている[31]」ことで、ドナルド・オスターブロック、ロナルド・ブラッシャー、ジョエル・グウィンは、ハッブルの研究を評価し、強調している。「ハッブルは、決して技術的に抜きん出た観測家ではなかった……。しかし、意欲、活力、それに、使用できる機器を最大限に使いこなす技術が十分にあった。彼は何が問題であるかを認識していて、自分の写真乾板から見出したものを、自信を持って述べていた。それは、以前におそらくそれを見ていた他の人々が無視したか、もっと悪いことには、彼らが思い描いていた当時の宇宙像にそぐわなかったため無視しようとしたものであった」。

確かにハッブルは、星雲に関する自分の最初の研究が、その表面をちょっとなでただけのものだと十分にわかっていた。学位論文の中で彼は「私の疑問は、今日存在するより強力な機器による解答が待たれる[32]」とはっきり書いている。彼はすでに先を考えていて、南カリフォルニアの別の場所、ウィルソン山天文台には、大きさの新記録を達成する口径二・五メートル望遠鏡が建設中で、そこが間もなく世界一の天文施設になることを抜け目なく承知していた。ウィルソン山天文台長ヘールもまたハッブルのことを知っていた。暗い星雲を調べているヤーキスで飛び抜けて若い男のことをヘールは耳にして、シカゴ大学の教授たちに問い合わせたのち、博士号取得を条件としてハッブルに職を提供した。

「ハッブルには、年間一二〇〇ドルの職を提示しました[33]」と、ヘールは副台長のアダムズに手紙を書いた。「近々彼はこのことをフロストに話すでしょう」。ハッブルがヤーキスを去ることに対しフロストに何の異論もなかった。実際には、ヤーキスの台長はほっとしたに違いない。なぜかと言うと、この大学院生に望みにかなう給料の良い職を提示する資金がフロストになかったからで[34]、すばらしい別の将来がハッブルに見えたことを聞き、フロストは喜んだ。

博士号を目指す研究の中で、ハッブルは望遠鏡に向かって何百時間も過ごし、おびただしい数の星雲の写真を撮り、それらを分類した。それでも、ハッブルの論文が出版されると、その本文はわずか九ページ、表が八ページ、写真が二枚だった。分量がやや少なめになったのは、論文の最終段階で生じた異常事態のためであった。ハッブルは一九一七年六月に論文を書き上げようと計画していたが、その年の四月六日、ウッドロー・ウィルソン大統領がアメリカ合衆国の第一次大戦参戦を訴え、議会がそれを承認した。数日のうちにハッブルはフロストに、軍務につくための推薦状を書いてほしいと頼んだ。[35] 五月中旬に将校養成キャンプが始まると聞いたハッブルは、明らかに「不十分」[36]だと自分でもわかっている論文の最終稿を急いで提出した。フロストの助言を受け、ハッブルは変光星雲NGC二二六一のことを論文に加えて分量を増やした。それでもなおフロストは、この論文は権威ある『アストロフィジカル・ジャーナル』で出版するのが適切だとは思わず、それよりずっと認知度の低い『ヤーキス天文台報』に送った。そして、明らかに戦争による興奮状態が、ハッブルのあやふやな論文を書き直すことなく通過させたのである。この若い新人は最終口頭試問を見事に切り抜け、六人からなる委員会は彼に優等の成績で博士号を授与した。三日後の五月一五日、彼はシカゴの北のミシガン湖畔にある陸軍の駐屯地フォートシェリダンで兵役についた。[35]

ウィルソン山で約束されていた職に関して、すでにハッブルは一か月前ヘールに手紙を送り、[37] 予備役将校訓練部隊に入りたいが、このことが就職にどのように影響するかと尋ねていた。ヘールは、任務への志願は「当然のことだ」と答え、(あなたの天文台の籍は)「仕事につけるようになり次第更新される」[38] よう願っていると言った。ヘールは、ハッブルが将校訓練施設に入るのに必要だった推薦状の一通を書くことまでしたのである。

ハッブルの属した師団は一年間アメリカに留まって、ハッブルは主として新兵たちの教育をゆだねられた。この時点で天文学を学んだことが役立った。部隊長は、夜間行軍の道しるべに星々をどのように利用するかを仲間の訓練生に教えるよう、ハッブルに頼んだのである。他の人々は砲兵隊に入り中尉に任命されたが、ハッブルは歩兵隊を選び、そこでより高い地位の大尉になることができた。そして九月には、イリノイ基地第八六師団第三四三歩兵連隊の第二歩兵大隊で任務についた。「騒がしい世の中です」とハッブルは新しい駐留地から友人に手紙を書いた。[39]「昔、仲間の集まりがなくて淋しく思ったことなどとても想像できません」。

その貢献が高く評価されたハッブルは、入隊後わずか八か月で少佐に昇進した。結局彼は、一九一八年九月に首尾よくヨーロッパに行くことができ、部下たちは補充兵としてさまざまな部隊に再配属された。ハッブルはフランスの戦闘訓練部隊に送られたが、その後何が起こったか正確なところはわからない（軍務の記録は焼失している）。ハッブルは塹壕で戦闘を見たといつも主張し、妻には、その後、近くで爆発した砲弾で一時意識不明になり、野戦病院で意識を取り戻し、そこで素早く身支度をして、その場を離れたと話している。[40]しかし、除隊記録には、大小を問わずいかなる戦闘にも彼が加わったという記録はない。そして、それぞれの記録には「無」という文字だけが記されている。おまけに、彼の軍服には傷病兵であることを証明する山形袖章もない。[41]おそらく、その功績は戦中のどさくさにまぎれて正確に記録されなかったか、あるいはハッブルがオーバーな話を自作して自分をさらに飾り立て、それに疑問をまったく持たなかったグレースが彼の死後の思い出にその通りを記録したのだろう。一番率直で事実に即していると思われるのは、終戦直後にハッブルがフロストに手紙で「私はもう少しで砲火を浴びるところでした」[42]と知らせたことである。

伝えられるところでは、ハッブルは語学力があり、また法律に通じていたため、終戦後、ドイツのアメリカ占領軍司令部、フランスの前線指令部、パリのアメリカ平和委員会の仕事に任命されたという。そのような中で帰国の船を待つ間、ハッブルはアメリカ軍将校がイギリスの大学で勉強するプログラムのことを聞いた。彼はすぐさま指名されるよう準備を整え、一九一九年三月、他の二〇〇名のアメリカ軍将校や下士官兵とともにケンブリッジ大学に到着した。ジェームズ・キーラーと同様、ハッブルは人脈を作るのがうまく、当時、ケンブリッジにいた著名な天文学者たちと着実に親交を深めた。間もなく、ハッブルは王立天文学会会員に推薦された。ウィルソン山天文台からの訪問者たちは、当時イギリスで最も優秀な天文学者たちの主催する豪華な晩餐会に到着すると、彼らの仲間であるこの前途洋々の若手職員が、著名なイギリス人物理学者とイギリスのアストロノマー・ロイヤルの間という光栄な席についているのを見て驚いた。[43]

もし戦後の活動がさらに長引けば、ウィルソン山で約束された仕事を失うかもしれないと心配したハッブルは、一九一九年五月に、再確認をするため急いでヘールに短い手紙を書いた。そしてヘールに「私の興味はほとんど、星雲、それも暗い星雲を写真で研究することにあります[44]」と言って、自分について念を押している。ヘールはすぐに「君からの便りを待っていましたし、君がまだ天文台に来たいと思っていることがわかり、嬉しく思います[45]」と返事を書いた。ハッブルに提示された給料は一五〇〇ドルに上がり、もし研究の価値がわかればすぐにも昇進させるとヘールは彼に約束した。そして、ハッブルにできるだけ早く来るよう促した。それも「天文台では間もなく二・五メートル望遠鏡が使用可能になり、君の到着するまでには研究の機会が十分にできるようになるはず」だからであった。

ハッブルは八月一〇日にニューヨークに着いた。[46]つかの間の再会のためウィスコンシンの新居からわざわざ旅をしてきた母と妹に会うためシカゴに一泊してから、ハッブルはすぐにカリフォルニアに旅立った。彼はぴかぴかの軍服で正装し、周囲には「ハッブル少佐」と名乗ったので、以後多くの人々がハッブルをそのあだ名で呼ぶようになった。しかし、サンフランシスコでの除隊直後、ウィルソン山に姿を見せる前に、ハッブルはヘールに「今除隊したところです。よろしければすぐパサデナに向かいます」[47]と電報を打っていた。ハッブルはお追従を言ったのかもしれないし、自分のためにヘールがこれほど長く職を空けていてくれたのかまだ疑っていたのかもしれなかった。

仕事は間違いなく保証されていて、これ以上ないほど完全なタイミングでハッブルはウィルソン山天文台に現われた。一九一九年九月一一日[48]、彼がパサデナに到着したわずか約一週間後に、二・五メートル大望遠鏡は台員に対してのみ使用可能になった。それは、一九〇六年以来天文台長ヘールが待ち望んでいた瞬間だった。

第12章

大発見の一歩手前か、あるいは大きなパラドックスか

ジョージ・エラリー・ヘールは、それまでの名誉に安住することなどできなかった。彼は情熱の尽きることのない男だった。[1] イギリスの理論物理学者ジェームズ・ジーンズは、ヘールが「計画が実を結ぶまで休まず突き進む力」を持っていると言った。[2] アメリカの国立科学アカデミー会員への選出からイギリスの王立天文学会のゴールド・メダル受賞まで、四〇歳までに科学者としての主だった名誉をほとんどすべて与えられたヘールは、その後もさらなる勝利を強く望んだ。「彼は、科学研究と名誉だけでは足りなかったようだ」と、ジョージ・リッチーは、ヘールとの確執ののちこうあてこすりを言った。[3]「その上、大変な〝権力〟も持っていたはずだ。福祉事業をやれとか、やるなとか指示したり、天文台の内にも外にも、その影響力が届く限り、科学者の〝地位〟について指図する権力を——」。

ウィルソン山の一・五メートル望遠鏡が一九〇八年に稼働する前から、ヘールは新たな冒険へ思いをめぐらせていた。一九〇六年夏、ロサンゼルスの裕福な実業家で、南カリフォルニア科学アカデミーの設立者であるジョン・フッカーの家でヘールは週末を過ごし、近年の夢について夢中になって話し込んだ。[4] 夢は再び、さらに大きな望遠鏡に向かっていた。ヘールは、山にのぼらずにはいられない登山家のように、次に挑む山をつねに見据えていたのである。口径二・五メートルの大きさで、天文学の生命線である光を一・五メートル望遠鏡のほぼ三倍集められる鏡についてヘールは話し、アマチュア天文家であるフッカーの心をとらえた。その後、ヘールとリッチーはフッカーに手紙を出し、このような巨大な鏡がどのように役立つかおよその説明をした。そこには、それによって何万もの星雲の謎めいた性質が明らかになりそうだということも含まれていた。[4]

ヘールのカリスマ的人格は、リッチーの技術面での専門的知識も加わって魔法を起こした。（ヘールもリッチーも）当時は誰も、鏡となる四トン半ものガラス円盤を鋳造し、研磨し、架台に乗せられるかどうかわからなかったが、それにもかかわらず、機械設備で富を築いたフッカーは、数週間のうちに鏡を作る出資を約束した。これほど巨大なガラス円盤は、それまで作られたことがなかった。ヘールの弟のウィルは、かつてジョージのことを世界一の山師と呼んだことがあった[5]。二・五メートル鏡の注文は彼のこれまでで最大の賭けで、しかも、それはほとんど失敗するところだった。

一九〇八年一二月、巨大なガラス円盤が製造元のフランスから到着したが、パサデナのサンタバーバラ通りの天文台本部で梱包用の木枠が外されるとすぐ、そのガラスにひどい欠陥があることに誰もが気づいた。泡が円盤全体に散らばり、ガラスの溶け具合は不完全だった。横から見るとガラスが三層に見えたのである。このような欠陥があると、鏡が均一に膨張・収縮するかどうかが怪しく、したがって、望遠鏡のドーム内の温度が夜間に変化すると、像を安定させるのはおぼつかなくなる。「これにお金は払えない！[6]」とヘールはきっぱり言った。

新しい鏡が注文されたが、その一番よいと思われた候補のガラスは冷却時に割れてしまった。資金が尽きたヘールは、たとえ不完全でも、最初の鏡用のガラス円盤を土台にして磨くことに決めた。この決断には、フッカーもリッチーも猛反対した。ヘールが行なったこの挑戦のことも絡み、フッカーは、ヘールが自分の妻と友人であることにだんだん嫉妬と敵対心を募らせていった。かつては同志だったフッカーは、今では新たな要求にはすべて難癖をつけ、ヘールを意気阻喪させる敵対者になった。これらの葛藤が重なったヘールは気持ちが「切れて」しまった。孤独好みの神経質で心配性の母に似たヘールは、初めて神経衰弱にかかった。この病気は、恐ろしい悪夢やひどい頭痛を引き起こすもので、ヘールはその生涯で何度も病むことになった。かつては無尽蔵と思われるほどみなぎっていた気力は、ついに燃え尽きたのである。ヘールの妻はウォルター・アダムズへの痛切な手紙で、今は「ガラスが海の底に沈めばいい(7)」と思っていると書いた。

この頻発する神経衰弱から、症状が出ている時は幻覚により彼の人生に忠告を与える小さな「小人」が見える、というよく知られた神話が生まれた。ヘレン・ライトは、ヘールに関する有名な伝記で「小男」の幽霊と言ってこの話を初めて詳しく語った。そして他の著者たちがライトの話を膨らませ、「小人」という言葉を使いはじめた。この伝説は、ヘールがある友人に書いた手紙に端を発していて、彼はそこで「小悪魔」が彼をさいなんでいると言った。ウィンストン・チャーチルが鬱になった時それを「黒いイヌ」にたとえたのと同じように、ヘールもただ、文字通りではなく比喩のつもりでその鬱を「悪魔」に擬人化したのである。精神分析家のウィリアム・シーハンと天文学者のドナルド・オスターブロックは、ヘールの症例をこのように見ていた(8)。

最終的に、リッチーは欠陥ガラスに関するヘールの命令を遂行した。歯を食いしばり、文句を言い続けながらも、彼は一九一〇年に欠陥円盤の削りと研磨を始め、この骨の折れる仕事を一九一六年についに完成させた(9)。六年を経て円盤は見事に完璧な形になった。続いて、曲面のガラス表面に銀メッキが施され、ついに本物の望遠鏡の主鏡に成形された。その間ずっと、ボルト、リベット、鉄骨など、架台とドームの材料がすべてトラックでせっせと山に運び上げられていた。重さ四トンの鏡は、一九一七年七月一日に運び上げられた。この作業が続く間、天文台はウォルター・アダムズにとって「宣伝が行きすぎるほどだった(10)」。パサデナ警察は、交通上の問題が生じるかもしれないという連絡を受けたので、橋は警備され、副保安官たちが山頂に運び上げられる鏡に同行した。

そのちょうど四か月後、戦争のさなかに、フッカー望遠鏡は最初のテストが行なわれ、その結果、二・五メートル望遠鏡の外観にふさわしくドイツの有名な榴弾砲を想定して、光の「ビッグ・バーサ」

ウィルソン山天文台の口径2.5mフッカー望遠鏡の全景（AIP Emilio Segrè Visual Archives）

というニックネームがつけられた。一一月、その最初の夜に立ち会った人々の中には、ヘール、アダムズのほかに、大学で講演するためその時パサデナを訪れていたイギリス人の詩人アルフレッド・ノイズがいた。台長のヘールは観測台への黒い鉄階段を最初にのぼり、その時目標天体として選ばれ、夜空に明るく輝いていた木星を接眼鏡で覗いた。恐ろしいことに、その惑星は一つには見えず、像が六つにダブっていた。どういうわけか、鏡がゆがんでいたのである。リッチーの警告した通りの、たくさんの泡が像をひどく損なう物理的欠陥なのか、それとも、作業員がその日ドームを開けたままにして鏡を暖めたため生じた単なる一時的なゆがみなのか？「憂鬱な気分がさらに増したのは、その時ちょうど、カポレットのイタリア軍が大敗したニュースが届いたことでした。私たちはドームの床に座り、イタリアは完全に戦争から離脱するのかと思いをめぐらしていたのです」とアダムズは何年かのちにこう回想した(11)。

夜の空気で鏡が冷えるのを辛い気持ちで何時間も待ったあと、皆「修道院」へ戻った。ベッドと机だけが備えてある空き部屋でつかの間寝ようとしたが、眠れないことがわかったので、午前二時半ごろ、最初にヘールが、続いてアダムズが、真鍮と鋼鉄でできた「カテドラル」に戻ってきた(12)。もう木星は見えなくなっていたので、夜間の助手が望遠鏡を動かすと、この重い望遠鏡は水銀タンクに浮かせて底を支えているため、ほとんどきしまず滑らかに回転した。望遠鏡の新たな目標天体は、明るい青色恒星ヴェガだった。ヘールはもう一度接眼鏡を覗いて、今度は歓喜の叫び声を上げた。星像は見事なものだった。結局、鏡は修復が一切不可能なのではないことがわかり、皆ほっと胸をなで下ろした。ノイズはのちにこの歴史的スタートをたたえ、ヨーロッパで継続中の戦いに刺激された隠喩にあふれる「空を見る人々」という詩を書いた。

それは天高く輝いていた。
人類の冒険心は
あらゆる思想、希望、夢とともにある。
その高みで、私は知っていた
天空の探検者たち、科学の開拓者たちは
今や　その闇をふたたび攻撃せんと構え
新世界を勝ち取ることを。

……二〇年の辛苦、報われよ、と彼らは望む
そして、人類により作られた最も気高い武器を
空へ向ける。
戦いが彼らの歩みを遅らせた　彼らは軍を引き揚げ
さらに陰鬱な武器を設計した　だが
これに優る銃はなかった……。
我々は一インチずつ　そっと力にしのび寄る
ヨーロッパはなお「大いなる四〇インチ」に信頼を託する
今夜もまた　我々の古い六〇インチは任務につく
そして今、一〇〇インチが……　この新たな銃口が
何を見出すか　私には　とてもわからない[13]。

しかし、この望遠鏡の長く立派な「銃口」は最後の準備に遅れをとり、完全な稼働には至らなかった。「実際は、ここでの戦争に関する仕事が二・五メートル望遠鏡の仕事を完全に止めたのだ」とシャプレーは一年後に同僚に話している。「戦時の仕事のため、工場ではこちらの仕事をほとんど何もできなかった[14]」。たとえばリッチーは、双眼鏡、距離計、潜望鏡などの軍需品のためのレンズやプリズムの製作に注意を向けなければならなかった[15]。ひとたびアメリカ合衆国が連合国側として公式に参戦すると、ウィルソン山光学工場はすぐさま戦争に向けての仕事に携わるようになったのである。

二・五メートル望遠鏡による観測が本当に始まったのは、戦争が終わり、必要な人員が最終的に軍

の仕事から戻ってきてからのことだった。月や星雲のその最初の像は、このように巨大な望遠鏡が高嶺の花だったはるか昔、ヘールがフッカーに約束した以上にすばらしいものだった。「この豊かさの中にあって一番難しいのは、あちこちに目を向けたい誘惑に耐えること、そして、雑多なデータを山ほどため込むのではなく、きわめて重要な問題の解決に向けて観測計画を立てることです」とヘールは言った。(16)

ヘールの優先順位リストの上位にあったのは、宇宙の本当の大きさと性質を最終的に決定することで、それに専念するつもりでハッブルが引き受けた仕事であった。

ハッブルがウィルソン山で最初に観測したのは、一九一九年一〇月一八日の夜だった。当時、山への道のりは車で約一時間だった。(17)道は車一台分の幅しかなかったので、麓の料金所の管理人は天文台に、ウィルソン山頂へつながる一本の電話で、車が走行中だと注意を促した。戦争のため二年以上実際の観測から離れていたハッブルは、その秋の夜、最初、クック・レンズと呼ばれていた二五センチの屈折望遠鏡を使い、望遠鏡の操作法を思い出すことにした。望遠鏡は小さかったが広角だったので、空の探索はとても簡単に行なうことができた。彼は北アメリカ星雲（はくちょう座にある散光星雲）の写真を撮り、それから望遠鏡をオリオンのベルト近くにあるループ状のガス星雲に向けた。天球の馴染みの領域を追ううちに、望遠鏡操作の勘が戻ってきたハッブルは、これから数か月間の観測戦略について考えをめぐらせていた。

七日後、ハッブルは一・五メートル望遠鏡を使ってみた。(18)彼は、ペルセウス座の中の豊かな星形成領域である星雲NGC一三三三を写真に撮り、それから、ヤーキスの院生時代に最初に気づいたお気に入りの変光星雲〔NGC二二六一〕がどうなっているかを調べた。すると、最後にちらと見た「一九一六年以降、［そこに］劇的な変化が生じていた」ことに気づいた。

一〇年後にハッブルの献身的な共同観測者となったミルトン・ヒューメーソンは、天文台で観測が開始されたこの時期に、初めてこの若い天文学者に出会った。「彼は一・五メートル望遠鏡のニュートン焦点で写真を撮っていて、立ったまま天体の追尾をしていました」と、ヒューメーソンはずっとあとに回想している。[19]「パイプをくわえ、長身で精悍な姿は、空にシルエットをくっきりと映し出していました。爽快な風が軍用トレンチコートをひるがえし、パイプからは時にドームの闇に向かって火の粉が吹き上がっていました。ウィルソン山天文台の基準では、その夜のシーイングはきわめて悪かったのですが、暗室で写真乾板を現像して戻ったハッブルは歓声を上げていました。そしてこう言いました。『もしこれがシーイングの悪い時の写真乾板なら、ぼくはウィルソン山の望遠鏡でいつでも使い物になる写真を撮ることができるよ』。……自分は何がしたいのか、そしてどのようにそれをするか、彼は確信を持っていたのです」。

クリスマスイブに、ハッブルは彼が「魔法の鏡[20]」と呼んでいる二・五メートル望遠鏡で最初のテストをした。その集光力はとても強力で、八〇〇〇キロメートル離れたところに置いたロウソクの火を見ることができるはずであった。ハッブルにとって、これ以上ふさわしいクリスマスプレゼントはなかったろう。夜の帳がおりるころ、大気の状態はほぼベストだったし、これから満ちていく三日月は西の空に没しようとし、空の暗い時期であった。天空で最も暗い天体を探し出すには絶好の機会だった。最初に、ハッブルはプレアデス星団付近のかすみがかった恒星を写真に撮った。[21]六〇分間の露光で、その星雲のような姿はかなりはっきりと撮れた。その後、彼はさらに、小さな惑星状星雲と〔再び）変光星雲ＮＧＣ二二六一の二つの天体を追った。巨大望遠鏡をこの標的に向けたハッブルは、その夜最高の写真を撮ることができた。間もなくその変光星雲は彼の観測で縁起のいいマスコット人形となった[22]。

撮影が終わり、その結果が見たいと特に思った時、ハッブルは暗室に直行し写真乾板を現像した。一枚一枚の写真乾板は、乾くと正式な観測記録の中に入れられ、番号のついた封筒にしまわれた[23]。ハッブルは彼が撮影した写真乾板に独自のコードを使って印をつけ、たとえば「H 31 H」は、「一・五メートル〔フッカー〕望遠鏡、写真番号三一、撮影者ハッブル」を意味した。

ウィルソン山天文台でのハッブルの最初の仕事の一つは、フレデリック・シアーズと一緒に〝星雲状の恒星〟――プレアデス星団の中の恒星のような、輝く物質からなる散光星雲に取り巻かれた恒星――の色を決定することだった。この仕事に彼はまず一・五メートル望遠鏡を使い、かなり早く『アストロフィジカル・ジャーナル』で論文を出すことができた[24]。それは、ウィルソン山におけるハッブルの主要目的の準備作業だった。彼は博士論文で着手した暗い渦巻き星雲が本当は何なのかを正確に理解するゴールに近づいていた。のちにスライファーに話したように、ハッブルは「星雲と宇宙との関係を明らかにする」[25]ただ一つの問題に取り組んでいたのである。

このころ、ヘンリー・ノリス・ラッセルは、渦巻き星雲に関していらだちを募らせていた。相容れない観測結果があまりにもたくさんあったからである。渦巻きの雲の中に時たま発見される新星は、その星雲が〔私たちの〕恒星系からはるかに遠いところにあることを暗に示していた。しかし、当時ファン・マーネンはその星雲が回転するのを見ていた。もし渦巻き星雲が本当に遠くにあるならその〔回転〕速度はありえないものであった。「私たちは大発見の一歩手前まで来ているか、あるいは、誰かが正しい糸口をつかむまでの間、おそらく大きなパラドックスを見ているかのどちらかです[26]」と、ラッセルはあえてこのような言い方をした。

一九二〇年代初頭は、まさに難局を打破する時のように思われた。戦争が終わり、鬱積したエネルギーが、あふれ返るほどの発明や優れた考え方に活力を与えていた。今ではアレゲニー天文台に落ち着いているヒーバー・カーティスは、特に新式の娯楽メディアに夢中になっていた。「講義室に入ってボタンを押しさえすれば、二〇キロメートルほど離れたピッツバーグ東部から無線電話で送られてきた〔アメリータ・〕ガリクルチやラフマニノフのレコードが聞けるのです」と、彼はリックのかつての上司キャンベルに手紙を書いた[27]。「ウェスティングハウス社がサンフランシスコで放送局を開局すればすぐ、山では受信器とアンプのセット一つで楽しめるでしょう。彼らは、音楽、市況情報、ニュース、演説などを発信します……。私たちは、ここにその実験設備の一つを借りています（最終的に私たちにくれるとよいのですが）。これはアエリオラ・グラウンド〔ウェスティングハウス社のラジオ受信機の商品名〕と呼ばれ、あなたの持っている小さい蓄音機と同じくらいの大きさです。それ自体は単純で、ボタンが一つとダイアルが一つだけ、調整の必要はなく、長さ約二五メートルの一本の電線がアンテナになっています。日曜日の礼拝には誰も来やしません！」。

ウィルソン山天文台では、アルバート・A・マイケルソンとフランシス・ピーズが干渉計と呼ばれる特殊な機器を二・五メートル望遠鏡の前面に据えつけ、恒星の直径の最初の測定に成功した。オリオン座のベテルギウスが彼らのお目当ての星だった。もし、オリオンの右肩の赤色巨星が私たちの太陽系の中にあるとしたら、それは木星までの惑星を飲み込んでしまう大きさであることがわかった。そしてもちろん、当時ウィルソン山にいたハーロー・シャプレーも、銀河系の大きさを変える観測をしていた。

ハッブルとシャプレーは、シャプレーがハーヴァードに移るまでの約一年半、同じ時期にウィルソン山天文台の台員だった。しかし、この短期間の彼らの関係は、およそ同じ同僚とは言いがたいものだった。二人ともアメリカ中西部の出身だが、生まれた大陸が違うかのように異なっていた[28]。ハッブルは洗練された雰囲気を身につけていて、同僚に対して控えめに振る舞っていた。この若者から冷たくよそよそしい雰囲気が消えることはなかった。ハッブルは同僚たちと距離を置き、威風堂々たる雰囲気を持ち続けていた。そして、いつもパイプをくわえ、時に煙の輪を部屋に吐き出し[29]、火のついたマッチを投げ上げてはつかんだりした。他の天文学者たちが言うように、彼は「内輪のメモも、アメリカ憲法の前文のようにしか書くことのできない[30]気取り屋[31]」だった。一方、シャプレーは、騒々しく親しげな田舎風の流儀を保ち続けていた。ハッブルが観測の際、ジョッパーズ〔乗馬ズボン。腰からひざまでが膨らみ、ひざ下が細くぴったりしている〕、革の巻きゲートル、ベレー帽を身につけたり[32]、「ふふん、なるほど」と言いながらその辺を歩き回ったりする気取り[33]は、シャプレーにはとても我慢がならなかった。彼には飾り気のない「ミズーリなまり」がお似合いだった。シャプレーがアドリアン・ファン・マーネンと親しかったことは、二人の中西部人が打ちとけることをますます難しくしていた。「ハッブルは、ウィルソン山に着いた時からファン・マーネンが嫌いでした。ファン・マーネンが彼を無視していたからです」とずっとあとにシャプレーは言っている。その理由は、ハッブルより年上だったファン・マーネンが、二・五メートル望遠鏡の使用時間を彼と分けなければならず、警戒心をあらわにしたためかもしれない。しかし、シャプレーは「ハッブルはただの人嫌いでした。協調性がなく、一緒に働く時に気遣いを見せませんでした」とも言っている[33]。

ウィルソン山でニッカーボッカーズを履いたエドウィン・ハッブル（The Archives, California Institute of Technology の好意による）

ハッブルとシャプレーとの間の冷ややかさや緊張は、一つには、戦時中の体験の相違にも関係があるに違いなかった。ハッブルは研究生活を一時棚上げにし、自分の研究を誰か他の人が代わりにやってしまうかもしれないリスクを冒しても、ただちに戦争に志願した。戦争を憎んでいたシャプレーは、ヘールが留まるように説得したとやんわりほのめかし、「良心的兵役忌避者」[34]としてウィルソン山に留まり、球状星団など、ハッブルが取り組みたいと思っていた研究を引き受けた。しかし、ハッブルには幸いなことに、謎に満ちた星雲の分析は、彼が海外から戻ってきた時も、まだ議論の余地が十分にある分野だった。そして、ひとたびシャプレーがハーヴァードへ発つと、ハッブルはついに、当時天文学界の寵児だったシャプレーがウィルソン山天文台に振りまいていた恐るべき影響力の外へ踏み出すチャンスをつかんだのだった。

ハッブルは最初に、銀河系内の散光星雲について広範囲な研究を行ない、それらの多種多様な型を同定し、何がその光源であるかを記述した。しかし、それだけではなく、彼はまた、この研究の中で遭遇した「非銀河系星雲」も追跡し続けた。ハッブルは島宇宙理論に共感する方向へ確実に向かっていた。ヤーキスの大学院生だった時、彼は、渦巻き星雲が高速であることは「それがしばしば数百万光年の単位の距離にある恒星系であるという仮説に、いくばくかのもっともらしさを与える」[35]と特に注目していた。しかしハッブルは、ウィルソン山の台員になると、少なくとも出版物の中ではずっと用心深くなった。彼は「慎重」の権化になった。一九二二年の『アストロフィジカル・ジャーナル』の論文で彼は、「非銀河系」の用語は、渦巻き星雲が必ずしも「私たちの銀河系の外」にあることを意味するのではなく、これらの星雲が銀河系面〔天球上の天の川〕を避けて存在する傾向にあることを意味すると強調した。[36]この時点では、もはやハッブルの論文には、ヒーバー・カーティスやヴェスト・

スライファーの論文のような、島宇宙や他の銀河に関する多くの参考文献が含まれていなかった。ハッブルは、その研究報告の特徴になる用心深い言葉遣いをし、かなり中立的な表現をとりはじめていた。彼は批判を避けるため、今や自分の意見の偏りを意識的に隠していたのである。

しかしハッブルは、自分の観測計画についてははるかに多弁で率直だった。一九二二年二月、彼は、国際天文学連合星雲委員会のメンバーであるスライファーに、星雲研究の長期的戦略に関するタイプライターで書いた長い手紙を送った。それは星雲研究への全面的な挑戦になるものであった。ハッブルはそれらの構造を突きとめ、宇宙での配置を確定し、大きさを測定する予定だった。そして、島宇宙理論の隠れた信奉者として、渦巻き星雲中に恒星――その膨大な集まり――が存在する動かぬ証拠を得たいと思っていた。このためには、新星の発見が決定的な証拠になることを彼は知っていて、「アンドロメダ〔星雲〕のほかに、最も大きい五、六個の星雲の中に新星を注意深く探す必要がある」と国際天文学連合に熱心に説いた。[37] 今やハッブル少佐は、軍事戦略で得た教訓を、天文学的な標的を射止めることに応用していた。

「[ハッブルの]手紙にはいささか面食らったことを白状しなければなりません」と、やはりハッブルの研究計画の写しを受け取ったリックの天文学者だったウィリアム・H・ライトは言った。[38]「ひとたび彼が方法をつかんだら、星雲の秘密がすべて暴かれることはわかっていました。ハッブルは大した男でしたから、私はただ、彼がやりとげたいと思っている研究を一部なりとも遂行する力とエネルギーがあることを望むばかりでした」。

委員会に席を連ねた当初のハッブルは、星雲の分類体系に特に熱意を燃やし、[39] 国際天文学連合がそれを採用することを望んでいた。ハッブルにとり星雲を適切に分類することは、その物理的性質を決定するのに必要不可欠な最初のステップだった。一九二三年までに、彼は非銀河系星雲を、楕円型と渦巻き型の二つに分けた。楕円型はいくぶん卵のような形をした不定形のシミのように見え、渦巻き銀河はもちろん見事な回転花火の形だった。もし、渦を巻く円盤の明るい中心部が丸く膨らんだ形であったら、彼はそれを「普通の渦巻き」と呼び、横に伸びていたら「棒渦巻き」と呼んだ。マゼラン星雲のように形が無秩序でどちらの分類にも入らない「非銀河系星雲」は「不規則」に分類された。しかし、国際天文学連合の委員会はハッブルの命名法をなかなか認めようとせず、いくつかの変更を要請した。この抑えつけは長期間にわたる軋轢を生んだ。長いこと待たされていた間に、クヌート・ルンドマルクが似たような体系を示す論文を出版したからで、これはハッブルを怒らせた。彼はこのスウェーデンの天文学者を剽窃と言って非難した。やがてハッブルは、委員会での仕事に熱心ではなくなり、天文学総会にも出席せず、共同執筆もしなくなった。いくつか例外はあったものの、彼は一人で研究を行なう方向に向かった。これには他の理由もあったかもしれない。公の場には堂々とした姿を見せたものの、ハッブルは本当は「ほとんどつき合いのない同僚に囲まれるのは病的なまでに苦手だった」と、後年のハッブルを知るアラン・サンデージは強調している。[40] ハッブルは独自の方法で星雲の分類を進め、時を経て彼の分類は、結果的に天文学の世界に受け入れられていった。

一九二三年にのべ四七夜を山頂で過ごしたハッブルは、一・五メートル望遠鏡と二・五メートル望遠鏡を両方使って天空のさまざまな星雲を調べた。彼は予備調査の途中だった。繰り返し調べる星雲はほとんどなかったが、一八八四年、ヤーキスのかつての同僚E・E・バーナードが最初に発見したいて座の星雲NGC六八二二に彼は特に注目した。この星雲は一群の星雲の中で特に目立っていたが、

ウィルソン山で並ぶ口径 2.5m 望遠鏡（左）と口径 1.5m 望遠鏡（右）のドーム（The Archives, California Institute of Technology の好意による）

それは南半球のマゼラン雲に驚くほどそっくりだったからである。

七月までにハッブルはNGC六八二二の中に五個の変光星を見つけ、このことをハーヴァードのシャプレーに知らせた。そして、ハーヴァード天文台が保管している写真乾板に写っているこの天体をシャプレーが調べているだろうかとそれとなく尋ねた。シャプレーは返事を書いた。「そういう救いがたいほど暗い星雲を見つけ出すとは、二・五メートル望遠鏡はなんと強力な機器でしょう。NGC六八二二について言うと、マゼラン雲のような恒星の雲であることは確かだと思います[41]」。シャプレーとハッブルの間には失われるほどの親密な感情があったわけではなかったが、おそらく、「友を近づけよ、しかし敵はもっと近づけよ」という古いことわざを守って、二人の天文学者は丁寧な手紙のやりとりを続けた。実際のところ、彼らはお互いを必要としていた。シャプレーは世界の重要な天体写真のコレクションを調べていたし、ハッブルは世界最大の望遠鏡をすぐ使用できる立場にあったからである。

シャプレーはNGC六八二二の距離を、その大きさとその中の最も明るい恒星の見かけの等級を大マゼラン雲中のそれと比較することによって概算した。興味深いことに、出てきたのは約一〇〇万光年という数字だった。「少なくともそれは、知られている中で一番遠い球状星団の三倍から四倍の距離にある巨大な恒星の雲で、おそらく銀河系の果てをはるかに超えたところにあると思われる」とシャプレーは一九二三年一二月の天文台の『会報』で報告した。[42]『サイエンス・サーヴィス』によるニュース・レポートはすぐにそれを「人類が見た最も遠い天体であり、恒星によるもう一つの宇宙[43]」と呼んだ。NGC六八二二は渦巻き星雲ではないが、それが銀河系の外に存在する巨大な恒星系である証拠を確かにシャプレーに示していた。しかし、この恒星の雲の距離の算出は、シャプレーにとってはなお、渦巻き星雲の謎に対し何の意味を持つものでもなかった。そのため彼は、頑なに信念を持ち続け、渦巻き星雲は「その大きさからいって銀河ではなく、組成も恒星ではない[44]」という言葉をさまざまな出版物で広め続けた。

ハッブルはNGC六八二二を時間をおいて五〇枚以上の写真に撮り、一五個の変光星を見つけた。そして二年後に「一一個は明らかにセファイド変光星である[45]」と最終的な報告をした。それらを標準光源として使用し、ハッブルはその距離を約七〇万光年と算出した。それは明らかに、シャプレーによる新たな超巨大サイズの銀河系の端を超えたところにあった。「NGC六八二二は銀河系の縁のはるか外に存在し、したがってそれは、はるか彼方の宇宙に存在するものを考察する際の足がかりになる[46]」とハッブルは言った。NGC六八二二に関するハッブルの初期の研究は、セファイド変光星が渦巻き星雲の距離の指標となるという自信を彼に与え、同時に行なったいくつかの観測は、実のところ最初に報告したいと思うものであった。

二・五メートル望遠鏡での観測は、高さ三〇メートル、幅もほぼ同じくらいある記念碑的ドームの中でバレエの振り付けをするようなものだった。ハッブルは、写真撮影中に愛用の曲げ木細工の椅子にもたれ、闇の中でパイプをただ静かにくゆらすことができた。しかし、ドームの開く方向にセットされたレールに沿ってどんな高さにも調節できる観測台にのぼり、高所の空気に身をさらすこともあった。夜空が頭上でゆっくり回転するのに合わせて、望遠鏡の運転時計が望遠鏡を動かし、彼と助手はその進行が地球の自転と確実に同期するようにした。同時に、望遠鏡がドームの内壁に向かずに宇宙を覗き続けられるようにドームを回転させ、観測台の高さを調節しなければならなかった。「これは天体観測の最高の経験でした。暗い静かなドーム、音をたてずに動く怪物のように巨大な望遠鏡、そして、危険な観測台の制御、それらはすべて並外れて重要な問題に関するデータ収集のためだったのです」とウィルソン山の天文学者のサンデージは書いている[47]。来る夜も来る夜も宇宙の舞いは続いた。もし曇りになってもハッブルにはほかにすることがあった。「まずデスクワークを行ない、内容の重い本を読み、それから推理小説を読むのです[48]」と彼は言った。

予定されていた休憩は、真夜中の「ランチ」だけだった。初期のころ、それは一・五メートル望遠鏡の下にあるコンクリートの倉庫の中で供される堅いビスケットとココアだけだった（ヘールはコーヒーは「不健康」だと考えていた[49]）。その後、天文学者たちは、パン二切れ、卵二個、バターとジャム、コーヒーか紅茶のどちらか一杯を[50]、一・五メートル望遠鏡と二・五メートル望遠鏡の間に建てられた小屋で出されるようになった。それは悪名高い締まり屋である天文台長ウォルター・アダムズの思惑

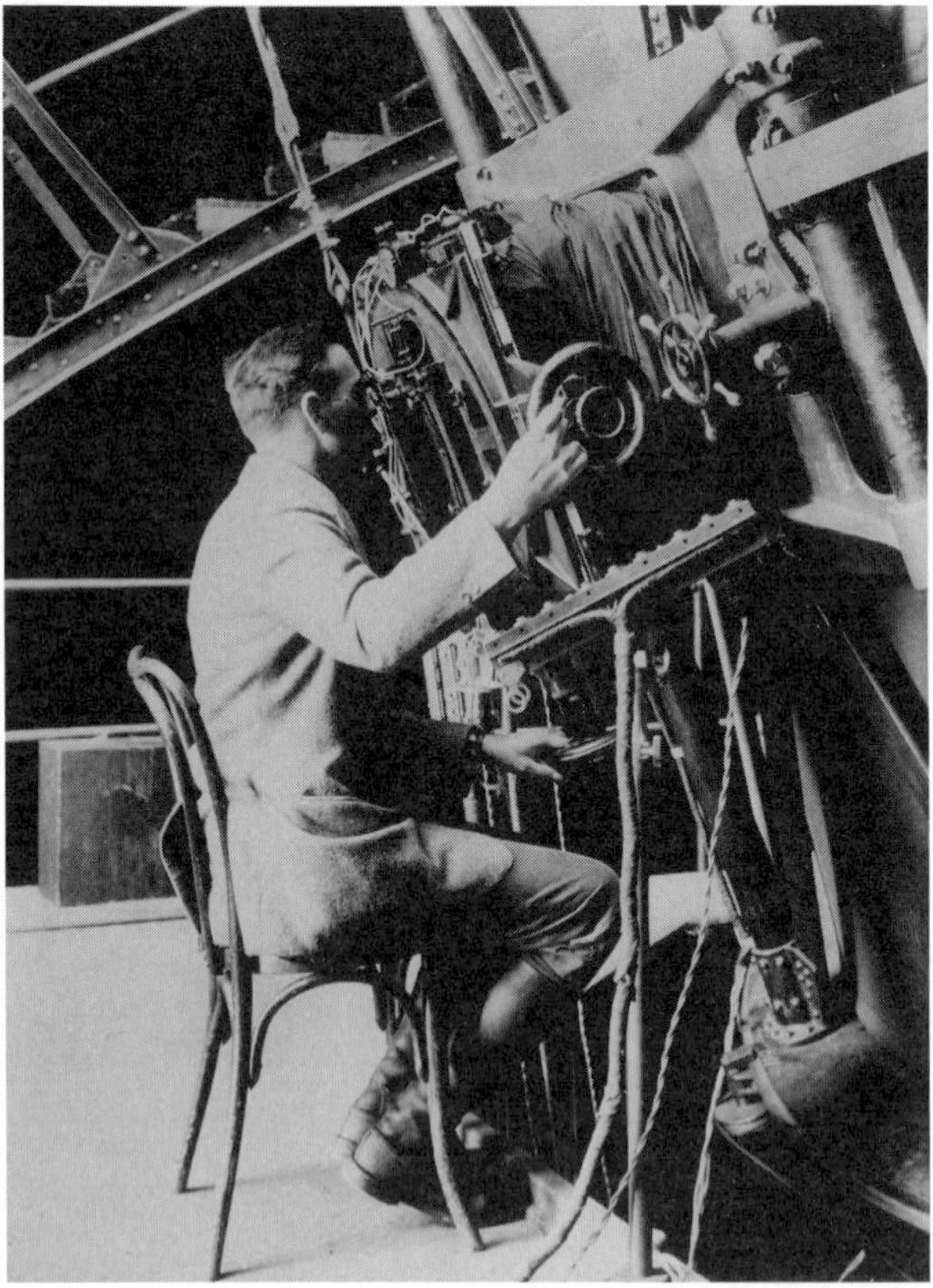

お気に入りの曲げ木製の椅子に座って口径 2.5m 望遠鏡で観測するエドウィン・ハッブル（The Huntington Library, San Marino, California の許可を得て掲載）

で出される粗食であった。のちにハッブルは、自分の皿を自分で洗うようになり[51]、夜間の助手たちを皿洗いの義務から解放して、彼らの尊敬を得た。助手たちは、ハッブルが効率的であることも気に入っていた。ウィルソン山の他の天文学者たちと違い、彼はいつもよく考えられた観測計画を手元に置き、その通りの観測を実行した。作業はその道の達人にゆだね、その分彼らに専門家の手腕を期待した。「彼となら自分のやるべきことがわかるのです[52]」とヒューメーソンは言っている。

当時のハッブルの観測は、目標天体を決まった順に几帳面にめぐっていたため、かなりのルーティン作業だった。彼の頭は星図が収まっていることで有名で、一〇〇個あまりのメシエ天体は彼にはアルファベットのように馴染み深いものだった[53]。七月一七日、シャプレーがその年のもっと早い時期にうしかい座の中で二度見たと報告している新しいかすかな星雲[54]の確認作業のところで、ハッブルは立ち止まった。一五〇分間の露光でも成果はなかった。天空のその領域には何も見つけられなかったのだ。「シャプレーの天体はおそらく何かの間違いだろう[55]」とハッブルは観測記録に記した。八月一五日に撮った写真から、彼は小惑星の通った跡を突きとめた。このルーティン作業は何週間も続いた。

そして一〇月に、驚嘆の時が訪れたのである。

発見

第13章

空全体に
無数の世界が
ちりばめられ

一九二三年一〇月四日。シーイングは悪かったが、秋の夜空の獲物を追うには十分（と言っても辛うじてだが）だった。ハッブルが最初に二・五メートル望遠鏡を向けたのは、長いこと研究し続けている遠く離れたマゼラン雲に似た恒星の雲、ＮＧＣ六八二二だった。巨大望遠鏡の回転とともに、金属的なウーンという響きがし、それからカチカチという大きな音がひとしきりし、最後に望遠鏡が正しい方向に向いた「カチッ」という音がした。[1] 写真の露光に一時間をかけたあともハッブルは観測を続け、小さく丸い星雲M三二をしばらく調べた。それから、少しだけ望遠鏡を動かし、島宇宙論争で最大の観測対象となっている有名なアンドロメダ星雲M三一の写真を撮った。[2] その時シーイングは、他の天文学者たちなら店じまいするところまで悪くなっていた。しかし、ハッブルはねばり強く観測し続け、さほど良く見えないにもかかわらず、間もなくアンドロメダ星雲のヴェールの中に新しい光の点があるのに気づいた。それはまさに、星雲を広範囲にわたって探査する中で彼がいつかは発見したいと望んでいたものだった。アンドロメダ星雲の中には以前も新星が見えたことがあり、それは珍しいことではなかった。しかし、ハッブルは、また新星が見えたことがアンドロメダ星雲の秘密を暴くのに役立つと確信していた。「新星と思われる」。ハッブルは写真乾板「**H 331 H**」の観測日誌に黒インクで几帳面に書き記した。アンドロメダの写真を四〇分間撮ったあと、彼は観測を終了する前に、続けてもう一個の棒渦巻き星雲を調べた。

その次の夜、ハッブルは追跡調査のため二・五メートル望遠鏡に戻った。今度は大気の具合は前より良く、少なくともしばらくの間は澄んで安定していた。空の状態が最も良くなった時、彼は望遠鏡をアンドロメダ星雲に向け、再びその新しい光の点を見た。「**H 331 H** に新星と思われるものを確認」とハッブルは観測日誌に書いた。

しかし、望遠鏡の接眼鏡を通して見ても、新たに現像された写真に目を走らせても、すべてが簡単にわかったわけではなかった。新星を確認するため一〇月五日に四五分間露光した「H 335 H」の写真乾板は、その後ハッブルのパサデナの研究室に持ち帰られ、さらに詳細に分析された。そこで彼はアンドロメダ星雲の中に、一つだけではなく三つの新しい光の点を見つけた。彼はさらに二つの新星を見ていたことがわかり、位置を示すために写真乾板のそれぞれの横に「N」と記した。

マゼラン雲に似たNGC六八二二に関するこれまでの研究から、新たに見つかった天体が本当に新星で、何か他の現象ではないことを確かめなければならない。ハッブルにはそれがわかっていた。その確認のため、彼は、天文台本部の耐震構造の貴重品収蔵庫に保管されている膨大な量の写真乾板を調べた。彼は、天文台の天文学者たちが撮ったアンドロメダ星雲の過去の写真を一九〇九年までたどりはじめた。自分の最新の写真乾板と過去の写真乾板とを比較した彼は、二つの光の点がこれまで一度も見られなかった恒星の増光、つまり本当の新星であることを簡単に突きとめることができた。しかし、星雲の中心から最も離れたもう一つの点は、以前にもその付近にあった。写真乾板を次々と見ていくうちハッブルは、時がたつとこの小さい光のしみが明るくなったり暗くなったりしているのに気づいた。それは新星ではなく、ある種の変光星だったのだ。この時点でハッブルは「H 335 H」の写真乾板に戻り、この特別な点のそばの「N」を消し、かわりにその下に「VAR!」と書いた。「!」はこの発見の重要性を強調する印だった。彼は天の金星《きんぼし》を射止めたのである。ひとたびこの「星の宝」を手中に収めた彼は、それを手放そうとはしなかった。

ハッブルは、収蔵庫の写真乾板に写っている変光星の光度の増減をさらに注意深くたどった。また、天空の探査も続け、アンドロメダ星雲を何度も何度も観測し直した。それは、この時期、一年の中で

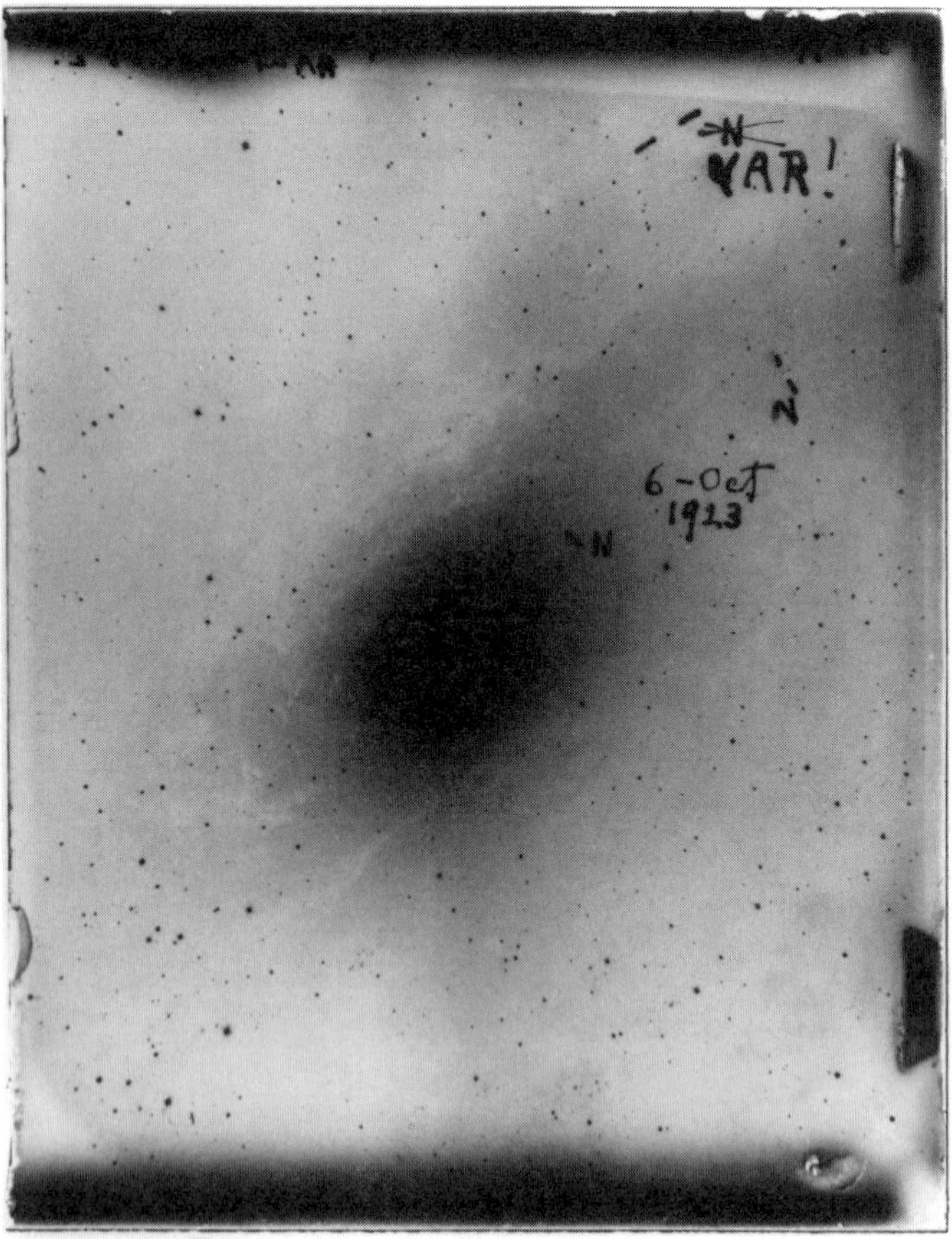

エドウィン・ハッブルがセファイド変光星（最初に渦巻き星雲中の新星としたのは間違い）を同定したアンドロメダ大星雲（M31）の写真乾板。ハッブルによる宇宙の拡大の第一歩となった（The Observatories of the Carnegie Institute of Washington の好意による）

もアンドロメダ座が一番よく見える季節だったからである。彼はさらにいくつかの新星と一つの変光星を見つけた(3)。そして、発見したものを追い続け、一つ一つの新星と変光星に番号をつけ、アンドロメダ星雲の写真上に、渦巻き星雲中の位置を小さな赤い点や丸で記していった。

一九二四年二月の三晩には、特に決定的な結果が示された。その月の五日、六日、七日にかけて、アンドロメダ星雲の中の自分の最初の変光星が一等級以上、光度が二倍以上というとてつもない明るさになっているのをハッブルは直接観測した。彼はもう、獲得したデータから確かな光度曲線を描けるようになった。変光星は、明るい状態から暗くなり、そして再び明るい状態に戻るまで、三一・四一五日の完全な周期を描いていた。この周期の長さと（立ち上がりが鋭く低下はゆるやかという）光度曲線の形から、今やハッブルは、それがセファイド変光星であることがわかった。それは、明るさが太陽の七〇〇〇倍にも達する天界のつかまえにくい獲物であった。しかしそれは、写真乾板上ではかすかなしみにしか見えない非常におぼろげな光だったので、距離は非常に遠いことがハッブルにはわかった。その平均光度は、肉眼で見える一番暗い恒星の一〇万分の一以下の明るさだったのである。

これらの変光星を追いかけているある時点でハッブルは観測日誌の一五七ページに戻り、欄外に記載した一〇月五日の観測報告に修正用の追記を走り書きした。いつもは感情をあらわにしないハッブルも、この時は明らかに落ち着きをなくしていた。彼は、いつも記録をつける時の黒インクではなく鉛筆で書いた。そして、いつもは達筆で正確な手書きも、この時は急いで書いたので乱れていた。彼は明らかに有頂天になっていた。「この写真乾板（H 335 H）には三つの恒星が認められ、うち二つは新星で、一つは変光星であることがわかった。これはのちに、セファイド変光星と同定された。M

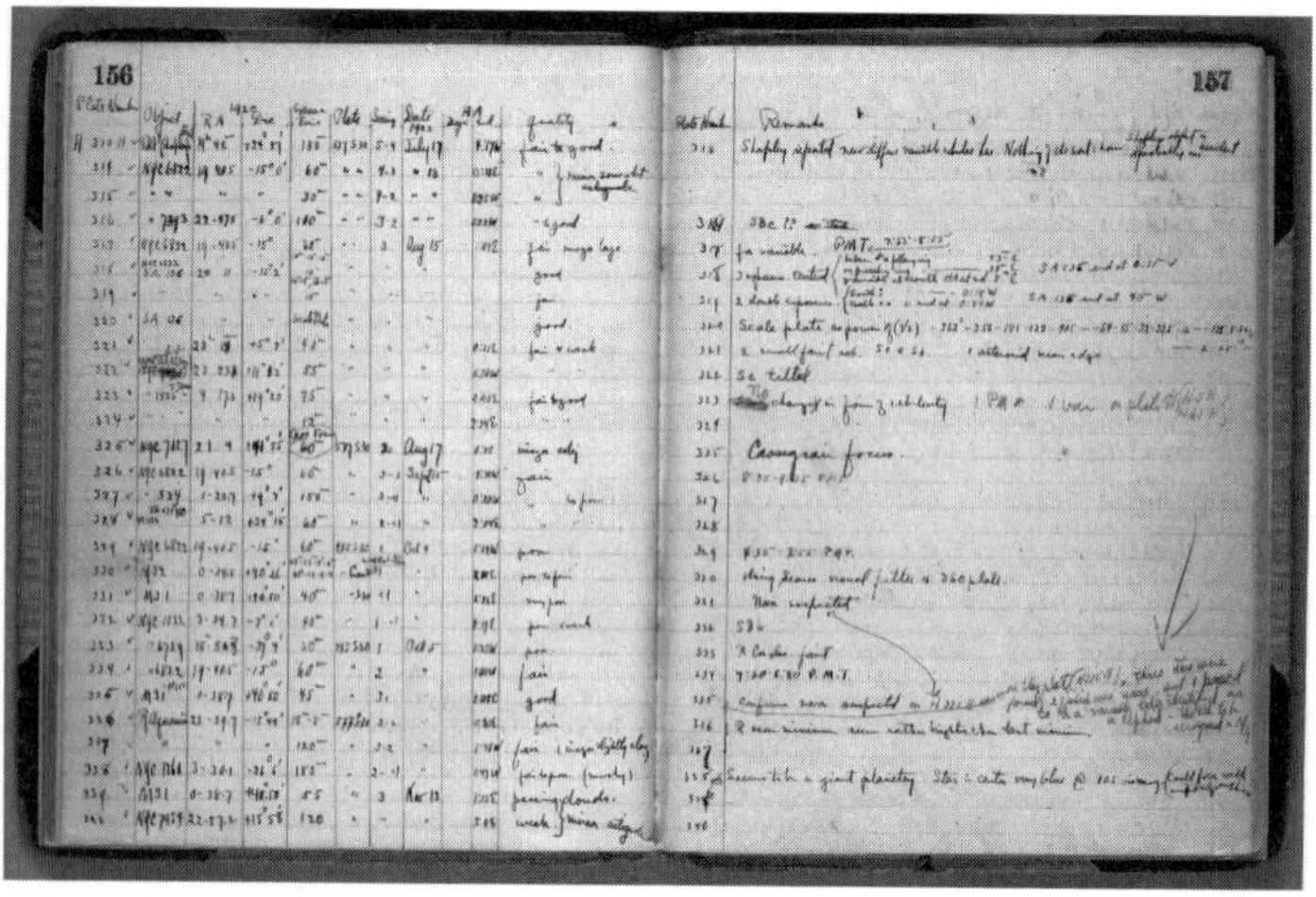

ハッブルの口径2.5m望遠鏡用観測記録帳の156頁と157頁（The Huntington Library, San Marino, California の許可を得て掲載）

三一に認められた最初のセファイド変光星である」。彼はこの追記の目印に、歴史的ニュースを指し示す大きな矢印をまっすぐ下向きに書いた。その矢印の太さから、彼の興奮がページの上に表われているのが見てとれる。発見の瞬間、この時ばかりはハッブルは気持ちをあらわにし、比喩的に言えば踵を派手に打ち鳴らしていた。

ハッブルはこれをライバルに知らせずにはいられなかった。二月一九日、彼はハーロー・シャプレーに、ここ数か月の自分の努力の成果に関する手紙を書いた。ハッブルは丁寧で上品な挨拶や健康への気遣いを書いたりせず、単刀直入に切り出した。「親愛なるシャプレー、私がアンドロメダ星雲（M三一）にセファイド変光星を発見したことをお知らせすれば、興味をお持ちになると思います。今シーズン、私は天気が許す限りこの星雲を観測し、最近五か月間に、九個の新星と二個の変光星をとらえました[4]」。このニュースを伝えた彼の喜びようは大きく、この時、彼がシャプレー

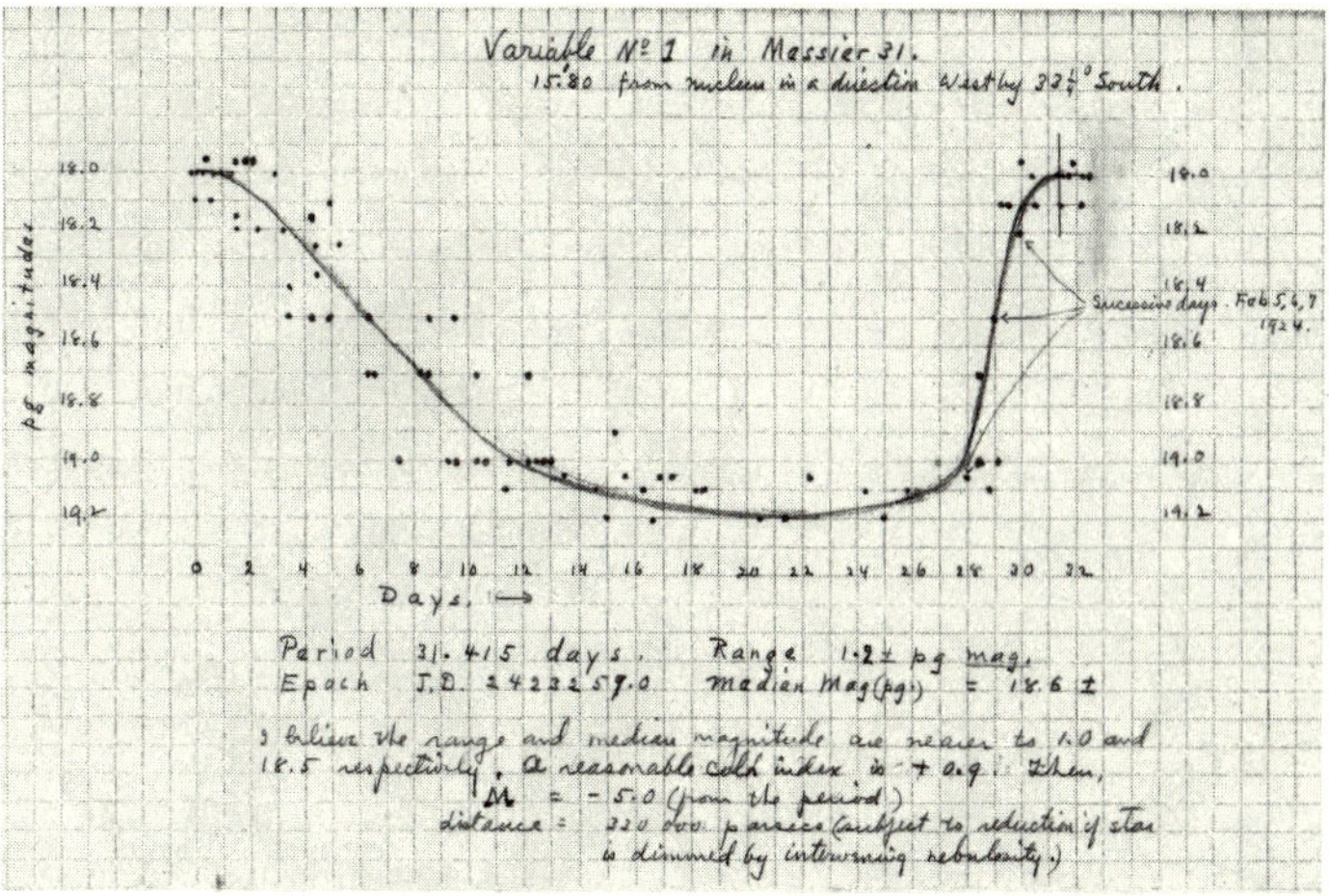

エドウィン・ハッブルによるアンドロメダ星雲中の変光星第1番の変光曲線のグラフ。シャプレー型宇宙を破壊したハーロー・シャプレーへの手紙の中に含まれている（Harvard University Archives, UAV 630.22, 1921-1930, Box 9, Folder 71）

に書いた色指数の修正と等級の見積もりの技術的細部は欄外にまで及ぶほどであった。なにしろシャプレーは、セファイド変光星を標準光源として使用することに留まらず、ウィルソン山到着直後の当初から[5]、それらが脈動する恒星で、その大気が繰り返し膨らんだり縮んだりしていることを理解していた世界に冠たる専門家だったのだ。

この伝説的な手紙に同封されていたのは、ハッブルがノートから破りとった紙の上に細心の注意を払って鉛筆で描いたグラフだった。それはM三一の「変光星第一号」の光度曲線で、急速にのぼり詰めて最も明るい時は一八等級に達し、明るさが落ちると一九等級より少し暗くなり、三一日の周期を経て再び最大光度に上がるジェットコースター型を示していた。「この通り大まかなものですが、疑いもなくセファイド変光星の特徴を示しています」と彼はシャプレーに伝えた。そして、そこには皮肉な展開があった。ハッブルは、渦巻き星雲の距離算出に、銀河系を取り巻く球状星団の分布図を作るためシャプレーが考え出したのとまったく同じ方法を使ったのである。シャプレーが導き出したセファイド変光星の周期‐光度関係を応用して、ハッブルはアンドロメダ星雲の距離を約一〇〇万光年と算出した（「恒星との間に星雲状物質が介在する場合には数値が小さくなっている」と注意深く記されていた）。ヒーバー・カーティスがやむなく使用した間接的証拠や込み入った理論はもはや必要なかった。セファイド変光星が、星雲への直接的で議論の余地のない尺度として差し出されたのである。アンドロメダ星雲は本当は島宇宙だったのだ。

のちにハッブルが渦巻き腕のぎりぎりの末端に見つけたアンドロメダ星雲の二番目の変光星は暗すぎて、その時点で確実な距離測定をすることはできなかった。しかし、そんなことはどうでもよかった。「長時間露光で注意深く調べれば、さらに変光星が見つかると私は感じています。全体的に来シーズンは楽しくなるでしょうし、それなりの形で迎えることになるでしょう」とハッブルは結んだ。彼はシャプレーをだしにして楽しんでいたのである。

シャプレーはこの手紙を読むと、ハッブルの発見が彼の暖めてきた宇宙の見方を破滅に導くことを即座に理解した。ハーヴァード大学の天文学者セシリア・ペイン（のちのペイン‐ガポシュキン）は、ハッブルの手紙が届いた時、ハーヴァードのシャプレーの研究室にたまたま居合わせた。シャプレーは、彼女に二枚の便箋を差し出して叫んだ。「ここに、私の宇宙を壊してしまった手紙がある」(6)。ハッブルはついに、トマス・ライト、イマヌエル・カント、ウィリアム・ハーシェルの時代から天文学の世界に流布していた思想を確証した。銀河系は〔宇宙で〕ただ一つの恒星の大集団ではなく、何百万光年もに広がる銀河という多くの島々の、一つの島にすぎなかったのだ。

シャプレーは、この完全な風向きの変化に明らかに気づいていたが、しばらくの間は外見上なお虚勢を張っていた。「アンドロメダ星雲の方向で、新星と二つの変光星を見つけたというのは、長年私が見てきた中で一番愉快な論文です」と、彼はそのニュースにいたずらっぽい返事を書いた。(7) 彼は、変光星が星雲の「中」にあるとは言わず「の方向で」と言うことで負けを認めようとしなかったのである。シャプレーは、二番目の変光星が「非常に重要な天体」であることは認めたが、ハッブルの見つけた変光星は結局セファイドではないかもしれず、それなら距離指標としては信頼できないと警告した。そして、たとえセファイド変光星だとしても、周期が二〇日を越えるものは「一般にあてにならず……周期 - 光度曲線から外れることがある」と続けた。

ハッブルは、シャプレーの警告にためらうことなく活発に探索を続行した。この発見は、アンドロメダ星雲にも、他の渦巻き星雲にも、さらにセファイド変光星を見つけたいと彼を駆り立てた。しかし、例によって用心深い彼は公表をしなかった。発表はまだだった。

シャプレーに勝利宣言を送ったわずか一週間後、この「宇宙体系を変える」観測をしているまっただ中にハッブルは結婚し、多くの人々を驚かせた。花嫁は、ロサンゼルスの裕福な銀行家の娘で三五歳のグレース・バーク・ライブだった。聡明で小柄なグレースは、スタンフォード大学で英語の学位をとり、「ファイ・ベータ・カッパ」クラブ〔成績優秀な学生からなるアメリカ最古の学生友愛会〕の会員になり卒業した。彼女は魅惑的な濃い色の目とつややかな茶色の髪をしていたが、口もとはきつく結ばれていた。そして、美しいというよりは魅力的だった。グレースはかつて地質学者のライブ伯爵と結婚していて、彼は石炭鉱床評価の専門家だったが、悲しむべきことに一九二一年の鉱山事故で亡くなっていた。ライブの妹はリック天文台の天文学者ウィリアム・ライトの妻で、まだグレースが結婚

1924年の結婚記念日のエドウィン・ハッブルとグレース・ハッブル（The Huntington Library, San Marino, Californiaの許可を得て掲載）

していた時、彼女を最初にウィルソン山天文台で最も有望な学士に引き合わせたつながりがあった。一九二〇年夏、ライトはいくつかの観測を行なうため妻と義姉を伴いウィルソン山を訪れ、二人は山頂の訪問者用の宿に滞在した。ある日、二人の婦人が研究棟の中の小さなひっそりとした図書室へ何冊かの本を借りにいくと、そこにはハッブルがいた。ハッブルが亡くなってからずっとあと、グレースは、自分が夫のことを書いたほとんどのものをいろどったノスタルジックな霞の中に心をひたらせながら、当時を思い出している。「彼は研究所の窓のそばに立ち、オリオン座の写真乾板を見ていました。天文学者が光に背を向けて写真乾板を調べていたのに、妙には見えませんでした。しかし、もし天文学者がオリンピアの神々のように長身で、力強く美しく、プラクシテレスの彫刻のヘルメスのような肩をして静謐さを漂わせていたとしたら、それは普通のことではないでしょう。そこには、個人的な野心や心配とはまったく無縁の冒険に集中している力の感覚があり、心の落ち着きがまったく失われていませんでした。そして、非常な努力の集中がありながら、態度はなお超然としていました。その力は抑制されていたのです(8)」。

一九二二年に、ハッブルと今は寡婦となったグレースは旧交を温め、二人はすぐに引かれ合い、慎み深い交際を始めた(9)。グレースは他の誰にもましてハッブルの優しい側面、誰かが彼を驚かしたりユニークなコメントをしたりした時に決まって見せる自然で心からの笑いを見出すようになった。ハッブルは控えめで、つまらないおしゃべりはしなかったが、それでも時に辛口のジョークを口にすることがあった。ある夜、ハッブルが友人とニューヨークのナイトクラブをはしごしたあと、その男がついに沈没して言った。「ぼくはもう寝なくちゃ。どうして君はこんなに起きていられるんだ?(10)」。ハッブルは答えた。「君は天文学者よりも宵っ張りでいられると思うのかい?」。

ロサンゼルスのグレースの家族を訪問した時、ハッブルは本をプレゼントして彼女や両親に読んで聞かせ、グレースに求婚した。一九二四年二月二六日、ハッブルの親族は誰も参列しないで[11]、彼らは（グレースの信仰により）カトリック式の結婚式をうちわで挙げた。彼らはカーメル市、ペブルビーチ付近の美しい六エーカーのグレースの家族の別荘でハネムーンを過ごし、そのあと、ヨーロッパへ旅立った。

乗馬、ハイキング、釣りといったアウトドア生活を好み、流行の服装をするハッブル夫妻は、イギリス貴族の暮らす田舎こそくつろげる、と感じたに違いない。カリフォルニアでは、彼らは天文学者たちの中にいるより、ハリウッド社会のエリート――作家、映画監督、ヘレン・ヘイズ、ジョージ・アーリス、チャーリー・チャップリンのような俳優――の中にいる方が好きだった[12]。ハッブルが熱烈なイギリスびいきだったので、彼らはハリウッドに古くからいるイギリス人居留地の人々とも親しくつき合い、その中には、オルダス・ハクスリーやH・G・ウェルズといった著名な作家もいた。

二人は非常に気が合ったどうしで、二人とも上流社会の生活を享受し（グレースは一家に二台あったキャデラックのうちの一台に運転手付きで育っていたし、ハッブルはスーツやシャツをロンドンであつらえていた）、いつも礼儀正しい慎みを保っていた。ある知人が「知らない人がラズベリーのスフレを敷物の上に落としても、何も文句を言われない[13]」と言ったほどだった。二人のやりとりを観察していた人々は、彼らの関係を「まったく尋常ではない[14]」と言った。観察眼の鋭いエドウィンは、細部までめざとく見抜く驚くべき目を持っていて、グレースは「彼がシャーロック・ホームズで、自分はそのワトソン役[15]」だと言っていた。

五月に三か月の新婚旅行から戻ると、ハッブルはすぐ——帰ってきたまさにその晩——ウィルソン山天文台に戻り、シャーロック・ホームズの手腕を渦巻き星雲の研究に向けた。一九二四年の後半、彼はさらに変光星を見つけ、[16]それぞれの明るさの増減を注意深く追った。それは骨の折れる仕事だった。アンドロメダ星雲中に最終的に発見した三六個の変光星のうち一二個が、周期が一八日〜五〇日のセファイド変光星であることがわかった。アンドロメダ座のすぐ東隣のさんかく座にある、真正面をこちらに向けた見事な渦巻き星雲M三三を調べはじめると、さらにうまくいった。そこにハッブルは同じような周期のセファイド変光星を全部で二二個見つけ、それらは星雲の距離計算の豊富な実例になったからである。

コンピューターや電卓が登場するはるか前の当時、セファイド変光星の等級を求めたりそれらの周期を決定したりしたハッブルの計算は、今日、〔図書館などに〕所蔵文書として保管されている数百ページの黄色い用紙か、厚めのグラフ用紙に走り書きされている。[17]セファイド変光星の光度変化を示す点はグラフ上に注意深く打たれている。その時ハッブルは、まるで点を結ぶことを面白がっているかのように、それらの点を結んで大まかな線を引き、そのグラフは、セファイド変光星の安定した光度変化をそのページいっぱいに示したものであった。

観測機器の使用に関しては、ハッブルは優れた天文学者ではなかった。結果のことが気になって、時に暗室では手抜きをし、[18]新しい現像液を使わなかったり、定着や洗浄の時間を切り詰めたりした。彼が自分で処理した写真やスペクトルにはしばしば引っ掻き傷ができたので、出版前に修正が必要になった。しかし、天空の報告者としては彼は優秀だった。ハッブルは辛抱強く、変光星を次から次へと計算処理していった。同様に新星も調べて、一覧表にした。それは、天文学者が望遠鏡から遠く離

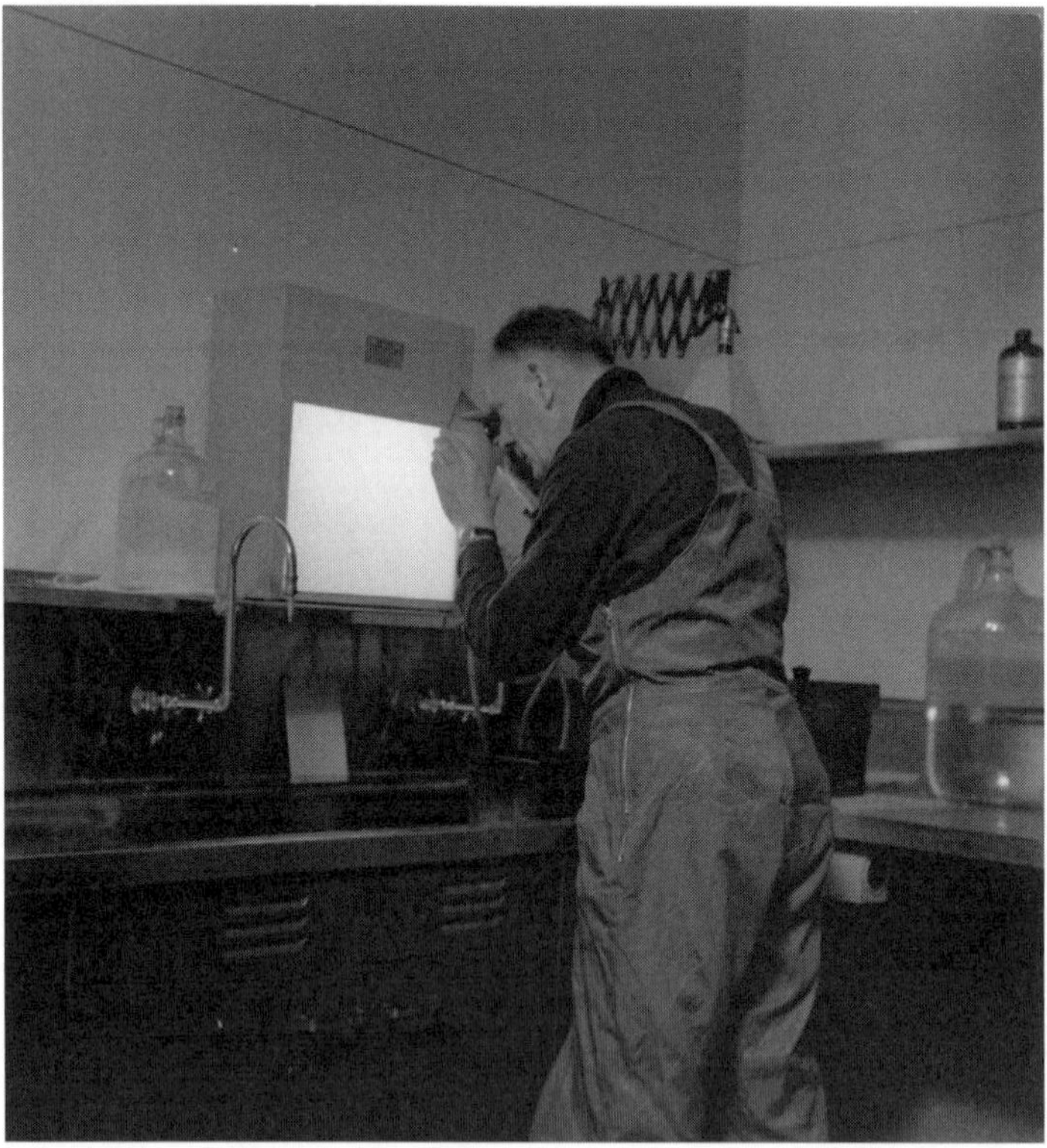

暗室で写真の現像をするエドウィン・ハッブル（The Huntington Library, San Marino, California の許可を得て掲載）

れて机にかがみ込んで行なう、輝かしさのまったくない努力であるが、まさしくこれこそ天文学研究の真髄だった。ハッブルが本当に宇宙を発見したのは、パサデナのサンタバーバラ通りにある本の並んだ静かな研究室であり、かつてはヘールの個室で、広々とはしているが質素な部屋だった。カリフォルニア工科大学の天文学者ジェシー・グリーンスタインがかつて言ったように、天体観測は「信じがたいほどの退屈や苦痛がたくさん入りまじった美の塊である……一つの真実には、単調で信じがたいほど長く困難な過程が関わっている[19]」のである。

そしてその時、銀河系の果てのさらに向こうに宇宙がある証拠を積み重ねたデータは数え切れないほどのページ数になっていたにもかかわらず、ハッブルはなおそれを出版しなかった。ハッブルが、彼個人の人生物語を何十年にもわたり何度も描き直したことからも、そのプライドが傷つきやすいことは明らかだった。しかし、こういった得意げな潤色は彼自身の人生に関してであり、決して科学的業績に関してではなかった。天空の考察になるときわめて慎重だったハッブルは、自分の推測をただちに（そして声高に）広めて回るシャプレーとは違い、科学の舞台で自分自身を危険にさらすことを決してしなかった。法学の訓練が、事実を確実につかむまでは自分の考えを表に出してはいけないことをハッブルに教えたのかもしれないし、宇宙を作り変えるはずだった発見を撤回しなければならなくなった時の不面目におそらく耐えられないと思ったからかもしれなかった。

この段階で、ハッブルが自分の新発見を非公式に論じるのは簡単なことだった。七月、彼は天文学委員会の日常業務のことでヴェスト・スライファーに手紙を書き、その最後に自分の最新の研究についてさりげない調子で書いた。「変光星は、今ではM三一の外部領域でも発見されつつあるとお聞きになったら興味を示されるでしょう。すでに六個は変光星であることが明らかになり、他のいくつかもそうかもしれないと思われています。他の（変光星について、その光度）曲線を求めるのにどれほど私が熱心か、また、周期・光度関係を早まって論じることを私がどれほどためらっているかがおわかりになるでしょう」[20]。スライファーがすでにこの興味深い発見を耳にしていることを[21]、ハッブルは知らなかった。このニュースは天文学界の噂話で速やかに広がっていた[22]。この年の三月にカーティスはハッブルの発見を知っており、もちろんシャプレーはもっと前に知っていた。そして、プリンストンのヘンリー・ノリス・ラッセルは、最初にそれをイギリスのジェームズ・ジーンズから聞いていた！口コミの情報網は長く入り組んでつながり合っていたのである。

ハッブルを除けば、アドリアン・ファン・マーネンほどその成り行きを気にしている人はいなかった。もしハッブルの発見が正しいとなれば、それはファン・マーネンの渦巻き星雲の回転が間違いであることを意味していた。したがって、ファン・マーネンは天文台でのこの新たな進展に関するあらゆる動きに注意を払い、最新の噂話をもらさずに集めた。「ハッブルのセファイド変光星をどう思いますか」と彼はシャプレーに手紙を書いた[23]。

そのころシャプレーは、ハッブルから更新された記録を受け取っていて、他の渦巻き星雲中のものも含め、彼の発見した最新の変光星について聞いていた。「渦巻き星雲中のこれらの変光星をもとに基礎的な結論を出すのは時期尚早に感じます[24]」とハッブルは八月に彼に手紙を書いた。「しかし、頼りないデータとはいえ、それらは皆同じ方向を示していますので、関連するさまざまな可能性について考えはじめても差し支えないでしょう」。

ハッブルは自分の発見にさらに自信を抱くようになっていた。そしてシャプレーは、証拠が増えていくにつれ、ついに災いの前兆を見てとった。彼は速やかに、かつ慇懃に降参した。夏期休暇で家族とマサチューセッツのウッズホールを訪れ、マーサズヴィンヤード島の沖でヒトデさらいをしていた時、シャプレーはその遊びを少し休み、ハッブルの八月の手紙に返事を書いた。彼は新しい結果に「感動する」[25]と表現した。

「あなたは何という強運の持ち主なのでしょう」[25]と彼は書いた。「〔渦巻き〕星雲の問題がこのように解決したのを見て、私は残念に思ったらいいのか喜んでいいのかわかりませんが、おそらく両方でしょう」。シャプレーは、自分の心の変化が、今では宇宙に対する彼の巨大銀河モデルの放棄と、良き友ファン・マーネンによる渦巻き星雲の回転の検出に疑いをさしはさむことになるとわかっていた。これが起こるべくして起こったことをシャプレーは悔しく思ったが、同時に、渦巻き星雲についに光が当たり、ある確かな手応えが得られたことに安堵もしていた。いったん間違いとわかったハーヴァード天文台長は後ろを振り返らず、考え方を速やかに新たな宇宙像に修正し、間もなくその宇宙の最も声高な推奨者になった[26]。

一九二四年の終わりにハッブルは、ついに自分の発見を『国立科学アカデミー会報』に載せる予備的な草稿を書きはじめた。ことわざでお馴染みのように、彼はつま先を水に浸しはしたが、それを飲むところまではいかなかった。一二月二〇日のスライファーへの手紙で書いているように、渦巻きの回転について自分の考えと対立するファン・マーネンの観測に、ハッブルはまだ大いにプレッシャーを感じていたのである。もし、渦巻き星雲が本当に宇宙のはるか遠く、少なくとも一〇〇万光年の彼方にあるなら、その回転を数年のうちに見つけられる天文学者のいるわけがなかった。彼はどのようにその矛盾を退けることができたのだろう?「ファン・マーネンの測定に等級効果が影響を与えた可能性について、私はかなりの時間を使って調べました。M三三とM八一の恒星の比較では、その傾向はきわめて強いものでしたが、他の星雲でそれはわかりませんでした」と彼はスライファーに話した。[27] ハッブルは、ファン・マーネンの間違いの原因に本当に気づいていたのだろうか？ 観測条件の違いや恒星が写真乾板の別の場所に写っていたことで、ファン・マーネンが測定のために拾い出した渦巻き星雲の恒星の見かけの等級が、写真乾板により異なっていたのではなかったか？ このことで個々の恒星像の真の中心が正確に合わせにくくなり、この誤った測定を恒星の運動のように考え、渦巻き全体が回転していると見てしまったのかもしれない。あるいはほかに何かあるだろうか？ ハッブルは何かを出版する前に、彼の発見と整合しないファン・マーネンの研究結果に一つ一つすべて向き合い、それを覆したいと思っていた。彼はスライファーへの手紙の結びで、一〇日後にワシントンDCで始まる天文学会の次回の会合には出席しないつもりだと言った。

ハッブルの発見の噂は、依然として天文学の世界を燎原の火のように広がっていた。まだ公式発表はないにもかかわらず、そのニュースは『ニューヨーク・タイムズ』紙にも載った。一九二四年一一月二三日の新聞の六ページ目には、「渦巻き星雲が恒星系であることを発見――それらはわれわれの銀河系宇宙とよく似た〝島宇宙〟であることをハッブル博士が確認[28]」という見出しがある（ハッブルの綴りが誤って **Hubbell** になっていたが）。アンドロメダ星雲や他の星雲は少なくとも一〇〇万光年の彼方にあるとハッブルが明らかにしたことから、「われわれは、それらを地球の鮮新世時代に放たれた光で観測している」とその新聞は報じていた。

しかしハッブルは、発見を科学的文献に急いで載せるのは気が進まず、先延ばしを続けた。島宇宙理論は支持者を獲得しつつあったが、渦巻き星雲を重要度の低い天体とする考えに固執する人々もいた。しかし、解決の徴候はあった。イギリス天文協会の一九二四年一二月の会合で、イギリスのアマチュア天文家の中では際だった存在であったピーター・ドイグは、渦巻き星雲に関する記事を書き「知識の急速な進歩や、これらの天体の性質と起源に関する考察の変化により、おそらく、その過程に落とし穴はあるだろうが（この主題に関する）ある論文の編集が進んでいる[29]」と注意を促した。ドイグは、自分の予言がどれほど早く現実になるかわかっていなかった。渦巻き星雲に関して山ほどあった疑問や保留条件は、一か月もしないうちに崩れ落ちたからである。

ラッセルはハッブルのなしとげた業績に非常に強い印象を受けたので、ウィルソン山天文台のこの若い天文学者を、その専門分野ではまだ若輩の者には大変な名誉である国立科学アカデミー会員に推薦した。かつてはシャプレーの宇宙モデルの強固な支持者だったこのプリンストンの天文学者は、素早く一八〇度の転向を見せたのである。わずか一〇か月前に、ファン・マーネンの証拠を根拠に、ラッセルは渦巻き星雲は銀河系の近くにあると講義していたが、今では『サイエンス・サーヴィス』の編集長に、ハッブルの発見は「間違いなく今年の科学の発展で最も注目すべきものに入る[30]」と話していた。彼はハッブルに連絡をとり、その年のアメリカ科学振興協会（ＡＡＡＳ）の年次総会と合同で開催される予定のアメリカ天文学会（ＡＡＳ）の第三三回総会に論文として出したいので、できるだけ早く結果を発表するようにと励ました。

「あなたが渦巻き星雲中のセファイド変光星を発見したことに心からお祝いを申し上げます！」とラッセルは一二月一二日に手紙を書いた[31]。「明らかにそれは非常に説得力に富んでいます。それについて私は一か月か二か月前にジーンズから多少聞いていて、いつあなたが発見の公表の準備ができるかと思っています。それはすばらしい仕事で、それに伴う功績はすべてあなたのものとなるでしょう。それは間違いなく偉大な研究です。詳細はいつ発表されるのでしょうか？　私たちは皆、それについてすべてを知りたいと思っていますので、論文をワシントンの総会の双方の機関に送ってください。ついでながら、賞金は一〇〇〇ドルです」。アメリカ天文学会評議会は、ハッブルの論文に、AAASの名誉ある賞金一〇〇〇ドル（当時としてはかなりの金額だった）を与える用意ができていた。それは、会合で発表される最良の論文に与えられるものであった。コンテストが始まってわずか二年目のことであり、『ワシントン・ポスト』紙は、その成果を「かなり興味深い[32]」と報じていた。

しかし、ハッブルは発表計画の変更をためらっていた。のちに彼がラッセルに話したように、「急いで出版することを躊躇した本当の理由は、お察しの通り、それがファン・マーネンの回転の問題と真っ向から対立していた[33]」からであった。ファン・マーネンは、ウィルソン山天文台の研究員としてはるかに年輩であり、ハッブルは対立を公にするのを避けたいと思っていたので、二つの相容れないデータに折り合いをつける方法はないかと思いをめぐらせていた。「しかし、それにもかかわらず、私は、測定された回転は撤回されなければならないと信じていました。……星雲が回転しているという解釈には無理があると思われるのです[34]」とハッブルは打ち明けている。

ラッセルは、自分の手紙（と賞の魅力）により、結局ハッブルは心配を振り払い、これ限りで発見を公にすると考えていた。ラッセルはワシントンの会合に到着するとすぐ、ウィスコンシン大学の天文学者で当時天文学会の事務局長だったジョエル・ステビンスと夕食をともにし、ハッブルがもう論文を送ってきたかと尋ねた。ステビンスがまだだと答えると、ラッセルはあきれ果て、ハッブルは「馬鹿者だ！　一〇〇〇ドルというすばらしい賞金が手に入るのに、それを断るなんてとんでもない[35]」と決めつけた。

すぐに電文が書かれ、翌日配達便で主要な結果を送るようにとハッブルを促した。知らせてくる中身が何であろうと、ラッセルもシャプレーも受け取ったデータを、会合にふさわしい論文にするように準備していた。しかし、ステビンスとラッセルが電報局へ行こうとしたちょうどその時、ラッセルは、ホテルのその階の受付の後ろに彼宛てのかなり大きめの封筒があるのに気づいた。ステビンスがこっそり覗くと、差出人の名はハッブルだった。ハッブルは結局論文を郵送し、間一髪で間に合ったのだ。「私たちは、〝手紙はもう到着していた〟と言いながら、ロビーのグループに戻りました。この偶然の一致は奇跡的でした(36)」とステビンスはのちにハッブルに話した。

一九二五年一月一日の雪の降る朝、ハッブルが欠席する中でラッセルが登壇し、会合に集まった人々にその論文を読んだ。ハッブルは、セファイド変光星をアンドロメダ星雲の中に一二個、さんかく座の星雲中に二二個見つけ、それぞれのまたたきは、どちらの星雲も距離がほぼ一〇〇万光年であることを示し、他の人々がもっと不確実な方法で気づいていたことを確実なものにした。それよりも、二・五メートル望遠鏡によって、ハッブルが二つの星雲の外側の領域を恒星の大集団に解像したことに大きな意味があった。今や天文学者たちは、渦巻き星雲は塵やガスの雲ではなく、単純な星雲状天体でもないと確信していた。論文の最後でハッブルは、天空で最も見栄えのする星雲M八一、M一〇一、NGC二四〇三の中にもすでに変光星を見つけており、さらなる結果が得られることを示していた。

聴講していた天文学者たちはラッセルから話を聞くにつれ、宇宙像の変化を如実に感じ取っていたが、例外が一人いた。ワシントンの会合に短時間出席したカーティスは、その報告を冷静に受け止めた。翌日、彼はリック天文台の昔の同僚に手紙を書いた。「ご存じの通り、私は昔から渦巻き星雲は島宇宙であると信じていましたし、私自身は確認の必要はないと思っていましたが、ハッブルの最近の結果で決着がついたようです」[37]。行間からは彼のあくびが聞こえてきそうだった。

ラッセルの発表の直後、アメリカ天文学会評議会はアメリカ科学振興協会へ、（その年会議に提出された一七〇〇篇の論文の一つだった）ハッブルの論文を、誰もが受賞を望んでいる賞に推薦すると申し入れた。評議会は述べた。「最良の写真上で、アンドロメダ星雲とさんかく座の星雲という最も目立つ二つの星雲の外側の領域が〝恒星の高密度の集団〟に解像できることをハッブル博士は発見しました。それは一世紀間、可能性としては考えられてきましたが、これまで決定的な証明を得るには至らなかったことでした……。この論文は、専門分野で際だった能力を持つ若い男性によるものです。彼はその分野を自分自身のものにしたのです。それは、これまで研究することのできなかった深宇宙を開き、近い将来さらに偉大な進歩を約束するものです。一方で、物質が存在する宇宙の体積をすでに一〇〇倍に増やし、渦巻き星雲が私たちの銀河系にほぼ匹敵する大きさの恒星の巨大な集団であることを示し、長く議論されてきた渦巻き星雲の性質に関する疑問に、はっきりと決着をつけたのです」[38]。

二つの星雲が非常に遠くにあることは、ファン・マーネンのデータとはなはだしく矛盾していたが、ほとんどの天文学者はすぐにハッブルの見方に賛同した。セファイド変光星は、早くもさらに遠くの宇宙の恒星領域における距離測定の判断基準になりつつあったのだ[39]。そして、ほとんど皆がファン・マーネンが間違いをしたと確信するようになった。「最近導き出された大きな距離により、高速回転はありえないとわかり、数年前に計測された高速の内部運動は、今では光学的な錯覚と一般に考えられている」[40]とハーヴァードの天文学者ウィレム・ルイテンは言った。ジェームズ・ジーンズはハッブルの距離測定結果を他の手法で確認し、「ファン・マーネンの測定は抹消されるべきだ」[41]とハッブルに手紙を書いた。渦巻き星雲の性質に関する長く入り組んだ争い――何世紀にもわたる論争――は最

口径2.5m望遠鏡の横のエドウィン・ハッブルとジェームズ・ジーンズ（The Huntington Library, San Marino, California の許可を得て掲載）

終的に決着した。渦巻き星雲は私たちの銀河系の付属物などでは全然なく、それ自体が独立した銀河だったのだ。宇宙は突然はるかに巨大になり、またはるかに魅力的なものになった。

ラッセルの直観は、きわめて的を射ていたことがわかった。結局ハッブルは、既知の宇宙の果てを広げたことでアメリカ科学振興協会賞を受賞した。二月七日、彼はそれを電報で知ったが、受け取る金額は半額に減らされていた。この若い天文学者は、もう一人の科学者と賞を分け合うことになったと伝えられた。ジョンズ・ホプキンス大学公衆衛生大学院の寄生虫学者ラミュエル・クリーヴランドも、シロアリの消化管内部に発見された微小な原生動物の研究で栄誉を受けた[42]。彼は、シロアリがセルロースを消化する時に、この微生物が必要不可欠なことを示したのである。「科学者にとって、無限大と無限小は単に相対的な言葉で、その重要度は同じである」と『ロサンゼルス・タイムズ』紙は報じた。[43] ハッブル一家は、素敵な新居（トスカナ様式に設計された小さな別荘だった）を建てるためサンマリノに一エーカーの地所をちょうど購入したところで、裏手のウィルソン山やサン・ガブリエル山脈の見栄えを良くするには欠かせない敷地内のナラの木の刈り込みと、枯れ木の除去の費用の足しに、この資金をあてた。[44] この家でハッブルは、特に昔のアリストテレス信奉者による宇宙像が砕け散ったルネサンス期の古書の収集を始めた。「もし、この神聖な時代に出版され、コペルニクス、ティコ・ブラーエ、ケプラー、ガリレオの名のある古書の断片があれば、［ハッブルは］初舞台の女優がランの花を欲しがる以上にその古書を追い求める」と地元紙の記者は書いた。[45] それは、独自の新たな宇宙モデルを打ち立てた者にふさわしい趣味だったのである。

ハッブルはこの偉業をなしとげることができたのに、なぜ他の人々はできなかったのか？ 実際には、島宇宙論争にもっと早く決着をつける機会は何度かあった。セファイド変光星は二・五メートル望遠鏡でなくても見つけ出し観測することができたのだ。深宇宙で発掘を待つ豊かな鉱脈にもっと多くの天文学者が気づかなかったことは少々驚きである。世界最大の望遠鏡が使えたことは、（ハッブルの成功を確かに助けたとはいえ）決定的な鍵ではなかった。一九〇八年に建設されたウィルソン山の一・五メートル望遠鏡でもその仕事は成功したはずだった。リックのクロスリー望遠鏡でさえごくわずかな可能性はあった。しかし、この労力の要求される分野に興味を示した人はほとんどなく、また、興味を示した人には運がなかった。たとえば、渦巻き星雲中に最初に変光星を発見したのはハッブルではなく、ウェルズリー大学の天文学者ジョン・ダンカンだった。一九二〇年、新星探索にウィルソン山天文台の一・五メートルと二・五メートル望遠鏡を使った時、ダンカンはさんかく座の渦巻き星雲M三三の中に三個の変光星を見つけた(46)。それからの二年間、彼はさらに写真を撮り、変光星の周期をたどろうと、ヤーキス、リック、ローウェル、ウィルソン山天文台で一八九九年〜一九二二年にこの領域を撮った他の写真も調べたが、不成功に終わった。当時は、まだデータが乏しすぎたのである。そして、この発見の報告でダンカンは、変光星を直接星雲に結びつけることはしなかった。もし彼が追跡調査をしていたら、賞は彼のものになったかもしれない。彼の見た最も暗い変光星はのちにセファイド変光星であることがわかり、星雲の距離決定に使えたのである。

セファイド変光星に関して世界的権威だったシャプレー自身は、なぜ渦巻き星雲中にこれらの特異な星を探し、最もえりぬきの発見の一つとして天文学史に加えなかったのだろう？　それは、彼にとって自然なことだったと思われる。一九一〇年ごろ、ウィルソン山の同僚ジョージ・リッチーは、アンドロメダ星雲や他の渦巻き星雲中に「恒星状天体のまばらな集団」を何千枚も写真に撮っていたが、リッチーはそれを、形成過程にある星雲状の恒星だと考えたのである(47)。この解釈は、渦巻き星雲は銀河そのものではなく、単に初期の形成段階にある普通の星団であることを示していた。シャプレーは、当時自分が他の多くの人々と同様、リッチーの考え方に深く影響されたことを認めている(48)。後年、シャプレーは自伝で、ウィルソン山天文台には厳しい縄張りがあり、シャプレーは球状星団の、ハッブルは渦巻き星雲のグループにいたことをほのめかしている。さらに、ハーヴァード大学天文台長の職につくことで、彼は競争のまっただ中から遠ざかってしまった。

しかし、本当のところは、シャプレーは基本的に科学者としての精神を失い、あまりにも銀河系こそ宇宙〔のすべて〕という見解に執着するようになっていたからである。彼は対立するデータを許されがたいほど長期間無視し続けたため、研究を渦巻き星雲に広げ、ハッブルの機先を制する機会を失ったのである。渦巻き星雲は遠く離れた銀河でないと確信したシャプレーには、その中にセファイド変光星を探す理由はなかった。彼はあくまでも巨大銀河の概念に固執し、それに生涯を賭けたのである。だから、自分の見解が葬り去られるのを不本意な気持ちで見ることになったのも当然だった。

結局、シャプレーは、人間臭い人だったのだ。ファン・マーネンの仕事に関する初期の疑いを無視したことを、彼は科学的失敗というより個人的失敗と見ていた。「私は友人のファン・マーネンと誠実につき合っていたし、銀河の運動に関しては……〝彼が〟間違っていたのです……。〔人々は〕シャプレーがなぜこの大失敗をしたのかと思うでしょう。その理由は、ファン・マーネンが私の友人で、私は友人を信じていたからです！」[49]とシャプレーは（第三者には奇異に映るが）きっぱり言った。たとえ、ウィルソン山でよく語られた有名な話が真実だったとしても、彼は自分の能力をあまりに過信していた。伝えられるところでは、一九二〇年ごろ、シャプレーは台員のミルトン・ヒューメーソンに自分が過去三年間に撮ったアンドロメダ星雲の写真乾板を与え、「ブリンクコンパレーター」で調べるように言ったという。写真乾板を数週間比較したヒューメーソンは、星雲中にいくつかの変光星らしきもの——おそらくハッブルが数年後に発見したのと同じセファイド変光星——があるのに気づいた。まだ研修中だったヒューメーソンは、ガラス乾板の上の疑わしい天体にペンで印をつけシャプレーのところに戻し、結果を見せた。シャプレーは興味を示さず、なぜその印の天体がセファイド変光星でありえないかをヒューメーソンに根気よく説明した。シャプレーは自分の見解に大いに自信を持っていたので、ポケットからハンカチを取り出し、その印を拭き取って写真乾板をきれいにした。[50]

彼が天文学でのさらなる栄光を手にするチャンスも消し去ったことは言うまでもない。一九二〇年、シャプレーはハーヴァードから台長の話があるのを待っていた時、ミズーリ大学のかつての教授の一人オリヴァー・D・ケロッグに、大学が優柔不断なため、これから数年間の研究計画の準備がうまくいかず、自分はいらいらしていると打ち明けた。「渦巻き星雲」は彼の研究計画にあり、「宇宙論」を将来の研究分野にしたいとシャプレーは書いているが、[51]これで、彼がのちに話した、ウィルソン山に「厳しい縄張り」があったのがうそだったことを示している。もし、シャプレーがハーヴァードに行かずウィルソン山に留まっていたら、彼は間違いなく写真探索計画の中でアンドロメダ星雲の中に新星を探し続け、おそらく最後にはセファイド変光星に気づき、ハッブルの先を越していたかもしれなかった。しかしそうはならず、それからもミズーリの二人の男のライバル関係は続いた。

数十年後の一九六〇年代後半、回想記を書く段になってもシャプレーはライバルへ文句を言わずにはいられなかった。「銀河に関するハッブルの研究は、私の方法を大いに利用したものだ」[52]とシャプレーは不機嫌に回想している。「私の優先権をまったく認めていなかったが、こういう人々はいるものだ」。しかしその後で、「ハッブルは自分自身の力で有名になった。おそらくそうだろう。彼は私以上に優れた観測者だ」としぶしぶ認めている。ハッブルは辛抱強かったのである。

それまでの天文学者たちが避けてきた観測をハッブルが体系的になしえたのは、この辛抱強さがあったからだった。他の人々は、まだ十分ではなく、不完全な手がかりしか集まらないのに渦巻き星雲の謎に迫ったが、ハッブルは骨の折れる仕事をすべてやりとげ、それで決着をつけたのである。それは、彼が望遠鏡の解像力を限界まで発揮させて恒星や新星を探し、それを距離測定に使用したことを意味していた。カーティスは大望遠鏡を使用できる立場から遠ざかり、シャプレーは渦巻き星雲が巨大恒星系かもしれないとの考えを拒否した。ハッブルだけが根気強く疑問を追った。最初は特にセファイド変光星だけを探したのではなく、新星も探した。確かに運も一役買ったろうが、かつてルイ・パストゥールが言ったように、「観察の場では、チャンスは心に準備のある者にやってくる」[53]のだ。

ひとたびそのニュースが報じられると、記者たちは、たびたびハッブルに話しかけるようになり、長身で肩幅の広いハッブル少佐というその姿だけでは満足しなくなった。彼は一般への上手な解説者として有名になっていった。「宇宙は一つだけではありません[54]」とハッブルは自分の発見についてある地方のジャーナリストに話した。「空全体に無数の世界がちりばめられ、その一つ一つが巨大な宇宙なのです。宇宙はことわざに言う浜辺の砂つぶのようなもので、それらの一つ一つには何十億もの恒星や太陽系があるのです。科学はすでに、一〇〇〇万近い銀河、つまり独立した恒星による〈島〉宇宙を数えました」。

宇宙の新秩序を述べるのに最も人目をひく見出しを作り出そうと、新聞は互いに競い合った[55]。「天の〝人口調査〟では一〇〇〇万の世界」、「巨大望遠鏡が新たな驚異を天に発見」、「今、ウィルソン山の天文学者は宇宙の地平線に新たに発見した星々を研究する」、「遠くの恒星系の距離をマイルで表わすにはなんと一八個のゼロが必要」、「写真乾板に記録された光は数百万年前に放たれた」などである。ロンドンのある雑誌はハッブルの功績を「天文学史上最も偉大なもの。コロンブスは既知の世界の半分を発見したが、ハッブル博士は新宇宙の群れを発見した」と評価した。ハッブルは「サンタクロースのほおひげの毛の数より多い恒星系[56]」を見つけた、とおどけた調子で書いた記事もあった。

ハッブルはジョークのネタにされるほどの名声を得た。「エドウィン・ハッブル教授は、宇宙をもう一つ発見したと発表した。しかし、一体いくつ見つけたら彼らは満足するのだろう？」[57]と『ネーションン』誌のマンガのキャプションには書かれていた。

ハッブルは講演会でも、聴講者数の記録をぬりかえた。あるロサンゼルスの講演会では、部屋が満員になり、聴講しようとさらに数百人が出入口や窓のところにひしめいていた。五〇〇人以上の人が講演を聞けずに帰って行った。「一般的な興味の対象としての天文学は、サッカーやプロボクシングに迫るようになった」[58]とその夜『ロサンゼルス・イグザミナー』紙は報じた。ある夜、記者と一緒にウィルソン山天文台研究室のバルコニーで眼下の街の灯りを見つめながら立っていた時、ハッブルは、どのように仕事をなしとげたのかと尋ねられた。「あの灯りを眺めているようなものです」と彼は答えた。[59]「そして、あの灯りだけから、そこにどのような人々が住んでいるかを知ろうとしているのです」。

その時以来、銀河系より遠い星雲がハッブルの専門とする唯一の研究テーマになった。他の分野は何も研究しなかった。それは、一九三七年八月に渦巻き星雲の写真を撮っていて偶然「ハッブル彗星」を発見した時でさえそうであった。[60]ある日友人が、木星の衛星の名前を挙げてみてと言った時、彼は三つか四つは思い出せたが、それ以上は言えなかった。「私の気持ちは渦巻き星雲の方に行ってしまったので、その他のことは忘れました」[61]と彼は申し訳なさそうに答えた。

天文学者たちは踏み石をたどるように外へ向かって時空を進んでいった。最初の踏み石は球状星団であり、そこから大きな跳躍をして渦巻き星雲に到達した。宇宙に関する従来の理解は大変な速度で変わっていった。ハッブルが他の銀河の存在を確認してからわずか数年後に、ジーンズは「天文学は、真実そのものがフィクションよりはるかに驚くべき科学で、そこでは、真実の後ろで想像が息もつけ

研究室でアンドロメダ銀河の写真を持つエドウィン・ハッブル（Hale Observatories, AIP Emilio Segrè Visual Archives の好意による）

ずにあえいでいる。人々はいやおうなしに面白みを感じずにはいられない」と書いた[62]。

ハッブルの家を訪れたイギリスの詩人イーディス・シットウェルは書斎に招き入れられ、そこで彼女は、肉眼では見えない数百万光年も彼方の無数の銀河のスライドを見せられた。「なんと恐ろしい！」とシットウェルが言うと、ハッブルが答えた。「最初の不慣れのうちだけです。その後はある種の慰めになるのです。そうすれば、思いわずらうことは何もないとわかるでしょう。本当に何も！[63]」。

しかし、それらの天体を何と呼ぶかは別の問題だった。最初は、新たに発見された恒星系をどのように命名するかで多くの混乱があった。誰にもお気に入りの名前があった——銀河類似星雲（anagalactic nebulae）、非銀河系星雲（nongalactic nebulae）、恒星雲（star clouds）、宇宙星雲

（cosmic nebulae）、島宇宙（island universes）などである。ハッブルは「銀河系外星雲」（extragalactic nebulae）が気に入って、講演や出版物の中でいつも使っていた。シャプレーがハーヴァードで使っていた「銀河」（galaxies）という名称は使わなかった。「これらの天体を指す時、私は宇宙（universe）も星雲（nebula）もできるかぎり回避したい[64]」とシャプレーは強く主張していた。「したがって私は……銀河という用語を採用し、そこから銀河間空間という用語が自然に出てくる」。

しかし、「敬うべき前例」では「銀河系」のみを指して「銀河（galaxy）」という言葉を使っていたのに、差し迫ってそれをやめる必要性はハッブルにはなかった[65]。この言葉の由来は、ギリシャ語でミルクを表わす galakt である。何ごとにつけ潔癖なハッブルは、最終的な判断をオックスフォード英語辞典に仰いだ。当時そのページには、「銀河（galaxy）」は「主として美しい婦人や著名な人々……のきらびやかな集団[66]」と書かれていた。「〝星雲（nebulae）〟は伝統の重みを持つ言葉だが、〝銀河（galaxy）〟は恋愛小説に登場する美人のようなものだ」とハッブルはきっぱり言った。歴史家のロバート・スミスによると、アメリカの天文学者はどちらの言い回しを使うかで、その人が東海岸の人か西海岸の人かを即座にずばりと当てられたそうだ[67]。ハッブルとシャプレーのこの強いライバル意識は、新たに意外な側面にも広がった。そして、一九五三年のハッブルの死まで、「銀河（galaxy）」は広く受け入れられる名称にはならなかったのである。

ハッブルの発見が公になるや、ファン・マーネンは明らかに狼狽した。彼はすぐシャプレーに、ある新星のすべての観測記録のリストがどこかにあるかと手紙で尋ねた。「私はそれらを渦巻き星雲中の新星と比較したいのです」と彼は言った。「ハッブルによるセファイド変光星の発見後、私は自分の見つけた（回転）運動と、その測定結果をもう一度調べてみました[68]」。彼は明らかに困惑していた。

「私はM三三［の測定］に間違いを見つけられません。というのも私が一番良い資料を持っているからです。それらは、これ以上のことはできないと思われるほど矛盾がないように見えました」。しかし、「根本的に異なる結論」に到達する観測結果が二組――彼のとハッブルのと――存在していることはわかった。彼は再調査のため、さらに写真を撮る計画を立てた。

しかし、シャプレーは今では完全に立場を変えていた。その返答は、結局良き友人に厳しいものであった。「これら星雲の回転に関しては何を信じたらよいかわからず、私は完全に途方に暮れましたが、もし、ハッブルの周期・光度関係の曲線が言われているようにはっきりしたものなら、セファイド変光星を疑うことはないように思えました(69)」と彼は答えた。ファン・マーネンが数年後にもう一度、自分の渦巻き星雲の研究をシャプレーに対して弁護しようとした時、このハーヴァード天文台長は「あなたのいまいましい渦巻き星雲をどう考えたらよいかわかりません……。この混乱からその宇宙を救い出すチャンスは私たちにはほとんどないのです(70)」と答えた。その時から、彼はファン・マーネンとの間でこの話題を避けた。

自分自身を心底から紳士と思っていたハッブルは、ファン・マーネンとあからさまに議論することもなかったし、天文学界の他の人はほとんど誰も、この問題に特に関わることはないようだった。しかし、非公式の場所では話はまったく別だった。ファン・マーネンによる矛盾する発見は、これさえなければ確実なはずの自分の偉業に消えない汚点として残っている――ハッブルは、個人的にはそう感じていた。グレース・ハッブルは、ファン・マーネンの話は夫にほとんど影響を与えなかったと、その回顧録の中で陽気に言い切っているが、個人的な場では、人に「ファン・マーネンとの矛盾した結果により、一九二〇年代後半から一九三〇年代にかけて夫はかなり混乱していて、仕事から戻ると気持ちが和らぐまでベッドに横になっていたこともある」[71]と話している。ハッブルは、かなりの間ファン・マーネンの発見に批判的な目を向けていて、私たちの銀河系が宇宙で唯一の銀河ではないと公表する前にも、一連の非公式の草稿の用意をしていた。そのただ一つの目的は、ファン・マーネンがどこで間違ったかを見つけ出すことだった。

何年もの間、ハッブルはその疑いを心中に留め、草稿は人に見せず研究室の引き出しにそっとしまってあった。ハッブル‐ファン・マーネン間の争いは静まったように見え、そうでなかったとしても、島宇宙論争の歴史の瑣末なエピソードとして記憶されただけのようだった。それは事実だったが、ただ、ファン・マーネンが意固地に負けを認めようとしなかった点だけは違っていた。彼は自分が測定したいくつかの渦巻き星雲の再測定を始め、M一〇一に元の測定で見つけたのと同じ方向に議論の余地のない内部運動を発見したと、ウィルソン山天文台一九三一年次報告の中で報告した[72]。この驚くべき新たな発見で論争は再燃した。「彼らはファン・マーネンに時間を与えてほしいと私に頼みました。まあ、与えましたね。一〇年間を」[73]とハッブルは最近挑まれた論争にそう答えた。ファン・マーネンから横っ面をひっぱたかれたも同然のかつてのボクサーは、もう一度グローブをつけ、ウィルソン山で最も伝説的となった嵐の一つに猛然と突入した。望遠鏡使用の点で争いはすでに爆発寸前だった。ファン・マーネンは、二・五メートル望遠鏡使用にそれ相当の時間が自分に割り当てられないよう画策する一味がいて、その筆頭がハッブルであると確信していた。それは、ファン・マーネンが、自分の許可なしに他の人が使用しないようブリンクコンパレーターの前に張り紙を貼った時だった[74]。

この衝突は、ウィルソン山天文台の食堂にまで持ち込まれた[75]。「修道院」には昼食時の席の位置に厳格なしきたりがあった。二・五メートル望遠鏡を使用する予定の観測者は決まってテーブルの上座につき、一・五メートル望遠鏡の人はその右に、そして、太陽塔望遠鏡の観測者は左につくのだった。望遠鏡のランクが下がるにつれて席は下座になっていった。しかしある日、一・五メートル望遠鏡を使うことになっていたハッブルは、山に着くと、一つ一つに職員の名前が記されているナプキンリングを入れ替えるというずるいことをした。正餐を告げる鐘が鳴って、その時二・五メートル望遠鏡を使っていたファン・マーネンが食堂に入ると、自分が下座になり、勝ち誇ったハッブルが一番上座を占めているのに気づいた。それは山で受けるこれ以上はない侮辱だった。

ハッブルはかつての法学的訓練を利用し、「科学界の裁判所が自分に好ましい評決をするよう、法廷の戦術を巧みに取り入れた[76]」と、ハッブル研究家のノリス・ヘザリントンは主張している。最初にハッブルは、一九三一年九月の二晩にわたり、さんかく座の渦巻き星雲を写真に撮る共同観測者にミルトン・ヒューメーソンを指名した。それから、この最新の画像を一九一〇年に撮られた同じ銀河の写真と比較した。その後、ファン・マーネンが長い間研究していた子持ち銀河や回転花火銀河など他の目立つ渦巻き星雲の新しい写真を撮った。ハッブルは、ちょうどファン・マーネンがしたように比較の対象とする星を選び出し、多くの時間を使って新旧の写真乾板を比較し、年月を経た間の回転の証拠となる形跡を探した。結局、彼は「運動の証拠」は発見されなかった[77]と結論した。とどめの一撃に、ハッブルは過去の測定でファン・マーネンを手伝ったセス・ニコルソンを使い、同じように写真乾板を比較させた。今回ニコルソンは起こりうる誤差の範囲以上に何の変化も認めなかった。この頭の切れる検察官は、法廷の証人席で自らの意見をくつがえす重要な証人を獲得したのである。渦巻き星雲の回転運動に関して、ファン・マーネンは単に期待していたものを見てしまう、人間的な誤りをしたのであった。

ハッブルはこの発見を出版しようと論文を書き上げたが、上司たちは最初の草稿がまったく気に入らなかった。客観的な科学論文では私情を交えないというルールは完全に破られ、ファン・マーネンに対するハッブルの悪意がページにくっきりと現われていたからである。「多くの箇所は言葉が激しく、敵意がはっきり示されています。言い回しについて彼は、いかなる具体的変更にも異を唱えましたので、お手上げになってしまいました」[78]と、ウィルソン山天文台長のウォルター・アダムズは、カーネギー協会の会長のジョン・メリアムに打ち明けた。交戦中の二か国の条約の作成のように、その解決には微妙な外交的駆け引きが関係したが[79]、この件では、同じ職場で働く上司が関わった。ウィルソン山天文台で書かれる論文の編集長だったフレデリック・シアーズは、闘いが公になるのを望まなかった。もし、ファン・マーネンの研究に対するハッブルの批判をそのまま単独で出版したら、彼は公正さを失ったと思われるだろう。宮廷風の作法で知られる真面目なシアーズは適度な節操を保ちたかった。さもないと、天文台のモラルは一気に落ちるかもしれない。

この件については、調査に関わったすべての人々——ハッブル、ファン・マーネン、ニコルソン、そして手伝いとして加わった新台員ウォルター・バーデ——の名の共同執筆で出版するのが最も良いとシアーズは決めた。協調に向け、この労をとってくれたシアーズに一同は賛成したが、ハッブルだけは猛烈に反対した。事態が中断している間に、彼は自分の証拠に関する見解を弱めることはしないことを強調し、「絶対妥協しない」と言い放った[80]。ハッブルは、自分が正しくファン・マーネンが間違っていると確信していた。この反応にアダムズは愕然とした。「この件に関するハッブルの態度はとても正当化できないと思います……。科学者として意見を表明する際に、ハッブルが度をこした不寛容さで意見を述べて、自分をひどく貶めたのは、これが最初ではありません」[81]とアダムズはメリアムに報告した。シアーズはハッブルの強情な態度にあまりに不愉快になったため、彼に「どこか他の場所で好きなように出版してくれ[82]」ともう少しで言うところだった。

それは、ハッブルが思慮分別や良識をまったく発揮できなかった瞬間だった。すべての事実は間違いなく彼に有利だったにもかかわらず、この話における彼の頑なな態度は天文台の人間関係をひどく傷つけた。「この問題におけるファン・マーネンの態度は、ハッブルよりはるかに立派でした」とアダムズは最後に言った[83]。「全体的には、はるかに重みのある良い証拠を持っていたハッブルが、明らかに不寛容で、ほとんど復讐心のような気持ちを見せたのです」。ハッブルは天文学界の大物になっていて、自分より地位の低い者には寛大になれなかった。国際委員会での雑多な仕事がスケジュールに合わない時、ハッブルはその義務をないがしろにするようになった。また、大勢の一員として行動するより個人的野心によって一人で行動することが増え、天文台での共同計画にあまり進んで参加しないようになった。「彼とともに行なうほとんどすべての重要な仕事において、この奇妙な〝盲点〟があることがわかりました」とアダムズは嘆いた[84]。

ハッブルの世界的名声が増すにつれ、彼のうぬぼれも膨らみ、もはやそれはとんでもないところに来ていた。彼は天文仲間には親友を決して作らず、不作法な振る舞いで亀裂を深めていった。約束を破り、きわめて重要な手紙を無視し、規定で許される以上に（費用を自分で持たずに）旅行をし、出ると言った会合に姿を見せないこともあった。アダムズの言葉は、ハッブルの乱暴な振る舞いに対しウィルソン山天文台で募ったいらだちの反映であったが、天文台で一番有名な台員を抑えるのは困難だった。何と言ってもハッブルは、現代宇宙の発見者だったのだ。ハッブルの家族も、彼の自己中心的な行為に深い影響を受けていた。一九三四年に母親が亡くなった時、ハッブルはそれを電報で知ったものの、旅行先のイギリスから戻ろうともしなかった。そのころには、彼は一族とも関わりをほとんど持たず、経済的な援助もしなかった。グレースは一度たりとも義母に会う機会がなかった。「えらい人は我が道を歩まなければならないのです」[85]と、ハッブルの妹のベッツィはずっとあとにあきらめ顔で言った。「何らかの形で必ずつまづくでしょうが、私たちは気にしません……。エドウィンのことはもう見ないようにしていますし、気にかけません。彼はあなたと一緒にいて、あなたは世界でただ一人ですが、あなたが去れば忘れてしまいます。彼の頭の中は星々で一杯ですから」[86]。

論文の問題で、結局、ハッブルとファン・マーネンは、不本意ながら紳士的合意に到達した。アダムズとの多くの議論（や多くの圧力）ののち、ハッブルはついに、彼自身の短い論文を出版することに同意し、それから続いて、ファン・マーネンが自分の研究に誤りの可能性があることを認める論文が出されることになった[87]。ハッブルの小論文は『アストロフィジカル・ジャーナル』の一九三五年五月号に掲載された[88]。それはわずか四段落の文章に、M八一、M五一、M三三、M一〇一の測定を要約した表が加えられたものだった。そしてどの星雲も「回転があるとは認められない」という結論にたどり着いていた。この周到に準備された動きの中で、『アストロフィジカル・ジャーナル』はファン・マーネンの論文を出版した[89]。再考察の中で二・五メートル望遠鏡で撮った新しい写真乾板による結果を含めた末、ファン・マーネンは、測定された運動は今やずっと小さいものであることを認めた。「ハッブル、バーデ、ニコルソンの測定とともに……［私の］結果によると、星雲が運動しているという見方は見合わせるのが望ましい」と彼は述べた。ファン・マーネンは「将来もできるだけ探索研究をする」と約束したが、年月がたっても追跡調査は行なわれなかった。

ハッブルを完全な勝利――渦巻き星雲は、本当にそれぞれ別の銀河だという疑問の余地のない発見

——から遠ざけていた唯一の悩ましい矛盾が、ついに解けたのである。出版物の中で二人の敵対者は形式的に和解の握手を交わし、別々の道へ分かれた。しかし、その時から、彼らは天文台の廊下ですれ違っても一言も交わすことはなかった。(90)

第14章

2.5メートル望遠鏡を
うまく
使っているね

渦巻き星雲の謎をすっかり解き明かしたハッブルは、天文学で大成功をつかんだように見えたが、まだ厄介な問題が残っていた。一九一〇年代にヴェスト・スライファーが最初に指摘した銀河のとてつもない速度を、どう説明するかである。なぜ、渦を巻く円盤は私たちから高速で遠ざかるのだろう？　エディントンは「〔渦巻き星雲は〕私たちを疫病にかかっているみたいに避けている」[1]と叫んだ。それは大きな謎で、その解決は、ハッブルが島宇宙論争を決着させた以上に重大なものだった。

この「宇宙の集団大移動」にハッブルが注目しはじめたのは一九二八年だった。その夏、国際天文学連合は、三年に一度開かれる総会を、オランダ南部、旧ライン川沿いの絵のように美しい町ライデンで開いた。好天に誘われ三〇〇人以上の代表が出席し、彼らはそこで、三世紀前にレンブラントの描いた過去の風景を眺めながら、町の有名な運河を船で川下りする遊覧を楽しんだ[2]。それはアメリカの「狂乱の二〇年代」の真っ盛りで、ヨーロッパは旅行者であふれていた。「ほとんどのアメリカ人はこの夏ずっとここで過ごすようです。文化を感じるものを手当たり次第集めて回ったり、ステッキやスパッツや絵はがきを買ったりして――」[3]と、この会合に出席したローウェル天文台の天文学者カール・ランプランドは書いている。

ハッブルは国際天文学連合星雲委員会の臨時議長に指名され[4]、七月の会期中ウィレム・ドジッターと同席し、相対性理論と宇宙論へのその応用について議論する機会を持った。アインシュタインとドジッターによる宇宙構造の解について、ハッブルは（専門家ではなかったものの）明らかによく知っていた。一九二六年の「銀河系外星雲」という重要な論文[5]の一番最後に、ハッブルは「一般相対性理論による有限宇宙」と題した短い章を書き、その両方について言及していた。さらに翌年、ハッブルの指示により、ミルトン・ヒューメーソンが二つの近傍銀河の赤方偏移を再測定していた。おそらくハッブルが影で代筆したと思われるその短報で、ヒューメーソンは、その赤方偏移から計算された銀河の速度は比較的小さく、近い銀河ほど低速であるという「すでに観測されている明らかな傾向と一致している」[6]と特記している。

このようにハッブルは、遠ざかっていく銀河の速度に関する一般的傾向について明確に気づいていたが、ライデンでやっと、銀河の赤方偏移で宇宙論学者たちが大騒ぎしている意味を把握したらしく、一般相対性理論について世界で数人しかいない専門家の一人から、さらに進んだ講義を受けた。自分の宇宙モデルをテストしたいと強く思っていたドジッターは、この時、ローウェル天文台でスライファーが始めた渦巻き星雲の赤方偏移の測定をもっと行なうようハッブルをけしかけた。[7]ちっぽけな口径六〇センチ屈折望遠鏡しか観測に使えなかったスライファーは、必然的に探索が行き詰まっていた。スライファーは、渦巻き星雲の中で明るい方の四〇個あまりについては赤方偏移を求めることができたが、さらに暗い小さな銀河は赤方偏移の読み取りが不可能だった。スライファーは望遠鏡の力を目一杯使ったが、それでも十分な光子を集めることはできなかった。「フラグスタッフ〔ローウェル天文台〕でのこれらの天体の探査は、大した興奮を呼び起こさずに中止されました」[8]とシャプレーはのちに指摘している。予測されるように、銀河の赤方偏移がその距離に関係するかどうかをはっきりと確かめるには、ハッブルがウィルソン山天文台で使っている口径二・五メートル反射望遠鏡のような、ずっと大きい望遠鏡が必要である。そのことはわかっていた。それは完全に観測機器との組み合わせの問題だった。ドジッターはこのことを知っていたし、ハッブルも明らかにそう信じていた。

カリフォルニアに戻ると、ハッブルはすぐにこの問題を観測の最優先課題にした。渦巻き星雲の謎を解明した彼は、次の大いなる挑戦を始めた。それは、高速で遠い宇宙へ飛び去る時、銀河の赤方偏移に一定の傾向が本当にあるかどうかを調べることだった。ハッブルがヒューメーソンという勤勉な共同研究者と手を結んだのはこの時で、全体の仕事を遂行するため各人は仕事を分担した。いくつかの銀河の距離を決定するためハッブルがセファイド変光星を探す一方で、もう一人は、銀河の速度を計算するため（もしそれが本当に赤方偏移として解釈できるとしたらだが）赤方偏移のデータをとることに集中した。ハッブルが計画していたのは、この二つの断片的情報を並べてみて、そこに銀河までの距離とその赤方偏移の値を結びつける法則――ある特定の数式――があるかを見極めることだった。

この新たな仕事の分担を最初に聞いた時、ヒューメーソンは、あまりいい気分がしなかった。ハッブルはライデンから興奮して帰ってきてすぐに、銀河についてまだ知られていない赤方偏移を求めようとヒューメーソンに提案した。しかし、二・五メートル望遠鏡用分光器のプリズムは黄ばみだしていて、さらに当時手元にあった写真乾板は、この仕事をするにはかなり感度が低かった。それなりのスペクトルをとるには数夜かかることがヒューメーソンにはわかっていた。「このような長時間露光にはあまり熱意がわきませんでした」と彼はのちに回想している[9]。「しかし〔ハッブルが〕私を仕事に引き留め、励ましたのです」。ますます暗い天体をハッブルは追い続けた。それらは、スライファーの〔ローウェル天文台の〕小さな望遠鏡で調べるには遠すぎたし、またいくつかは南天の低い位置にあった。「これらのスペクトルをとるには、二・五メートル望遠鏡にのぼり、ものすごく寒く辛い思いをして、冬の夜に長時間その鉄骨に座っていなければならないのです」とヒューメーソンは言った。凍りつく夜間、彼は像を確実に安定させるため、何時間もの間、ガイド星を〔案内望遠鏡の接眼鏡の視野に見える〕十字線の中央に留め続けなければならなかった。「目の酷使、退屈、注意力の持続――それ

ウィルソン山でのミルトン・ヒューメーソン（AIP Emilio Segrè Visual Archives の好意による）

は忍耐力のテストでした」と彼は言った。[9] しかし、ヒューメーソンの天文学の道への特殊な入り方が、困難な仕事にとりかかるためのこの上ない準備になった。彼はタフな仕事に慣れていたのである。

一八九一年、ミネソタ州に生まれたヒューメーソンは、少年時代に家族とともに西海岸へ引越し、十代後半のある夏、ウィルソン山でキャンプをして休暇を過ごしていた。[10] 山に恋をしたヒューメーソンは間もなく公立中学校をやめ、地元の人々によく知られた保養地であるウィルソン山に開業したばかりのホテルのベルボーイや雑役夫として働いた。[11] 彼は、皿を洗い、馬を柵に入れ、小屋の屋根をふいた。一・五メートル望遠鏡が建造中だった時、彼はラバのひく馬車を駆ってでこぼこ道をのぼり、機材を一つ一つ山頂まで運んだ。この地域でピューマが大切なヤギをうまそうに食っているのが目撃された時、ヒューメーソンはこの獣を追跡し、両目の間を二二口径のライフルで撃ったことがあった。[12] ヒューメーソンが天文台の主任技術者の娘と結婚した数年後、義父は彼が天文台の雑用係として働けるようにはからった。彼は少しずつ、夜間に天文学者の助手をすることを許されるようになり、時がたつと、学校教育は八年だけで、天文学の正規の教育など受けていなかったにもかかわらず、一人で観測をすることで敬意と信頼を勝ち得ていった。セス・ニコルソンはこの若者の面倒を見、数学を多少教え、シャプレーも彼を教育した。丸顔に丸い眼鏡をかけ、物静かで控えめなヒューメーソンは、学者に見えるようになった。一九二〇年、彼は写真部の職員に昇進し、二年後には天文学者の補佐になった。辛抱強さと細部にまで念入りに注意を払うことで有名な彼は、非常に暗い天体の長時間露光の写真撮影や分光技術に特に秀でるようになった。人から好かれ、根っから賭けごと好きだった彼は、この骨の折れる退屈な仕事で鬱積したストレスを、他の夜間助手や工作室の作業員たちとポーカーをして発散した。時間が空くと、彼は、一緒に行こうという天文学者をみな連れて、近くのサンタ・アニタ競馬場で行なわれる夕方の競馬を見にいった。

時がたつと、ヒューメーソンは望遠鏡の観測時間の割り当てまでも任されるようになった(13)。共和党に対する強い忠誠心をハッブルと分かち合っていたヒューメーソンは、投票日に、民主党を支持する観測者をできるだけ多く山に留め、投票に行かせまいとした。同じ時、民主党の忠実な支持者である太陽学者のニコルソンは、共和党支持者だけが太陽塔望遠鏡を割り当てられるようにスケジュールを組み、おあいこにした。下の身分から出発したヒューメーソンが自分の地位を侵すことは絶対にないと思ったハッブルは、この献身的な年下の共同研究者とうまくやっていった。

一九二九年までに、ハッブルは（大小マゼラン雲を含む）二四個の銀河の距離を決定し、その中で一番遠いものは約六〇〇〇万光年離れていると判定した。彼はこの見事な研究を、各段が次につながる「測定のはしご」を確立することで完成した。[14] 最初に彼は、一番信頼度の高い物差しのセファイド変光星を使って比較的近くにある六個の銀河の距離を直接求め、[15] それによってそれらの銀河の中で一番明るい恒星の等級を判定した。最大光度の恒星はもっと遠くにある銀河でも同じ程度の明るさと考えた彼は、それらを「標準光源」として使うことにした。さらに遠くにある全部で一四個の銀河の中でこれらの最も明るく輝く恒星を探し出し、それらの恒星の見かけの明るさをもとに、それぞれの銀河の距離を概算した。それから、これら二〇個の銀河（最初に六個、それから一四個）をすべて考慮し、銀河の平均の明るさを求め、その値を使ってさらに遠くの四個の銀河の距離を判定した。このように一段一段外に向かうハッブルの進み方は、シャプレーによる球状星団の距離測定の戦略に似たものであったが、ここでハッブルは、遠い宇宙に向かってさらに一段の飛躍をした。

ハッブルは、個々の銀河の距離と測定された速度とを結びつけ、そこに何らかの関係、つまり、銀河が深宇宙へ向かって進んでいく時、何か一定の傾向があるかどうかを見たのである。その時までにヒューメーソンは、多くの赤方偏移を再測定していたが、ハッブルは準備していたその発見に関する最初の論文（「系外銀河星雲の距離と視線速度との関係」）で、スライファーによる以前の測定結果を優先的に使った。

この主題は、特にこれまで波乱に満ちた経緯があったため、一九二九年のこの画期的な出版を前に、ハッブルはいつにも増して用心を怠らなかった。以前に、ポーランド系アメリカ人の数理物理学者ルードヴィク・シルバースタインは、銀河の距離と赤方偏移との関係を見つけようとしてかなりぶざまな失敗をし、これは特にウィルソン山天文台でハッブルの同僚の著名な天文学者、クヌート・ルンドマルクとグスタフ・ストレームベリの嘲笑の的になっていた。シルバースタインは、球状星団と渦巻き星雲とをひとまとめにしてしまい、意味のない結果を導き出したのである。彼は、的外れな分析と自分の予想に反するデータを省いたという両方の理由で笑いものにされ、皆がこの問題を怪しげな目で見るようになっていた。このようなことが起こらないよう、ハッブルはシルバースタインに対する最も厳しい二人の批判者たちから抜け目なく助言を引き出し、自分の論文に対する彼らの貢献を特記した。「ストレームベリ氏は非常に親切に、これらの値の一般的な大きさを調べてくださった。……この方法による解はすでにルンドマルク氏により出版されている」[16]と彼はお世辞を書いた。ハッブルは、論争を引き起こす発見を扱っていることがわかっていたので、あらゆる用心をした。彼は、敵になりそうな人が自分についてくれるよう説得した。だが、ハッブルは、銀河の分類に関する体系を剽窃したとして以前に非難したルンドマルクを好きではなかった[17]。また、彼がストレームベリに確認してもらった点は非常に簡単だったので、調べる必要はほとんどなかった。このようなわけで、ハッブルはどんな議論も確実に打ち破れるように、また同時に、彼とヒューメーソンが集めたさらに暗い銀河のデータを続編としてすぐに出版して「自分たちの縄張り」と考える分野に他の人々が参入しないよう、自分のデータの出版を留保した[18]。彼は注意深く、しかも狡猾で、ただ自分の考えを紹介するだけでなく、それを懸命に売り込んだのである。ハッブルは、かなり疑い深い同僚たちを説得するには、攻撃される隙のない論拠を作らなくてはならないことがわかっていた。「科学の進歩には、新たな観測と新たな理論以上のものが必要だ[19]」と歴史家のノリス・ヘザリントンは言った。「詰まるところ、人々は説得されなければならないのだ」。

ヘザリントンによると、ハッブルはこの問題に関する最初のデータを、まるで裁判官や陪審員に向かうかのように提出したという。これもまた法律の訓練を受けた彼には当然のことだった。ハッブルには証人もいた。ハッブルがストレームベリとルンドマルクの助力に言及したことで、当然彼らはハッブルの力量を立証する客観的な傍聴者となった。ハッブルが見つけたものは、銀河の後退の明らかな規則性、単純できわめて簡潔な法則だった。天文学者たちが宇宙の深部を覗くにつれ、銀河の速度は直線的に増加し、距離に比例して上昇する。距離が二倍になると、銀河の速度も二倍になる。一千万光年の距離にある銀河は五〇〇〇万光年の銀河の二倍の速さで移動する。ハッブルはこの増加率も計算した。その後、この数字は(時がたつとより良い測定がなされるので)修正されたが、最初ハッブルは、銀河は一〇〇万パーセク(約三〇〇万光年)遠くなるごとに速度は秒速五〇〇キロメートルの割合で増加すると算出した。そして、この比例係数を、それ以前の解析で他の人々が使っていたのと同じKの記号で表わした。しかし一九三〇年代後半になると、天文学者たちはそれを「ハッブルの定数」として通常Hで表わすようになり、のちにその言い方は短縮されて「ハッブル定数」となった。

この関係をハッブルは本当に「発見した」のではなく、すでに推測されていた内容をデータによってはっきりと示し、仲間の天文学者たちを最終的に納得させたにすぎなかった。過去の試みでは、グラフ上の測定値はページ全体にただ散らばっているだけのように見えた。しかし、ハッブルのグラフは、まだ多少の散らばりはあったものの、銀河はずっときちんと線上に並んでいた。彼が点をつないでまっすぐに引いた直線の図は、今では宇宙論の教科書に燦然と輝き、その結果が正しいことを誰もが確信している。

実を言うと、ハッブルは二つの計算を別に行なっていた。一方では、二四個の銀河全部を使って後

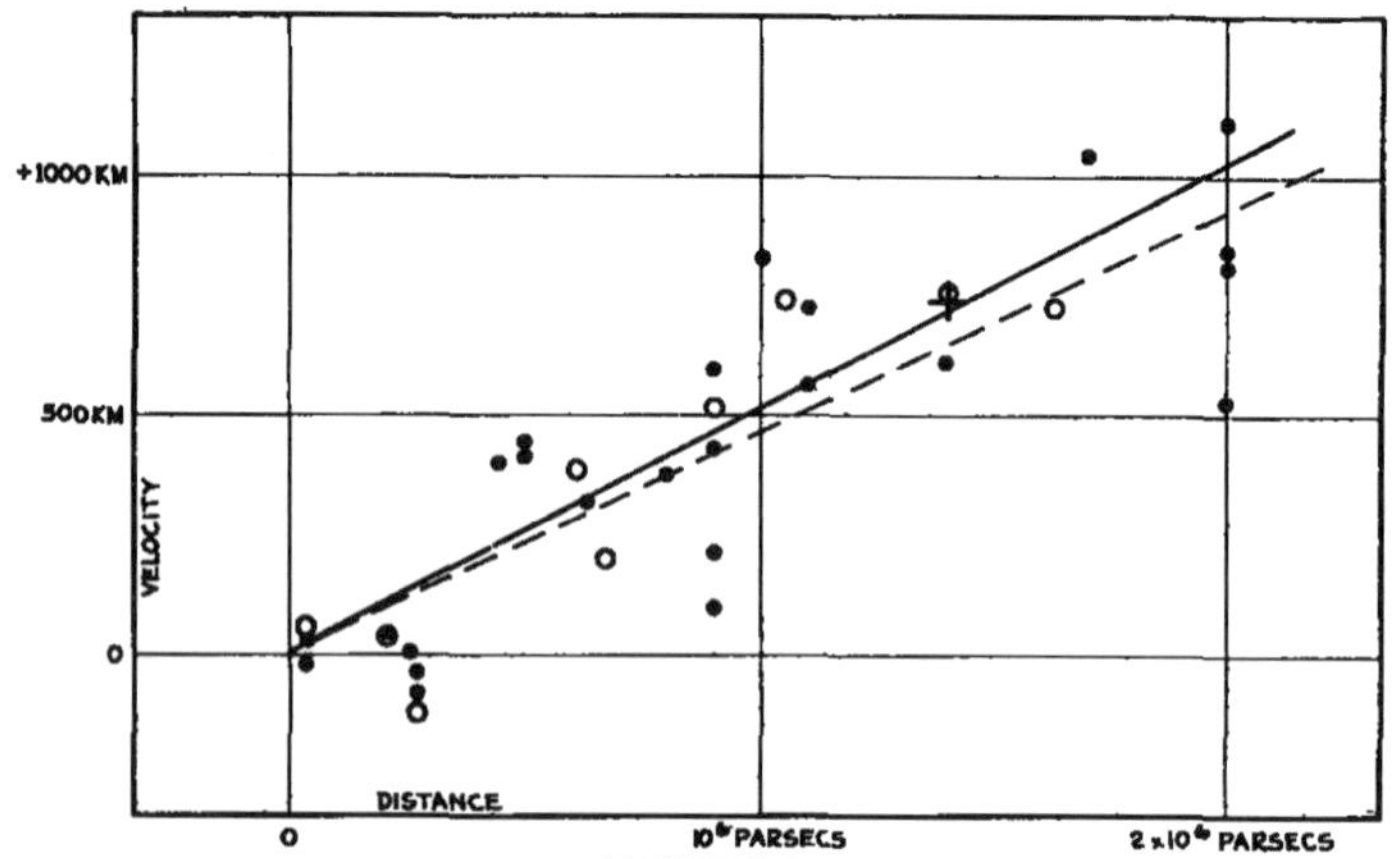

FIGURE 1

Velocity-Distance Relation among Extra-Galactic Nebulae.

ハッブルの有名な1929年の200万パーセク（約600万光年）までの銀河の速度-距離関係のグラフ。のちに膨張する宇宙として理解される際の証拠となった（*Proceedings of the National Academy of Sciences* 15［1929］: 172より , Figure 1）

退率を求め、もう一方では、それらの距離と天空上の方向によって銀河を九つのグループに分けてそれぞれの後退率を求めたのであった。どちらの方法でも結果は同じようだった。「このように少ないデータ、まばらな分布にしては、結果はたいへんはっきりしている[20]」とハッブルはほとんど驚きに近い気持ちで結論している。

　ハッブルは抜け目なく、その時手の内にあった最強の証拠を歴史的グラフには含めなかった。その証拠はヒューメーソンの別の論文のためにとっておき、『国立科学アカデミー会報』でちょうど都合よく自分の論文の直前に掲載されるようにした。ハッブルはヒューメーソンの結果で注意を引きつけ、それを既成事実として自分の単独名の論文を出版したのである。スライファーが観測したいくつかの銀河で最初の経験を積んだヒューメーソンは、ハッブルの指示通り、これまで測定されなかったもっと暗い標的を追った。それは、ペガスス座の銀河NGC七六一九だった。「私は、とりあえず一回露光してみることに同意しました[21]」。スライファーの先へ進むことが可能かどうか知りたいと思っていたヒューメーソンはこう回想している。露光には数晩かかり、暗い銀河からわずかにやってくる光子はのべ三三時間写真乾板に当たった。それは孤独な仕事だった。ヒューメーソンはいつも、二・五メートル望遠鏡のドームの中で小さな赤い電球の光だけを友に仕事をしていた。彼は十字に交差した髪の毛（ガイド用の十字線）を、望遠鏡の鏡筒を通ってほんのわずか見える、目標とする銀河の光に何時間も合わせ続けた。ある観測者が言うように、これはすべて「急行列車の一〇倍の速度で地球と一緒に山自体が東向きに回転している[22]」事実にもかかわらずなされていた。確認のためヒューメーソンはもう一度測定を行ない、今度は四五時間露光した。

しかし、これらの観測をすることは仕事の始まりにすぎなかった。研究室に戻ると、一枚一枚の写真乾板を顕微鏡下に置いて、スペクトル線の移動を注意深く測定しなければならなかった。ヒューメーソンは、銀河の中で光るカルシウム原子が作り出す鋭く目立つスペクトル線をよく利用した。しかし、ヒューメーソンは数学の訓練を受けていなかったので、その測定結果を、数式により物理的測定値を銀河の速度に変換してくれる天文台の「コンピューター」係（計算尺や加算器で計算する人）に持っていった。NGC七六一九の速度はエリザベス・マコーマックが最終的に算出し、それはスライファーの最高値の二倍を越す秒速三七七九キロメートルとなった[23]。この成功は、骨の折れる露光時間をずっと短縮し、速くきれいなスペクトル写真をとれる分光器をヒューメーソンが手に入れられるように、ウィルソン山天文台の幹部にはっぱをかけることになった[24]。コダック社も、ヒューメーソンの抱えている問題に刺激され、もっと感度の良い写真乾板を作り出した。それは幸いなことであった。

当初のスペクトル観測で疲労しきっていたヒューメーソンは、そのような改良が研究中に起こらなかったら、ハッブルの計画からすぐにでも手を引くつもりだったからである。[25]

ＮＧＣ七六一九の速度がわかったので、ヒューメーソンは、ハッブルの右肩上がりのグラフの中にさらに輝く点を書き加え、自分の測定がハッブルが発見したばかりの銀河の速度・距離関係にまさに符合することを示した。「これらの写真乾板から導き出したＮＧＣ七六一九の速い速度は、グラフの延長線上にのる」とヒューメーソンは報告した。[26] この勝利宣言で、ヒューメーソンは、ハッブルの発見を二〇〇〇万光年という宇宙の彼方のさらに遠くまで拡張したのであった。

ハッブルの新法則に、即座に疑いをさしはさんだ天文学者が一人だけいた。それが宿敵ハーロー・シャプレーだったのは、避けがたいことだったかもしれない。シャプレーは、距離が正確にわかるのは一番近い銀河だけではないかといぶかっていた。「このような関係を自分自身で探究するチャンスを逃したことを後悔する気持ちもあり[27]」おそらく彼は嫉妬していたのだろう、と歴史家のロバート・スミスはほのめかしている。シャプレーはハッブルの論文に即座に鋭く反応し、そこで彼は、距離が大きいと、恒星の集団は「標準光源」には不適切な一つの恒星のために距離測定のミスが出る、と真正面から書いた。その論文の最初のページで、シャプレーはハッブルのお株を奪う機会を見逃さなかった。一〇年前にシャプレーは「渦巻き星雲の速度は、ある程度見かけの明るさに依存し、このことから速度が距離に関係することがわかる[28]」と公に書いていたからである。しかし、シャプレーは、一九一九年には渦巻き星雲は私たちの銀河系の弱小メンバーだとまだ信じていたことをはっきり言わなかった。したがって、彼の主張は結局意味をなさなかった。

二年もたたないうちに、ハッブルとヒューメーソンは、さらに四〇個以上の銀河を調べ、その数は以前スライファーが測定した数より多くなった[29]。そして、以前に六〇〇〇万光年と測定された距離を超えてさらに遠くへ進み、このような短時間にしてはとてつもなく遠い一億光年の距離という宇宙の天蓋に達した。「ヒューメーソンの探索は見事なものでした[30]」とハッブルは後年回想している。「技術に確信が持て、結果に自信が持てるようになって彼は前進しました。そして銀河団から次の銀河団へとどんどん進み、二・五メートル望遠鏡の限界を越えました」。ある時、ヒューメーソンは、しし座銀河団のある一つの暗い銀河の光を幾晩も集め、その赤方偏移をまる一週間かけて決定した。バークレーから来た大学院生で、当時、銀河の計数観測プロジェクトでハッブルの手伝いをしていたニコラス・メイヨールは、ヒューメーソンが観測を終わって写真を現像した時その場にいた。小さな写真乾板をライトボックスに置いたヒューメーソンは、「やったぞニック、これは大きな偏移だ！」と言った[31]。そのスペクトル線は「本来の位置からものすごく移動していました」とメイヨールは回想している。「それは、秒速二万キロメートルに相当する赤方偏移であり、おそらくこれまで彼が得た最大値の二倍以上でした。それはもう大変な喜びようでした」。この銀河は光速の二〇分の一以上の速度で遠ざかっていた。この機を逃さず、ヒューメーソンはお祝いだと言ってすぐ自室へ行った。そして、戸棚の扉を開け、謎の「パンサー・ジュース[32]」、すなわち密造酒のボトルを取り出した。明け方に祝杯をあげたあと少し眠った二人の同僚は、修道院へ朝食をとりにいった。そしてハッブルを電話で呼び出し、この記録破りの赤方偏移のニュースを伝えた。ハッブルは答えた。「ミルト、君は二・五メートル望遠鏡をうまく使っているね[33]」。銀河の速度と距離との関連はさらに強いものになった。「その時の雰囲気がどれほど興奮に満ちていたか、とても想像できないでしょう[34]」とメイヨールは言った。「天文学と物理学にはたいへん多くのことが起こり、それがすべて、その時、その場所に結集したの

PLATE III

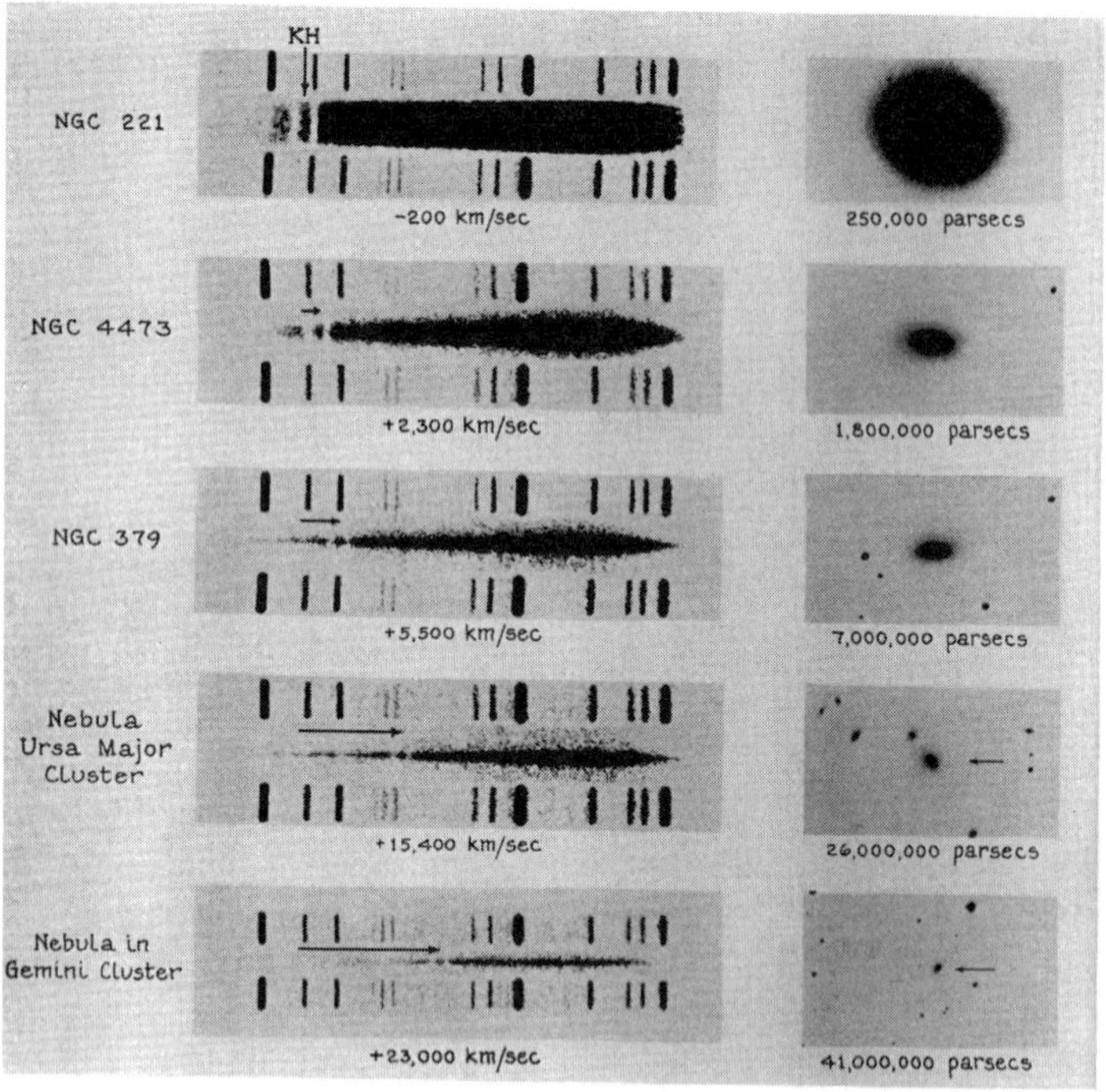

RED-SHIFTS IN THE SPECTRA OF EXTRA-GALACTIC NEBULAE

カルシウムのスペクトル（KH で示される）が右に（スペクトルの赤の端へ）移動していく様子を示したミルトン・ヒューメーソンの測定結果の一部。銀河の距離とその速度の両方が増加していく（1パーセク＝3.26光年）（*Astrophysical Journal* 83［1936］: 10-22 より、Plate Ⅲ, American Astronomical Society の好意による）

です」。

ヒューメーソンの速度は非常に驚くべきものだったので、天文学者の中には、一体全体そんなものが測れるのかといぶかる人もいた。しかし、ヒューメーソンには経験という強みがあった。[35] 最初に比較的低速の赤方偏移を確定すると、彼は、そのスペクトル線をまるで旧知の友のように詳しく知ったので、追い求める銀河がどんどん暗くなり、そのスペクトル線が赤い方にずれ、暗いものになっても、たやすく突きとめることができた。

ウィルソン山天文台の幹部はこの仕事をきわめて重要と考えたので、一九三〇年代、ハッブルとヒューメーソンは、ほとんどの「暗い時間帯」に二・五メートル望遠鏡を使うことができ、これは他の銀河研究者たちを落胆させた。観測を台無しにする月の光が地平の下に隠れる毎月の貴重な数日間、二人の観測者は目標とするきわめて暗い天体の測定ができた。「ウィルソン山の星雲部門の周辺に渦巻いていた強力な広報活動――その中心にはハッブルという明るい星がいたのですが――は、「ウィルソン山の」分光学者たちからひどく嫌われていました[36]」とアラン・サンデージは言った。当時、アメリカ合衆国でも他の場所でも、ほとんどの天文学者は恒星の進化の過程を決定することに焦点を当てていた。「そこに彼らはいたのです」とサンデージは続けた。「当時の天文学の中で、彼らは一番魅力的でとらえがたいと思っていた恒星物理学の道を苦労しながら進んでいましたが、一般の人々は、それらを――そう、〝退屈〟と思っていたようです」。当時のウィルソン山の出版物で宇宙論に関係していたものは五パーセントに満たなかったにもかかわらず、その話題は天文台から出されるニュースの中心を占めていた[37]。「一部の分光学者たちは憤りを感じていました[38]」とサンデージは言った。当時のウィルソン山天文台が銀河だけを研究対象としたという伝説は今日でも残っていて、つまり、ハッブルと彼の研究成果に対する注目は、それほどまでに大きかったのである。

しかし、それは一体何を意味していたのか？　銀河がこのように規則的に私たちの銀河系から遠ざかるのは何が原因なのだろうか？　この速い速度は本当なのか？　赤方偏移と速度を対応させるのは簡単で、それが最も単純な解釈だし、科学論文でその現象を述べるには最も直接的な方法だった。誰もが、これらの言葉を同等の意味で使っていた。しかし、これはおそらく新しい物理法則が何か働いているためで、結局、銀河は本当は後退していないのだ。それはおそらくまったくの妄想なのかもしれない。

完璧に観測家であるハッブルは、こういった疑問にはあまり関心を持っていなかった。じっくり考えるのは気が進まず、宇宙がもたらすデータだけを重要視した。この方向に傾いたハッブルは、一九二九年の論文のほとんどを、銀河の距離とその赤方偏移との関連づけに費やし、六ページの論文には、数表、いくつかの方程式、そして一つのグラフだけを収めていた。そして、その中に潜在する解釈を一番最後のパラグラフだけに表現した。「際だった特徴は、速度‐距離関係がドジッター効果を表わしているかもしれないことである」[39]と彼は書いた。ドジッター効果は、当時最も影響力のあるモデルだった。おそらく、光の波が移動中に引き伸ばされて運動しているような錯覚を生じさせているか、あるいは、ドジッター宇宙の奇妙な性質により物質が本当に外部に飛び散っていくのかもしれない。ハッブルにとってそれ以上に重大だったのは、宇宙モデルの議論の中で、今や本当に正しいデータを提出できるかもしれないということだった。何世紀もの間、宇宙論は推測と想像のみの領域だった。宇宙の起源、振る舞い、構造——それらは論駁しようがないため、その見解は誰のものでも考慮の余地があった。しかし今では、実際の宇宙の測定結果を議論に持ち込むことができた。今や理論は観測結果と一致しなければならない。それは二〇世紀天文学の一つの勝利であり、ハッブルがその仕事の創造者だった。銀河は、ハッブルによる「宇宙にちりばめられた偉大な信号灯」となり、宇宙を精密に描写する輝く指標となったのである。[40]

ハッブルは理論はほとんど他人に任せ、観測にだけ専念していた。ある時、彼はドジッターに話した。「この問題に通暁し議論する能力を持ったあなたなど、ごく少数の他の人々に、解釈は任されるべきです[41]」。明らかにハッブルは、一体全体それが何を意味するのか本気でいぶかっていた。「速度が本物で、すべての物質が私たちの領域から本当に飛び散っているとは信じがたいのです[42]」と一九二九年に彼は『ロサンゼルス・タイムズ』紙の記者に話している。この発見に関する論文では、彼は冒頭のパラグラフで、銀河の速度を「見かけの」と書いた。[43] 個人的には、彼はこの考えを生涯持ち続けた。さまざまな理論的説明がなされているうちは、彼は間違った陣営に組み込まれたくなかったのである。彼は理論家を装いたくなかったので、解釈がどうあろうと、データを測定したそのままの形で出版した。「観測できる天体が存在する限り、私たちは推測の領域を無視しなければならない[44]」と彼は考えていた。この態度は、彼の忠実な助手にもきちんと伝わった。「そうですね……研究で私が分担した部分が基本的だったのは、かなり恵まれていたことでした。その意味する結論が何であれ、それ（測定値）は決して変わりませんから[45]」とヒューメーソンは言った。

それらの功績を誰のものとするかについては、ハッブルは非常に強く警戒し続けていた。ドジッターが一九三〇年の概論で、速度と距離との関係に何気なく触れた時（「直線的な相関があるようだと何人かの天文学者によって指摘されていた[46]」）、ハッブルはすぐにペンをとり、誰がその功績の最も良い部分を与えられるべきかをドジッターに思い出させた。「星雲に速度‐距離の関係がある可能性は長年の関心事で、あなたがそれを最初に言ったと私は信じています[47]」と彼は書いた。「しかし……速度‐距離関係、その数式、検証、確認は、ウィルソン山天文台の功績と思われ、そう認められるべきだと私は強く感じています」。

一九二九年の論文で最初に引用した銀河速度のほとんどは、実際は、スライファーのデータだった。ハッブルはそれをドジッターに伝えるのを都合よく忘れていたが、引用や謝辞なしに〔他人の〕データを使用することは、科学界の約束事に対する重大な違反だった。このよこしまな行為に対し、ハッブルは、一九三一年に出版した赤方偏移の法則に関する次の重要な論文で「ローウェル天文台のV・M・スライファーによる偉大な先駆的研究[48]」に簡単に触れて部分的な埋め合わせをした。それより丁寧な修正は一九五三年に行なわれた。その年ハッブルは、イギリス〔王立天文学会の権威あるジョージ・ダーウィン講義〕で行なう「赤方偏移の法則」の講演の準備をしていた時、一九一二年に最初にとったアンドロメダ星雲の視線速度のスペクトルのスライドを何枚か貸してほしいとスライファーに手紙を書き、そこでやっと、ローウェル天文台のこの天文学者が最初の突破口を開いたことを認めたのである（それは二〇年以上もたってからだったが）。「何と言っても、この最初の一歩がすべての中で最も重要と私は考えます[49]」とハッブルは書いた。「いったんその分野が拓かれれば、他の人々はあとに続くことができます」。講義自体でハッブルは、自分の発見は「フラグスタッフ〔ローウェル天文台〕のスライファーが測った視線速度と、ウィルソン山天文台で算出した距離とが結びついて生み出されたものです。……スライファーはほとんど単独で研究し、一〇年後……当時わかっていた四六個中四二個の星雲の速度の測定に貢献しました」と明確に述べた[50]。

スライファーは、もっと早く公に自分の功績が認められなかったことを個人的には苦々しく思ったが、一九二九年に栄誉を分かち合うよう要求するには性格が慎ましすぎた。しかし少なくとも彼は、仲間たちからは功績をたたえられていた。王立天文学会は、一九三三年にその最高の栄誉であるゴールド・メダルをスライファーに贈った。そこで会長のフレデリック・ストラットンが「もし、今日の宇宙進化論者が、とても現実とは思えないような速度で膨張している宇宙を扱わねばならず、大変な思いをしているとしたら、その罪の大部分は、まず私たちのメダリスト［スライファー］にあります」(51)というユーモアあふれるスピーチをした。スライファーの業績は、多くの点で、数十年後のアーノ・ペンジアスとロバート・ウィルソンの業績に似ている。一九六四年、ベル研究所のこの二人の研究者が電波天文学の観測に備え、ニュージャージー州の巨大なホーン型アンテナの較正をしていると、空のいたるところからやってくる予想外の宇宙電波ノイズを記録した。彼らは何か月もかけてその発生源を発見しようとした。スライファーが明らかにした驚くべき現象を他の人々が完全に理解するには時間がかかったように、ペンジアスとウィルソンも、自分たちが何を発見したかを教えてくれる仲間の天文学者たちが必要だった。それはいつも聞こえているビッグバンのかすかな残響だった。しかし、両者の類似点はここまでである。ペンジアスとウィルソンがその偶然の発見によりノーベル賞を授与され、科学のエリート集団の中で確固たる地位を確立したのに対し、スライファーは年月とともにかすんでいき、遠のいていく銀河の雄大な冒険談の中で二次的な役割しか果たさなかったと一般の人々から見られているからである。

第15章

計算は正しいが、物理的な見方は論外です

一八二〇年の創設から五四年後、王立天文学会は、ロンドン中心部のピカデリーの外れにあるバーリントンハウス西館の新しい本部で、月例会議を開催するようになった。そこは、以前は個人のパラディオ様式の大邸宅だったところで、イギリスの学会を多数収容していた。一九三〇年一月一〇日の会合で、グリニッジ王立天文台の二台の時計の現在の動作状況の報告をしたあと、会長は、その時イギリスを訪れていたウィレム・ドジッターを招き、その最新の研究について説明を求めた。その夜、ドジッターは演台に立ち、銀河の速度とその距離とを関連づける自分の試みについて話した。ちょうどハッブルが前年に行なったように、ドジッターも、ハッブル、ルンドマルク、シャプレーのデータを使用し、それらの点を直線で結ぶグラフを描いた。しかし、彼は銀河のこの規則的な後退の理由を説明できたのか？「その確信はありません」[1]とドジッターは聴衆に話した。このオランダ人天文学者は、自分の宇宙モデルが不適切で、観測された宇宙と少しも似ていないことに気づきはじめていた。彼の解は空っぽの宇宙をよりどころにしていたが、宇宙には間違いなく物質がたくさん存在していたからである。

　そのあとの討議で、宇宙を説明する一般相対性理論から、なぜこれまでたった二つの宇宙モデル――アインシュタインのとドジッターのと――しか現われなかったのかと、アーサー・エディントンがふと疑問を口にした。アインシュタインの方程式から他の解が引き出される可能性はあったのか？権威ある多数の数学者たちがそれぞれ独自に修正を施しながらモデルをいじってきたが、広く関心を持たれるものは出てこなかった。これで行き詰まってしまったのだろうか？

　アインシュタインとドジッターはそれぞれ異なった形で単純化した仮定からスタートし、したがって異なった結論に達した。しかし、彼らには共通点が一つあった。双方とも、時空の全体構造は当然静的で固定したものと考えたことである。「問題は、人々が静的な解［ばかり］を探していたことにあると思います」とエディントンはその会合で言った。(2) ある見地からは、ドジッターの解は非静的と見ることもできた。たとえその中にどんな物質を置いたとしても、それは即座に飛び去るからである。「しかし、その中に物質が何も置けないなら、それは問題にならない」とエディントンは論じた。

エディントンの問いに対して、さらに多くの事項が問題となった。恒星のような大質量の天体が、きわめて局所的に、かつ特定の場所で時空に窪みを作ると想像するのは簡単だが、計り知れない年月がたつにつれ、その全域にわたり宇宙全体の構造が何か変化することがあるのか？　宇宙自体は動的でありうるのか？　時空自体が変化するのではなく、銀河が空間を移動して変化すると想像する方が、現実的でもっともらしそうに思われたので、誰もが宇宙空間は動かないと主張した。「一九二〇年代の宇宙論学者の見方からすると、動的宇宙は彼らの念頭の埒外の概念だった。それは考えるべきではないもので、もし考えるとしても反論されるべきものだった」と科学史家のヘルゲ・クラーフは書いている。(3) しかし、万一に備えて、エディントンはこのような形の公式化を研究する助手をすでに確保していた。

エディントンが忘れていたのは、このもう一つの宇宙モデルが、すでに助手の頭脳の中で熟成し、提示されていたことである。この解は長年彼のすぐそばにあり、ハッブルの観測とよく合っていた。それは、アインシュタインの宇宙でも、ドジッターの宇宙でもなかった。この新しい宇宙モデルは、おとぎ話にある「ゴルディロックスと彼女の椅子」のようにどこか中間的で、かつきわめて正しかった。

その新しい解は、エディントンのかつての弟子で、物理学者でもありイエズス会司祭でもあるアッべ・ジョルジュ・ルメートルの独創的な頭脳から生み出された。ベルギーのルーヴェン・カトリック大学の教員だったルメートルは、エディントンがロンドンの会合で発言し『オブザーヴァトリー』の最新号に掲載された考察を読んで、すぐエディントンに手紙を送り、三年前に自分が書いた論文を思い出させ、彼が非常に欲しがっていた解答を提供した。[4] その解答――「一定質量で半径の増加する一様な宇宙は、系外銀河星雲の視線速度を説明する」と題した論文は、読んだ人がほとんどなく、それというのも、理由はわからないが、すべての天文学者にとっての必読誌ではない『ブリュッセル科学会年報』という、ベルギーのあまり知られていない雑誌でルメートルはその論文を出版したからである。エディントンは、ルメートルの論文まで手が回らずにそれを脇へ押しやったか、あるいは単に、その時は論文の重要性を理解していなかったのだろう。ともあれ、彼はルメートルの論文をきれいに失念していた。ルメートルの手紙を受け取ったあと、エディントンは自分の失敗を少し恥じた。その一九二七年の論文を読み直した彼は、その重要性にやっと気づき、自分の大失敗を一生懸命つくろった。エディントンは、ルメートルの論文の写しの冒頭に「これは私たちが議論していた問題の完全な解答のように思われます[5]」と書き、それをすぐドジッターに送った。ドジッターもルメートルの解法のあざやかさを理解し、それを「独創的[6]」としてすぐに自分の解を放棄した。エディントンは間もなくルメートルの論文の翻訳を手配し、一九三一年三月号の『王立天文学会月報』に再掲載した。こうして論文はやっとしかるべき場に発表されたのであった。

はじめ工学を学んだルメートルは、博士課程で数学に転向し、博士号を取得すると神学校に入学し、一九二三年に司祭に任命された。一般相対性理論の数学的な美しさにひかれるようになった彼は、博士課程終了後にケンブリッジ大学に進み、著名なエディントンの指導のもとでアインシュタインの方程式の理解を深めた。間もなくエディントンは、ルメートルの才能に気づくことになる。黒髪をオールバックになでつけ、丸ぶちの眼鏡をかけたふくよかな顔のルメートルは、黒のスーツか、聖職者用の白く堅い襟の、くるぶしまで丈のある修道服を着ていたので、キャンパスではすぐ目にとまった。彼はまた良く響く大きな笑い声を立てていたので、その声を追いさえすれば見つけることができた。(7) 当時三〇歳のこの若いベルギー人は、「きわめて明晰で……問題の物理的重要性を見抜く力と、非常に処理しにくい数式を操作することの両方でたいへん際だっていました」(8)。エディントンはシャプレーにそう話した。

イギリスで一年間過ごしたあと、さらに勉強しようとアメリカへ旅立った(9)ルメートルは、宇宙論の問題に一般相対性理論を適用できることがすぐにわかり、大いに興味を持った。ルメートルは、アメリカ天文学会のワシントンでの会合に出席できるように手配し、ほかにも銀河が存在するというハッブルの論文をラッセルが読んだ時は、その聴講者の中にいた。その場にいた他の人々は、ハッブルが「大論争」に決着をつけたことに注目していたが、ルメートルはその二歩先を行っていた。天文学の世界には入ったばかりだったが、彼はすぐ、ハッブルの発見が新しい宇宙モデルに適用できることに気づいた。〔銀河系内の星雲ではなく〕新たに発見された銀河は、一般相対性理論によって予言された宇宙の様相が正しいかどうかを試験する指標として使うことができた。その後、さらに博士号をとるためマサチューセッツ工科大学にいたその年、ルメートルはドジッターの宇宙モデルの修正に着手した。一方で、ベルギーへ帰る前に彼はアリゾナ州ローウェル天文台のスライファーを訪問し、また、ハッブルに会って渦巻き星雲の最新の距離測定について教えを乞うため、陽光の降り注ぐカリフォルニア州へも出かけた(9)。

この間、ルメートルが知らなかったのは、もう一人の研究者がすでに似たような修正を終えていたことだった。ルメートルがまだ聖職者になる準備をしていたころ、ロシアの数学者アレクサンドル・フリードマンがこれをやりとげていたのである。純粋数学も応用数学も学んでいたフリードマンは大気物理学の専門家で、高層気象観測所に勤務し、第一次大戦中はロシアの前線で自分の専門知識を使っていた。戦後、彼はサンクトペテルブルクに戻り地球物理学研究所で働いた。そこで彼はさまざまなことがらに興味を持ち、アインシュタインの一般相対性理論の新しい解の研究を始めた。それは、戦後に続いて起こったロシアの内戦が終わるまで、ロシアの科学者にも知られていなかった。

アインシュタインとドジッターの理論はライバルどうしだったが、ある意味でそれらは競合するというより補完的な関係だった。ドジッターの宇宙は、重力を与える物質は存在しないが、宇宙の斥力により運動が可能である。一方、アインシュタインの宇宙は、物質が存在し斥力に対抗する十分な重力を与えることができる。そして、物質が十分なので、すべては完全な平衡状態に保たれる。つまり、アインシュタインの宇宙は、運動のない状態なのだ。フリードマンはこれらの宇宙の最良の側面を融合させた。そして、両極端の宇宙を一つの数学の屋根の下に収め、物質を含み運動もある、私たちが観測しているようなより良い宇宙モデルを提示したのである。

フリードマンの研究で重要なのは、何と言っても「時間」を考慮に入れたことだった。[10] 一九二二年と一九二四年に書かれた論文の中で、フリードマンは、ある意味でアインシュタインの宇宙モデルを動かしはじめたのであった。彼が言うには、時間がたつと時空の湾曲がどう変化するのか、その「可能性を示したい[11]」と考えたのである。フリードマンにとってこれは純粋に数学的な試みで、まったく天文学ではなかった。その唯一の目的は、アインシュタイン方程式を宇宙全体に適用した時に解が成り立つか試してみることだった。アインシュタインのように、彼も自分の宇宙モデルに物質を満たしたが、今回のその解は、計り知れないほど長い年月の間その物質が高速で動くことを示していた。さらに、物質の量によっては、この時空の運動は膨張することも収縮することもできたし、この二つの状態の間を振り子のように動くこともできた。「この宇宙を〝周期的世界〟と呼ぶことにしよう[12]」と彼は『物理学雑誌』の論文で書いた。フリードマンは宇宙の年齢まで計算し、これは天文学史上初めてのことだった。彼は一〇〇億年という数字に到達し、これは今日認められているほぼ一四〇億年という数字からそう離れてはいない。それでも彼はその概算値を、単に好奇心によるものだと考えていた。そして、宇宙の年齢は無限かもしれないともはっきり書いた。しかし、全体的に言えば、フリードマンの論文は宇宙論というよりも相対性理論の数学だったため、当時はほとんど注目されなかった。フリードマンは、星雲、放射、赤方偏移について何も述べなかったし、宇宙の収縮より膨張を前面に出すこともなかった。事実、彼の論文は雑誌では「相対性理論」の項目に分類され、宇宙論への参照はつけられなかった。それが、この論文が簡単に見過ごされた理由であった。

おそらくアインシュタインはこのロシア人の論文に気づいていたと思われる。しかし、彼は、どのみちその解には物理学的重要性がないと考え、すぐに処分してしまった。日本を訪れる旅の直前に『物理学雑誌』に送った手紙で、アインシュタインは、フリードマンの結論を「疑わしく思われる[13]」と書いた。不幸なことにフリードマンには、自分の魅力的なアイディアを弁護したり推進したりする機会がほとんどなかった。一九二五年、気象学・医学の観測のための気球の放球を指揮し、記録的高度（七〇〇〇メートル）を達成したわずか一か月後、彼は腸チフスにかかった。そして間もなく三七歳で亡くなった。見ようによっては、フリードマンの解は時期尚早だった。この段階では、ほとんどの一般相対性理論支持者は天文学に恐ろしいほど無関心であったし、また、宇宙論を問題にしていた天文学者たちは、まだ〔相対性理論には〕関わっていなかったから、この宇宙モデルは数学的おもちゃのようなもので、いじり回すのは面白いが実際の世界とはおよそかけ離れていると信じていた。彼らはそれらをまともに考えていなかったのである。[14]

ルメートルはその例外だった。フリードマンとは違い、一九二〇年代半ばに独自に計算を始めた当初から、心の中は天文学が優先されていた。ドジッター宇宙は星雲の赤方偏移を説明することができたが、〔事実とは異なり〕宇宙はほとんど空っぽであることが必要だった。アインシュタイン宇宙は物質を満たしている点ではよかったが、星雲が遠ざかることを説明できなかった。ルメートルは、自分の目的は「両者の長所を組み合わせる[15]」ことだと明言した。ベルギーに帰り、ルーヴェン・カトリック大学で教授になったルメートルは、この問題を研究し続け、ついに一九二七年に最終的結論を出版した。ハッブルが明らかな観測的証拠を提出するまる二年前、ルメートルは、宇宙の半径が増加し、その波に乗って銀河が外へ移動する宇宙モデルを明らかにした。後退する銀河は、ルメートルが論文で書いたように「宇宙の膨張の影響[16]」だったのである。

私たちからは宇宙のすべての銀河が高速で遠ざかっているように見え、なぜか自分たちが宇宙の運動の中心にいるように思える。実際には宇宙のどこにいても、同じように銀河が外に向かっていることが観測される。宇宙のあらゆる場所で時空がいつも広がり続けているから、銀河が私たちから遠ざかるのである。それをはっきり述べたのはルメートルが最初だった。銀河は、宇宙の「中」を突っ切っているのではなく、果てしなく膨らんでいく時空に運ばれている。そこにはまり込んでいる銀河は、時空にただ乗っているだけなのだ。そのため後退はある特定の形で起こり、私たちからの距離が二倍の銀河は二倍の速度で、三倍の銀河は三倍の速度で遠ざかる。ルメートルは宇宙の膨張率も見積もった[17]（当時わかっていた銀河速度と距離のデータに基づき、一メガパーセク当たり秒速六二五キロメートルとなった）。これは、のちにハッブルが計算した秒速五〇〇キロメートルという値に近かった。

これはとてつもない偉業で、宇宙がどのように振る舞うかについての驚異的な見解であった。しかし、誰も――まったく誰も、それを気に留めなかった。以前のフリードマンの論文と同様、ルメートルの論文は完全に無視されたのである。論文は、まるで出版されなかったかのようだった。ルメートルはのちにヨーロッパとアメリカを旅したが、どういうわけかこの最新のアイディアについて、個人的にも書面でも、仲間たちと広く議論することはなかった[18]。考察している間、ルメートルはシャプレー、スライファー、ハッブルのような、自分の宇宙の新しい解釈に大いに興味を持つと思われる天文学者たちとずっとつながりがあった。それなのに、見たところ彼は沈黙し続けていた。新しい宇宙モデルにまだ疑いを持っていたか、あるいは、先駆的宇宙モデルの創造者との出会いで意気込みがそがれたのか……。表面上は積極的に振る舞っていたが、ルメートルは自分がきわめて冷遇されていることを敏感に感じ取った。ルメートルの論文がベルギーの雑誌に掲載されてからわずか六か月後の一九二七年一〇月、世界の第一線の物理学者たちが三年に一度集まるブリュッセルでの第五回ソルベー会議の期間中に、彼はアインシュタインに会い、二人は市内のレオポルド公園で、ルメートルが新たな道を開いた研究について少しの間話し合った。ルメートルが最初にアインシュタインからフリードマンによる同じような解のことを聞いたのは、この時だった。その時アインシュタインは、どちらのモデルに対してももはや数学的な反論を唱えなくなってはいたが（フリードマンの研究をアインシュタインが最初に否定したのは、彼自身の計算ミスのためだった）、彼は依然として、フリード

1933 年、カリフォルニア工科大学のジョルジュ・ルメートルとアルバート・アインシュタイン（The Archives, California Institute of Technology の好意による）

マンとルメートルのモデルの示す宇宙像を不愉快に思っていた。動的宇宙を想像できなかった（またそうするつもりもなかった）アインシュタインは「あなたの計算は正しいが、物理的な見方は論外です[19]」と強く主張した。のちに大学の研究所見学でアインシュタインに同行した時、ベルギーのこの聖職者は、地球から銀河が高速で遠ざかる最新の証拠について話しながら、自分の論拠を述べ続けた。しかし、結局ルメートルは、アインシュタインが「天文学の最新事実を把握していない[20]」という印象を抱いて会議をあとにした。九か月後、一九二八年の国際天文学連合の一般会議では、同じようにドジッターも、このほとんど無名の神父にそっけない態度をとった。ある評論家が述べたように、ドジッターは「国際的にはほとんど認知されていないこの控えめな理論物理学者にさく時間はない[21]」ようだった。

銀河が本当に一様に外に向かって動いていることをハッブルとヒューメーソンが確認し、また、一九三一年の『(王立天文学会)月報』でよりいっそう知られてきたルメートルのモデルが、銀河をはるか遠くへ運びながら外へ広がっていく時空の構造としてその事実を説明できることがわかるまで、この手詰まりの状態は続いた。もはやそれは、アインシュタインの宇宙でもドジッターの宇宙でもなく「膨張する」宇宙であり、ルメートルは、「宇宙論の町」の建設者の一人として評判になった。本当のところハッブルは、今日教科書で書かれたり一般に考えられたりしているように、一九二九年に膨張宇宙を発見したのではなかった。実際には、ハッブルのデータが、ルメートルのモデルを念頭においてしっかり見られるようになるまで、そのように理解されることはなかった。ルメートルは、フリードマンなどよりずっとうまく、自分のモデルを当時の天文学的観測と結合させたのである。その解は「きらめくような発見[22]」と表現された。最先端の数学者たちは、相対論的宇宙論という新たな領域に集まりはじめた当時、全盛期にあったルメートルの宇宙モデルを拡張したり、その変形版を作成したりした。自分自身この新しい仕事の優れた先駆者だったプリンストンの理論物理学者ハワード・P・ロバートソンは、一九三〇年代初期にある物理学雑誌に概論を執筆した時、「相対論的宇宙論に関する論文を一五〇篇以上集めることができた私の驚きを想像してください！　その山場のいくつかは……終焉を迎えつつあるように私には思われます[23]」と書いている。

天文学者も理論物理学者も同様に、この根本的に新しい宇宙像に衝撃を受け、それが含んでいる壮大さと恐ろしさに息をのむ思いであると報じられた。[24]「膨張宇宙論はある意味ではあまりに常軌を逸していたので、私たちがそれに関わりを持つことにためらったのも自然なことでしょう。それは見たところあまりに信じがたい要素を含んでいたので、誰もがそれを信じなければならないことに私はほとんど憤りを感じました——私自身は別ですが[25]」とエディントンは言った。それは、アイザック・ニュートン以後の物理学の世界に導入された最も有力な考え、すなわちアインシュタインの一般相対性理論に根ざしていて、テストを重ねるごとにそれが真実であることを、その時までに彼が知ったからだった。

理論物理学者であり執筆活動も盛んなジェームズ・ジーンズは、今日も使われている膨張宇宙の典型的な比喩表現を使って言った。「見たところそれは、まるで一四億年ごとに大きさが倍になる速さで膨らむ風船の表面のように、宇宙全体が均一に膨らんでいくのです。もし、アインシュタインの相対論的宇宙論が正しいなら、星雲は、それらが存在する空間の性質によって分散していくほかありません[26]」。エディントンは『王立天文学会月報』の一九三〇年の論文で、ルメートルの解を仲間たちに紹介した時、この見方を最初に考案した。[27]この風船上にいくつかの点を打つと、風船が膨らむにつれ、それぞれの点は規則的に他のすべての点から一様に離れていく。同様に、膨張する宇宙の中で銀河は「膨らみ続ける風船の表面に埋め込まれているように[28]」思われる。したがって、宇宙のすべての銀河から見て、隣の銀河が遠くへ後退していくように見えるとエディントンは書いている。

速度‐距離関係に関するこのような解釈をハッブルは他の人々にゆだねたが、競合する理論を取捨選択するにはどんなデータを集めればよいのかを探り出したいと思い、この議論に参加した。天文学者と理論物理学者は、それまではその領域が分かれていたが、ここでハッブルが両者を話し合いの場につかせた。ルメートルのモデルが流布した直後、グレース・ハッブルの家で起こったちょっとした騒ぎを彼女は回想している。「約二週間ごとに、夜になるとウィルソン山天文台とカリフォルニア工科大学から何人かの天文学者、物理学者、数学者がこの家に来ていました。……彼らはカリフォルニア工科大学から黒板を持ってきて、居間の壁にかけました。食堂にはサンドイッチ、ビール、ウィスキー、ソーダ水があり、彼らは歩き回りながらそれを食べていました。そして、暖炉のまわりに座り、煙草をくゆらせながら、問題の解き方について話し合い、質問し、それらの見方を比べ合っていました。ある人が黒板に方程式を書いて少し話をすると、そのあと、議論が続いたものでした(29)」。

議論すべきことはたくさんあった。一般相対性理論にまだ懐疑的だった人々は、銀河が外へ向かうことに対して他の説明をした。たとえば、イギリスの宇宙論学者E・アーサー・ミルンは、時空の膨張は単なる錯覚だと決めつけた(30)。空間は岩のように堅固だが、形成過程にある渦巻き星雲は、違う速度でまちまちの方向へ移動しはじめる。長い長い時間がたつうち、一番高速の星雲はいつの間にかより遠くの場所へ移動し、その結果、宇宙が膨張するように見えるのだというのである。これは、空間が湾曲したり曲がったり動いたりするとは信じられなかったミルンを、理屈の上では心穏やかにさせるモデルだった。

カリフォルニア工科大学の天文学者フリッツ・ツヴィッキーは、光の波が、空間を移動する間に物質と相互作用を起こし、ある種の重力的な抵抗を受けるという考えを提案した。光の波は進めば進むほどエネルギーを失い、その波長はスペクトルの赤い方の端に向かってずれる。それはドジッター効果と似ていたが、この考えは物質だけが作用を及ぼすのであった。これは、なぜ最も遠い星雲が最大の赤方偏移を示すかの説明にはなった。空間は膨張などせず、物質の満ちた宇宙空間を移動するうちに光子のエネルギーはひたすら弱まっていく。したがって、このモデルは「疲れた光子」理論[31]として知られるようになった。ただ、これがどのようにして起こるのかを無理なく説明する方法はなかった。それには新しい物理法則が必要だったが、それでもツヴィッキーはこの理論を述べるのにまったくためらいを見せなかった。天文学者の間でツヴィッキーの厚かましさは「伝説」だった。彼は、自分の説明が新たな物理現象を示すと感じていたのである。

宇宙に関するこれらの競合するモデルをどのように検証するか、ハッブルは長年カリフォルニア工科大学の理論家のリチャード・トールマンと研究を続けた[32]。彼らは、望遠鏡に届くデータに最も合うのはどのモデルか知りたいと思った。しかし、その努力は結局実を結ばなかった。当時の天文学の水準と入手できる機器とでは、不確定要素——推測——がありすぎて、どのモデルが良いか自信を持って選ぶことができなかったのである。しかし、彼らが最初に得たデータは、ツヴィッキーの「疲れた光子」理論のような、どれか他の理論を支持しているように思えた。だがハッブルは、自分のデータはあまりに不確かで、膨張宇宙の考え方は依然として有効だと明言した[33]。「物理学の原理に関する私たちの知識はまだ完全とは言えない」と彼は書いた。「にもかかわらず、この問題を説明するためにすでに知られている馴染み深い原理を捨て、特別な理論を採用するべきではない——実際の観測に基づいて、どうしてもその一歩を踏み出さなければならないのでなければ[34]——」。もしアインシュタイン［の理論］を避けるとしたら、ハッブルの証拠はそれ以上に圧倒的なものでなければならなかった。他方、あらゆることが不確かなので、ハッブルは、ある特定の解釈を支持することにはなおいっそう不安を感じていた。

リックの天文学者C・ドナルド・シェーンは、一九三〇年代のハッブルとの会話で、ハッブルは実際には「赤方偏移が宇宙膨張を示すものではないことを示したかった」[35]という印象を受けていた。「それというのも、彼はいつもそれに対する何かほかの説明を探していたようだったから」である。膨張宇宙の考え方に関してハッブルの書いたものをよく調べると、彼がそれを快く思っていなかったことがすぐにわかる[36]。銀河の赤方偏移を外へ向かう運動と解釈した理論家たちに対し、彼は「まったく正しい」と同意した。それは、新しい物理法則を必要としない最も合理的な説明だったからである。しかし、そのころ、彼は一貫して「他方」という言葉を文中にしのばせていた。なかなか捨てられない古靴のように、静的で無限の宇宙の方が「もっともらしく馴染みやす」かったのだ。一九三六年秋、オックスフォードで催されたローズ記念講演で、ハッブルは、赤方偏移の解釈に関する迷いを再度明言した。それらの「意味はいまだに不確実なのです」と彼は述べた。少し前に量子力学と相対性理論が導入され、それらにより自然に対する科学者の理解が驚異的に急変することがきわめて明確に示されたことを考えると、ハッブルの用心深さも理解できる。講演の中でハッブルは、膨張宇宙が赤方偏移に対する可能性の高い解釈であると認めたものの、それは「疑わしい世界」であると言った。しかし、依然として他の説明もあったので、天文学者たちが「その解決には観測や理論の改善をさらに待たなければならないジレンマにある」と彼は結論づけた。

ハッブルを最も悩ませていたと思われるのは、銀河のとてつもない速度だった。彼とヒューメーソンが宇宙の探査を広げれば広げるほど、銀河の後退速度は速くなった。ヒューメーソンの分光器でこれ以上は測れない限界の近くでは、秒速四万キロメートルの速度が記録された。ハッブルは「一秒間で地球を一周し、月までは一〇秒、太陽まではちょうど一時間しかかからない。……そう考えると非常に驚異的だ」[37]と書いている。

一九五〇年になって、赤方偏移に関し、カンザス大学教授からの書簡による問い合わせに答え、ハッブルは次のように断言した。それらは「実際に後退を表わしている（膨張宇宙）か、あるいは何か未知の自然原理を示すものです。五メートル［カリフォルニアのパロマー山天文台の望遠鏡］により、これらいくつかの解釈の中から数年以内に正しい解答が得られると私は信じています」[38]。法律家的手法をまだ持ち続けていたハッブルは、公的な発言の時は論拠をすべて固めていた。

エディントンなどの他の人々はこのような曖昧な表現に当惑していた。「膨張宇宙以外の理論の発見にこうも熱心になっているなんて、私にはまったく理解できません」と彼はある同僚への手紙に書いた[39]。「それは……アインシュタイン理論の難解さから生じています。もしそれを放棄すれば、私たちは相対性理論を二五年前の未発達の状態に投げ戻すことになるでしょう。そして、こうして発見された解答が観測によって注目に値する確証を得たのに、どうしてその解答を回避する道を懸命に探索するのか、私には想像できません」。

ハッブルが必要以上に用心深い態度をとり続けた一方、シャプレーは、宇宙であれ何であれ、膨張するものなら何でもかんでも熱烈に支持するようになった。それはまるで、二人の天文学者が磁石の同じ磁極になり、互いに問題の対立する側に立っていつも反発し合っているみたいだった。しかし、カリフォルニア工科大学とウィルソン山との双方にいる宇宙論の「高僧」たちと会合を持つため、一九三一年にアインシュタインがパサデナに着いた時に、その究極のお墨付きが得られた。

第16章

ある一撃で始まった

一九三〇年一一月三〇日、アインシュタインと妻のエルザ、秘書、助手の科学者はベルリンを発ってアントワープに向かい、そこで汽船ベルゲンランド号に乗船した。アインシュタインにとってアメリカ訪問は二度目だったが、西海岸は初めてだった。出発間近のある日、アインシュタイン夫人は相対性理論の父のためにレインコートを買いに出かけた。「ぴったりのコートをお求めいただくには、教授に来ていただく方がよくはないでしょうか?」と洋服屋の店員は言った。(1)「新しいコートが要ると主人を説き伏せるのがどんなに大変かご存じなら、あの人をここに連れてこようとはおっしゃらないでしょう。お察しくださいな」と彼女は応じた。世界でアインシュタインを理解できるたった一二人の男を探し求めての(2)パサデナ訪問は、そこにいたずらっぽく表現されていた。

この尊敬すべき物理学者が一二月一一日にニューヨークに着くと、アインシュタインとエルザは、大勢のジャーナリスト、カメラマン、ニュース映画製作者に質問攻めで迎えられ、その混乱の極みはアインシュタインを非常に当惑させた。「そこにいる人たちがみな立って私たちを一心に見ているので、パンチ・アンド・ジュディー・ショー〔パンチとその妻ジュディーの夫婦喧嘩を扱った人形劇〕を思い出したよ(3)」と彼はドイツ語で言った。報道陣はその日のアインシュタインのことを、小柄で明るい瞳を持ち、ほとんど白髪のもしゃもしゃの髪をオールバックにし、「顔は……目もとの小じわを除けば少女のようにすべすべしていた」と表現した。(4)デッキに立つとすぐ冷たく湿った風が彼の髪を吹き抜け、念入りになでつけたオールバックを、たちまちお馴染みのヘアースタイルにしてしまったのである。ニューヨークに四日間滞在したのち、一行はベルゲンランド号で船旅を続け、パナマ運河を通ってカリフォルニアへ向かった。

カリフォルニア工科大学の最高執行委員アーサー・フレミングは、カリフォルニアの夏のような気候と科学的環境のすばらしさを賞賛し、招待期間を延長した。[5] その時、数学の話の通じる人々の中でゆっくり休息する時間を求めていたアインシュタインは、その申し出を快諾した。一つには、それは彼が物理学者のアルバート・A・マイケルソンに会うチャンスだったからだ。空間に広がる「エーテル」中を地球が運動しているとして予測されていた光速の変化の測定に、なぜかマイケルソンは失敗した。その理由がついにアインシュタインの特殊相対性理論により説明され、それによりエーテルの存在も葬り去られたのだった。

アインシュタインが人前に出たがらないことを知っていたカリフォルニアの招聘者たちは、ニューヨークのような公的な歓迎をやめようとしたが無駄だった。大晦日にサンディエゴの港に入ると、このドイツからの訪問者は四時間のスピーチ、プレゼンテーション、周遊、ラジオでの話に耐えなければならなかった。こうした大騒ぎがすべて終わったあと、やっとアインシュタインはエルザと車で北に向かい、最終的には彼らの滞在のため特別に改装されたパサデナの小さいバンガローに落ち着いた。滞在中の二か月間、アインシュタイン一家は公的な行事の多くを避けながら、個人的な約束は楽しく果たしていった。[6] その後の数週間、彼らはロサンゼルス交響楽団の指揮者を晩餐に招き（アインシュタインは客のためにヴァイオリンを少し弾いた）、ハリウッドのスタジオを訪れ、喜劇俳優チャーリー・チャップリンの映画の本場で晩餐をとり、休みを四日間とってパームスプリングスへドライブした。ただ、ある特別な場では、我慢しながら賓客としてスポットライトを浴びた。タキシードと丈の長いイブニングドレスに身を包んだ夫妻は、チャップリンの最新の映画『街の灯』の試写会に出席し、そこでアインシュタインは小さな男の子のように笑った。[7] いつになく町で夜を過ごしたことには単純な理由があった。世界中で誰もが知っているチャップリンは、エルザが熱を上げている「いい男」だっ

1931年1月、チャップリンの映画『街の灯』の公開初日のアインシュタインと妻のエルザ、チャールズ・チャップリン（Copyright Jewish Chronicle Ltd/HIP/The Image Works）

たのだ。「人々はみな、私を理解してくれるから私に喝采を送ってくれます。あなたは誰にも理解されていないから人々に歓呼で迎えられています」[8]。その夜、彼らが映画館に入り、拍手と声援を送られた時、チャップリンはアインシュタインにそう話した。

しかし、アインシュタインは、日中はカリフォルニア工科大学かウィルソン山天文台のパサデナ本部を訪問し、ひたすら科学者たちと話や会議をして過ごした。彼の便宜をはからい、望み通りに働いてくれる何人かの運転手たちがいて、その中にはグレース・ハッブルもいた。ある日、アインシュタインを約束の場所に乗せていく時、彼はグレースに言った。「あなたのご主人の研究は美しい。そしてその精神も」[9]。ウィルソン山の主要研究施設で、アインシュタインが与えられた部屋は、ハッブルの部屋の真向かいであった。[10] アインシュタインを新聞記者たちから守り、科学者たちと最大限交流できるよう、天文台はいろいろと取り計らい、本部のドアに施錠して鍵を渡すことまでした。しかし、ヘールはこの騒ぎから完全に遠ざかっていた。彼は友人に話した。「私はアインシュタイン騒動の完全に外にいました。彼を見かけることはまったくありませんでしたが、ある日彼が私の研究室に立ち寄りました。幸い記者はいませんでした。彼は全然気取らず人当たりも良かったのですが、新聞の悪評をことごとく嫌っていました。しかし、記者たちが町にあふれるにつれ——何人かは東部の新聞から臨時に来ていました——アインシュタインは完全に逃げることができなくなりました」[11]。

一九三一年一月二九日がまさにその例で、その時は注意深く計画された「お出かけ」がアインシュタインのために用意されていた。[12] その朝、世界一の物理学者と著名な天文学者ハッブルは、スマートなピアスアロー〔当時の超高級車〕の豪華な革製のシートに収まり、大勢の天文台職員につきそわれながら、ハッブルの天文学的大勝利の地である、ウィルソン山頂に広がる望遠鏡複合施設へのぼっていった。アインシュタインは高地を避けるよう医師に注意されていたが、自分の理論的研究に直接的な意味を持つこの機器を間近に見上げることのできるこの旅を望んでいた。

この催しはきわめて注目すべきものと考えられ、『或る夜の出来事』という風変わりなコメディーで最初のアカデミー賞をとってからまだ三年のフランク・キャプラという若い映画監督が、その日のアインシュタインの山での行動を逐一報じるため同行した。[13] ケーブルで吊り上げられる天井のないスチール箱のエレベーターに数人の人々と一緒にどうにか乗り込んだアインシュタインは、太陽の研究だけに使われる高さ約五〇メートルの望遠鏡のてっぺんに最初に運ばれた。南カリフォルニアの景色を褒め、冷たく激しい海風の中で写真を撮られる義務を果たしたあと、彼はその小型のエレベーター

ウィルソン山天文台を訪れた際、写真撮影のために口径2.5m望遠鏡を覗く真似をするアインシュタイン。パイプをくわえるエドウィン・ハッブル（中央）と、天文台長ウォルター・アダムズ（The Archives, California Institute of Technologyの好意による）

で地上へ戻った。ニュース映画のはじめにアナウンサーが言った。「彼は、数百万キロメートル彼方の愛する宇宙を覗くという大変な朝を過ごしたあと、太陽観測塔から戻ってきました」[14]。

昼食後に二・五メートル望遠鏡に行く機会があり、そこでアインシュタインはキャプラのために再び律儀にポーズをとり、接眼鏡を覗き込んだ。その間、ウォルター・アダムズは、カメラにまっすぐ向かい堅苦しい口調でしゃべっていた。「この二・五メートル反射望遠鏡は約一三年前に完成し、天文学の進歩に対し三つか四つの目覚ましい貢献をしました」と彼は単調に話し続けた[15]。その間ハッブルは、スポーティーなプラスフォアーズ（膝下が一〇センチのゴルフ用ズボン）を着て、決して離すことのないパイプを吹かしながらカメラの前にい続けた。カメラから遠ざかったアインシュタインは、望遠鏡を見て喜んでいた。彼はこの時、巨大反射望遠鏡を初めて目にしたのだが、その構造や操作の複雑さを即座に理解した。招待者たちを狼狽させたのは、五一歳の物理学者が遊びに興じる子供のように望遠鏡の骨組みの中をはい回ったことだった。近くにはアインシュタインの妻がいた。この巨大反射望遠鏡が宇宙の形の決定に使用されたと言われた時、妻のエルザは誇らしげにこう答えた。「そう、それを夫は古い封筒の裏紙を使って行なったのです[16]」。

早めの夕食ののち、一行が二・五メートル望遠鏡に戻り、アインシュタインは木星、火星、小惑星エロス、いくつかの渦巻き星雲、シリウスの暗い伴星を覗き、その時、やっと本当に天体を見ることができた[17]。彼は一時過ぎまでドームの中にいたが、ついに、日の出の時間には戻るという約束があったのでしぶしぶそこを引き揚げた。その朝一〇時ごろ、皆はパサデナに帰ってきた。

五日後、床から天井まで壁にびっしり本が並ぶ広々としたパサデナ本部の天文台図書館に天文学者や理論物理学者たちが集合し、山上への訪問からアインシュタインが得た情報や、わかった事柄に関する評価を本人から聞いた。運動し続ける宇宙の考え方に関しては、フリードマンやルメートルが作り出したモデルを、この時点までアインシュタインはそっけない態度で退け、慎重な態度をとり続けていた。彼は、不動の宇宙の方が断然好きだったのだ。しかしその日、彼はついに宇宙の謎がハッブルの観測により疑いの余地なく明らかにされたことを認めた[18]。アインシュタインは結局、彼の球形宇宙を放棄したのである。その場にいたAP通信の記者によると、「図書館には驚きのあまり息をのむ声がそこかしこから聞こえた[19]」という。一週間後に開かれた会合の続きでは、アインシュタインはさらに踏み込み、「遠くの星雲の赤方偏移は、私の古い宇宙構造をハンマーでたたき割るように粉砕しました」と発言し、腕をさっと振り下ろしてその発言を聴衆に強調した。[20] この時、アインシュタインは、動的宇宙を記述するのに宇宙項がもはや必要ないとわかっていた。元の方程式は、膨張宇宙をうまく処理することができるので、彼はそこが非常に気に入った。そもそも彼は、この定数が自分の理論の形式美を損なうと信じ、この臨時に加えた項に懸念を抱いていた。伝えられるところでは、彼は、さらに追加したこの項を生涯の「最大の失敗[21]」だと言ったそうである。青二才だったアインシュタインも年を重ねつつあったのだ。もし、自分の方程式を最初から信じていたら、ハッブルとヒューメーソンが確証する何年も前にアインシュタインが動く時空を予言していたかもしれず、そうすれば、これまでも高かった彼の評価は、ロケットで打ち上げられ、成層圏に到達せんばかりにさらに高められたかもしれなかった。

この方向転換に大きな役割を果たしたハッブルは、間もなく「アインシュタインを転向させた[22]」人物として尊敬されることになった。ノーベル賞受賞を別にすれば、当時の科学界でこれ以上の栄誉はなかった。

アインシュタインがウィルソン山頂を歩き回る数週間前、エディントンはイギリス数学協会で講演を行ない、そこで、ルメートルが最初に膨張宇宙の概念を提示して以来避けて通るわけにはいかない、いわくつきの問題に注意を促した。ルメートルは、一九二七年に掲載された見事な論文の中で、それを読んだすべての人々の心に起こったであろう疑問、つまり、膨張はどのように始まったのかという疑問を遠慮がちに述べた。その時の答えは「理由はまだわかっていない[23]」というものだった。

一月五日、エディントンはイギリスの数学者への講演でこの難問に真っ向から立ち向かった。彼は

1931年1月29日、ウィルソン山天文台を訪れた際の、口径2.5m望遠鏡のドームの前のアインシュタインとハッブル（左から2番目）、およびカリフォルニア工科大学の人々（The Archives, California Institute of Technologyの好意による）

頭の中で時空の膨張する状態を逆に回し、空間、時間、そして、すべての創造がスタートした時点までどんどん時代をさかのぼり、その時の宇宙の状態に思いをめぐらせた。すべての物質とエネルギーが高度に組織化されている「世界の始め」に私たちは到達できるでしょうか、と彼は尋ねた。[24] エディントンはこの考えに恐れを抱いた。ケンブリッジ大学のこの理論家は、「哲学的な立場から見ると、現在の自然の秩序に始まりがあるという概念は私にとっていまわしいものに思われます……」と結論づけた。[24]「それは、私たちの現在の物理学的な問題の範囲から完全に一掃して、除去できると思われます。私たちの何人かは何十億年も過去にさかのぼろうとして道を誤りました。行き着いたその過去にはゴミがすべて高い壁のように積み上がり、乗り越えられない境界——時間の始まり——を形成しているのを見出したのです」。銀河が後退する理由がわかり、初期宇宙にはもっと大きくそして秩序だったエネルギーがあるとエディントンが単純に考えていた数年前、彼はすでに「現在の物事の秩序がある一撃〔バン〕で始まったなんてことは信じられない」[25] と明言していた。(これは、イギリスの天文学者フレッド・ホイルが、一九四九年のBBCのラジオ番組で似たような言い方をする前のことである。一九四九年にはこれに形容詞がつき、創造の瞬間を意味する「ビッグバン」という科学的名称を定めるものとなった)。どちらかと言えば、エディントンは、それほど唐突ではないもっと制御された宇宙創成論に好感を抱いていた。「陽子と電子が(球形の)空間全体にきわめて均一に混じり合っていて、その本来の不安定さが支配的になるまでのきわめて長い間ほぼバランスを保っている様子を、私は想像します……。すべての物事は急に始まったのではありません。しかし、結局小さな不規則な指向性が積み重って、進化が起こりはじめたのです……。物質が引きつけ合い凝縮するにつれ、恒星進化、さらに複雑な元素の進化、惑星や生命の進化といったさまざまな進化の過程が生じたのです」[27]。

ゆっくりスタートした重い列車がその後速度を増していくように、基本的に宇宙はゆっくりと膨張を始めたというのだ。

しかし、ルメートルははるかに大胆で、さらに劇的な宇宙創成を考察することを全然ためらわなかった。唐突な宇宙の始まりに対するエディントンの強い反発に対し、彼は「量子論の観点から見た世界の始まり」というご大層な表題の小論を雑誌『ネイチャー』に提出した。ルメートルは以下のように答えた。「もし、私たちが時をさかのぼるなら……宇宙の全エネルギーがいくつかの、あるいは単一の量子の中に詰め込まれているのを見るだろう。もし、この着想が正しければ、世界の始まりは時空の始まりの少し前に起こったはずだ。世界のこのような始まりは現在の自然の秩序からはるかにかけ離れているが、それはまったく矛盾したことではないと考えられる……。最初の宇宙は単一の原子の形をとり、その原子の重さが宇宙の全質量であると想像できる。この非常に不安定な原子は、ある種の超放射性過程によりさらに小さい原子に分割されていく[28]」。この最初の凝縮した不安定状態を、彼は「始原的原子」と呼んだ。そして、今日の恒星と銀河は、このはじめの超原子から吹き飛ばされた破片から構成されていると推測した。

二〇世紀の最初の数十年間で、原子物理学では、宇宙の年齢として当初計算された数十億年という長期間にわたり、放射性元素が存在し続けるという驚くべき事実がわかり、ルメートルはこれに触発された[29]。「世界の進化はちょうど消えた直後の花火にたとえることができます。そこにはまだいく筋かの赤い煙、灰、煙が見えるのです」とベルギーのこの聖職者はのちに書いた[30]。「すっかり冷えた灰の上に立ち、ゆっくりと消えてゆく日の光を見て、世界の起源を示す消え去った明るさを私たちは呼び起こそうとしているのです」。この考えはのちに、私たちの宇宙が、超原子からではなく、純粋なエネルギーである宇宙の種《たね》からどのように進化したかを示すものとして、他の人々により改良された。プトレマイオスのガラスの球面が中世の自然哲学者たちに影響を及ぼしたのと同じように、ルメートルの詩的なシナリオが今日の宇宙論学者の考えを形成し方向づけて、宇宙モデルのビッグバンの現在の見解を力強く立ち上げたのである。

神父の地位が与えられ、のちにモンセニョルと呼ばれる高位の聖職者に昇進したにもかかわらず、ルメートルは、天の振る舞い——今は宇宙の創造——に関する科学的解釈に思いをめぐらしたが、ガリレオのような運命を堪え忍ぶことはなかった。ヘルゲ・クラーフが書いたように、「そのごく初期の宇宙の物理的性質についてさえ、神は人に対し何も隠していないとルメートルは」信じていた(31)。時代は明らかに変わっていた(32)。ガリレオは太陽中心の宇宙を擁護したかどで教会から責めを受け、自宅に軟禁されたが、ルメートルは宇宙論を大躍進させたとして教会からたたえられた。しかし、自分の宇宙モデルが聖書の創世記に触発されたと思われたことほど、ルメートルを仰天させたことはなかった。彼は、時空の起源に関する考察は目の前の方程式だけから来ていると強く主張した。科学者でもあり神父でもあるルメートルは、細心の注意を払い、自分の物理学と神学をまったく別に扱っていたからである。

しかし、ビッグバン・モデルは完全に受け入れられるまでに多くの挑戦を受けた。最大の障害は、宇宙の膨張率の初期の（誤った）測定に基づいた宇宙の年齢の見積もりであった。比較的少ない数の銀河から計算されたハッブルの最初の速度は、宇宙はわずか二〇億年前に始まったことを示していたが、天文学者たちは恒星が約一〇〇億歳であることをすでに知っていた。より身近なところへ目を移しても、それは地球の概算年齢より小さかった。当時の地質学的証拠は、地殻は少なくとも三〇億年、おそらくはそれ以上の年齢であることを示していた。このパラドックスにより、モデルはしばらくの間窮地に立たされた。地球が宇宙より古いなどということが、どうしてありえよう？

ほかにもはっきりしない問題があった。一つは、私たちの銀河系が依然として他の銀河よりはるかに大きく見えることだった。私たちから一番近い渦巻き銀河のアンドロメダ銀河には、私たちの銀河系と共通する多くの特徴があった。どちらも恒星からなる円盤で、そのまわりを取り囲むハローの中に球状星団があり、同種の変光星がまたたいている。それにもかかわらず、ハッブルの最初の距離測定に基づくと、これらの天体はすべて銀河系の天体より暗いようだった。それ以上に問題なのは、アンドロメダ銀河が銀河系より小さかったことだ。この事実は、コペルニクスの法則を今宇宙全体に適用しようとしている天文学者たちを非常に悩ませた。私たちが宇宙で特別な位置を占めているとは思えなかったからである。

この謎は、宇宙論の帝王ハッブルの長い君臨がついに終わる一九五二年まで解かれなかった。第二次大戦中軍務についていたハッブルには、戦後、遅れを取り戻すためになすべき仕事がたくさんあったが、健康がすぐれず、結局、最先端に返り咲くことはできなかった。その時までに、非凡な観測家ウォルター・バーデが、宇宙（とビッグバン）をより良い形に示す啓示的な仕事をなしとげ、ハッブルの影を薄くしていた。バーデは、戦時中には二・五メートル望遠鏡を、戦後はカリフォルニア州パロマー山に一九四八年に建造された五メートル望遠鏡を使い、セファイド変光星にはまったく異なる二種類があることを証明した。[33] 実のところ、ハッブルがアンドロメダ星雲や他の銀河の距離の決定に使ったセファイド変光星は、シャプレーが私たちの銀河系を取り巻く球状星団の距離の決定に使ったセファイド変光星より明るかった。その結果、ハッブルはアンドロメダや他の銀河の距離を小さく見積もってしまったのである。ハッブルの測定した距離は、すっかり改訂しなければならなかった。たとえば、アンドロメダ銀河の実際の距離は二倍になり、それは、アンドロメダ銀河は皆が考えていたより巨大で、私たちの銀河系の双子に近づいたことを意味していた。アンドロメダ銀河はこれまで考えられていたより遠かっただけで、銀河系に比べて小さくもないし暗くもなく、これは、銀河系がもはや「町内のできの良い子供」ではないことを意味していた。自然に均一性を求めていた人々は、安堵のあまり大きなため息をもらした。[34] この改訂はすでに計測されたすべての銀河に必要で、宇宙の大きさと年齢は否応なく二倍になった。この修正は、最終的にビッグバン・モデルをその暗雲の下から救い出した。さらに多くの銀河が計測されるにつれ、ハッブルの膨張率もより正確に決定され、宇宙の年齢の見積もりはさらに増え、ついに、時空の爆発的誕生のあとにすべての恒星や惑星が形成できる十分な時間の存在することが認められるようになったのであった。

「ここ一五年か二〇年のように、新しい理論や仮説が次々と生まれ、栄え、廃棄された時代は、いまだかつて科学史の中でありませんでした」とウィレム・ドジッターは一九三一年にボストンで行なわれたある講演で言った。[35] そしておそらく、宇宙の考え方において天文学がこれほど劇的な変化に直面することは二度とないと思われた。人の精神を変えるこの変化を起こすのに一九〇〇年から一九三〇年までのわずか三〇年しかかからず、これは、人類の一生の時間に照らし合わせればわずか数秒間にすぎないものだった。かつては暗黒の海に浮かぶ宇宙で唯一の存在だった銀河系は、突如、望遠鏡で覗ける限りの外界に広がる星々に満ちた何十億の島々の一つとなった。そして地球は、広大な宇宙を今も飛び回るとらえにくい原子より小さい粒子にも等しい、ちっぽけな存在になった。しかし、話はそこで終わらなかった。まさしく宇宙を構成している時空が銀河を乗せてあらゆる方向に膨張しているという知識に向き合った時、天文学者たちにはこの驚くべき天空の構造に慣れる時間はほとんどなかった。観測家と理論家がその細部をすべて理解しようとしているが、それは天文学界が受け、いまだによろめいている立て続けのワンツー・パンチのような打撃だった。ビッグバンがどのように始まり、無数の銀河はどのように生まれ進化したか、膨張は（もし終わるとしたら）どのように終わるのか。

一八九八年、ジェームズ・キーラーが、リック天文台の巨大屈折望遠鏡と比較すると取るに足りないクロスリー反射望遠鏡に初めて向かい、渦巻き星雲に研究の焦点を絞ると単純に決めた時、自分の前人未踏の探査がどこへつながるかはおそらく想像できなかっただろう。しかし、トレミーの尾根から始まった彼の観測は大きな反響を呼んだ。彼はついに、プロの天文学者たちの強い関心を惑星や恒星以外の天体に向けさせたのだ。キーラーの死後、ヒーバー・カーティスはその大きな目的にもう一度火をともし、さらにはずみをつけた。一九一〇年代を通じ、彼がクロスリー望遠鏡で蓄積したデータは、渦巻き星雲がそれぞれの銀河そのものであることを支持するきわめて強力な論拠になった。それらはすべて状況証拠ではあったが、カーティスの観測は実質的な根拠となり、ハッブルが最後の仕上げをするのをはるかに容易にした。すなわち、ハッブルは、最も近い渦巻き星雲までの距離を測定し、仲間の天文学者たちを納得させたのだ。つまり、キーラーとカーティスの二人がハッブルの究極の勝利につながる決定的な道を切り開いたのである。

ヴェスト・スライファーも同様で、彼は、ローウェル天文台の望遠鏡で孤独な時間を何年も過ごして、銀河の速度データを蓄積し、ハッブルがそれを、銀河の赤方偏移とその距離との歴史的関係——

ジョルジュ・ルメートルが予言した膨張宇宙の強力な証拠となる系統的パターン——を確立するのに使用した。しかし、ハッブルは、ヒューメーソンとともに発見したことがらの意味については驚くほど沈黙を続けた。原始段階からの宇宙の進化や宇宙創成の必然性に対し、ハッブルは、私的な会話でも著作物でも自分の発見の意味を示唆することはなかった。これには他の原因もありそうだった。ハッブルは、自分の観測が明示するものを超えて想像力を駆使するのを楽しいとは思わなかった。彼は常に懐疑的な科学者であり、疑問を持ち続ける法律家だったからである。

にもかかわらず、動的宇宙論から距離を置きそれを取り入れることを躊躇していたハッブルのイメージは徐々に薄れ、別のイメージが完全にとって代わった。時とともに膨張宇宙の発見の物語は進化したのだ。特に死後、ハッブルは、膨張宇宙の単独発見者として引用される機会がどんどん増えた。哀れなヒューメーソンは、一般的な〔天文学の〕歴史では日の当たらない脇道に押しやられ、スライファーもほとんど忘れられ、ルメートルの決定的な理論的解釈も軽んじられていった。その功績に値する栄誉も、発見者としての権利の分かち合いも、消えてしまったのだ。ハッブルは、本当は膨張宇宙論支持者では全然なかったにもかかわらず、今では彼が主唱者であるというとんでもない物語が普通になっている。しかし、歴史家のクラーフとスミスが言うように「成長し続けるアメリカの天文学界は……一九六〇年代にその研究がかつてないほど銀河へ集中し、膨張宇宙発見史の決定版としてのヒーロー、創始者を作り上げた[36]」のだ。大衆はヒーローを強く望んでいたので、こうして、すこぶるハンサムで男らしく博識なハッブルは、ニュートンと彼のリンゴ、ガリレオと彼の望遠鏡、ダーウィンと彼のフィンチ〔小鳥の一種〕とともにたやすく科学の殿堂に加わったのである。

今日、一般の人々の心に最も残るのは、その道の先人でも多くの仕事をした同僚でもなく、勝利を収めたこのリーダーである。ヒューメーソンは、ハッブルというドンキホーテのサンチョ・パンサになった。ただこの時は、回る風車は渦巻き星雲であり、ラマンチャの「天上の人」はそれらを征服し、最後にはめくるめく成功を収めたのであった。

その後のこと

一九〇〇年、反汚職活動家たちによってシカゴから追放された**チャールズ・ヤーキス**は、ニューヨークに引越し[1]、ついで、ロンドンの地下鉄建設を行なった。財産を減らした彼は一九〇五年に六八歳で亡くなり、長い間別居中だった四七歳の妻メアリー・アデライーデは彼らの五番街の屋敷に住み続けた。一か月もしないうちに彼女は、一八歳若く、口は達者だがやくざ者のウィルソン・ミズナーと結婚した[2]。彼は、映画『サンフランシスコ』でクラーク・ゲーブルの演じた人物のモデルだった。一年半後、メアリーは彼と離婚した。

ウィスコンシン州南東部の**ヤーキス天文台**の口径一メートル望遠鏡は、もはや専門家の研究には使用されないが、今も世界最大の屈折望遠鏡という地位を保っている[3]。天文台の主要な建物を歴史保存し、地域の科学センターにする計画が現在進行中である。

長らく独身だった**パーシヴァル・ローウェル**は、一九〇八年についに五三歳で結婚した。相手は、長い間ボストンで近隣にいた九歳若いコンスタンス・サヴェジ・キースだった。ヨーロッパへの長い新婚旅行の終わりに彼は花嫁と気球に乗り、ロンドンの上空約一六〇〇メートルにのぼって、そこからハイドパークの小道の写真を撮った[4]。そのまっすぐな道を火星の運河に見立て、高所からそれがわかるかどうかを見たのである。一九一六年にローウェルがマーズ・ヒルで六一歳で亡くなると、その不動産をめぐり、天文台は未亡人の妻コンスタンスと法廷で一〇年間争った。彼がその大部分を天文台の研究に使用するつもりでいたからである。時間の経過とともに彼女は二三〇万ドルの半額を浪費した。コンスタンスは一九五四年に九一歳でマサチューセッツで亡くなるまで、「裕福だがあさましく」

ハッブル宇宙望遠鏡による子持ち銀河（M51）（NASA, ESA, S. Bechwith［STScI］, and the Hubble Heritage Team ［STScI/AURA］）

暮らしたという。[5] アメリカ航空宇宙局が一九六五年と一九六九年に一連のマリナー探査船を打ち上げ、火星が完全に不毛の世界であることを明らかにすると、その後の一〇年間に、ローウェルの風変わりな想像の産物はまったく議論されなくなった。しかし、一九七一年にマリナー九号がこの赤い惑星を周回した時、破壊的な洪水によって削られたように見える支流や浸食模様のある大昔の川床の写真を撮影した。結局それが火星の運河と見られたものだったが、はるか昔に火星の自然な水の流れによって作られたものであって、現代の異星人が築いたものではなかった。

愛する火星以外に、パーシヴァル・ローウェルにはもう一つ情熱を傾けたものがあった。海王星より遠くにある「惑星X」の探索である。天王星と海王星の運動の食い違いを分析した彼は、太陽から約六〇億キロメートル彼方の最も遠い彗星の領域に未発見の惑星があると予言した。天文台の新しい台長の**ヴェスト・M・スライファー**はこの探索の指揮を引き継いだ。一九三〇年、新規採用された二四歳の台員クライド・トンボーがついにそれを発見した。新しい惑星は冥王星と名づけられた。冥王星（Pluto）の最初の二文字のPLは、この惑星の探査を始めた人物への敬意を示すものである。二〇〇六年、その小ささと離心率の大きい軌道のため常に変わり者扱いされてきた冥王星は「準惑星」に降格され（今は「冥王星型天体（plutoid）」と呼ばれる太陽系天体に分類されている）、もはや古典的惑星のメンバーではなくなった。

スライファーは、渦巻き星雲が高速で動くことを発見したことが最も目覚ましい功績ではあるが、彼はその長い研究生活の中でほかにも注目すべき発見をしている。星間空間は塵一つないわけではなく、わずかなガスや塵が散っている。その発見に彼は重要な役割を果たし、オーロラのある特徴を太陽活動と関係づけたり、多くの惑星の自転速度を正確に決定したりもしている。スライファーはローウェル天文台長の職に三八年間ついていた。町の名士だった彼は、農場にそつなく投資したり、フラグスタッフの町のホテル建設に助力したり、一時は家具店も経営したりして、経済的にも裕福だった。一九五四年の退職は『アリゾナ・デイリー・サン』紙の一面に載った。一九六九年、彼はフラグスタッフで九四歳の誕生日の三日前に亡くなった。

ローウェルの死後、**ローウェル天文台**は資金不足にしばしば陥ったが持ちこたえた。それはかなりの部分、ローウェルの義理の息子である管財人ロジャー・ローウェル・パトナムの経営的才覚（と寄付金の追加）のおかげだった。それでも、第二次大戦の終わりには天文台の施設は確実に閉鎖に向かっていたが、その後、連邦基金がアメリカの科学研究へ流入し、突然その資金源が復活した。今日、ローウェル天文台は、太陽系、彗星、系外惑星、太陽活動、恒星の研究を行なう私的な非営利教育・研究組織として業務を継続している。

もし**ヒーバー・カーティス**がリック天文台に残っていたら、渦巻き星雲が島宇宙である決定的証拠を集めるチャンスがあったかもしれない。しかし、その研究が宇宙の膨張を証明することにまで到達したかは疑問である。アインシュタインの理論を信じていなかった彼は、一般相対性理論が間違いである証拠になってほしいと期待して日食の検証に参加している。一九三〇年代、彼はハーロー・シャプレーに、渦巻き星雲の研究の行きつく先にはあまり興味がないと言っていた。「私は、この分野におけるルメートル、エディントンらの理論にほとんど確信が持てませんでしたので、理にかなった行動ではなかったかもしれませんが、座して待つという安全策をとりました」(6)。カーティスは、アレゲニー天文台長として一〇年間の任期を務め上げてから、ミシガン大学で研究生活を終えた。そこは一九三〇年代の学部生だった時に古典の勉強を始めたところであった。彼には、ミシガン大学が使用する大反射望遠鏡を建てたいという望みがあったが(7)鬱病のためかなわず、その計画は消えた。カーティスは一九四二年に亡くなった。彼は、星雲に関する研究をしたことが天文学への最大の貢献だったといつも考えていた(8)。

リック天文台は、カリフォルニア大学が所有し運営を続けている。現在、ハミルトン山には二〇家族以上が住んでいて、町には交番と郵便局が置かれている。クロスリー反射望遠鏡が今でも専門家の研究用として稼働している一方、リックの口径九〇センチ屈折望遠鏡は、主として一般の人々を楽しませるためのものになり、決められた時間に観望に使用されている。一九二〇年代以降に天文台の敷地は拡張され、研究者向けの望遠鏡が九台置かれ、最大のものは口径三メートルのシェーン反射望遠鏡である。

ジョージ・エラリー・ヘールは、カリフォルニア州サンディエゴ近くのパロマー山頂に口径五メートルの望遠鏡を建設する仕事を始めたが、その一〇年後の一九三八年、六九歳で亡くなった。この望遠鏡は結局一九四八年に完成した。望遠鏡の設計や建造におけるヘールの見事なリーダーシップと、一九〇四年から一九二三年にわたるウィルソン山天文台長としての業績に敬意を表し、五メートル望遠鏡は「ヘール望遠鏡」と名づけられた。もしヘールが生きていて望遠鏡の稼働するところを見たら、この栄誉をどう受け止めただろう。彼はこう言ったことがある。「本当のところ……少年時代から私は一番やりたいことを楽しんできたのです。ただ楽しく過ごしてきただけの人間が褒められてよいものでしょうか?」[9]。六〇年を経ても、ヘール望遠鏡は世界最大の光学望遠鏡の一つであり、天文学研究に重要な貢献をし続けている。

二・五メートル・フッカー望遠鏡の光学面の仕事を指揮した望遠鏡設計者**ジョージ・ウィリス・リッチー**は、欠陥のあるガラス円盤を磨いて装着するようヘールに命じられてから、その試みをこきおろし続けた。欠陥ガラスをやめてまったく新しい型の鏡を装備するというリッチーの壮大な思いつきをヘールが退けると、この光学者は巨大望遠鏡は失敗するだろうとあちこちに言いふらした。この造反の中で、リッチーはヘールの後援者のフッカーに直接連絡をとり、この実業家が自分の側につくように説得しようとした。リッチーは、その悪口と独断的な行為、ヘールに対する不誠実な行動により、結局一九一九年に五四歳でウィルソン山天文台を解雇された。自分の天文学的研究にその望遠鏡を使うことは二度となかった。リッチーはパサデナ東部の自分の農場に移って、レモン、オレンジ、アボカドを育て、主鏡の直径が八メートルあるさらに大きな望遠鏡の設計を夢見た。[10] 一九二〇年代には、フッカー望遠鏡より大きい望遠鏡をフランスで建造しようとして働いたが、その計画は中止になった。一九三〇年代初期に、機器を改良しようとしていたワシントンのアメリカ海軍天文台のために一メートル反射望遠鏡を設計・建造することで彼は満足しなければならなかった。一九四五年、八一歳まであと二か月のとき彼は亡くなった。以前にフランス人天文学者アンリ・クレティアンとの共同作業で、アメリカ海軍天文台の望遠鏡のために生み出し激しい議論を巻き起こした彼の設計は、のちに二〇世紀後半に建造されたハッブル宇宙望遠鏡など多くの巨大望遠鏡に採用されるようになったが、[11] そのことを彼は知るよしもない。

エドウィン・ハッブルのその後の仕事は、一九二〇年代から一九三〇年代初期に彼がなした驚くべき発見にまったく及ぶものではない。彼が最も多くの研究を行なった時代は過去のものであった。ある意味で科学者としての彼の人生は、その宇宙探究を前進させるためさらに大きい望遠鏡の建造を待つことになって行き詰まったのである。第二次大戦中、彼は、メリーランド州アバディーンの米陸軍弾道研究所に配属された。そこで彼は自分の学生たちに、大砲の砲弾の弾道計算のために軌道力学を学ばせた。年月がたち、鼻につく傲慢さもやや和らいでいた。大学院生だった一九五〇年代初期にハッブルのために短期間働いていた天文学者ジョージ・エイベルは、彼のことをこう記憶している。「とても丁寧で親切な人で、本当の紳士でした……。いつも学生や夜間の助手たちと話していたようです……。年をとり、丸くなっていたのかもしれません」[12]。ハッブルは、二・五メートル望遠鏡の次の五メートル大望遠鏡がパロマー山で稼働しはじめるのを見ることができる時期までは長生きした。そして一九四九年、この巨大望遠鏡の最初の観測者となり、幸運をもたらした愛すべき変光星雲NGC二二六一の写真を撮影して研究を始めた。しかし、同僚たちに長年数々の侮辱を与えていたことで、新たに統合されたウィルソン山天文台とパロマー山天文台の台長になるという心に抱いていた目標を達成できなかった。代わりにアイラ・ボーエンが任命され[13]、この決定は、台長のポストは自分のものと確信していたハッブルを茫然とさせた。次の夏、コロラド州のグランドジャンクションの近くへ釣りに行っていたハッブルは、重い心臓発作に見舞われ入院した。一九五三年九月二八日、ハッブル一家はグレースの運転する車でサンマリノの家に帰ろうとしていた。ハッブルは、四晩の観測のためパロマー山に行く準備をしている最中であった。家の私道に入ろうとした時、グレースはエドウィンの呼吸が浅くなっているのに気づいた[14]。「止まらないで、そのまま運転して」と彼は言った。彼女が前庭に車を止めた時、彼は脳血栓で亡くなっていた。六三歳だった。グレースはその後二七年間生き、注意深く夫の遺稿の編集を行なった。

ウィルソン山で働くまで、辛うじて八年生までしか学校に行かなかった**ミルトン・ヒューメーソン**は、膨張宇宙発見の歴史的寄与により一九五〇年にスウェーデンのルンド大学から名誉博士号を受け、小学校卒業だけでそのまま博士になるという希有な人物となった[15]。その研究生活を終えるまでヒューメーソンは六〇〇以上の銀河のスペクトルを撮影した。引退の時、空を見続けられるように小さな望遠鏡を買おうかと息子が提案した。「おお、ビル。私は人生のすべてをずっと接眼鏡を覗いてきたんだよ。もう接眼鏡は覗きたくないね」と彼は応えた。[16] そして、その代わりに鮭釣りに行った。

ワシントンのカーネギー協会は、今日では一九八五年に設立された非営利団体であるウィルソン山協会との提携という形ではあるが、引き続き**ウィルソン山天文台**を所有し運営している。二・五メートル・フッカー望遠鏡は、一九八六年にコスト削減処置として一時的に閉鎖されたが、一九九二年に再稼働した。フッカー望遠鏡は、その主鏡で集光した光を解析するのに改良された最新技術の機器を使って、系外惑星の探査や、恒星の黒点周期の監視などの価値ある研究を続けている。

ハーロー・シャプレーがウィルソン山天文台で過ごし、銀河系での私たちの本当の位置を明らかにした年月は、結果的に「彼の科学人生が最高潮に達した時」[17] だった。第二次大戦後、彼は天文学研究の仕事を大幅に縮小し、国内外の業務に多くの時間を注ぐようになった。自由主義を標榜するシャプレーは、ユネスコ（国連教育科学文化機関）設立で指導的役割を果たした。そして、世界平和活動のために働き、ロシアの科学者たちと連絡をとり続けたことで、一九四六年の悪名高い非米活動調査委員会の取り調べにあった。上院議員のジョゼフ・マッカーシーは、のちに彼を共産主義者——実際はそうではなかったのだが——と非難した。一九五二年にシャプレーが台長を退職したあとも、ハーヴァード天文台はさらに二〇年間、一九七二年に彼が八六歳で亡くなるまで、その学問的拠点となっていた。彼は、引退後長年住んでいたニューハンプシャー州シャロンに葬られた。固い花崗岩でできた墓には、古代ローマの哲学者ルクレティウスからの引用である「彼の勝利は我々を天と対等なものにしてくれるに至った」という言葉が彫られている。[18]

シャプレーのかつての上司で最も辛辣な批判者だった**ウォルター・アダムズ**は、ヘールのあとウィルソン山天文台長の職を一九二三年に引き継ぎ、一九四六年の退職までその地位に留まった。その後彼は、一〇年後に亡くなるまでパサデナのヘール太陽研究所で働いた。ウィルソン山天文台の台員たちは、シャプレーが天文台を去ってからアダムズは前よりくつろいでいることに気づいたが、二人は数年後に事実上和解した。アダムズにとり、シャプレーはハーヴァードに落ち着いてから、より受け入れられる存在になっていた。しかし、一九四七年に太平洋天文学会が出版したウィルソン山天文台における彼の若いころの思い出に関する三九頁の長々しい手記[19]で、アダムズがシャプレーについて何も言及しなかったことは興味深い。

アドリアン・ファン・マーネンはウィルソン山天文台の台員を三四年間務めた。彼はしばらくの間、渦巻き星雲の測定が誤っていたとしても、少なくとも渦巻きの回転方向は正しいものであってくれればと願っていた。しかし、一九四〇年代初期にハッブルが、ファン・マーネンはこの点でも間違っていたことを最終的に証明した。他の人々がすでに理解していたように、渦巻き腕は回転に引かれてできるのであり、腕の方が先ではないのである。[20] ファン・マーネンは一九四六年に心臓発作で亡くなった。死のわずか数週間前には、天文台のパサデナ本部で五〇〇個目の視差の測定を終えていた。[21] 渦巻き星雲の回転に関しては間違っていたものの、ファン・マーネンは恒星視差の観測では世界的レベルの測定者であった。

ジョルジュ・ルメートルは、一九三四年以降は宇宙論への目立った貢献はほとんどしなかったが、概説や論考の出版を続けた。アインシュタインは一九三一年に宇宙定数λ（ラムダ）を捨てたが、ルメートルはそれを支持し続けた。この問題について、彼らは会うたびに親密に話し合っていたので、「二人の行く先々には、必ずラムダも行く」[22]という冗談ができたほどである。ルメートルは天体力学に関して重要な仕事をし続け、数値計算に電子計算機を使用する草分けになった。彼は昔から、宇宙の爆発的な起源が天文学的観測で確認されることを望んでいて、一九六六年に亡くなる直前、ついにビッグバンの名残である宇宙マイクロ波背景放射発見のニュースを知らされた[23]。ルーヴェン・カトリック大学での彼の後継者オドン・ゴダールは、〔一九七八年に〕ノーベル賞を受賞することになるその発見の報告を掲載した一九六五年七月一日号の『アストロフィジカル・ジャーナル』を、病床の彼に届けたのであった。

アルバート・アインシュタインは、一九〇五年から一九一七年にかけて怒濤のように論文を発表し、特殊および一般相対性理論を生み出し、光子と呼ばれる光の粒子を世に知らしめ、最初の宇宙の相対論的モデルを作り上げた。その後、量子論や宇宙論の主要な進展からは遠ざかり、自然界の力を統合する大統一理論へ最初に挑んだが果たせなかった。そして一九五五年、宇宙定数の導入は自分の最大の失敗だと考えたまま亡くなった。皮肉なことに、天文学者たちは近年、アインシュタインのこの定数を再度導入した。それは、ただ膨張するのでなく、加速しながら膨張する宇宙を説明するためで、ルメートルが一九三〇年代に予想していたものであった。

謝辞

天文学史の中のこの特別な時期への旅は、アメリカ合衆国の両海岸の文書館から始まった。調査期間中のこれらの機関の計り知れない助力に対し、以下の方々に深く感謝する。リック天文台メリー・リー・シェーン文書館のアーキビスト、ドロシー・ショームバークとシェリル・ダンドリッジ、カリフォルニア大学サンタクルーズ校図書館の特別コレクションを見せてくださったクリステン・サンダースとクリスティン・バンティング、パサデナのカリフォルニア工科大学文書館のシャーロット（シェリー）・アーウィンとボニー・ルート、ワシントンDC国立古文書学会のジャニス・ゴールドラム、メリーランド州のメリーランド大学カレッジパーク校のアメリカ物理学協会ニールス・ボーア図書館・文書館のメラニー・ブラウン、ジュリー・ガス、マーク・マティエンゾ、ジェニファー・サリヴァン、スペンサー・ウィアート、マサチューセッツ州ケンブリッジのマサチューセッツ工科大学文書館のノラ・マーフィー、同じくマサチューセッツ州ケンブリッジのハーヴァード‐スミソニアン天体物理学センターのブライアン・マースデン、ハーヴァード大学文書館、カリフォルニア州サンマリノのヘンリー・ハンティントン図書館のメレディス・バービー、ファン・ゴメス、ケイト・ヘニングセン、ローラ・ストーカー、キャスリン・ウィーレイ。特に、ハンティントン図書館の科学技術史学芸員のダン・ルイスは、本の完成間際の最後の追い込みの情報調査に助力してくださった。

アリゾナ州フラグスタッフのローウェル天文台のアーキビストであるアントワネット・ベイザーには、特に感謝する。アントワネットは、ヴェスト・スライファーに関する手紙、日誌、日記、道具類の掘り起こしの際にひとかたならぬ世話になり、そのおかげで、とかく忘れられがちなこの天文学者の記録を深く調査することができた。さらに、彼女と友人たちの「木曜の会」は、長時間の調べ物のあと私が切実に必要としていた休みを提供してくれた。

現代の宇宙の発見の背後にある話を求めてこれらの古い文書を探したのは、明らかに私が最初ではない。私以前に道を拓いた先人である歴史家たちに、私は多くを負っている。執筆したものを見直す段になり、何人かの方は賢明な忠告や有益な示唆を丁寧に与えてくださった。特に、ワシントンDCのスミソニアン国立航空宇宙博物館の天文学史学芸員のデヴィッド・デヴォーキンと、カナダのアルバータ大学の歴史学教授のロバート・スミスに感謝する。また、特に、バークレーのカリフォルニア大学の科学技術史資料館の客員研究者であるノリス・ヘザリントンには深く感謝する。彼は、この企画のまさに最初から最後まで私を指導し、意見を寄せてくださった。ヘザリントン夫人のエディットにも、サンフランシスコ訪問中に暖かいおもてなしをいただいた。リック天文台のかつての台長ドナルド・オスターブロックからも同様の助力をいただいたが、残念なことに、氏は二〇〇七年に八二歳で亡くなった。彼の専門分野に関連する部分の見直しの際、その歴史的調査に助力されたオスターブロック夫人のアイリーンにも感謝する。

この物語の中で決定的な役割を果たした以下の三機関の方々、すなわち、ローウェル天文台のケヴィン・シンドラー、ウィルソン山天文台のドン・ニコルソン、リック天文台のトニー・ミッシの親切な指導にも感謝したい。トニー・ミッシは、ジェームズ・キーラーとヒーバー・カーティスの撮った歴史的写真も提供してくださった。

この長い旅の間を通じ、マサチューセッツ工科大学の大学院生向けサイエンス・ライティング課程の同僚たち、ロブ・カニーゲル、シャノン・ラーキン、トム・レヴェンソン、アラン・ライトマン、ボイス・レンズバーガーからたゆまぬ励ましを受けたことは幸いである。また、親友や家族も私の仕事に常に関心を持ち、気持ちを高めてくれた。エリザベス・イートン、リンダとスティーブ・ウォーラー、マッケーブ家のタラ、ポール、イアン、ヒュー、エリザベス・マッジョ、アイク・ゴザイル、サラとピーター・ソールソン、エレンとマーティー・シェル、ユーニスとクリフ・ロウ、そして、この本の出版直後に八八歳の誕生日を祝うことになる母にも感謝する。本の出版にこぎつけるまで揺るがぬ支援をしてくれた代理人のラス・ガレン、熱意あふれる支持、すばらしい洞察力、計り知れないほど価値ある示唆を与えてくれた編集者のエドワード・カッスンマイアーにも感謝する。

調査と執筆の過程で私に寛大な批判と鋭い編集眼を注ぎ続けてくれた夫のスティーヴ・ロウには、たいへん世話になった。その愛情、励まし、科学的専門知識はこの本の完成の力になった。常にそばにいてくれたスティーヴに感謝する。

最後に、うちに来たばかりのヒゲづらの子犬のコリー——よく食べる腕白者だ——が執筆中に私を大いに楽しませてくれたので、彼をハッブルと名づける気になったことに触れなければならないだろう。

訳者あとがき

本書は、マーシャ・バトゥーシャク（Marcia Bartusiak）による*The Day We Found the Universe*（Pantheon Books, 2009）の全訳である。原書は、ハードカバー版と同時に、アマゾン社から電子ブックとしてキンドル版が刊行され、一年後に、ペーパーバック版がVintage Booksから刊行されている。日本語訳はハードカバー版を底本としているが、ペーパーバック版でも特に改訂等は行なわれていない。

著者マーシャ・バトゥーシャクは、主に天文学・物理学関係のジャーナリスト、サイエンス・ライターとして活躍する一方、マサチューセッツ工科大学では、サイエンス・ライティング・プログラムにおける客員教授として、大学院生の指導にあたっている。本書以前に、*Thursday's Universe*（Times Books, 1986）、*Through a Universe Darkly*（HarperCollins, 1993）、*Einstein's Unfinished Symphony*（Joseph Henry Press, 2000）、*Archives of the Universe*（Pantheon, 2004）といった書籍を著している。

一九七一年、ワシントンDCアメリカン大学を卒業、テレビ局で記者・キャスターを務め、NASAラングレー研究所の担当になって科学への関心を強め、オールド・ドミニオン大学の物理学修士課程に入学し、応用光学分野の研究を行なっている。その後、サイエンス・ライターとしてさまざまな出版物で天文学・物理学の記事を書くようになり、現在は、アメリカの天文誌『アストロノミー』の編集アドバイザーであり、『ニューヨーク・タイムズ』紙、『ワシントン・ポスト』紙の科学書の書評を担当している。一九八二年、アメリカ物理学協会のサイエンス・ライティング賞を女性で初めて受賞し、二〇〇一年には二度目の受賞をしている。

今日、一般的には、エドウィン・ハッブルが膨張宇宙を観測的に発見したと見なされている。銀河の赤方偏移がその距離に比例しているという観測事実を明らかにしたのは、確かにハッブルである。これに、一般相対性理論を宇宙全体に適用した解としての膨張宇宙論が結合し、現代のいわゆるビッグバン宇宙論の基礎が形作られた。しかし、著者バトゥーシャクによれば、ハッブルは、宇宙そのものが膨張し、銀河はそれに乗って後退していくという考え方には、最後まで懐疑的であったという。銀河の後退速度に言及する際もハッブルは「見かけの速度」という言い方をし、膨張宇宙ではなく、理論家が何か別の解釈を示してくれることを望んでいたふしさえあるのだそうだ。

ハッブルの驚くべき結論に到達する研究データの多くは、ローウェル天文台の天文学者ヴェスト・スライファーの観測によるものだが、しかし、この発見に至るスライファーの決定的役割は、今では天文学外の世界ではほとんど忘れ去られている。これが著者の言う「ハッブル伝説」の力で、歳月を経るにつれ他の人々の貢献を見えなくしてしまう。著者は本書の中で、ハッブルの成功の礎となった登場人物たちすべてに、余すところなくスポットライトを当てている。

そこに登場するのは、ジェームズ・キーラー、ヒーバー・カーティス、ヘンリエッタ・リーヴィット、ジョルジュ・ルメートルといった膨張宇宙の発見にかかわった天文学者で、本書ではその人となりが生き生きと描かれている。二〇世紀はじめ、巨大望遠鏡と天体物理学という新たな手段によって、ヨーロッパに追いつき、追い越していくアメリカ天文学の舞台に現われた登場人物たちは、みな個性的で魅力的と言える。第一次世界大戦をはさんで世界が激動の時代であったわずか三〇年あまりのうちに、人類の宇宙観もまったく革命的に変化したのである。

訳語について付記しておく。日本語の「天の川」と「銀河」は、本来同一の対象で、たとえば日本の夏の夜空では、はくちょう座、わし座、いて座付近に見える淡い光の帯のことである。まぎらわしいことに、現代の天文学用語では、重力的に結びついた数百億から数千億個の恒星の大集団も「銀河」(galaxy)と呼んでいる。銀河という用語が定着する以前には、「島宇宙」、「小宇宙」といった用語も用いられていた。これらの銀河のうち、太陽系を含む私たちの銀河は、英語では語頭を大文字にしてGalaxyまたは、Milky Way Galaxyなどと表記し、日本では、「銀河系」あるいは「天の川銀河」と言っている(『文部省 学術用語集 天文学編(増訂版)』)。本書では、原則としてMilky Way(Galaxy)に対しては「銀河系」という訳語をあて、また、Milky Wayが夜空に見える淡い光の帯を指す場合は「天の川」としている。

現代の天文学においては、星雲(nebulae)は銀河系内のガスや塵の集合体のことを指し、銀河(galaxy)は含まれない。しかし、本書にもあるように、かつては銀河を含めて星雲と呼ばれていた。また、当時の天文学者によってもいくつかの呼び方があった。この日本語版でも著者の記述や歴史的認識過程に従って、渦巻き星雲、アンドロメダ星雲などといった表記をしている。

本書の翻訳は、長沢工と永山淳子の二人で行なった。まず、永山が全体の訳文を作成し、それを天文学、物理学の専門の立場から長沢が加筆・修正を施した。その際、日本語表現としての妥当性を考慮して訳稿全体を見直している。なお、いくつかの理由で原文の意味がわかりにくい箇所については、著者へ確認した。また、古典作品や各種アーカイブなどからの引用箇所で、すでに日本語訳がある場合に参照した文献は、左記の「参照文献」の通りである。

歴史に名を残す偉大な科学者とて一人でその仕事をなしとげるわけではない。本書で描かれるように、それぞれの人間は、彼(または彼女)自身の性格、さまざまな出会い、社会情勢に翻弄されながら結果的にその分野に足跡を残していくわけで、本書を通じてその姿を読みとっていただければと願う次第である。

参照文献

G・ジョンソン『リーヴィット』渡辺伸監修、槇原凛訳、WAVE出版(二〇〇七)
サイモン・シン『宇宙創成(上巻)』青木薫訳、新潮文庫(二〇〇九)
ハッブル『銀河の世界』戎崎俊一訳、岩波文庫(一九九九)
トマス・ハーディ『塔上の二人』藤井繁訳、千城(一九八七)
エドワード・ハリソン『夜空はなぜ暗い?』長沢工監訳、地人書館(二〇〇四)
F・スコット・フィッツジェラルド『グレイト・ギャツビー』枯葉訳、プロジェクト杉田玄白(二〇〇一)
R・ベレンゼン他『銀河の発見』高瀬文志郎、岡村定矩訳、地人書館(一九八〇)
ルクレーティウス『物の本質について』樋口克彦訳、岩波文庫(一九六一)
フレッド・ワトソン『望遠鏡400年物語』長沢工、永山淳子訳、地人書館(二〇〇九)

Zwicky, F. 1929a. "On the Red Shift of Spectral Lines Through Interstellar Space." *Physical Review* 33: 1077.

——. 1929b. "On the Red Shift of Spectral Lines Through Interstellar Space." *Proceedings of the National Academy of Sciences* 15 (October 15): 773-79.

Knopf.
Tucker, R. H. 1900. "Obituary Notice." *Astronomische Nachrichten* 153: 399.
Turner, H. H. 1911. "From an Oxford Note-Book." *Observatory* 34: 350-54.
"The Universe, Inc." 1926. *The Nation* (February 10): 133.
"Universe Multiplied a Thousand Times by Harvard Astronomer's Calculations." 1921. *New York Times*, May 31, p. 1.
Van Maanen, A. 1916. "Preliminary Evidence of Internal Motion in the Spiral Nebula Messier 101." *Astrophysical Journal* 44: 210-28.
——. 1921. "Internal Motion in the Spiral Nebula Messier 33." *Proceedings of the National Academy of Sciences* 7 (January 15): 1-5.
——. 1923. "Investigations on Proper Motion. Tenth Paper: Internal Motion in the Spiral Nebula Messier 33, N.G.C. 598." *Astrophysical Journal* 57: 264-78.
——. 1925. "Investigations on Proper Motion. Eleventh Paper: The Proper Motion of Messier 13 and Its Internal Motion." *Astrophysical Journal* 61: 130.
——. 1930. "Investigations on Proper Motion. Sixteenth Paper: The Proper Motion of Messier 51, N.G.C. 5194." *Contributions from the Mount Wilson Observatory,* no. 408: 311-14.
——. 1935. "Internal Motions in Spiral Nebulae." *Astrophysical Journal* 81: 336-37.
——. 1944. "The Photographic Determination of Stellar Parallaxes with the 60- and 100-Inch Reflectors: Nineteenth Series." *Astrophysical Journal* 100: 55-56.
Very, F. W. 1911. "Are the White Nebulae Galaxies?" *Astronomische Nachrichten* 189: 441-54.
Webb, S. 1999. *Measuring the Universe*. London: Springer.
"Welfare of World Depends on Science, Coolidge Declares." 1925. *Washington Post*, January 1, pp. 1, 9.
White, C. H. 1995. "Natural Law and National Science: The 'Star of Empire' in Manifest Destiny and the American Observatory Movement." *Prospects* 20: 119-60.
Whiting, S. F. 1915. "Lady Huggins." *Astrophysical Journal* 42 (July): 1-3.
Whitney, C. 1971. *The Discovery of Our Galaxy*. New York: Alfred A. Knopf.
Wirtz, C. 1922. "Einiges zur Statistik der Radialberwegungen von Spiralnebeln und Kugelsternhaufen." *Astronomische Nachrichten* 215 (June): 349-54.
——. 1924. "De Sitters Kosmologie und die Radialbewegungen der Spiralnebel." *Astronomische Nachrichten* 222 (October): 21-26.
Wolf, M. 1912. "Die Entfernung der Spiralnebel." *Astronomische Nachrichten* 190: 229-32.
Wright, H. 1966. *Explorer of the Universe*. New York: E. P. Dutton.
——. 2003. *James Lick's Monument*. Cambridge: Cambridge University Press.
Wright, H., J. N. Warnow, and C. Weiner. 1972. *The Legacy of George Ellery Hale*. Cambridge, Mass.: MIT Press.
Wright, T. 1750. *An Original Theory; or, New Hypothesis of the Universe*. London: H. Chapelle.
Young, C. A. 1891. *A Textbook of General Astronomy for Colleges and Scientific Schools*. Boston: Ginn & Company.

——. 1982. *The Expanding Universe.* Cambridge: Cambridge University Press.
——. 1983. "The Great Debate Revisited." *Sky & Telescope* 65 (January): 28-29.
——. 1990. "Edwin P. Hubble and the Transformation of Cosmology." *Physics Today* (April): 52-58.
——. 1994. "Red Shifts and Gold Medals." In *The Explorers of Mars Hill*, pp. 43-65. West Kennebunk, Maine: Phoenix Publishing.
——. 2006. "Beyond the Big Galaxy: The Structure of the Stellar System, 1900-1952." *Journal for the History of Astronomy* 37: 307-42.
Sponsel, A. 2002. "Constructing a 'Revolution in Science': The Campaign to Promote a Favourable Reception for the 1919 Solar Eclipse Experiments." *British Journal for the History of Science* 35 (December): 439-67.
Stebbins, J. 1950. Address at the Dedication of the Heber Doust Curtis Memorial Telescope, University of Michigan, June 24, 1950.
"Stranger Than Fiction." 1929. *Los Angeles Times*, November 10, p. F4.
Stratton, F. J. M. 1929. *Transactions of the International Astronomical Union*, Vol. 3. Cambridge: Cambridge University Press.
——. 1933. "President's Speech on Presenting Gold Medal." *Monthly Notices of the Royal Astronomical Society* 93 (1933): 476-77.
Strauss, D. 1994. "Percival Lowell, W. H. Pickering and the Founding of the Lowell Observatory." *Annals of Science* 51: 37-58.
——. 2001. *Percival Lowell: The Culture and Science of a Boston Brahmin*. Cambridge, Mass.: Harvard University Press.
Streissguth, T. 2001. *The Roaring Twenties*. New York: Facts on File.
Struve, O. 1960. "A Historic Debate About the Universe." *Sky & Telescope* 19 (May): 398-401.
Struve, O., and V. Zebergs. 1962. *Astronomy of the 20th Century*. New York: MacMillan.
Sutton, R. 1928. "The New Heavens." *Los Angeles Times*, September 12, p. A4.
——. 1930. "Caltech Scientists Plan Reception of Einstein." *Los Angeles Times*, December 28, p. A1.
——. 1933a. "Where Astronomy Is Taking Us." *Los Angeles Times*, September 24, p. G12.
——. 1933b. "Astronomy Stars That Are Human." *Los Angeles Times*, December 3, p. I4.
Swedenborg, E. 1845. *The Principia: or, The First Principles of Natural Things, Being New Attempts Toward a Philosophical Explanation of the Elementary World*. trans. A. Clissold. London: W. Newbery.
"Thirty-Third Meeting." 1925. *Publications of the American Astronomical Society* 5: 245-247.
"Thirty-Third Meeting of the American Astronomical Society." 1925. *Popular Astronomy* 33: 158-68; 246-55; 292-305.
Trimble, V. 1995. "The 1920 Shapley-Curtis Discussion: Background, Issues, and Aftermath." *Publications of the Astronomical Society of the Pacific* 107 (December): 1133-44.
Trollope, F. 1949. *Domestic Manners of the Americans*. ed. D. Smalley, New York: Alfred A.

——. 1919d. "Studies Based on the Colors and Magnitudes in Stellar Clusters. Twelfth Paper: Remarks on the Arrangement of the Sidereal Universe." *Astrophysical Journal* 49: 311-36.
——. 1919e. "On the Existence of External Galaxies." *Publications of the Astronomical Society of the Pacific* 31: 261-68.
——. 1920. "Star Clusters and the Structure of the Universe. Third Part." *Scientia* 27: 93-101.
——. 1923a. "The Galactic System." *Popular Astronomy* 31: 316-28.
——. 1923b. "Note on the Distance of N.G.C. 6822." *Harvard College Observatory Bulletin*, no. 796 (December): 1-2.
——. 1924. "Notes on the Thermokinetics of Dolichoderine Ants." *Proceeding of the National Academy of Science* 10 (October): 436-39.
——. 1929. "Note on the Velocities and Magnitudes of External Galaxies." *Proceedings of the National Academy of Sciences* 7 (July 15): 565-70.
——. 1930a. "The Super-Galaxy Hypothesis." *Harvard College Observatory Circular*, no. 350: 1-12.
——. 1930b. *Flights from Chaos*. New York: McGraw-Hill.
——. 1930c. *Star Clusters*. New York: McGraw-Hill.
——. 1969. *Through Rugged Ways to the Stars*. New York: Charles Scribner's Sons.
Shapley, H., and A. Ames. 1932. "A Survey of the External Galaxies Brighter Than the Thirteenth Magnitude." *Annals of the Astronomical Observatory of Harvard College* 88: 41-76.
Shapley, H., and H. D. Curtis. 1921. "The Scale of the Universe." *Bulletin of the National Research Council* 2 (May): 171-217.
Sheehan, W. and D. E. Osterbrock. 2000. "Hale's 'Little Elf': The Mental Breakdowns of George Ellery Hale." *Journal for the History of Astronomy* 31: 93-114.
Shinn, C. H. 1890. "A Mountain Colony." *The Independent*.
Singh, S. 2005. *Big Bang*. London: Harper Perennial.
Slipher, V. M. 1913. "The Radial Velocity of the Andromeda Nebula." *Lowell Observatory Bulletin* 58, 2: 56-7.
——. 1915. "Spectrographic Observations of Nebulae." *Popular Astronomy* 23: 21-24.
——. 1917a. "The Spectrum and Velocity of the Nebula N. G. C. 1068 (M 77)." *Lowell Observatory Bulletin* 80, 3: 59-62.
——. 1917b. "Nebulae." *Proceedings of the American Philosophical Society* 56: 403-9.
——. 1921. "Dreyer Nebula No. 584 Inconceivably Distant." *New York Times*, January 19, p. 6.
Smart, W. M. 1924. "The Motions of Spiral Nebulae." *Monthly Notices of the Royal Astronomical Society* 84 (March): 333-53.
Smith, H. A. 2000. "Bailey, Shapley, and Variable Stars in Globular Clusters." *Journal for the History of Astronomy* 31: 185-201.
Smith, R. W. 1979. "The Origins of the Velocity-Distance Relation." *Journal for the History of Astronomy* 10: 133-65.

Schilpp, P. A. ed. 1949. *Albert Einstein: Philosopher-Scientist*. Evanston, Ill.: Library of Living Philosophers.

Schindler, K. S. 1998. *100 Years of Good Seeing: The History of the 24-Inch Clark Telescope*. Flagstaff, Ariz.: Lowell Observatory.

——. 2003. "The Slipher Spectrograph." *The Lowell Observer* (Spring): 5-6.

"Scientists Gather for 1920 Conclave." 1920. *Washington Post*, April 25, p. 38.

Seares, F. H. 1946. "Adriaan van Maanen, 1884-1946." *Publications of the Astronomical Society of the Pacific* 58: 89-103.

Seares, F. H. and E. P. Hubble. 1920. "The Color of the Nebulous Stars." *Astrophysical Journal* 52: 8-22.

Shapley, H. 1914. "On the Nature and Cause of Cepheid Variation." *Astrophysical Journal* 40: 448-65.

——. 1915a. "Studies Based on the Colors and Magnitudes in Stellar Clusters. First Paper: The General Problem of Clusters." *Contributions from the Mount Wilson Solar Observatory*, no. 115: 201-21.

——. 1915b. "Studies Based on the Colors and Magnitudes in Stellar Clusters. Second Paper: Thirteen Hundred Stars in the Hercules Cluster (Messier 13)." *Contributions from the Mount Wilson Solar Observatory*, 116: 225-314.

——. 1917a. "Studies Based on the Colors and Magnitudes in Stellar Clusters. Fourth Paper: The Galactic Cluster Messier 11." *Contributions from the Mount Wilson Solar Observatory* 126: 29-46.

——. 1917b. "Note on the Magnitudes of Novae in Spiral Nebulae." *Publications of the Astronomical Society of the Pacific* 29: 213-17.

——. 1918a. "Studies Based on the Colors and Magnitudes in Stellar Clusters. Sixth Paper: On the Determination of the Distances of Globular Clusters." *Astrophysical Journal* 48: 89-124.

——. 1918b. "Studies Based on the Colors and Magnitudes in Stellar Clusters. Seventh Paper: The Distances, Distribution in Space, and Dimensions of 69 Globular Clusters." *Astrophysical Journal* 48: 154-81.

——. 1918c. "Studies Based on the Colors and Magnitudes in Stellar Clusters. Eighth Paper: The Luminosities and Distances of 139 Cepheid Variables." *Astrophysical Journal* 48: 279-94.

——. 1918d. "Globular Clusters and the Structure of the Galactic System." *Publications of the Astronomical Society of the Pacific* 30: 42-54.

——. 1919a. "Studies Based on the Colors and Magnitudes in Stellar Clusters. Ninth Paper: Three Notes on Cepheid Variation." *Astrophysical Journal* 49: 24-41.

——. 1919b. "Studies Based on the Colors and Magnitudes in Stellar Clusters. Tenth Paper: A Critical Magnitude in the Sequence of Stellar Luminosities." *Astrophysical Journal* 49: 96-107.

——. 1919c. "Studies Based on the Colors and Magnitudes in Stellar Clusters. Eleventh Paper: A Comparison of the Distances of Various Celestial Objects." *Astrophysical Journal* 49: 249-65.

Proctor, R. 1872. *The Orbs Around Us*. London: Longmans, Green.
Putnam, W. L. 1994. *The Explorers of Mars Hill*. West Kennebunk, Maine: Phoenix Publishing.
"Red Shift of Nabulae a Puzzle, Says Einstein." 1931. *New York Times*, February 12, p.15.
"Relativity." 1930. *Los Angeles Times*, December 15, p. A4.
"Report of the Council to the Forty-Ninth General Meeting of the Society." 1869. *Monthly Notices of the Royal Astronomical Society* 29 (February): 109-91.
"Report of the RAS Meeting in January 1930." 1930. *Observatory* 53: 33-44.
"Report of the Seventeenth Meeting." 1914. *Popular Astronomy* 22: 551-70.
"Report of the Seventeenth Meeting (continued)." 1915. *Popular Astronomy* 23: 18-28.
Ritchey, G. W. 1897. "A Support System for Large Specula." *Astrophysical Journal* 5: 143-47.
——. 1901. "The Two-Foot Reflecting Telescope of the Yerkes Observatory." *Astrophysical Journal* 14: 217-33.
——. 1901a. "On Some Methods and Results in Direct Photography with the 60-Inch Reflecting Telescope of the Mount Wilson Solar Observatory." *Astrophysical Journal* 32: 26-35.
——. 1901b. "Notes on Photographs of Nebulae Made with the 60-Inch Reflector of the Mount Wilson Observatory." *Monthly Notices of the Royal Astronomical Society* 70 (June): 623-27.
——. 1910c. "Notes on Photographs of Nebulae Taken with the 60-Inch Reflector of the Mount Wilson Solar Observatory." *Monthly Notices of the Royal Astronomical Society* 70 (Suppl. 1910c) : 647-49.
——. 1917. "Novae in Spiral Nebulae." *Publications of the Astronomical Society of the Pacific* 29: 210-12.
Rosse, the Earl of. 1850. "Observations on the Nebulae." *Philosophical Transactions of the Royal Society of London* 140: 499-514.
Rubin, V. 2005. "People, Stars, and Scopes." *Science* 309 (September 16): 1817-18.
Russell, H. N. 1913. "Notes on the Real Brightness of Variable Stars." *Science* 37: 651-52.
——. 1918. "Astronomy Notes." *Scientific American* 118: 412.
——. 1925. "Types of Variable Star Work." in *Reports and Recommendations, International Astronomical Union Meeting at Cambridge, July 14-22, 1925*, pp. 100-104.
Sandage, A. 1961. *The Hubble Atlas of Galaxies*. Washington, D.C.: Carnegie Institution of Washington.
——. 1989. "Edwin Hubble 1889-1953." *Journal of the Royal Astronomical Society of Canada* 83 (December): 351-62.
——. 2004. *Centennial History of the Carnegie Institution of Washington. Volume I: The Mount Wilson Observatory*. Cambridge: Cambridge University Press.
Sanford, R. F. 1916-18. "On Some Relations of the Spiral Nebulae to the Milky Way." *Lick Observatory Bulletin* 9: 80-91.
Scheiner, J. 1899. "On the Spectrum of the Great Nebula in Andromeda." *Astrophysical Journal* 9: 149-50.

Nowell, C. E., ed. 1962. *Magellan's Voyage Around the World.* Evanston, Ill.: Northwestern University Press.

Noyes, A. 1922. *The Torch-Bearers — Watchers of the Sky*. New York: Stokes

Olmsted, D. 1834. "Observations of the Meteors of November 13th, 1833." *American Journal of Science and Arts* 25 (January): 363-411.

——. 1866. *A Compendium of Astronomy.* New York: Collins & Brothers.

Öpik, E. 1922. "An Estimate of the Distance of the Andromeda Nebula." *Astrophysical Journal* 55: 406-10.

Osterbrock, D. 1976. "The California-Wisconsin Axis in American Astronomy, II." *Sky & Telescope* 51 1976: 91-97.

——. 1984. *James E. Keeler: Pioneer American Astrophysicist*. Cambridge: Cambridge University Press.

——. 1986. "Early Days at Lick Observatory." *Mercury* 15 (March-April): 53, 63.

——. 1993. *Pauper & Prince: Ritchey, Hale, & Big American Telescopes*. Tucson: University of Arizona Press.

——. 2001. "Astronomer for All Seasons: Heber D. Curtis." *Mercury* 30 (May-June): 25-31.

Osterbrock, D. E., R. S. Brashear, and J. A. Gwinn. 1990. "Self-Made Cosmologist: The Education of Edwin Hubble" in *Evolution of the Universe of Galaxies: Edwin Hubble Centennial Symposium*, ed. Richard G. Kron. San Francisco: Astronomical Society of the Pacific.

Osterbrock, D. E., and D. P. Cruikshank. 1983. "J. E. Keeler's Discovery of a Gap in the Outer Part of the A Ring." *Icarus* 53: 165-73.

Osterbrock, D. E., J. R. Gustafson, and W. J. S. Unruh. 1988. *Eye on the Sky: Lick Observatory's First Century*. Berkeley: University of California Press.

Paddock, G. F. 1916. "The Relation of the System of Stars to the Spiral Nebulae." *Publications of the Astronomical Society of the Pacific* 28: 109-15.

Pais, A. 1982. *"Subtle is the Lord ....": The Science and the Life of Albert Einstein*. Oxford: Oxford University Press.

Pang, A. S.-K. 1997. " 'Stars should Henceforth Register Themselves': Astrophotography at the Early Lick Observatory." *British Journal of the History of Science* 30: 177-202.

Pannekoek, A. 1989. *A History of Astronomy*. New York: Dover.

Paul, E. 1993. *The Milky Way and Statistical Cosmology, 1890-1924*. Cambridge: Cambridge University Press.

Payne-Gaposchkin, C., with K. Haramundanis, ed. 1984. *Cecilia Payne-Gaposchkin: An Autobiography and Other Recollections*. Cambridge: Cambridge University Press.

Perrine, C. D. 1904. "A New Mounting for the Three-Foot Mirror of the Crossley Reflecting Telescope." *Lick Observatory Bulletin* 3: 124-28.

Pickering, E. C. 1898. *Harvard College Observatory Annual Report* 53: 1-14.

——. 1917. *Harvard College Observatory Bulletin*, no. 641 (28 July).

Plaskett, J. S. 1911. "Some Recent Interesting Developments in Astronomy." *Journal of the Royal Astronomical Society of Canada* 5 (July-August): 245-65.

"A Prize for Lemaître." 1934. *Literary Digest* 117 (March 31): 16.

Pacific 34: 108-15.
Luyten, W. J. 1926. "Island Universes." *Natural History* 26: 386-91.
MacPherson, H. 1916. "The Nature of Spiral Nebulae." *Observatory* 39 (March): 131-34.
——. 1919. "The Problem of Island Universes." *Observatory* 42 (September): 329-34.
"Mars." 1907. *Wall Street Journal*, December 28, p. 1.
Maunder, E. W. 1885. "The New Star in the Great Nebula in Andromeda." *Observatory* 8: 321-25.
Maxwell, J. C. 1983. *Maxwell on Saturn's Rings*, ed. S. G. Brush, C. W. F. Everitt, and E. Garber. Cambridge, Mass.: MIT Press.
Mayall, N. U. 1937. "*The Realm of the Nebulae*, by Edwin Hubble." *Publications of the Astronomical Society of the Pacific* 49: 42-47.
——. 1954. "Edwin Hubble: Observational Cosmologist." *Sky & Telescope* (January): 78-80; 85.
McCrea, W. 1990. "Personal Recollections." In *Modern Cosmology in Retrospect*, ed. B. Bertotti et al. Cambridge: Cambridge University Press.
McMath, R.R. 1942. "Heber Doust Curtis." *Publications of the Astronomical Society of the Pacific* 54 (April): 69-71.
——. 1944. "Heber Doust Curtis, 1872-1942." *Astrophysical Journal* 99 (May): 245-48.
McPhee, J. 1998. *Annals of the Former World*. New York: Farrar, Straus & Giroux.
McVittie, G. C. 1967. "Georges Lemaître." *Quarterly Journal of the Royal Astronomical Society* 8: 294-97.
Melotte, P. J. 1915. "A Catalogue of Star Clusters Shown on the Franklin-Adams Chart Plates." *Memoirs of the Royal Astronomical Society* 60: 168.
Messier, C. 1781. *Catalogue des Nébuleuses et Amas d'Étoiles Observées à Paris*. Paris: Imprimerie Royal.
Miller, H. S. 1970. *Dollars for Research*. Seattle: University of Washington Press.
Milne. E. A. 1932. "World Structure and the Expansion of the Universe." *Nature* 130 (July): 9-10.
"Mrs. Mizner Now Divorced." 1907. *New York Times*, August 25, p. 5.
"Mrs. Yerkes Marries Young San Franciscan." 1906. *New York Times*, February 1, p. 2.
"The New Director of Lick." 1898. *New York Tribune*, March 20, p. 7.
Newcomb, S. 1888. "The Place of Astronomy Among the Sciences." *Sidereal Messenger* 7: 69-70.
Newcomb, S., and E. S. Holden. 1889. *Astronomy*. New York: Henry Holt and Company.
Newton, I. 1717. *Opticks: or, A Treatise of the Reflections, Refractions, Inflections and Colours of Light*. 2nd ed. London: W. Bowyer.
Nichol, J. P. 1840. *Views of the Architecture of the Heavens in a Series of Letters to a Lady*. New York: H. A. Chapin.
——. 1846. *Thoughts on Some Important Points Relating to the System of the World*. Edinburgh: William Tait.
——. 1848. *The Stellar Universe*. Edinburgh: John Johnstone.
"Notables of World to Opening." 1931. *Los Angeles Times*, January 25, p. B14.

series, 2: 69-106.
——. 1989. *The Invented Universe: The Einstein-de Sitter Controversy (1916-17) and the Rise of Relativistic Cosmology*. Oxford: Clarendon Press.
Kopal, Z. 1972. "Dr. Harlow Shapley." *Nature* 240: 429-30.
Kostinsky, S. 1916. "Probable Motions in the Spiral Nebula Messier 51 (Canes Venatici) Found with the Stereo-Comparator." *Monthly Notices of the Royal Astronomical Society* 77: 233-34.
Kragh, H. 1987. "The Beginning of the World: Georges Lemaître and the Expanding Universe." *Centaurus* 32: 114-39.
——. 1990. "Georges Lemaître." *Dictionary of Scientific Biography*, vol. 18, suppl. 2. New York: Scribner's.
——. 1996. *Cosmology and Controversy*. Princeton: Princeton University Press.
——. 2007. *Conceptions of Cosmos*. Oxford: Oxford University Press.
Kragh, H., and R. W. Smith. 2003. "Who Discovered the Expanding Universe?" *History of Science* 41: 141-62.
Kreiken, E. A. 1920. "On the Differential Measurement of Proper Motion." *Observatory* 43: 255-60.
Kron, R. G., ed. 1990. *Evolution of the Universe of Galaxies: Edwin Hubble Centennial Symposium*. Astronomical Society of the Pacific Conference Series, vol. 10. San Francisco: Astronomical Society of the Pacific.
Lankford, J. 1997. *American Astronomy: Community, Careers, and Power, 1859-1940*. Chicago: University of Chicago Press.
Leavitt, H. S. 1908. "1777 Variables in the Magellanic Clouds." *Annals of the Astronomical Observatory of Harvard College* 60: 87-108.
Leavitt, H., and E. C. Pickering. 1912. "Periods of 25 Variable Stars in the Small Magellanic Cloud." *Harvard College Observatory Circular* no. 173: 1-3.
Lemaître, G. 1931a. "A Homogeneous Universe of Constant Mass and Increasing Radius Accounting for the Radial Velocity of Extra-Galactic Nebulae." *Monthly Notices of the Royal Astronomical Society* 91: 483-89.
——. 1931b. "The Beginning of the World from the Point of View of Quantum Theory." *Nature* 127: 706.
——. 1950. *The Primeval Atom*. New York: Van Nostrand.
Lorentz, H. A., A. Einstein, H. Minkowski, and H. Weyl. 1923. *The Principle of Relativity*. Trans. W. Perrett and G. B. Jeffery. London: Methuen and Company.
Lowell, A. L. 1935. *Biography of Percival Lowell*. New York: Macmillan.
Lowell, P. 1905. "Chart of Faint Stars Visible at the Lowell Observatory." *Popular Astronomy* 13: 391-92.
Lundmark, K. 1919. "Die Stellung der kugelförmigen Sternhaufen und Spiralnebel zu unserem Sternsystem." *Astronomische Nachrichten* 209: 369.
——. 1921. "The Spiral Nebula Messier 33." *Publications of the Astronomical Society of the Pacific* 33: 324-27.
——. 1922. "On the Motions of Spirals." *Publications of the Astronomical Society of the*

——. 1930. *The Mysterious Universe*. New York: Macmillan.
——. 1932. "Beyond the Milky Way." *British Association for the Advancement of Science. Report of the Centenary Meeting. London*, 1931. London: Office of the British Association.
Johnson, G. 2005. *Miss Leavitt's Stars*. New York: W. W. Norton.
Jones, B. Z., and L. G. Boyd. 1971. *The Harvard College Observatory: The First Four Directorships, 1839-1919*. Cambridge Mass.: Harvard University Press.
Jones, K. G. 1976. "S Andromedae, 1885: An Analysis of Contemporary Reports and a Reconstruction." *Journal for the History of Astronomy* 7: 27-40.
Kahn, C., and F. Kahn. 1975. "Letters from Einstein to de Sitter on the Nature of the Universe." *Nature* 257 (October 9): 451-54.
Kant, I. 1900. *Kant's Cosmogony as in His Essay on the Retardation of the Rotation of the Earth and His Natural History and Theory of the Heavens*. ed. and trans. W. Hastie. Glasgow: James Maclehose and Sons.
Karachentsev, I. D., and O. G. Kashibadze. 2006. "Masses of the Local Group and of the M81 Group Estimated from Distortions in the Local Velocity Field." *Astrophysics* 49 (January): 7
Keeler, J. E. 1888a. "The First Observations of Saturn with the Great Telescope." *San Francisco Examiner*, January 10.
——. 1888b. "First Observations of Saturn with the 36-Inch Equatorial of Lick Observatory." *The Sidereal Messenger*, no. 62.
——. 1895. "A Spectroscopic Proof of the Meteoric Constitution of Saturn's Rings." *Astrophysical Journal* 1: 416-27.
——. 1897. "The Importance of Astrophysical Research and the Relation of Astrophysics to Other Physical Sciences." *Science* 6 (November 19): 745-55.
——. 1898a. "Photographs of Comet I, 1898 (Brooks), Made with the Crossley Reflector of the Lick Observatory." *Astrophysical Journal* 8: 287-90.
——. 1898b. "The Small Bright Nebula Near *Merope*." *Publications of the Astronomical Society of the Pacific* 10: 245-46.
——. 1899a. "Photograph of the Great Nebula in *Orion*, Taken with the Crossley Reflector of the Lick Observatory." *Publications of the Astronomical Society of the Pacific* 11: 39-40.
——. 1899b. "Small Nebulae Discovered with the Crossley Reflector of the Lick Observatory." *Monthly Notices of the Royal Astronomical Society* 59: 537-38.
——. 1899c. "New Nebulae Discovered Photographically with the Crossley Reflector of the Lick Observatory." *Monthly Notices of the Royal Astronomical Society* 60: 128.
——. 1899d. "Scientific Work of the Lick Observatory." *Science* 10: 665-70.
——. 1900a. "On the Predominance of Spiral Forms Among the Nebulae." *Astronomische Nachrichten* 151: 1.
——. 1900b. "The Crossley Reflector of the Lick Observatory." *Astrophysical Journal* 11: 325-49.
Kerszberg, P. 1986. "The Cosmological Question in Newton's Science." *Osiris*, 2nd

Society 5: 261-64.
——. 1925b. "N.G.C. 6822, a Remote Stellar System." *Astrophysical Journal* 62: 409-33.
——. 1926. "Extra-Galactic Nebulae." *Astrophysical Journal* 64: 321-69.
——. 1928. "Ten Million Worlds in Sky Census." *Los Angeles Examiner*, October 28, pp. 1-2.
——. 1929a. "A Relation Between Distance and Radial Velocity Among Extra-Galactic Nebulae." *Proceedings of the National Academy of Sciences* 15 (March 15): 168-73.
——. 1929b. "On the Curvature of Space." *Carnegie Institution of Washington News Service Bulletin*, no. 13: 77-78.
——. 1935. "Angular Rotations of Spiral Nebulae." *Astrophysical Journal* 81: 334-35.
——. 1936. *The Realm of the Nebulae*. New Haven, Conn.: Yale University Press.
——. 1937. *The Observational Approach to Cosmology*. Oxford: Clarendon Press.
——. 1953. "The Law of Red-Shifts." *Monthly Notices of the Royal Astronomical Society* 113: 658-66.
Hubble, E., and M. L. Humason. 1931. "The Velocity-Distance Relation Among Extra-Galactic Nebulae." *Astrophysical Journal* 74: 43-80.
Hubble, E., and R. C. Tolman. 1935. "Two Methods of Investigating the Nature of the Nebular Red-Shift." *Astrophysical Journal* 82: 302-37.
"Hubble to Visit Oxford." 1934. *San Francisco Chronicle*, May 6.
Huggins, W. 1897. "The New Astronomy." *The Nineteenth Century* 41 (June): 907-29.
Huggins, W., and Mrs. Huggins. 1889. "On the Spectrum, Visible and Photographic, of the Great Nebula in Orion." *Proceedings of the Royal Society of London* 46: 40-60.
Humason, M. 1927. "Radial Velocities in Two Nebulae." *Publications of the Astronomical Society of the Pacific* 39: 317-18.
——. 1929. "The Large Radial Velocity of N. G. C. 7619." *Proceedings of the National Academy of Sciences* 15 (March): 167-68.
——. 1954. "Obituary Notices." *Monthly Notices of the Royal Astronomical Society* 114: 291-95.
Hussey, E. F. 1903. "Life at a Mountain Observatory." *Atlantic Monthly* 92 (July) : 29-32.
Impey, C. 2001. "Reacting to the Size and the Shape of the Universe." *Mercury* (January-February) : 36-40.
"Infinite and Infinitesimal." 1925. *Los Angeles Times*, March 22, p. B4.
International Astronomical Union. 1928. "Report of the Commission on Nebulae and Star Clusters." Commission no. 28.
Isaacson, W. 2007. *Einstein: His Life and Universe*. New York: Simon & Schuster.
Jeans, J. H. 1917a. "Internal Motion in Spiral Nebulae." *Observatory* 40: 60-61.
——. 1917b. "On the Structure of Our Local Universe." *Observatory* 40: 406-7.
——. 1919. *Problems of Cosmogony and Stellar Dynamics*. Cambridge: Cambridge University Press.
——. 1923. "Internal Motions in Spiral Nebulae." *Monthly Notices of the Royal Astronomical Society* 84: 60-76.
——. 1929. *Eos or the Wider Aspects of Cosmogony*. New York: E. P. Dutton.

Journal for the History of Astronomy 6: 115-25.

——. 1982. "Philosophical Values and Observation in Edwin Hubble's Choice of a Model of the Universe." *Historical Studies in the Physical Sciences* 13: 41-67.

——. 1983. "Mid-Nineteenth-Century American Astronomy: Science in a Developing Nation." *Annals of Science* 40: 61-80.

——. 1990a. "Edwin Hubble's Cosmology." In *Evolution of the Universe of Galaxies: Edwin Hubble Centennial Symposium*, ed. R. G. Kron. San Francisco: Astronomical Society of the Pacific.

——, ed. 1990b. *The Edwin Hubble Papers*. Tucson: Pachart Publishing House.

——. 1996. *Hubble's Cosmology*. Tucson: Pachart Publishing House.

Hetherington, N. S., and R. S. Brashear. 1992. "Walter S. Adams and the Imposed Settlement between Edwin Hubble and Adriaan van Maanen." *Journal for the History of Astronomy* 23: 53-56.

Hoagland, H. 1965. "Harlow Shapley — Some Recollections." *Publications of the Astronomical Society of the Pacific* 77: 422-30.

Hoffmann, B. 1972. *Albert Einstein: Creator and Rebel*. New York: Viking Press.

Hoge, V. 2005. "Wendell and Edison Hoge on Mount Wilson." *Reflections* [Mount Wilson Observatory Association Newsletter] (June): 3-6.

Holden, E. S. 1891. "Life at the Lick Observtory." *Scientific American* 64 (January): 73.

"Honor for Dr. Edwin P. Hubble." 1925. *Publications of the Astronomical Society of the Pacific* 37: 100-101.

Hoskin, M. A. 1967. "Apparatus and Ideas in Mid-Nineteenth-Century Cosmology." *Vistas in Astronomy* 9: 79-85.

——. 1970. "The Cosmology of Thomas Wright of Durham." *Journal for the History of Astronomy* 1: 44-52.

——. 1976a. "The 'Great Debate': What Really Happened." *Journal for the History of Astronomy* 7: 169-82.

——. 1976b. "Ritchey, Curtis and the Discovery of Novae in Spiral Nebulae." *Journal for the History of Astronomy* 7: 47-53.

——. 1989. "William Herschel and the Construction of the Heavens." *Proceedings of the American Philosophical Society* 133: 427-432.

——. 2002. "The Leviathan of Parsontown: Ambitions and Achievements." *Journal for the History of Astronomy* 33: 57-70.

Hoyle, F. 1950. *The Nature of the Universe*. New York: Harper.

Hoyt, W. G. 1980. "Vesto Melvin Slipher." In *Biographical Memoirs:* vol. 52. Washington, D.C.: National Academy Press.

——. 1996. *Lowell and Mars*. Tucson: University of Arizona Press.

Hubble, E. P. 1920. "Photographic Investigations of Faint Nebulae." *Publications of the Yerkes Observatory* 4: 69-85.

——. 1922. "A General Study of Diffuse Galactic Nebulae." *Astrophysical Journal* 56: 162-99.

——. 1925a. "Cepheids in Spiral Nebulae." *Publications of the American Astronomical*

Hale, G. E., W. S. Adams, and F. H. Seares. 1931. "Mount Wilson Observatory." *Carnegie Institution of Washington Year Book* 30: 171-221.

Hall, J. S. 1970a. "V. M. Slipher's Trailblazing Career." *Sky & Telescope* 39 (February): 84-86.

——. 1970b. "Vesto Melvin Slipher." *Year Book of the American Philosophical Society*: 161-66.

Hall, M. 1931. "Chaplin Here to See Silent Film Open." *New York Times*, February 5, p. 28.

Halley, E. 1714-16. "An Account of Several Nebulae or Lucid Spots Like Clouds, Lately Discovered Among the Fixt Stars by Help of the Telescope." *Philosophical Transactions* 29: 390-92.

Hardy, T. 1883. *Two on a Tower*, 3rd ed. London: Simpson Low.

Hart, R., and R. Berendzen. 1971. "Hubble, Lundmark and the Classification of Non-Galactic Nebulae." *Journal for the History of Astronomy* 2: 200.

Herschel, W. 1784a. "On the Remarkable Appearances at the Polar Regions of the Planet Mars; the Inclination of Its Axis, the Position of Its Poles, and Its Spheroidical Figure; with a Few Hints Relating to Its Real Diameter and Atmosphere." *Philosophical Transactions of the Royal Society of London* 74: 233-73.

——. 1784b. "Account of Some Observations Tending to Investigate the Construction of the Heavens." *Philosophical Transactions of the Royal Society of London* 74: 437-51.

——. 1785. "On the Construction of the Heavens." *Philosophical Transactions of the Royal Society of London* 75: 213-66.

——. 1789. "Catalogue of a Second Thousand of New Nebulae and Clusters of Stars; with a Few Introductory Remarks on the Construction of the Heavens." *Philosophical Transactions of the Royal Society of London* 79: 212-55.

——. 1791. "On Nebulous Stars, Properly So Called." *Philosophical Transactions of the Royal Society of London* 81: 71-88.

——. 1811. "Astronomical Observations Relating to the Construction of the Heavens, Arranged for the Purpose of a Critical Examination, the Result of Which Appears to Throw Some New Light upon the Organization of the Celestial Bodies." *Philosophical Transactions of the Royal Society of London* 101: 269-336.

Hertzsprung, E. 1914. "Über die räumliche Verteilung der Veränderlichen vom δ Cephei-Typus [On the Spatial Distribution of Variables of the δ Cephei Type]." *Astronomische Nachrichten* 196: 201-8.

Hetherington, N. S. 1971. "The Measurement of Radial Velocities of Spiral Nebulae." *Isis* 62 (September) : 309-13.

——. 1973. "The Delayed Response to Suggestions of an Expanding Universe." *Journal of the British Astronomical Association* 84: 22-28.

——. 1974a. "Edwin Hubble's Examination of Internal Motions of Spiral Nebulae." *Quarterly Journal of the Royal Astronomical Society* 15: 392-418.

——. 1974b. "Adriaan van Maanen on the Significance of Internal Motions in Spiral Nebulae." *Journal for the History of Astronomy* 5: 52-53.

——. 1975. "The Simultaneous 'Discovery' of Internal Motions in Spiral Nebulae."

Encyclopaedia Britannica. 1911. "Rhodes, Cecil John."

Fath, E. A. 1908. "The Spectra of Some Spiral Nebulae and Globular Star Clusters." *Lick Observatory Bulletin* 149: 71-77.

Feigl, A. 1931. "Frau Professor Einstein." *Los Angeles Times*, February 1, p. A1.

Fernie, J. D. 1969. "The Period-Luminosity Relation: A Historical Review." *Publications of the Astronomical Society of the Pacific* 81 (December): 707-31.

——. 1970. "The Historical Quest for the Nature of the Spiral Nebulae." *Publications of the Astronomical Society of the Pacific* 82 (December): 1189-1230.

——. 1995. "The Great Debate." *American Scientist* 83 (September-October): 410-13.

"Finds Spiral Nebulae Are Stellar Systems." 1924. *New York Times*, November 23, p. 6.

Fitzgerald, F. S. 1925. *The Great Gatsby*. New York: Scribner's.

Fölsing, A. 1997. *Albert Einstein: A Biography*. New York, Viking Press.

Franch, J. 2006. Robber Baron: *The Life of Charles Tyson Yerkes*. Urbana: University of Illinois Press.

Friedmann, A. 1922. "Über die Krümmung des Raumes." *Zeitschrift für Physik* 10: 377-86.

Frost, E. B. 1933. *An Astronomer's Life*. Boston: Houghton Mifflin.

Gamow, G. 1970. *My World Line*. New York: Viking Press.

Gingerich, O. 1975. "Harlow Shapley." *Dictionary of Scientific Biography*, vol. 12. New York: Scribner's.

——. 1978. "James Lick's Observatory." *Pacific Discovery* 31: 1-10.

——. 1987. "The Mysterious Nebulae, 1610-1924." *Journal of the Royal Astronomical Society of Canada* 81: 113-27.

——. 1988. "How Shapley Came to Harvard; or, Snatching the Prize from the Jaws of Debate." *Journal for the History of Astronomy* 19: 201-7.

——. 1990a. "Through Rugged Ways to the Galaxies." *Journal for the History of Astronomy* 21: 77-88.

——. 1990b. "Shapley, Hubble, and Cosmology." In *Evolution of the Universe of Galaxies: Edwin Hubble Centennial Symposium*, ed. Richard G. Kron. San Francisco: Astronomical Society of the Pacific.

——. 2000. "Kapteyn, Shapley and Their Universes." In *The Legacy of J. C. Kapteyn: Studies on Kapteyn and the Development of Modern Astronomy*, ed. P. C. Van Der Kruit and K. Berkel. Dordrecht: Kluwer Academic Publishers.

Gordon, K. J. 1969. "History of Our Understanding of a Spiral Galaxy: Messier 33." *Quarterly Journal of the Royal Astronomical Society* 10: 293-307.

Grigorian, A. T. 1972. "Aleksandr Friedmann." *Dictionary of Scientific Biography*, vol. 5. New York: Scribner's.

Hale, G. E. 1898. "The Function of Large Telescopes." *Science* 7 (May 13): 650-62.

——. 1900. "James Edward Keeler." *Science* 12 (September 7): 353-57.

——. 1915. *Ten Years' Work of a Mountain Observatory*. Washington, D.C.: Carnegie Institution of Washington.

——. 1922. *The New Heavens*. New York: Charles Scribner's Sons.

(December): 99-105.
Douglas, A. V. 1957. *The Life of Arthur Stanley Eddington*. London: Thomas Nelson and Sons Ltd.
Dreiser, T., and F. Booth. 1916. *A Hoosier Holiday*. New York: John Lane.
Dunaway, D. K. 1989. *Huxley in Hollywood*. New York: Anchor Books.
Duncan, J. C. 1922. "Three Variable Stars and a Suspected Nova in the Spiral Nebula M 33 Trianguli." *Publications of the Astronomical Society of the Pacific* 34: 290-91.
——. 1923. "Photographic Studies of Nebulae. Third Paper." *Contributions from the Mount Wilson Observatory*, no. 256: 9-20.
Dyson, F. W. 1917. "On the Opportunity Afforded by the Eclipse of 1919 May 29 of Verifying Einstein's Theory of Gravitation." *Monthly Notices of the Royal Astronomical Society* 77: 445-47.
Dyson, F. W., A. S. Eddington, and C. Davidson. 1920. "A Determination of the Deflection of Light by the Sun's Gravitational Field, from Observations Made at the Total Eclipse of May 29, 1919." *Philosophical Transactions of the Royal Society of London* 220: 291-333.
Eddington, A. S. 1916. "The Nature of Globular Clusters." *Observatory* 39: 513-14.
——. 1920. *Space, Time, and Gravitation*. Cambridge: Cambridge University Press.
——. 1928. *The Nature of the Physical World*. New York: Macmillan.
——. 1930. "On the Instability of Einstein's Spherical World." *Monthly Notices of the Royal Astronomical Society* 90: 668-78.
——. 1931. "The End of the World: From the Standpoint of Mathematical Physics." *Nature* 127 (March 21): 447-53.
——. 1933. *The Expanding Universe*. Cambridge: Cambridge University Press.
Einstein, A. 1911. "On the Influence of Gravity on the Propagation of Light." *Annalen der Physik* 35: 898-908.
——. 1917. "Kosmologische Betrachtungen zur allgemeinen Relativitätstheorie." *Sitzungsberichte der Königlich Preußischen Akademie der Wissenschaften zu Berlin*: 6: 142-52.
——. 1922. "Bemerkung zu der Arbeit von A. Friedmann 'Über die Krümmung des Raumes.'" *Zeitschrift für Physik* 11: 326.
——. 1923. "Notiz zu der Arbeit von A. Friedmann." *Zeitschrift für Physik* 16: 228.
Einstein, A. and W. de Sitter. 1932. "On the Relation Between the Expansion and the Mean Density of the Universe." *Proceedings of the National Academy of Sciences* 18 (March 15) : 213-14.
"Einstein Battles 'Wolves.'" 1930. *Los Angeles Times*, December 12, p. 1.
"Einstein Drops Idea of 'Closed' Universe." 1931. *New York Times*, February 5, p. 1.
"Einstein Guest at Mt. Wilson." 1931. *Los Angeles Times*, January 30, p. A1.
"Einstein's Date Book Crammed." 1931. *Los Angeles Times*, January 14, p. A1.
"Einsteins Start Trip to America." 1930. *Los Angeles Times*, December 1, p. 5.
Eisenstaedt, J. 1993. "Lemaître and the Schwarzschild Solution." In *The Attraction of Gravitation*. ed. J. Earman, M. Janssen, and J. D. Norton. Boston: Birkhäuser.

Crossley Reflector." *Lick Observatory Bulletin*, no. 219: 81-84.
——. 1913. "Descriptions of 109 Nebulae and Clusters Photographed with the Crossley Reflector: Second List." *Lick Observatory Bulletin*, no. 248: 43-46.
——. 1914. "Improvements in the Crossley Mounting." *Publications of the Astronomical Society of the Pacific* 26: 46-51.
——. 1915. "Preliminary Note on Nebular Proper Motions." *Proceedings of the National Academy of Sciences* 1 (15 January): 10-12.
——. 1917a. "A Study of Absorption Effects in the Spiral Nebulae." *Publications of the Astronomical Society of the Pacific* 29: 145-46.
——. 1917b. "New Stars in Spiral Nebulae." *Publications of the Astronomical Society of the Pacific* 29: 180-82.
——. 1917c. "Three Novae in Spiral Nebulae." *Lick Observatory Bulletin* 9 (300): 108-10.
——. 1917d. "Novae in Spiral Nebulae and the Island Universe Theory." *Publications of the Astronomical Society of the Pacific* 29: 206-07.
——. 1917e. "The Nebulae." *Publications of the Astronomical Society of the Pacific* 29: 91-103.
——. 1918a. "Descriptions of 762 Nebulae and Clusters Photographed With the Crossley Reflector." *Publications of the Lick Observatory* 13: 11-42.
——. 1918b. "A Study of Occulting Matter in the Spiral Nebulae." *Publications of the Lick Observatory* 13: 45-54.
——. 1919. "Modern Theories of the Spiral Nebulae." *Journal of the Washington Academy of Sciences* 9: 217-27.
——. 1924. "The Spiral Nebulae and the Constitution of the Universe." *Scientia* 35: 1-9.
De Lapparent, V., M. J. Geller, and J. P. Huchra. 1986. "A Slice of the Universe." *Astrophysical Journal* 302 (March 1): L1-L5.
Deprit, A. 1984. "Monsignor Georges Lemaître." In *The Big Bang and Georges Lemaître*. ed. A. Berger. Dordrecht, Holland: D. Reidel.
De Sitter, W. 1917. "On Einstein's Theory of Gravitation, and Its Astronomical Consequences. Third Paper." *Monthly Notices of the Royal Astronomical Society* 78: 3-28.
——. 1930. "On the Magnitudes, Diameters and Distances of the Extragalactic Nebulae, and Their Apparent Radial Velocities." *Bulletin of the Astronomical Institutes of the Netherlands* 5 (May 26): 157-71.
——. 1932. *Kosmos: A Course of Six Lectures*. Cambridge, Mass.: Harvard University Press.
DeVorkin, D. H. 2000. *Henry Norris Russell*. Princeton, N.J.: Princeton University Press.
Dewhirst, D. W., and M. Hoskin. 1991. "The Rosse Spirals." *Journal for the History of Astronomy* 22: 257-66.
"Discussion on the Evolution of the Universe." 1932. *British Association for the Advancement of Science. Report of the Centenary Meeting. London — 1931*. London: Office of the British Association.
"A Distant Universe of Stars." 1924. *Science* 59 (January 18): x.
Doig, P. 1924. "The Spiral Nebulae." *Journal of the British Astronomical Association* 35

Service, November 17.
"Blanket of Snow Covers the City." 1925. *Washington Post*, January 1, p. 1.
Bohlin, K. 1909. *Kungliga Svenska Vetenskapsakademiens handlingar* 43:10.
Bok, B. J. 1974. "Harlow Shapley." *Quarterly Journal of the Royal Astronomical Society* 15: 53-57.
——. 1978. "Harlow Shapley." *Biographical Memoirs*, Vol. 49. Washington, D.C.: National Academy of Sciences.
Bowler, P. J. and I. R. Morus. 2005. *Making Modern Science*. Chicago: University of Chicago Press.
Brashear, R. W., and N. S. Hetherington. 1991. "The Hubble-van Maanen Conflict over Internal Motions in Spiral Nebulae: Yet More New Information on an Already Old Topic." *Vistas in Astronomy* 34: 415-23.
Brush, S. G. 1979. "Looking Up: The Rise of Astronomy in America." *American Studies* 20: 41-67.
Campbell, K. 1971. *Life on Mount Hamilton 1899-1913*. ed. Elizabeth Spedding Calciano. Santa Cruz: University of California Library.
Campbell, W. W. 1900a. "James Edward Keeler." *Publications of the Astronomical Society of the Pacific* 12: 139-46.
——. 1900b. "James Edward Keeler." *Astrophysical Journal* 12: 239-53.
——. 1908. "Comparative Power of the 36-Inch Refractor of the Lick Observatory." *Popular Astronomy* 16: 560-62.
——. 1917. "The Nebulae." *Science* 45: 513-48.
Cannon, Annie J. 1915. "The Henry Draper Memorial." *Journal of the Royal Astronomical Society of Canada* 9 (May-June): 203-15.
"Charles T. Yerkes Dead." 1905. *New York Times*, December 30, p. 4.
Christianson, G. E. 1995. *Edwin Hubble: Mariner of the Nebulae*. Chicago: University of Chicago Press.
Ciufolini, I., and J. A. Wheeler. 1995. *Gravitation and Inertia*. Princeton, N.J.: Princeton University Press.
Clark, D. H., and M. D. H. Clark. 2004. *Measuring the Cosmos*. New Brunswick, N.J.: Rutgers University Press.
Clark, R. W. 1971. *Einstein*. New York: World Publishing Company.
Clerke, A. M. 1886. *A Popular History of Astronomy During the Nineteenth Century*. Edinburgh: A. & C. Black.
——. 1890. *The System of the Stars*. London: Longmans, Green, and Company.
——. 1902. *A Popular History of Astronomy During the Nineteenth Century*. London: Adam and Charles Black.
Crommelin, A. C. D. 1917. "Are the Spiral Nebulae External Galaxies?" *Scientia* 21: 365-76.
Cropper, W. H. 2001. *Great Physicists: The Life and Times of Leading Physicists from Galileo to Hawking*. Oxford: Oxford University Press.
"Crowd Jams Library for Hubble Talk." 1927. *Los Angeles Examiner*, October 21.
Curtis, H. D. 1912. "Descriptions of 132 Nebulae and Clusters Photographed with the

参考文献

Adams, W. S. 1929. "New Stellar Discoveries Amaze Science." *Los Angeles Examiner*, June 23, pp. 1, 8.

——. 1947. "Early Days at Mount Wilson." *Publications of the Astronomical Society of the Pacific* 59 (October): 213-31; (December): 285-304.

Aitken, R. G. 1943. "Biographical Memoir of Heber Doust Curtis." *Biographical Memoirs*, Vol. 22. Washington, D.C.: National Academy of Sciences.

"Amiable Abbe." 1961. *Newsweek* 58 (September 4) : 42.

Baade, W. 1952. "A Revision of the Extra-Galactic Distance Scale." *Transactions of the International Astronomical Union* 8: 397-98.

——. 1963. *Evolution of Stars and Galaxies*. Cambridge, Mass.: Harvard University Press.

Babcock, A. H. 1896. "Completion of the Big Crossley Reflector Dome for the Lick Observatory." *San Francisco Chronicle*, September 27.

Baida, P. 1986. "Dreiser's Fabulous Tycoon." *Forbes 400* (October 27) : 97-102.

Bailey, S. I. 1919. "Variable Stars in the Cluster Messier 15." *Annals of the Astronomical Observatory of Harvard College* 78: 248-50.

——. 1922. "Henrietta Swan Leavitt." *Popular Astronomy* 30 (April) : 197-99.

Ball, R. S. 1895. *The Great Astronomers*. London: Isbister.

Barnard, E. E. 1891. "Observations of the Planet Jupiter and His Satellites During 1890 with the 12-inch Equatorial of the Lick Observatory." *Monthly Notices of the Royal Astronomical Society* 51: 543-56.

Belkora, L. 2003. *Minding the Heavens*. Bristol: Institute of Physics Publishing.

Bennett, J. A. 1976. "On the Power of Penetrating into Space: The Telescopes of William Herschel." *Journal for the History of Astronomy* 7: 75-108.

Berendzen, R. and R. Hart. 1973. "Adriaan van Maanen's Influence on the Island Universe Theory." *Journal for the History of Astronomy* 4: 46-56, 73-98.

Berendzen, R., R. Hart, and D. Seeley. 1984. *Man Discovers the Galaxies*. New York: Columbia University Press.

Berendzen, R., and M. Hoskin. 1971. "Hubble's Announcement of Cepheids in Spiral Nebulae." *Astronomical Society of the Pacific Leaflets* 504: 1-15.

Berendzen, R., and C. Shamieh. 1973. "Adriaan van Maanen." *Dictionary of Scientific Biography*, vol. 8. New York: Scribner's.

Bertotti, B., R. Balbinot, S. Bergia, and A. Messina, eds. 1990. *Modern Cosmology in Retrospect*. Cambridge: Cambridge University Press.

Blades, B. 1930. "On the Trail of Star-Gazers." *Los Angeles Times*, August 10, p. J10.

Blakeslee, H. W. 1930. "Distance to Stars 75 Million Light-Years Away." Associated Press

その後のこと

(1) Miller (1970), p. 110.
(2) Franch (2006), pp. 318-323.
(3) 口径1.2メートル屈折望遠鏡が1900年のパリ万国博覧会で展示されたが、専門家にはまったく使用されず、結局解体された。
(4) Hoyt (1996), p. 233
(5)「opulent squalor(裕福だがあさましく)」という言葉は、1940年代に神学校の学生だった時、コンスタンスの世話をしていた聖職者フェイ・リンカーン・ゲンメルが使用した。Putnam (1994), p. 104.
(6) HUA, Curtis to Shapley, August 24, 1932.
(7) Stebbins (1950).「ヒーバー・カーティス記念望遠鏡」と名づけられた90センチ反射望遠鏡が、1950年にアナーバーの北西にあるピーチ山に建設された。これは、銀河とその外部の構造の研究に使用された。1967年、この望遠鏡はチリのセロトロロ汎アメリカ天文台に移された。
(8) McMath (1942), p. 69.
(9) Wright, Warnor, and Weiner (1972), p. 99.
(10) Osterbrock (1993), pp. 160-64.
(11) Ibid., p. 282.
(12) AIP, interview of George Abell by Spencer Weart, November 14, 1977.
(13) Sandage (2004), p. 530.
(14) Dunaway (1989), p. 247.
(15) Sandage (2004), p. 192.
(16) AIP, interview of Milton Humason by Bert Shapiro around 1965.
(17) Kopal (1972), p. 429.
(18) Bok (1978), p. 254-58.
(19) Adams (1947) を参照のこと。
(20) Berendzen and Hart (1973), p. 91.
(21) Seares (1946), p. 89.
(22) "Amiable Abbe." (1961), p. 42.
(23) Deprit (1984), p. 391.

卒業した。

(14) CA, Einstein Film Footage, 1931.

(15) Ibid.

(16) Clark (1971), p. 434.

(17) HL, Walter Adams papers, Supplement Box 4, Folder 4.87.

(18) "Einstein Drops Idea of 'Closed' Universe." (1931), p. 1.

(19) Christianson (1995), p. 210.

(20) "Red Shift of Nebulae a Puzzle, Says Einstein." (1931), p. 15.

(21) これはアインシュタインから直接引用したものではない。ロシア人からアメリカ人に帰化した物理学者ジョージ・ガモフが自伝でこの話を伝えたもので、ある日アインシュタインとおしゃべりをしていた時、彼が今日有名になったこの言葉を使ったと言っている。Gamow (1970), p. 44. 時が経つにつれ、なぜ宇宙の膨張が加速するように見えるのかを説明するため、天体物理学者たちは、皮肉にも、21 世紀初頭に、この項を彼らの宇宙論の計算に再び挿入した。

(22) "Hubble to Visit Oxford." (1934).

(23) Lemaître (1931a), p. 489.

(24) Eddington (1931), pp. 449-450.

(25) エディントンはエジンバラ大学で行なわれた一連の講義の中でこの発言をし、これはのちに Eddington (1928) として出版された。同論文の p. 85 を参照のこと。

(26) ビッグバンという用語を最初に使ったホイルのラジオ番組での講演は、のちに出版されている。Hoyle (1950), pp. 119, 124 を参照のこと。

(27) Eddington (1933), pp. 56-57.

(28) Lemaître (1931b).

(29) Kragh (2007), pp. 152-53.

(30) Lemaître (1950), p. 78.

(31) Kragh (1990), p. 542.

(32) ルメートルは科学者でもあり司祭でもあったが、彼は、科学と神学は別のものでなければならないと信じていた。1951 年に教皇ピウス 12 世が、ビッグバン宇宙論はキリスト教神学の基本理念を確固たるものにしたと発表した時、ルメートルは異を唱えた。「私の知る限り、[始原的原子に関する] この理論は、形而上学的な問題からも宗教的な問題からも完全に外れたところにある。これにより唯物論者は、いかなる超越的存在も自由に否定できるようになるのだ」と彼は言った。Kragh (1987), pp. 133-34 を参照のこと。

(33) Baade (1952).

(34) ハーロー・シャプレーが報道陣に対して、バーデではなく自分が最初にハッブルの距離尺度の改訂法を発見したと主張した時、多くの天文学者は唖然とした。シャプレーが実際に行なったのは、自分の昔の観測をいくつか見直し、バーデの発見が事実に即していることを確認しただけだった。Sandage (2004), p. 310.

(35) De Sitter (1932), p. 3.

(36) Kragh and Smith (2003), p. 157.

ても銀河はそのままの形を保つ。
（17） Kragh（2007）, p. 144.
（18） Kragh（1987）, p. 125.
（19） Smith（1990）, p. 57.
（20） Kragh（1987）, p. 125.
（21） Deprit（1984）, p. 371.
（22） "Discussion on the Evolution of the Universe"（1932）, p. 584
（23） CA, Robertson to R. C. Tolman, July 7, 1932. 1929年にロバートソンも、フリードマンやルメートルのモデルに似た宇宙モデルを導いたが、その等式に隠されている宇宙の動的性質には気づかなかった。距離と赤方偏移に関しハッブルが新たに発見した法則を知ってはいたが、それが膨張宇宙の観測的証拠であるとは当時気づかなかったのだ。Kragh（2007）, pp. 142, 146を参照のこと。
（24） "A Prize for Lemaître."（1934）, p. 16.
（25） "Discussion on the Evolution of the Universe."（1932）, p. 587.
（26） Jeans（1932）, p. 563.
（27） Eddington（1930）, p. 669.
（28） Ibid.
（29） HUB, Box 7, Grace's memoir.
（30） Milne（1932）; Hetherington（1982）, p. 46.
（31） Zwicky（1929a and 1929b）.
（32） Hubble and Tolman（1935）.
（33） Hetherington（1996）, pp. 163-70. 歴史家のNorriss Hetheringtonは、この有名な天文学者〔ハッブル〕が、すべてのモデルを客観的にテストしていると公的に発言したにもかかわらず、ハッブルは膨張する均一な宇宙を哲学的に好んでいたと最初に言及した。最終的にハッブルは、ツヴィッキーと同じように、自分の観測に合う物理の新法則を夢見て、一般相対性理論の単純さと美しさにひかれるようになった。ツヴィッキーはこの見解を受け入れなかった。彼がハッブルを非難し、また、若い助手たちの中に「事実に関する最も偏見に満ち誤った提示と解釈を大多数の天文学者に認めさせ、信じさせようと、観測データを書き換えその欠点を隠してハッブルに追従した」者がいると非難したことは有名である。
（34） Hubble（1937）, p. 26.
（35） AIP, interview with C. Donald Shane by Helen Wright on July 11, 1967.
（36） このパラグラフの引用箇所はすべて、Hubble（1937）, pp. v and 26より。
（37） Ibid., pp. 29-30.
（38） HUB, Box 15, Hubble to Harvey Zinszer, July 21, 1950.
（39） Douglas（1957）, p. 113.

第16章　ある一撃で始まった

（1） "Einsteins Start Trip to America."（1930）, p. 5.
（2） "Relativity."（1930）, p. A4.
（3） "Einstein Battles 'Wolves.'"（1930）, p. 1.
（4） Ibid., p. 2.
（5） Sutton（1930）, p. A1.
（6） "Einstein's Date Book Crammed"（1931）, p. A1; "Notables of World to Opening"（1931）, p. B14; Feigl（1931）.
（7） Hall（1931）, p. 28.
（8） Isaacson（2007）, p. 374.
（9） HUB, Box 8, "Biographical Memoir."
（10） AIP, interview of Nicholas U. Mayall by Norriss S. Hetherington on June 3, 1976.
（11） HP, Hale to Harry Manley Godwin, January 15, 1931.
（12） HL, Walter Adams Papers, Supplement Box 4, Folder 4.87.
（13） 1918年、キャプラは化学工学理学士号を取得して、のちにカリフォルニア工科大学と改名されるトループ工科大学を

(30) HUB, Box 2, "The Law of Red-Shifts," George Darwin Lecture, May 8, 1953.
(31) AIP, interview of Nicholas U. Mayall by Bert Shapiro, February 13, 1977.
(32) Ibid. インタビューの筆記録中の「ジュース」という言葉は、メイヨールがインタビュー中に口にした卑猥な言葉を置き換えたものである。
(33) AIP, interview of Nicholas U. Mayall by Bert Shapiro, February 13, 1977.
(34) Ibid.
(35) AIP, interview of Nicholas U. Mayall, June 3, 1976.
(36) Sandage (2004), p. 284.
(37) アラン・サンデージは論文を数え上げ、重要でないものを差し引いた結果、1906年から1949年にかけてウィルソン山天文台コントリビューションに書かれた論文760篇のうち、わずか33篇だけが、銀河か宇宙に関するものであることを見出した。Sandage (2004), p. 481を参照のこと。
(38) Ibid., p.284.
(39) Hubble (1929a), p. 173.
(40) Hubble (1937), p. 15.
(41) HUB, Hubble to de Sitter, September 23, 1931.
(42) "Stranger Than Fiction." (1929), p. F4.
(43) Hubble (1929a), p. 168.
(44) Hubble (1936), p. 202.
(45) AIP, interview of Milton Humason by Bert Shapiro around 1965.
(46) De Sitter (1930), p. 169.
(47) HUB, Hubble to de Sitter, August 21, 1930.
(48) Hubble and Humason (1931), pp. 57-58.
(49) LWA, Hubble to Slipher, March 6, 1953.
(50) Hubble (1953), p. 658.
(51) Stratton (1933), p. 477.

第15章　計算は正しいが、物理的な見方は論外です

(1) "Report of the RAS Meeting in January 1930." (1930), p. 38.
(2) Ibid., p. 39.
(3) Kragh (2007), p. 139.
(4) Eisenstaedt (1993), p. 361. McVittie (1967), p. 295
(5) Smith (1982), p. 198.
(6) De Sitter (1930), p. 171.
(7) McCrea (1990), p. 204.
(8) HUA, Eddington to Shapley, May 3, 1924.
(9) Kragh (1987), pp. 118-19; Kragh (1990), p. 542.
(10) 他の理論家たちも同様に、ドジッターのモデルを非静的にする形でこれを検証し始めた。検証は理論家たちの間で活発に行なわれ、その中には、Kornelius Lanczos (1922)、Hermann Weyl (1923)、H. P. Robertson (1928) も含まれた。しかし、これらすべての変形版は、多分に学問的興味で出された数学的な解として扱われた。
(11) Friedmann (1922), p. 377.
(12) Ibid., p. 385.
(13) Einstein (1922). p. 326. 数か月後にアインシュタインは、自分が計算ミスをしたため否定的な意見を出したことがとわかった。彼はすぐ「フリードマン氏の結果は正しく、新たな光を投げかけた」と *Zeitschrift für Physik* に書いた。Einstein (1923), p. 228を参照のこと。
(14) AIP, interview of William McCrea by Robert Smith on September 22, 1978.
(15) Lemaître (1931a), p. 483.
(16) Ibid., p. 489. 銀河の重力場は、その外側の場より強いので、宇宙が膨張してい

1968.
(74) Christianson (1995), p. 231.
(75) AIP, interview of Olin Wilson by David DeVorkin on July 11, 1978.
(76) Hetherington (1990a), p. 23.
(77) HUB, Box 3, Folder 52.
(78) HL, Adams Papers, Adams to Merriam, August 15, 1935.
(79) Hetherington (1990a), p. 10; Sandage (2004), p. 215.
(80) AIP, interview of Nicholas U. Mayall, June 3, 1976.
(81) HL, Adams Papers, Adams to Merriam, August 15, 1935.
(82) HP, Seares to Hale, January 24, 1935. 歴史家Robert Smithは、この問題のやりとりを最初に突き止めて、この争いに光を当てた。Smith (1982), pp. 135-36を参照のこと。
(83) HL, Adams to Merriam, August 15, 1935.
(84) HL, Adams to Merriam, February 19, 1936.
(85) Christianson (1955), p. 225;
(86) Ibid., p. 61.
(87) ファン・マーネンの最初の草稿は、本質的には彼の結果を再度述べたものにすぎない。アダムズが当時介入し、いくつかの譲歩した語句を入れることを指示し、ファン・マーネンがそれを承認したことを示す確かな証拠はある。Brashear and Hetherington (1991), pp. 419-20.
(88) Hubble (1935).
(89) Van Maanen (1935).
(90) AIP, interviews of Nicholas U. Mayall, June 3, 1976 and February 13, 1977.

第14章 2.5メートル望遠鏡をうまく使っているね

(1) Eddington (1928), p. 166.
(2) LWA, Lampland to Slipher, July 8, 1928.
(3) LWA, Lampland to Slipher, August 8, 1928.
(4) Stratton (1929), p. 250.
(5) Hubble (1926).
(6) Humason (1927), p. 318.
(7) これは、HUB, Box 7, Grace's memoirにおいて述べられている。ミルトン・ヒューメーソンによる。
(8) HUA, Shapley to Russell, May 22, 1929.
(9) HUB, Box 7, Grace's memoir.
(10) Sandage (2004), p.527.
(11) ホテルは1905年に、ウィルソン山有料道路ホテル会社により建設された。もとの建物は1913年に焼失したが、すぐ再建され、1963年まで営業していた。Sandage (2004), p. 24.
(12) Sutton (1933b), p. 14.
(13) Sandage (2004), p. 185.
(14) Hubble (1929a).
(15) 実を言うと6番目の銀河の距離は直接には求められなかった。それは5個ある伴銀河の一つで、したがって同じ距離にあると推定された。
(16) Hubble (1929a), p. 171.
(17) Smith (1982), p. 183.
(18) HUA, Hubble to Shapley, May 15, 1929.
(19) Hetherington (1996), p. 126.
(20) Hubble (1929a), p. 170.
(21) AIP, interview of Milton Humason by Bert Shapiro, around 1965.
(22) Sutton (1933a), p. G12.
(23) Humason (1929), p. 167.
(24) AIP, interview of Milton Humason by Bert Shapiro, around 1965.
(25) Ibid.
(26) Humason (1929), p. 167.
(27) Smith (1982), p. 184.
(28) Shapley (1929), p. 565.
(29) Hubble and Humason (1931).

1924.
(26) シャプレーは間もなく“Beyond the Bounds of the Milky Way”（銀河系の範囲の向こう側）というタイトルの一般向け解説を出版した。HP, Shapley to Hale, April 2, 1925.
(27) LWA, Hubble to Slipher, December 20, 1924.
(28) *New York Times*, November 23, 1924, p. 6.
(29) Doig (1924), p. 99.
(30) Berendzen, Hart, and Seeley (1984), p. 134.
(31) HUB, Russell to Hubble, December 12, 1924.
(32) “Welfare of World Depends on Science, Coolidge Declares” (1925), p. 9.
(33) Hubble to Russell, Februarg 19, 1925 in Berendzen and Hoskin (1971), p. 11.
(34) Ibid.
(35) HUB, Stebbins to Hubble, February 16, 1925.
(36) Ibid.
(37) LOA, Curtis to Aitken, January 2, 1925.
(38) HUB, Box 9.
(39) Russell (1925), p. 103.
(40) Luyten (1926), p. 388.
(41) Berendzen, Hart, and Seeley (1984), p. 123.
(42) “Honor for Dr. Edwin P. Hubble.” (1925) , pp. 100-101.
(43) “Infinete and Infinitesimal” (1925), p. B4.
(44) HUB, Box 7, Grace's memoir. 1970 年代末、ハッブルの家は、アメリカ合衆国国家歴史遺産に認定された。Pasadena *Star-News*, April 5, 1977 を参照のこと。
(45) Blades (1930), p. J10.
(46) Duncan (1922).
(47) Ritchey (1910a). p. 32
(48) Shapley (1969), p. 58.
(49) Ibid., p. 80.
(50) この話は最初に、Smith (1982), p. 144 に書かれた。文書による証拠はないが、「それが本当かもしれないことをある程度示す」ものがあると判断したとスミスは書いている。アラン・サンデージは彼のウィルソン山天文台史の中でこの話を詳しく述べている。Sandage (2004), pp. 495-98.
(51) HUA, Shapley to Kellogg, June 10, 1920 and December 1, 1920.
(52) Shapley (1969), pp. 57-58.
(53) Louis Pasteur, Inaugural Lecture, University of Lillé, December 7, 1854.
(54) HUB, Box 28, Scrapbook.
(55) Ibid.
(56) Blades (1930), p. J10.
(57) “The Universe, Inc.” (1926), p. 133.
(58) “Crowd Jams Library for Hubble Talk.” (1927).
(59) Blakeslee (1930).
(60) HUB, 100-inch Logbook.
(61) HUB, Box 8, biographical memoir.
(62) Jeans (1929), p. 8.
(63) HUB, Box 10, Folder HUB 195.
(64) HUA, Shapley to Hubble, May 29, 1929.
(65) HUA, Hubble to Shapley, May 15, 1929.
(66) Hubble (1936), p. 18.
(67) Smith (1982), p. 151.
(68) HUA, van Maanen to Shapley, February 18, 1925.
(69) HUA, Shapley to van Maanen, March 8, 1925.
(70) HUA, Shapley to van Maanen, April 6, 1931.
(71) Sandage (2004), p. 528.
(72) Hale, Adams, and Seares (1931), p. 200.
(73) HUB, Box 16, remembrance by Grace Hubble to Michael Hoskin, March 7,

(38) LWA, Wright to Slipher, March 7, 1922.
(39) LWA, Hubble to Slipher, February 23, 1922.
(40) Sandage (2004), p. 525.
(41) HUA, Shapley to Hubble, August 3, 1923.
(42) Shapley (1923b), p. 2.
(43) "A Distant Universe of Stars." (1924), p. x.
(44) Shapley (1923a), p. 326
(45) Hubble (1925b), p. 412.
(46) Ibid., p. 410.
(47) Sandage (2004), p. 178.
(48) Mayall (1954), p. 80.
(49) HUB, Box 7, "Hubble: A Biographical Memoir."
(50) この食習慣は1955年まで続いた。サンデージはそれを "starvation rations"(飢餓的割り当て量)と呼んでいる。Sandage (2004), pp. 191-92.
(51) Christianson (1995), p. 123
(52) HUB, Box 7, Grace Hubble interview with Humason.
(53) Mayall (1954), p.80.
(54) HL, Adams Papers, Shapley to Adams, July 12, 1923.
(55) HUB, 100-inch Logbook.

第13章　空全体に無数の世界がちりばめられ

(1) HUB, Box 7, "Hubble: A Biographical Memoir."
(2) ハッブルのアンドロメダ星雲観測の詳細はすべて、HUB, 100-inch logbook より。
(3) HUB, Box 1, Hubble Addenda.
(4) HUA, Hubble to Shapley, February 19, 1924.
(5) Shapley (1914).
(6) Payne-Gaposchkin (1984), p. 209.
(7) HUA, Shapley to Hubble, February 27, 1924.
(8) HUB, Box 7, Grace's memoir.
(9) Osterbrock, Brashear, and Gwinn (1990), p. 14.
(10) HUB, Box 7, "Hubble: A Biographical Memoir."
(11) その後の年月、ハッブルはまるで、中西部の自分の家系が枯れてしまえばよいと思っているかのように家族から遠ざかった。酪農家の弟のビルは、エドウィンが思う存分夢を追えるように母の世話を引き受けた。Christiansen (1995), pp. 98-99, 166を参照のこと。
(12) Dunaway (1989), p.69.
(13) Ibid.
(14) グレースの小学校時代からの友人Susan Ertzによるコメント。HUB, Box 1, Folder 3.
(15) HUB, Box 7, "Hubble: A Biographical Memoir."
(16) Hubble (1925a).
(17) The Huntington Library in San Marino, California.
(18) AIP, interview of Nicholas U. Mayall by Bert Shapiro, February 13, 1977; interview of Martin Schwarzschild by Spencer Weart on June 3, 1977.
(19) AIP, interview of Jesse Greenstein by Paul Wright on July 31, 1974.
(20) LWA, Hubble to Slipher, July 14, 1924.
(21) LWA, Slipher to Hubble, August 8, 1924.
(22) HUB, Box 1, "Edwin Hubble and the Existence of External Galaxies" by Michael Hoskin.
(23) HUA, van Maanen to Shapley, March 14, 1924.
(24) HUA, Hubble to Shapley, August 25, 1924.
(25) HUA, Shapley to Hubble, September 5,

May 12, 1919.
(45) MWDF, Hale to Hubble, June 9, 1919.
(46) Osterbrock, Brashear, and Gwinn (1990) p. 11.
(47) MWDF, Hubble to Hale, August 22, 1919.
(48) Christianson (1995), p. 122

第12章 大発見の一歩手前か、あるいは大きなパラドックスか

(1) 気分が高揚し、休みなく活動し、創造的思考が鋭くなる時期と、鬱の発作の時期が入り混ざることが特徴の、ひどい躁鬱病にヘールは苦しんでいたのではないかと言われている。Sheehan and Osterbrock (2000) を参照のこと。
(2) Wright (1966), p. 17.
(3) Osterbrock (1993), p. 157.
(4) Wright (1966), pp. 252-53; Osterbrock (1993), p. 92.
(5) Wright (1966), p. 184.
(6) Ibid., p. 254.
(7) Wright (1966), p. 263. この期間中、エヴェリーナ・ヘールは、夫を心をこめて周囲から保護し、ヘールのいない間ウィルソン山天文台で実質的に台長として働いていた天文学者ウォルター・アダムズへの1910年12月24日付の手紙で、2.5メートルのガラス円盤などなくなってしまえばよいのにと書いた。その文面で彼女はアダムズに、ヘールが回復するまで悪いニュースはよこさないでほしいと懇願している。
(8) Sheehan and Osterbrock (2000), p. 105を参照のこと。
(9) Osterbrock (1993), p. 142
(10) MWDF, Adams to Hale, July 5 1917.
(11) Adams (1947), p. 301.
(12) Wright (1966), pp. 318-20.
(13) Noyes (1922), pp. 2-3
(14) HUA, Shapley to R. G. Aitken, October 14, 1918.
(15) Osterbrock (1993), pp. 144-45.
(16) Hale (1922), p. 33.
(17) HUB, Box 7, "Hubble: A Biographical Memoir."
(18) HUB, Box 29, Logbook; HUB, Box 7, "Hubble: A Biographical Memoir."
(19) Humason (1954), p. 291.
(20) HUB, Box 1, "The Exploration of Space" lecture.
(21) HUB, Box 29, Logbook.
(22) これは、Milton Humason. HUB, Box 7, "Hubble: A Biographical Memoir." による。
(23) HUB, Box 7, "Hubble: A Biographical Memoir."
(24) Seares and Hubble (1920).
(25) LWA, Hubble to Slipher, April 4, 1923.
(26) HUA, Russell to Shapley, September 17, 1920.
(27) LOA, Curtis Papers, Curtis to Campbell, January 26, 1922.
(28) AIP, interview with Nicholas U. Mayall, June 3, 1976.
(29) HUB, Box 7, Grace's memoir.
(30) AIP, interview of Halton Arp by Paul Wright, July 29, 1975
(31) CA, interview with Jesse L. Greenstein by Rachel Prud'homme, February 25, March 16 & 23, 1982.
(32) AIP, interview of Horace Babcock by Spencer Weart on July 25, 1977.
(33) Shapley (1969), p. 57.
(34) AIP, interview of Dorritt Hoffleit by David DeVorkin on August 4, 1979.
(35) Hubble (1920), p. 77.
(36) Hubble (1922), p. 166.
(37) LWA, Hubble to Slipher, February 23, 1922.

（89）LOA, Curtis to Campbell, April 16, 1920.
（90）AIP, interview with C. Donald Shane by Elizabeth Calciano in 1969.
（91）Osterbrock, Gustafson, and Unruh（1988）, p. 146.
（92）Stebbins（1950）, June 24.
（93）HUA, Curtis to Shapley, July 10, 1922.
（94）LOA, Curtis to Aitken, January 2, 1925.
（95）LOA, Curtis to Aitken, March 16, 1934.

第11章　アドニス

（1）HUB, Box 7, Grace's memoirs.
（2）HUB, Box 8, Anita Loos remembrance.
（3）これは一族の特徴だったかもしれない。ハッブルの父がある地位についていたことを家族が記録しているが、これはまったく事実ではなかったことが後からわかった。Christianson（1995）, p. 12 を参照のこと。
（4）AIP, interview of Nicholas U. Mayall by Bert Shapiro, February 13, 1977.
（5）HUB, Box 8, Helen Hubble memoir.
（6）Ibid.
（7）ハッブルの高校時代の成績などに関する事実は、HUB, Box 2.
（8）Christianson（1995）, p. 31.
（9）Ibid.,p. 40.
（10）HUB, Box 25, undergraduate course book.
（11）HUB, Box 1, Folder 23, pp. 1-2.
（12）HUB, Box 19, John Schommer to Grace Hubble, May 15, 1958.
（13）HUB, Box 25, "The Daily Maroon," January 26, 1910.
（14）HUB, Box 7, "University of Chicago, 1906-1910, 1914-1917," p. 3.
（15）Encyclopaedia Britannica（1911）.
（16）HUB, Box 15, Millikan to Edmund James, January 8, 1910.
（17）HUB, Box 25, "The Daily Maroon," January 26, 1910.
（18）Osterbrock, Brashear, and Gwinn（1990）, p. 4.
（19）Christianson（1995）, p. 64.
（20）Ibid., p. 67.
（21）HUB, Box 8, Grace's memoirs.
（22）Christianson（1995）, p. 86.
（23）HUB, Box 22A.
（24）HUB, Box 7, "Hubble: A Biographical Memoir." ハッブルは、1949年にやっと、カリフォルニア大学から名誉法学博士号を授与されている。
（25）Osterbrock, Brashear, and Gwinn（1990）, p.5.
（26）Frost（1933）, p. 217.
（27）Ibid., p. 205.
（28）Ibid., p. 207.
（29）Christianson（1995）, p. 95.
（30）Hubble（1920）, p. 75.
（31）Osterbrock, Brashear, and Gwinn（1990）, p. 7.
（32）Hubble（1920）, p. 69.
（33）HP, Hale to Adams, November 1, 1916.
（34）HP, Henry Gale to Adams, April 4, 1917.
（35）Osterbrock, Brashear, and Gwinn（1990）pp. 8-9.
（36）Christianson（1995）, p. 101.
（37）MWDF, Hubble to Hale, April 10, 1917.
（38）MWDF, Hale to Hubble, April 19, 1917.
（39）Osterbrock, Brashear, and Gwinn（1990）, p. 9.
（40）HUB, Box 7, Grace's memoir.
（41）HUB, Box 25, discharge certificate.
（42）Christianson（1995）, p. 109.
（43）Ibid., p. 110.
（44）MWDF, Box 159, Hubble to Hale,

17, 1917.

(60) HL, Walter Adams Papers, Adams to John C. Merriam, August 15, 1935.

(61) Hetherington (1990b), p. 26.

(62) LOA, Curtis Papers, Curtis to Campbell, July 11, 1922.

(63) Jeans (1917a), p. 60.

(64) Smith (1982), p. 40.

(65) Hetherington (1990b), p. 42.

(66) Smart (1924), p. 334.

(67) HUA, van Maanen to Shapley, May 23, 1921.

(68) HUA, Shapley to van Maanen, June 8 1921.

(69) HUA, Shapley to van Maanen, September 8, 1921.

(70) Van Maanen (1921), p. 1.

(71) Ibid., p. 5.

(72) Lundmark (1921), p. 324.

(73) Ibid., p. 326.

(74) 1922年、ルンドマルクがシャプレーの研究のいくつかを批判する論文を出版したあと、シャプレーはルンドマルクに以下のような角の立つ手紙を書いた。「もし、私たちのどちらかが……些細で不適切な点をとり上げることに労力を注いだら、得るものはほとんどないでしょう……球状星団の距離に関するあなたの大論文の中に欠点や結論を急いだ部分を、どれほどたくさん私やあなたが見つけられるか考えてみて下さい」。HUA, Shapley to Lundmark, July 15, 1922. ルンドマルクはシャプレーの言葉にひどく動揺し、他の人々が彼自身の発見を詳細に検討し始めないようにと、ファン・マーネンの研究に対する批判をしばらくやめた。HUA, van Maanen to Shapley, October 21, 1922. 1920年代初期のウィルソン山滞在中、ファン・マーネンの写真板を再測定する機会があったルンドマルクは、ファン・マーネンが渦巻き星雲中に本当に運動を探知したとしばらくの間信じて、島宇宙理論を「望み薄」と思うようになった、と Robert Smith は指摘している。しかし、さらに研究を進めたルンドマルクは、1924年までに自分が間違っていたことを悟り、島宇宙理論陣営に戻った。Smith (1982), p. 108 を参照のこと。

(75) Slipher (1921), p. 6.

(76) Öpik (1922), p. 410.

(77) HP, Russell to Hale, June 13, 1920.

(78) DeVorkin (2000), p. 169.

(79) HUA, Julian L. Coolidge to Shapley, November 24, 1920.

(80) HUA, Shapley to A. Lawrence Lowell, December 10, 1920.

(81) ジョージ・ヘールは、ハーヴァードの学長のローレンス・ローウェルへの手紙でこのことを最初に示した。「シャプレー博士には、この間あなたが数年間として提示したポストを1年間与えてみるとよいでしょう。そうすれば、彼の科学的、個人的資質をテストすることができ、望ましい結果が得られれば台長に指名することができます……もし、あなたがこの計画をやってみるなら、彼に1年間休暇を与えます」。HP, Hale to Lowell, December 11, 1920. シャプレーがハーヴァード台長への指名を獲得しようと奮闘した舞台裏工作の詳細はすべて、Gingerich (1988) に書かれている。

(82) Hoagland (1965), p. 429.

(83) Payne-Gaposchkin (1984), p. 155.

(84) AIP, interview with Helen Sawyer Hogg by David DeVorkin on August 17, 1979.

(85) AIP, interview of Harry Plaskett by David DeVorkin on March 29, 1978.

(86) AIP, interview of Leo Goldberg by Spencer Weart on May 16, 1978.

(87) AIP, interview with Jesse Greenstein by Paul Wright on July 31, 1974.

(88) HL, Walter Adams Papers, Shapley to Gianetti, July 29, 1921.

(20) NAS, Program of Scientific Sessions, Annual Meeting, April 26, 27, 28, 1920.
(21) "Scientists Gather for 1920 Conclave" (1920), p. 38
(22) Bok (1978), p. 250.
(23) Shapley (1969), p. 78.
(24) NAS, Academy press release, "America's Academicians Meet in Washington," April 19, 1920.
(25) これに続くシャプレーの講演は、HUA, Shapley Papers, "Debate MS." からの引用である。
(26) Shapley (1918d), p. 43.
(27) HUA, Curtis to Shapley, June 13, 1920.
(28) 主要な点のほとんどは、Hoskin (1976a), pp. 178-81 で議論されている。
(29) HUA, Shapley to Russell, March 31, 1920.
(30) Fernie (1995), p. 412.
(31) Hoskin (1976a), p. 174.
(32) Ibid. シャプレーは話術がうまくないというこの噂話はいくつかの証拠がある。ハーヴァードにいたころ、シャプレーは昔の上司のジョージ・ヘールに手紙を書き、自分が一連の講義を計画していると言っている。「私には、一般の人々を楽しませるこつが多少あることがわかりました (少し経験を積めばそうなるかどうかは疑問ですが)。ご承知のとおり、そんなにいかめしくなく、熱意を持ち、確信を強めていけばよいのです」。HL, Walter Adams Papers, Shapley to Hale, October 3, 1921.
(33) HUA, G. R. Agassiz to Lowell, April 28, 1920.
(34) HUA, Curtis to Shapley, June 13, 1920.
(35) HUA, Curtis to Shapley, June 13, 1920.
(36) HUA, Curtis to Shapley, August 2, 1920.
(37) HUA, Shapley to Curtis, July 27, 1920.
(38) Ibid.
(39) HUA, Curtis to Shapley, September 8, 1920.
(40) Shapley and Curtis (1921), p. 192.
(41) HUA, Shapley to Russell, September 30, 1920.
(42) Shapley and Curtis (1921), p. 214
(43) Berendzen and Shamieh (1973), p. 582 and Seares (1946).
(44) Sandage (2004), p. 127 and van Maanen (1944).
(45) Trimble (1995), p. 1138.
(46) AIP, interview of Nicholas U. Mayall, June 3, 1976.
(47) Shapley (1969), p. 56.
(48) Sandage (2004), p. 129.
(49) HUA, Shapley to G. Monk, January 28, 1918.
(50) Hetherington (1990b), p. 30.
(51) Ibid., pp. 31-33.
(52) HP, van Maanen to Hale, May 2, 1916; Hale to Chamberlin, December 28, 1915.
(53) Hetherington (1990b), p. 35.
(54) Van Maanen (1916), pp. 219-20. マサチューセッツ州ウェルズリー・カレッジ天文台の台長に指名されたばかりのジョン・ダンカンは、天文台訪問のため 1916 年夏に西部を長期間旅行した。そこで彼は、新しい 2.5 メートル主鏡に初めて銀メッキするのを手伝い、スライファーに手紙を書いた。そこには「熱意あふれるオランダ人のファン・マーネンは、M101 について、数年間を経て撮られた何枚かの写真をブリンク〔コンパレーター〕で測定し、渦巻きの腕に沿って運動している確かな証拠と思われるものを得た」と書かれている。LWA, Duncan to Slipher, July 14, 1916.
(55) Shapley (1919e), p. 266.
(56) Hetherington (1990b), p. 37.
(57) HP, Chamberlain to Hale, January 31, 1916.
(58) Hetherington (1974b), pp. 52-53.
(59) HP, van Maanen to Hale, December

(18) Kerszberg (1989), pp. 99, 172.
(19) De Sitter (1917), p. 26.
(20) Ibid., p. 27.
(21) Eddington (1933), p. 46.
(22) Kahn and Kahn (1975), p. 453.
(23) De Sitter (1917), p.28
(24) Smith (1982), p. 173.
(25) Einstein (1911).
(26) Dyson (1917), p. 447.
(27) Douglas (1957), p.40
(28) Eddington (1920), p. 115.
(29) Douglas (1957), p. 40.
(30) Ibid., p. 44.
(31) Dyson, Eddington, and Davidson (1920) を参照のこと。
(32) *New York Times*, November 10, 1919, p. 17.
(33) Eddington (1920), p.116
(34) Douglas (1957), p. 44.
(35) LOA, Curtis Papers, Curtis to Campbell, May 11, 1921.
(36) Ibid.
(37) HUA, Shapley to Russell, May 4, 1925.
(38) HUA, Russell to Shapley, May 21, 1925.

第10章 激論の応酬

(1) 1995年、この75周年記念のために書かれたこの論争の概説でこれらの興味深い事実を指摘していただいたことについては、Virginia Trimble に感謝する。Trimble (1995) また、Streissguth (2001), p. 42を参照のこと。
(2) De Sitter (1932), p. 86.
(3) NAS, Abbot to Hale, January 3, 1920.
(4) HP, Abbot to Hale, January 20, 1920.
(5) Hoskin (1976a), p. 169; Smith (1983), p. 28; NAS, Abbot to Hale, January 3, 1920.
(6) Struve (1960), p. 398.
(7) HUA, Shapley to Russell, February 12, 1919.
(8) 副台長のウォルター・アダムズとうまくいかなかったシャプレーは、ウィルソン山にしだいにいづらくなってきた。シャプレーの銀河系モデルが最初に出された時、アダムズは、彼が結論を急ぎすぎたことに疑問を呈し、そのモデルを強く批判した。シャプレーはアダムズの否定を「専門家のねたみ」と非難した。HUA, Director's Correspondence, Seth Nicholson to Shapley, November 6, 1921を参照のこと。
(9) この討論でシャプレーを指名したハーヴァード大学の果たした役割は、イギリスの歴史家 Michael Hoskin が最初に取り上げたものである。Hoskin 以前の大論争の歴史的解釈は、この論争の出版物のみに基づいていた。Hoskin は、この講演と背景の両方に関する文書を世に紹介した最初の人である。Hoskin (1976a) を参照のこと。
(10) HUA, Curtis to Shapley, February 26, 1920.
(11) Ibid.
(12) HUA, Shapley to Russell, March 31, 1920.
(13) HP, Shapley to Hale, February 19, 1920.
(14) HUA, Shapley to Abbot, March 12, 1920.
(15) HP, Curtis to Hale, March 9, 1920.
(16) HUA, Abbot to Shapley, March 18 1920.
(17) HUA, Shapley Papers, Hale to Curtis, March 3, 1920.
(18) LOA, Curtis Papers, Curtis to Campbell, April 8, 1920.
(19) AIP, interview of Harlow Shapley by Charles Weiner and Helen Wright on August 8, 1966.

なくてはならない。
(68) HUA, Shapley to Eddington, January 8, 1918.
(69) Ibid.
(70) HUA, Eddington to Shapley, February 25, 1918.
(71) HP, Shapley to Hale, January 19, 1918.
(72) Ibid.
(73) Shapley (1920), p. 100.
(74) HUA, Shapley to MacPherson, May 6, 1919.
(75) HP, Shapley to Hale, January 19, 1918.
(76) Shapley (1969), pp. 59-60.
(77) HUA, Eddington to Shapley, October 24, 1918.
(78) Russell (1918), p. 412.
(79) HUA, Jeans to Shapley, April 6, 1919.
(80) Baade (1963), p. 9.
(81) "Universe Multiplied a Thousand Times by Harvard Astronomer's Calculations." *New York Times*, May 31, 1921, p.1.
(82) Ibid.
(83) 2週間後、シャプレーはヘンリー・ノリス・ラッセルに手紙を書き、こう言った。『タイム』誌のインタビューの記事は実際には「うそっぱちで……明らかに、ヘール講演([大論争])に関する昨年のニュースを焼き直したものです。私が東部に移り、彼らはちょうどそのことを聞いたので、前の話を蒸し返したのです」。HUA, Shapley to Russell, June 16, 1921.
(84) *Chicago Daily Tribune*, May 31, 1921, p. 1
(85) HP, Hale to Shapley, March 14, 1918.
(86) Hetherington (1990b), p. 28.
(87) カプタインの1920年のモデルで、銀河系全体の寸法は、公式には直径6万光年、厚さ7800光年だが、遠い領域では恒星の分布はきわめてまばらで、境界を厳密に定めることは困難としている。Paul (1993), p. 155を参照のこと。多くの文献では、直径3万光年という数字を引用している。
(88) Smith (1982), p. 69.
(89) Gingerich (2000), p. 201.
(90) Sandage (2004), p. 288.
(91) AIP, interview of Harry Plaskett by David DeVorkin on March 29, 1978.
(92) Smith (1982), p. 124
(93) MWDF, Adams to Hale, December 10, 1917.
(94) Whitney (1971), p. 218.
(95) Smith (1982), p. 157
(96) Shapley (1918d), p. 53.
(97) MacPherson (1919), p. 334.

第9章　確かに彼は、四次元世界の人のようだ！

(1) Schilpp (1949), p. 53.
(2) Fölsing (1997), p. 46.
(3) Schilpp (1949), p. 31.
(4) Pais (1982), p. 216.
(5) Hoffmann (1972), p. 125.
(6) Ciufolini and Wheeler (1995), p.13
(7) Isaacson (2007), p. 196.
(8) Douglas (1957), p. 39.
(9) Ibid., p. 118.
(10) Ibid., p. 115.
(11) AIP, interview of Hermann Bondi by David DeVorkin on March 20, 1978.
(12) Douglas (1957), p. 92.
(13) 実際には、アインシュタインは一般相対性理論に関する1916年秋のドジッターとの議論の後にこの研究を行なうよう促されている。Kragh (2007), p. 131.
(14) Einstein (1917).
(15) Kahn and Kahn (1975), p. 452.
(16) Isaacson (2007), p. 252.
(17) Lorentz, Einstein, Minkowski, and Weyl (1923), p. 188.

と示唆されている。

（34）HUA, Shapley to Pickering, September 24, 1917.

（35）特に視差測定を目的に設計された宇宙望遠鏡では、もっと遠い距離まで測れる。

（36）Hertzsprung（1914）, p. 204. 1914年にドイツの雑誌 ***Astronomische Nachrichten*** で最初出版された時、ヘルツシュプルングの概算値は3000光年という小さい数字になっており、このため発見の衝撃は弱まった。これは、ヘルツシュプルングの計算の不手際だった。約3万光年（1万パーセク）とするつもりだったことが、ウォルター・アダムズかジョージ・ヘールかのどちらかによる無記名の注として出版物中に見つかっており、そこには、マゼラン雲の距離が「これまで言及される機会があった中では最大の距離である1万パーセクになる」ことを、ヘルツシュプルングが「独創的な論法」によって発見したと書かれている。しかし間違いのまま出版されたので、それにより、銀河系の境界の外に他の銀河が存在するという認識を遅らせたかもしれない。CA, Hale Papers, Box 2, Hale/Adams correspondence. また、Sandage（2004）, p.361を参照のこと。

（37）Fernie（1969）, p. 708.

（38）Smith（1982）, p. 72.

（39）Russell（1913）.

（40）Smith（1982）, p. 72.

（41）Shapley（1918a）, p. 108.

（42）シャプレーは計画の後期にもずっと関わっていた。「何百もの［小マゼラン雲中の変光星の］多くはもっと暗いことに私は気づいていました。リーヴィット女史は、それらの方が周期が短いことを知っているでしょうか……ご存じのように、周期と光度との関係のためこれは非常に重要なことです」と1917年に彼はピッカリングに手紙を書いている（HUA, Shapley to Pickering, August 27, 1917）。リーヴィットは当時、休暇を延長していたため不在で、すぐに返事ができなかった。

（43）HUA, Russell to Shapley, November 26, 1920.

（44）Shapley（1914）, p. 449.

（45）Sandage（2004）, p. 303.

（46）Bailey（1919）, p. 250.

（47）Shapley（1918b）, p. 156.

（48）Gingerich（1975）, p. 346.

（49）HUA, Shapley to Russell, July 22, 1918.

（50）Sandage（2004）, pp. 181, 195.

（51）HUA, Shapley to Oliver D. Kellogg, December 31, 1918.

（52）Shapley（1969）, p. 66.

（53）たとえば、H. Shapley（1924）, pp. 436-39を参照のこと。

（54）HUA, Shapley to Russell, September 3, 1917.

（55）Smith（2006）, p. 319.

（56）HUA, Shapley to Russell, October 31, 1917.

（57）Shapley（1917b）, p. 216.

（58）Slipher（1917a）, p. 62.

（59）HUA, Shapley to Russell, September 3, 1917.

（60）HUA, Russell to Shapley, November 8, 1917.

（61）Payne-Gaposchkin（1984）, p. 177.

（62）Shapley（1918a）, p. 92.

（63）Shapley（1918b）, p. 168.

（64）Melotte（1915）, p.168.

（65）Shapley（1919d）, p. 313.

（66）Bohlin, K. *Kungliga Svenska Vetenskapsakademiens handlingar* 43:10（1909）.

（67）それ以前に、シャプレーは自分の結果をもっと小さい出版物で概説していたが、詳細のすべては『アストロフィジカル・ジャーナル』とウィルソン山天文台の出版物に書かれたことには触れておか

(31) Adams (1947) , p. 223.
(32) Wright, Warnow and Weiner (1972), p. 273.
(33) AIP, interview of Allan Sandage by Spencer Weart on May 22 and 23, 1978.
(34) HL, Walter Adams Papers, Box 1, Folder 1.15, "Autobiographical Notes."
(35) Shapley (1969), pp. 44-45.

第８章　太陽系は中心から外れ、人類もまた結果的にそうなった

(1) HUA, Shapley to Russell, May 20, 1914.
(2) HUA, Hale to A. Lawrence Lowell, March 29, 1920.
(3) Shapley (1969), p. 11.
(4) Ibid., p. 5.
(5) 1963年5月3日、ミズーリ州カーシッジの町は、最も有名な町民であるシャプレー［当時77歳］を称え「ハーロー・シャプレーの日」を祝った。30台の山車、14の音楽隊がパレードを行ない、57年前にシャプレーの入学を拒絶した高校は名誉学士号を彼に与えた。Hoagland (1965), pp. 424-25を参照のこと。
(6) Shapley (1969), p. 17. マーサ・シャプレーは夫の死後の回想の中で、「列記されている中の考古学と天文学の話はシャプレーの冗談だ」と言っている。HUA, Martha Shapley's Notes on His [Shapley's] Life.
(7) Shapley (1969),pp. 17-21.
(8) DeVorkin (2000), p. 104.
(9) Ibid.
(10) Shapley (1969), p. 25
(11) HL, Seares Papers, Shapley to Seares, December 26, 1912.
(12) Shapley (1969)., p. 31.
(13) DeVorkin (2000), p. 105.
(14) HL, Seares Papers, Seares to Shapley, April 27, 1912.
(15) HUA, Hale to Shapley, November 7, 1912.
(16) Shapley (1969), p. 49.
(17) Hoge (2005), p. 4.
(18) Shapley (1969), p. 51.
(19) Adams (1947), p. 294.
(20) Payne-Gaposchkin (1984), p. 155.
(21) Ibid., p. 156.
(22) Sutton (1933b).
(23) HUA, Shapley to George Monk, January 28, 1918.
(24) Shapley (1969), p. 41.
(25) 周期 - 光度関係について、この法則をヘンリエッタ・リーヴィットが最初に示唆する6年前、ベイリーが、銀河系で最大の球状星団オメガ・ケンタウリ中に、その概略的関係を認めるに十分な数のセファイド変光星を発見していると、歴史家Horace Smithは言っている。しかし、ベイリーは、データの解釈よりも収集に力を注いだため、その関係を把握しなかった。Smith (2000), pp. 190-91を参照のこと。
(26) Shapley (1969), p. 90.
(27) HUA, Shapley to S. I. Bailey, January 30, 1917.
(28) HUA, Bailey to Shapley, February 15, 1917.
(29) Smith (2000), pp. 194-95
(30) DeVorkin (2000) を参照のこと。
(31) ドイツの天文学者Johann Abraham Ihleは、最初の球状星団を1665年に発見し、これは後に、そのとき土星を観測中だったシャルル・メシエによりM22と名づけられた。この星団はいて座の中にある。
(32) Shapley (1915a), p. 213.
(33) 最近の証拠によれば、典型的な球状星団とされてきたオメガ・ケンタウリは、本当は球状星団ではなく、最も外側の恒星を剥ぎ取られている矮銀河ではないか

著作 *Book of Fixed Stars*（『恒星』）で「アルバクル」と命名された。ペルシャ北部では見えないが、それよりずっと南の中東バブエルマンデブ海峡付近の人々なら見ることができる。

(2) Nowell（1962), p. 127.

(3) Pickering（1898), p. 4.

(4) Jones and Boyd（1971), pp. 388-90.

(5) Ibid., p. 390.

(6) Johnson（2005), pp. 25-26. リーヴィットの生涯の個人的な事柄の詳細の多くは、George Johnson によるヘンリエッタ・リーヴィットに関する今日まで最も包括的で優れた伝記に拠っている。

(7) Bailey（1922), p. 197.

(8) Johnson（2005), pp. 31-32.

(9) Ibid., p. 37.

(10) イギリスの天文学者ジョン・グッドリックは、1784 年にケフェウス座デルタ星の明るさの変化に最初に気づいた。天文学に非凡な才能を持つ（そしてリーヴィットと同じように聴覚障害者だった）彼は、食連星の研究で 19 歳の時、王立天文学会の名誉あるコプリー・メダルを受賞した。その 3 年後に肺炎で死亡した。

(11) Leavitt（1908), p. 107.

(12) Ibid.

(13) Leavitt and Pickering（1912), p. 1.

(14) Rubin（2005), p. 1817.

(15) Payne-Gaposchkin（1984), p. 149.

(16) Leavitt and Pickering（1912), p. 3.

(17) Johnson（2005), p. 31.

(18) Jones and Boyd（1971), p. 369.

(19) Johnson（2005), pp. 56-57.

(20) Payne-Gaposchkin（1948), p. 146.

(21) HUA, Shapley to Leavitt, May 22, 1920.

(22) HUA, Shapley to Frederick Seares, December 13, 1921.

(23) Johnson（2005), p. 118.

第７章　帝国の建設者

(1) Smith（1982), pp. 58-60.

(2) Wright（1966), p. 14.

(3) Rubin（2005), p. 1817.

(4) Hale（1898), p. 651.

(5) Wright（1966), p. 59.

(6) Ibid., p. 71.

(7) Ibid., p. 92.

(8) Ibid., pp. 96-98.

(9) Jones and Boyd（1971), p. 429.

(10) Dreiser and Booth（1916), p. 172.

(11) Osterbrock（1984), p. 185.

(12) Keeler（1897), p. 749.

(13) Ritchey（1897).

(14) Osterbrock（1993), pp. 33-37.

(15) Sandage（2004), pp. 96-97.

(16) HP, Keeler to Hale, February 5, 1899.

(17) ウィルソン山頂は、1850 年代に、この山の近くに果樹園とワイン醸造所を持ち、先住民以外で最初に山を探検した Benjamin Davis Wilson にちなんで名づけられた。ウィルソンはアメリカ陸軍大将 George S. Patton, Jr. の祖父である。

(18) Osterbrock（1984), p. 350.

(19) Wright（1966), p. 165.

(20) Ibid., p. 159.

(21) Ibid.

(22) Hetherington（1996), p. 104.

(23) Wright（1966), pp. 187-88.

(24) Osterbrock（1993), p. 74.

(25) Wright（1966), p. 198.

(26) Adams（1947), p. 223.

(27) Ibid., p. 218.

(28) Sandage（2004), pp. 165-67.

(29) Wright（1966), p. 228.

(30) Sheehan and Osterbrock（2000), p. 101.

Box 4, Folder 4-9.

(45) LWA, Slipher to Fath, January 18, 1913.

(46) Fath (1908), p. 75.

(47) I. D. Karachentsev and O. G. Kashibadze. (2006), p. 7 を参照のこと。

(48) LWA, Slipher to Lowell, February 3, 1913.

(49) Slipher (1913).

(50) LWA, Miller to Slipher, June 9, 1913.

(51) LWA, Wolf to Slipher, February 21, 1913.

(52) LWA, Frost to Slipher, October 23, 1913.

(53) LWA, Campbell to Slipher, April 9, 1913.

(54) LWA, Wright to Slipher, August 19, 1914.

(55) LWA, Lowell to Slipher, February 8, 1913.

(56) LWA, Slipher Papers, Hoyt-V. M. Box, Report F4 titled "Spectrographic Observations of Nebulae and Star Clusters."

(57) Slipher (1913), p. 57.

(58) LWA, Slipher Working Papers, Box 4, Folder 4-4.

(59) Ibid.

(60) LWA, Slipher to Miller, May 16, 1913.

(61) LWA, Slipher to J. C. Duncan, December 29, 1912.

(62) LWA, Slipher to E. Hertzsprung, May 8, 1914.

(63) LWA, Slipher to Miller, May 16, 1913.

(64) Hall (1970a), p. 85.

(65) Slipher (1917b), p. 404.

(66) LWA, Slipher to Lowell, May 4, 1913.

(67) LWA, Slipher to Lowell, May 16, 1913.

(68) LWA, Hertzsprung to Slipher, March 14, 1914.

(69) LWA, Slipher to Hertzsprung, May 8, 1914.

(70) Strauss (2001), p. 244.

(71) AIP, interview of Henry Giclas by Robert Smith on August 12, 1987.

(72) Popular Astronomy 23 (1915), pp. 21-24.

(73) Ibid., p. 23.

(74) Smith (1982), p. 19.

(75) LWA, Campbell to Slipher, November 2, 1914.

(76) LWA, Slipher to Edwin Frost, October 22, 1914.

(77) LWA, Slipher Working Papers, Box 4, Folder 4-16.

(78) Slipher (1917b), p. 409.

(79) Ibid., p. 407.

(80) Sandage (2004), p. 499.

(81) Wirtz (1922).

(82) 渦巻き星雲の赤方偏移の研究で、*K* 項は 1916 年、リック天文台の天文学者 George Paddock により使われるようになったが、彼は、観測数が十分あればこの修正は必要なくなると考えていた。Wirtz のような他の人々がこの慣行をすぐ採用した。Paddock (1916) を参照のこと。*K* 項は、実際には恒星天文学者たちが最初に使用した。太陽運動の値——その速度と銀河の中を動く方向——は、測定に使われるある特定の恒星や星雲次第で変化しうることを天文学者たちは気づきはじめていた。それらを一致させるため、天文学者たちは *K* という補正項を導入したのである。1960 年代には測定が改善し、恒星に対するこの「K 効果」は天文学の文献から静かに姿を消した。

第 6 章　それは注目に値する

(1) 大マゼラン雲は、ペルシャの著名な天文学者 Al-Sûfi が 964 年に執筆したその

(7) Strauss (2001), p. 5.
(8) Hoyt (1996), pp. 123-24.
(9) Hoyt (1996), p. 112.
(10) Hall (1970b), p. 162.
(11) LWA, Lowell to W. A. Cogshall, July 7, 1901.
(12) Smith (1994), pp. 45-48.
(13) LWA, Lowell to Slipher, December 18, 1901.
(14) Hall (1970b), p. 161.
(15) AIP, interview of Henry Giclas by Robert Smith on August 12, 1987.
(16) LWA, Lowell to Slipher, January 11, 1902.
(17) LWA, Lowell to Slipher, January 24, 1902.
(18) LWA, Lowell to Slipher, January 4, 1903.
(19) LWA, Lowell to Slipher, October 7, 12, and 21, 1901.
(20) LWA, Lowell to Slipher, December 27, 1901.
(21) LWA, Lowell to Slipher, May 26, 1902.
(22) LWA, Lowell to Slipher, July 7, 1902.
(23) Hoyt (1996), pp. 129-45.
(24) 1960年代になり、天文学者たちは火星大気の水蒸気が地球大気のそれの1000分の1以下の量であることを見出した。これは、1900年代初期にスライファーが彼の機器で測定可能な値よりはるかに少ないものであった。
(25) Smith (1994), p. 52.
(26) LWA, Lowell to Slipher, February 8, 1909.
(27) LWA, Slipher to Lowell, February 26, 1909.
(28) この論文は、Campbell (1908) によるもので、pp.560-62である。当時、リック天文台で学位論文を執筆中だった大学院生John C. Duncanによると、リックの二人の天文学者が「ローウェルではその場所に見えなかったいくつかの恒星の位置を突きとめたので……そこから私は、キャンベルはさまざまな雑誌にひとしきり“花火を打ち上げる”用意をしていることが推測できた。そこには、たぶん、科学的議論の好きな人にとっての楽しみがたくさんあるだろう」ということだった (LWA, Duncan to Slipher, September 13, 1908)。天文台どうしで時おりあったこれらの争いにもかかわらず、キャンベルとスライファーは、いつも親密に連絡をとりあい、頻繁に議論できる素養があった。
(29) Lowell (1905), pp.391-92.
(30) LWA, Slipher to Miller, October 18, 1908.
(31) LWA, Slipher to Lowell, December 3, 1910.
(32) Smith (1994), p. 54.
(33) LWA, Slipher to Lowell, September 26, 1912.
(34) LWA, Spectrogram Record Book Ⅱ, September 24, 1912, to July 28, 1913, pp. 34-37.
(35) Ibid., pp. 61-62.
(36) Hall (1970a), p. 85.
(37) LWA, Slipher to Lowell, December 19, 1912.
(38) LWA, Lowell to Slipher, December 24, 1912.
(39) LWA, Slipher to Lowell, December 19, 1912.
(40) LWA, Douglass to Lowell, January 14, 1895.
(41) LWA, Spectrogram Record Book II, September 24, 1912, to July 28, 1913, pp. 69-70.
(42) LWA, Slipher to Lowell, January 2, 1913.
(43) Slipher (1917b), p. 405.
(44) LWA, V. M. Slipher Working Papers,

(10) Perrine (1904) を参照のこと。
(11) Stebbins (1950), p. 3.
(12) Aitken (1943), p.276.
(13) LOA, Curtis to Keeler, March 24, 1900.
(14) LOA, Curtis to Campbell, April 11, 1900.
(15) Osterbrock (1984), p. 342.
(16) LOA, Curtis to Campbell, June 9, 1902; AIP interview of Douglas Aitken by David DeVorkin on July 23, 1977.
(17) Stebbins (1950), p. 2.
(18) Campbell (1971), pp. 62-64.
(19) AIP, interview of Douglas Aitken by David DeVorkin on July 23, 1977.
(20) LOA, Curtis to Richard Tucker, March 23, 1909.
(21) LOA, Curtis Papers, Folder 1, Halley report.
(22) Curtis (1912).
(23) LOA, Curtis Papers, "Report of Work from July 1, 1912, to July 1, 1913."
(24) Ibid.
(25) Curtis (1912).
(26) MWDF, Box 153, Curtis to Walter Adams, May 27, 1913.
(27) AIP, interview of Mary Lea Shane by Charles Weiner on July 15, 1967.
(28) これは、リック天文台ではよく耳にする有名な話で、著者はリック天文台の天文学者 Tony Misch から聞いた。
(29) Ritchey (1910b), p. 624.
(30) Curtis (1915), pp. 11-12.
(31) Curtis (1913), p. 43.
(32) LOA, Curtis Papers, Folder 1, "Edge-wise or Greatly Elongated Spirals."
(33) Curtis (1918b), p. 49.
(34) Roscoe Sanford は、リック天文台での博士課程の研究で、これまで天の川の中に隠れていた暗い渦巻き星雲を見出せるのではないかと期待し、長時間露光で天の川の範囲を探索した。しかし、何も見つからなかった。Sanford (1916-18) を参照のこと。
(35) Curtis (1918b), p. 51.
(36) Curtis (1918a), p. 12.
(37) Ritchey (1917).
(38) Curtis (1917c), p. 108.
(39) Ibid.
(40) Curtis (1917b), p. 182.
(41) HUA, Harlow Shapley to Henry Norris Russell, September 3, 1917, HUG 4773.10, Box 23C.
(42) AIP, interview of C. Donald Shane by Helen Wright on July 11 1967.
(43) LOA, Newspaper Cuttings, Volume 9, 1905-1928, "Three New Stars Are Seen at Lick."
(44) カーティスはそれほど的はずれではなかった。彼が最初に見つけた新星が現われた NGC4527 は、今日では地球から約 3000 万光年の距離にあると概算されている。
(45) Curtis (1918a), p. 13.
(46) Ibid., pp. 12-14.
(47) LOA, Curtis Papers, Folder 3, 1919-20, Curtis to Campbell, February 6, 1919.
(48) Curtis (1919), pp. 217-18.
(49) LOA, Curtis Papers, Folder 3, 1919-20, Lecture on "Modern Theories of the Spiral Nebulae."
(50) LOA, Curtis papers, Folder 2, Curtis to Campbell, December 8, 1918.
(51) Crommelin (1917), p. 376.

第５章　カボチャを頼みましたよ

(1) Herschel (1784a), p. 273.
(2) Pannekoek (1989), p. 378.
(3) "Mars" (1907), p 1.
(4) Strauss (2001), p. 3.
(5) Lowell (1935), p. 5.
(6) Hoyt (1996), p. 15.

ていたのである（Robert Smith による2008年5月5日の個人的書簡より）。
(30) Hetherington (1990b), p. 16.
(31) "Report of the Council to the Forty-Ninth General Meeting of the Society." *Monthly Notices of the Royal Astronomical Society* 29 (February 1869) : 124.
(32) パーソンズ一家は工学技術に秀でた家系だった。1884年、ロスの息子のチャールズは、蒸気の力を直接電気に換えることのできる最初の蒸気タービンを発明し、この方法は世界中の発電所で採用された。
(33) Singh (2005), p. 181.
(34) *Proceedings of the Royal Irish Academy* 2 (1844): 8.
(35) Clerke (1886), p. 151.
(36) Ball (1895), p. 193.
(37) Proctor (1872), p. 64.
(38) "Report of the Council," p. 129.
(39) Rosse (1850), p. 504.
(40) MacPherson (1916), p. 132.
(41) Nichol (1840), p. 10.
(42) Nichol (1846), pp. 17, 36-37.
(43) 1831年、イギリスの地質学者チャールズ・ライエルは、海の軟体動物の化石をもとに、地球の年齢として2億4000万年という数字に到達したが、それは大きな議論を巻き起こした。1836年、チャールズ・ダーウィンは、ライエルの *Principles of Geology*（『地質学原理』）をビーグル号で有名な航海の際にも携えていき、それは彼の進化理論の発展に大きな影響を与えた。
(44) Proctor (1872), pp. 64-67.
(45) Keeler (1897), pp. 746, 749.
(46) Huggins (1897), p. 911.
(47) Whiting (1915), p. 1.
(48) Huggins (1897), pp. 916-17.
(49) Turner (1911), p. 351.
(50) Huggins and Huggins (1889), p. 60.
(51) Young (1891), p. 509.
(52) Ibid., p. 512.
(53) Maunder (1885), p. 321.
(54) Clerke (1902), p. 403.
(55) Frost (1933), p. 45.
(56) LOA, Chamberlin to Keeler, January 30, 1900.
(57) Clerke (1890), pp. 368, 373.
(58) Scheiner (1899), p. 150.
(59) Fath (1908).
(60) Ibid., p. 76.
(61) Osterbrock, Gustafson, and Unruh (1988), p. 188.
(62) Fath (1908), p. 77.

第4章　荒くれ者の西部での天文学の進歩

(1) AIP, interview of Mary Lea Shane by Charles Weiner on 15 July 1967; interview of Charles Donald Shane by Bert Shapiro on February 11, 1977.
(2) LOA, Curtis papers, unsigned letter to Curtis, August 9, 1905.
(3) AIP, interview of Mary Lea Shane by Charles Weiner on July 15, 1967.
(4) Trimble (1995), p. 1138.
(5) Very (1911) と Wolf (1912) を参照のこと。
(6) Douglas (1957), pp. 26-27.
(7) Campbell (1917), p. 534.
(8) チャールズ・ペリンはキーラーの死後クロスリー望遠鏡を引き継ぎ、その架台、駆動装置、ギア、主鏡に重要な改良をいくつか施した。星雲も多少は研究したが、クロスリー望遠鏡を使用して最も認められた業績は、木星の6個目と7個目の衛星の発見だった。Osterbrock, Gustafson, and Unruh (1988), pp. 142-44 を参照のこと。
(9) McMath (1944), pp. 246-47; Curtis (1914).

(66) Osterbrock (1984), p. 347.

(67) Ibid., pp. 345-46.

(68) Ritchey (1901), pp. 232-33.

第３章　真実以上に強く

(1) Webb (1999), p. 9.

(2) Impey (2001), p. 38

(3) Kerszberg (1986), p. 79.

(4) T. Hardy (1883), p. 38.

(5) Wright (1750), p. 48.

(6) Ibid., p. 62.

(7) Ibid., p. 84.

(8) Swedenborg (1845), pp. 271-72.

(9) Hoskin (1970) を参照のこと。

(10) Kant (1900), p.63.

(11) Hetherington (1990b), p. 15.

(12) Kant (1900), p.33.

(13) island Universe (島宇宙)。カントはこの言葉をまったく使っていない。フンボルトが、1845年に出版した自著 *Kosmos* の中で、カントの思想を指すために最初に用いた。この言葉を彼は母語で *Weltinsel* (世界の島) と書き、それが後にもっと馴染みやすい表現に変わったものである。

(14) ハレーのリスト中の天体がすべて本当に星雲だったわけではない。その六つは、①オリオン星雲、②アンドロメダ星雲 (今日では銀河)、③いて座の球状星団 M22、④球状星団オメガ・ケンタウリ、⑤たて座の散開星団 M11、⑥ヘルクレス座の中の球状星団 M13 である。ハレーの時代には、これらはすべて望遠鏡でも恒星には分解されず、星雲のように見えた。

(15) Halley (1714-1716), p. 390.

(16) Messier (1781).

(17) Herschel (1784b), pp. 439-40.

(18) Herschel (1789), p. 212

(19) Herschel (1785), p. 260.

(20) Bennett (1976), p. 75.

(21) カロライン・ハーシェルは兄のお手伝い以上の存在で、独立した一人前の天文学者だった。熟達した彗星探査者であるカロラインは (女性として初めて彗星を発見した)、王立天文学会のゴールド・メダル賞を1828年に受賞している。

(22) Herschel (1785), p. 220.

(23) Hoskin (1989), pp. 428-29.

(24) Herschel (1784b), pp. 442-43, 448. アレクサンダー・フォン・フンボルトが「島宇宙」という言葉を最初に生み出す60年前、ウィリアム・ハーシェルが、銀河系が一つの「島」である可能性について、1785年の古典的論文「天の構造について」の中で触れている。ハーシェルは「私たちは、完全に海に隔てられていると、あらゆる場所を確認したのでなければ、島に住んでいると確信することが正しいとは限らない。したがって、私は [観測によって] 確証された領域の外に言及するつもりはないが、[実際に観測した] 全体のうちでも距離の短い部分から考えると、私たちの星雲と近隣のいかなる星雲との間に何らかの関係を期待できる余地はほとんどない」と書いている。Herschel (1785), pp. 248-49 を参照のこと。

(25) Herschel (1785), p. 258.

(26) Belkora (2003), p. 109.

(27) Herschel (1791), pp. 73, 84.

(28) Ibid., p. 71.

(29) この直截な記述に対しては、いくつかただし書きがある。ハーシェルは他にも宇宙があるという考え方を放棄したと他の人々は考えていたが、このイギリスの偉大な天文学者は、すでに恒星に解像していたある星雲は遠くの恒星系だと考え続けていたようだ。可視的宇宙に関する彼の考えは、銀河系より遠くへ広がっ

(2) LOA, Keeler Papers, Box 6, Folder 4.
(3) Osterbrock (1986), p. 53.
(4) Holden (1891), p.73.
(5) LOA, Keeler to Holden, January 6 1888.
(6) 1980年代にボイジャー探査機が土星の環に新たな間隙を発見した時、リック天文台のこの天文学者に敬意を表し、キーラーの間隙という名がつけられた。
(7) Osterbrock and Cruikshank (1983), p. 168.
(8) Osterbrock (1984), p. 235
(9) Barnard (1891), p. 546.
(10) AIP, interview of Lawrence Aller by David DeVorkin on August 18, 1979.
(11) Osterbrock (1984), p. 108.
(12) Maxwell (1983).
(13) Keeler (1895).
(14) Keeler (1900b), p. 325.
(15) Osterbrock, Gustafson, and Unruh (1988), p. 22.
(16) Babcock (1896).
(17) Osterbrock (1984), p. 246.
(18) Ibid., pp. 233, 240.
(19) AIP, interview of C. Donald Shane by Elizabeth Calciano in 1969.
(20) Osterbrock (1984), pp. 239-44.
(21) Ibid., p. 268.
(22) LOA, Keeler Papers, Box 31, newspaper clipping.
(23) Osterbrock (1984), p.270
(24) Campbell (1971), pp. 9, 53-54, 66; Osterbrock (1984), pp. 278-79.
(25) Campbell (1971), p. 9.
(26) Hussey (1903), p. 32.
(27) Ibid., p. 30.
(28) Shinn (c. 1890).
(29) Osterbrock (1984), p. 291.
(30) Campbell (1900a), p. 144.
(31) Osterbrock (1984), p. 245.
(32) Ibid., p. 169.
(33) Pang (1997), p. 177.
(34) Osterbrock (1984), p. 297.
(35) LPV, Crossley Reflector Logbook, James F. Keeler, June 1, 1898 to April 10, 1899.
(36) Ibid.
(37) Keeler (1899d), p. 667.
(38) Keeler (1898a), p. 289.
(39) Keeler (1898b), p. 246.
(40) Keeler (1899a), pp. 39-40.
(41) Osterbrock (1984), p. 306.
(42) HP, Keeler to Hale, February 5, 1899.
(43) LPV, Crossley Reflector Logbook, James Keeler, June 1, 1898 to April 10, 1899.
(44) LOA, Hale to Keeler, June 12, 1899.
(45) Keeler (1899b), p. 538.
(46) Osterbrock (1984), p. 309.
(47) LOA, Keeler to Campbell, June 14, 1900.
(48) Osterbrock (1984), p. 310.
(49) Keeler (1899c), p. 128.
(50) Ibid.
(51) Ibid.
(52) Dewhirst and Hoskin (1991), p. 263.
(53) Osterbrock (1984), pp. 320-21.
(54) Keeler (1900a), p. 1.
(55) Keeler (1900b), p. 347.
(56) Ibid., p. 348.
(57) LOA, "Abstract of Lecture at Stanford University," Keeler Papers, Box 31.
(58) Osterbrock (1984), p. 357.
(59) LOA, Hale to Campbell, September 14, 1900.
(60) Osterbrock (1984), pp. 327-29; Tucker (1900), p. 399; Campbell (1900a), pp.139-46.
(61) LPV, Crossley Reflector Logbook, Keeler, December 1, 1899 to July 24, 1900.
(62) Osterbrock (1984), p. 327.
(63) Campbell (1900b), p. 239.
(64) Jones and Boyd (1971), p. 428-29.
(65) Hale (1900).

and Hoskin（1971）, p. 11.

（12）Frost（1933）, p. 124.

（13）Newcomb（1888）, pp. 69-70.

（14）Osterbrock, Brashear, and Gwinn（1990）, p. 1.

（15）*cosmos firma*（宇宙の大地）。古代ローマ人なら、より正確に（男性形容詞と男性名詞を正しくつないで）*cosmos firmus* と言うだろうが、私は、より甘美な響きと *terra firma* への隠喩的つながりを保たせたいと思った。

（16）Mayall（1937）, p. 42.

（17）ハッブルの *Realm of the Nebulae*（1936）（日本語版は『銀河の世界』戎崎俊一訳、岩波文庫、1999 年）の 1982 年版の "Forward" pp. xv-xvi より。

第１章　小さな科学の共和国

（1）J. McPhee（1998）, pp. 125, 542.

（2）Wright（2003）, pp. 25-27.

（3）Ibid., p. 14.

（4）Keeler（1900b）, p. 326.

（5）1950 年代にリック天文台の台長だった C. ドナルド・シェーンは、「クロスリーを使って行なった［キーラーの］仕事は……当時、山で行なわれた最も重要な仕事だった」と言った。AIP, interview of C. Donald Shane by Helen Wright on July 11, 1967.

（6）"The New Director of Lick."（1898）, p. 7. Osterbrock（1984）;Donald Osterbrock は、キーラーに関する最も信頼のおける伝記を書いた。キーラー個人の人生に関する詳細の多くは、19 世紀アメリカ天文学に関するこの傑出した著作から引用されている。

（7）Olmsted（1834）, p. 365.

（8）Olmsted（1866）, p. 223.

（9）Trollope（1949）, p. 158.

（10）White（1995）, p. 124.

（11）Miller（1970）, p. 27.

（12）Osterbrock（1984）, pp. 8-10.

（13）Brush（1979）, p. 48.

（14）Ibid., pp. 36-37; Wright（2003）, pp. 2,5; Osterbrock, Gustafson, and Unruh（1988）, pp. 3-4.

（15）リックの不倫の結果生まれた私生児、ジョン・リックはカリフォルニア州へ行って父に会い、長年その近くに滞在した。彼ら二人はまったくうまくいかず、リックは彼を息子と認めることを拒み、遺言ではわずか 3000 ドルしか彼に残さなかった。しかし、リックの死後、ジョンは正当な相続人であることを主張し、父の財産をめぐり訴訟を起こした。法廷での長年の争いのすえ、リックの管財人たちは、ジョンや彼とともに相続を争う他の親戚たちに総額 533,000 ドルを支払って決着をつけることで最終的に同意した。Osterbrock（1984）, pp.40-43 を参照のこと。

（16）Wright（2003）, p. 6.

（17）Ibid., p. 7.

（18）Miller（1970）, p. 100.

（19）Osterbrock（1984）, p. 38; Wright（2003）, p. 28; Osterbrock, Gustafson, and Unruh（1988）, p. 12.

（20）Newton（1717）, p. 98.

（21）Osterbrock（1984）, p. 39.

（22）LOA, Keeler Papers, Box 31, Shinn（1890）.

（23）Osterbrock（1984）, p. 53; Wright（2003）, p. 61.

（24）Osterbrock（1984）, p. 42.

第２章　驚くべき数の星雲

（1）AIP, interview of Douglas Aitken by David DeVorkin on July 23, 1977.

原注

略語

AIP: Niels Bohr Library and Archives, American Institute of Physics, College Park, Maryland

CA: The Caltech Institute Archives, California Institute of Technology, Pasadena, California

HL: Henry Huntington Library, San Marino, California

HP: George Ellery Hale Papers, Caltech Institute Archives, California Institute of Technology, Pasadena, California. (There is also a microfilm edition of these papers at other libraries)

HUA: Harvard University Archives, Harvard University, Cambridge, Massachusetts

HUB: Hubble Papers, Henry Huntington Library, San Marino, California

LOA: Mary Lea Shane Archives of the Lick Observatory, University of California, Santa Cruz, California

LPV: Plate Vault, Lick Observatory, Mount Hamilton, California

LWA: Lowell Observatory Archives, Flagstaff, Arizona

MWDF: Mount Wilson Observatory Director's Files, Henry Huntington Library, San Marino, California

NAS: The Archives of the National Academies, Washington, D.C.

序章　1925年1月1日

(1) Fitzgerald (1925), p. 133.

(2) "Thirty-Third Meeting." (1925), p. 245.

(3) 大統領夫人のグレース・クーリッジによると、ある晩餐会で若い女性が夫の隣にすわった時、いつも無口の大統領に、少なくとも三語の会話をさせてみせると彼女は宣言した。クーリッジはすぐに答えた。「あなたの、負け (You lose)」。

(4) "Welfare of World Depends on Science, Coolidge Declares." (1925), pp.1, 9.

(5) "Thirty-Third Meeting of the American Astronomical Society." (1925), p.159.

(6) "Blanket of Snow Covers the City." (1925), p. 1.

(7) 第二次世界大戦中、政府との契約のもと、戦争のための新技術開発の目的で科学者たちが働いていたコーコラン・ホール地下は、バズーカ砲誕生の地だった。

(8) "Thirty-third Meeting of the American Astronomical Society." (1925), pp.159.

(9) さんかく座銀河の中心部は、特に条件の良い晩なら肉眼でも見ることができる。アンドロメダ星雲の中心部を望遠鏡なしで見るのは、ずっと簡単である。

(10) "Thirty-third Meeting of the American Astronomical Society." (1925), p.159.

(11) Sandage (2004), p. 528; Berendzen

Scientific and Cultural Organization 411
横向きの銀河　113
四次元の時空　222

【ら　行】
ライデン　Leiden　350
ライデン天文台　Leiden Observatory 229
ライト　Helen Wright　290
ライト　Thomas Wright　77-82,85,86
ライト　William H. Wright　142,301,319,321
ライブ　Grace Burke Leib　319
ライブ伯爵　Earl Leib　319
ライマン　Theodore Lyman　243
ラッセル　Henry Norris Russell　13,210, 236,261,326
シャプレーと——　186,188,189,199,204, 205,240,241,243,247,249
ハッブルと——　329-333,373
ヘルツシュプルングと——　197,198
——渦巻き星雲への言及　296,297
ラバの毛　180
ラフマニノフ　Sergei Vasilievich Rachmaninov　297
ラプラス　Pierre-Simon de Laplace　69
ラングレー　Samuel P. Langley　33,50
ランプランド　Carl Lampland　350
ランベルト　Johann Lambert　82
リーヴィット　Henrietta Leavitt　156-166, 195-199,214
リック　James Lick　29,34-40,175
リック天文台　Lick Observatory　19,20, 29,30,34,40,55,56,104,105,108,115,127, 134,172,182,256,260,407
リック望遠鏡　Lick Telescope　29
リッチー　George Willis Ritchey　72,116, 279,408,409
ウィルソン山天文台での——　183,290, 291,293
ヤーキス天文台での——　177,178
——渦巻き星雲の写真撮影　111,115, 253,254,335
——ヘールとの確執　288
良心的兵役忌避者　300
リング星雲　31
リンドブラッド　Bertil Lindblad　214,215, 251
ルイテン　Willem Luyten　332
ルース　Anita Loos　268
ルクレティウス　Lucretius　76,411
ルバイヤート　Rubáiyát　234
ルメートル　Abbé Georges Lemaître　371 -374,376-381,391,392,395,396,400,413
——の宇宙モデル　379
ルンドマルク　Knut Lundmark　259,260, 302,355-357
レヴィヤタン　90,91,94
レンズ（望遠鏡の）　94,177,178
レントゲン　Wilhelm Röntgen　218
ローウェル　A. Lawrence Lowell　243
ローウェル　Percival Lowell　125-134,136, 137,139,141,142,145,404,405
ローウェル天文台　Lowell Observatory 19,134,149,406,407
『ローウェル天文台報』 *Lowell Observatory Bulletin*　141
ローズ　Cecil Rhodes　272
ローズ記念講演　Rhodes Memorial Lectures　383
ローズ奨学金　Rhodes Scholarship　272, 273
ローズ奨学生　275
ロケット　242
『ロサンゼルス・イグザミナー』 *Los Angeles Examiner*　339
『ロサンゼルス・タイムズ』 *Los Angeles Times*　334,365
ロス伯爵　Earl of Rosse　89-94
ロバーツ　Isaac Roberts　59,96
ロバートソン　Howard P. Robertson　379

【わ　行】
『わが闘争』 Mein Kampf　10

フッカー望遠鏡　Hooker telescope　290, 291,408,411
『物理学雑誌』　*Zeitschrift für Physik*　375
プトレマイオス　Ptolemy　396
ブライアン　William Jennings Bryan　278
フラウンホーファー　Joseph von Fraunhofer　46,47
プラクシテレス　Praxiteles　321
フラグスタッフ　Flagstaff　125,145
ブラッシ　Stephen Brush　34
ブラッシャー　Ronald Brashear　20,280
フラマリオン　Camille Flammarion　125
フリードマン　Aleksandr Friedmann　374-377,391
『ブリュッセル科学会年報』　*Annals of the Brussels Scientific Society*　372
ブリンクコンパレーター　252,254,257,343
プリンシペ島　isle of Principe　233,234
プリンストン大学　Princeton University　188
ブルーノ　Giordano Bruno　76
ブルーワー　William Brewer　28
ブルックス彗星　61
プレアデス星団　62,65,144
フレーザー　Thomas Fraser　42
フレミング　Arthur Fleming　386
フレミング　Williamina Fleming　156,157
ブレリオ　Louis Charles-Joseph Blériot　270
プロイセン科学アカデミー　Prussian Academy of Sciences　221
フロイト　Richard Floyd　49
プロクター　Richard Proctor　94
フロスト　Edwin Frost　17,98,141,277,278, 281-283
プロミネンス　172
分光学　95
分光器　17,45-47,55,129,131,132,135,172
——の発明　95
分光コンパレーター　139
分光太陽写真儀　→スペクトロヘリオグラフ
ブンゼン　Robert Bunsen　46,47
フンボルト　Alexander von Humboldt　82,120
ベアード講堂　Baird Auditorium　242
ヘイズ　Helen Hayes　322
ベイリー　Solon Bailey　158,192-193,200
ペイン - ガポシュキン　Cecilia Payne Gaposchkin　165,191,318
ヘール　George Ellery Hale　19,63,70,170-174,182-184,213,231,239,242,247,255,261,278,288,291,292,294,305,325,389,408
——ウィルソン山 1.5 メートル望遠鏡の建設　177-180
——とシャプレー　190,200,207,208,210, 212,241
——とハッブル　281,282,284,285
——の神経衰弱　191,289,290
——ヤーキス天文台の建設　175-177
ヘール　William Hale　171,239,289
ヘール講義　Hale lecture　239
ヘール太陽研究所　Hale Solar Laboratory　412
ヘール望遠鏡　Hale Telescope　408
ペガスス座の銀河　359
ベクレル　Henri Becquerel　218
ヘザリントン　Norriss Hetherington　344,356
ベッツ　Martha Betz　190
ベテルギウス　297
ベネディクト XV 世　Pope Benedict XV　238
ペリン　Charles Perrine　108
ベル - アンス錠　Bell-Ans　211
ヘルクレス座
——の球状星団　195
——の星団　278
ヘルツシュプルング　Ejnar Hertzsprung　145,148,150,196-198,214
変光星　158-160,186,192,200,213,214,304
アンドロメダ星雲の——　323,325
ハッブルの探索した——　303,304,313, 315,326

ディッグス　Thomas Digges　76
『デイリー・サン』　*Daily Sun*　187
デヴォーキン　David DeVorkin　189
デヴィッドソン　George Davidson　37-40,55
テニソン　Alfred Lord Tennyson　69,187
デミル　Cecil B. de Mille　10
天体写真　50,95
天体物理学　31,95
天王星　85
天文学者・物理学者会議　Conference of Astronomers and Astrophysicists　65
ドイグ　Peter Doig　329
『塔上の二人』　*Two on a Tower*　77
動的宇宙　371,378,392
トールマン　Richard Tolman　382
特殊相対性理論　220,413
ドジッター　Willem de Sitter　227-230,350,351,365,366,370,372,379,398
——宇宙　229,364,371,373,374,376
——効果　364
土　星　44,45
——の環　44,51
トッド　S. E. Todd　29
ドップラー　Christian Doppler　48
トムソン　J. J. Thomson　218
ドライサー　Theodore Dreiser　176
ドライヤー　J. L. E. Dreyer　66
トループ工科大学　Throop College of Technology　170
トルーマン　Harry S. Truman　186
ドルパト天文台　Dorpat Observatory　260
ドレーパー　John Draper　95
トロロープ　Frances Trollope　32
トンボー　Clyde Tombaugh　406

【な　行】

ナトリウムスペクトル　46
ナパ大学　Napa College　107
ニコル　John P. Nichol　92
ニコルソン　Seth Nicholson　190-191,344,345,347,354
日　食　31,65,108,231-234
——観測隊　231-235,239
ニューカム　Simon Newcomb　18,40,55
ニュートン　Isaac Newton　38,46,76,218,219,225,226
——の重力の法則　51,220
——の法則　219-221,225,231
ニューヨーク科学アカデミー　New York Academy of Sciences　65
『ニューヨーク・タイムズ』　*New York Times*　211,234,260,328
『ネイチャー』　*Nature*　395
『ネーション』　*Nation*　339
ノイズ　Alfred Noyes　291,292
ノースウェスタン大学　Northwestern University　146

【は　行】

ハーヴァード大学　Harvard College　33,154,179,261,262
ハーヴァード大学天文台　Harvard College Observatory　154
——長　240,261
——の掃天観測　154
『ハーヴァード大学天文台回報』　*Harvard College Observatory Circular*　163
『ハーヴァード大学天文台年報』　*Annals of the Astronomical Observatory of Harvard College*　160
ハーシェル　Caroline Herschel　85,86
ハーシェル　William Herschel　49,66,83-88,91,92,94,112,120,124
バーズアイ　Clarence Birdseye　10
パーセク　196
パーソンズ　William Parsons　89
バーデ　Walter Baade　211,345,347,397
ハーディー　Thomas Hardy　77
ハーディング　President Harding　235
バーナード　Edward E. Barnard　45,65,68,112,302
ハギンズ　William Huggins　95-97

『サイエンス・サーヴィス』 *Science Service* 304,329
『サイエンティフィック・アメリカン』 *Scientific American* 32,211
さんかく座の星雲 ⟶ M33
サンゴバン・ガラス製作所 Saint-Gobain glassworks 177
サンデージ Allan Sandage 171,200,302,305,363
サンノゼ San Jose 38,39
『サンフランシスコ』 San Francisco 404
サンフランシスコ地震 36,109,182
三裂星雲 62
シアーズ Frederick Seares 188,190,296,345,346
シーハン William Sheehan 290
ジーンズ James Jeans 211,256,257,288,326,332,333,340,380
ジェイムズ Jesse James 269
ジェイムズ Virginia Lee(“Jennie”)James 269
ジェイムズ William James 269
シェーン C. Donald Shane 383
シェーン反射望遠鏡 Shane Reflector 408
シカゴ 172,174-176
シカゴ大学 University of Chicago 179,270,271,278
シカゴ大学太陽研究事業 University of Chicago Expedition of Solar Research 179
『シカゴ・デイリー・インターオーシャン』 *Chicago Daily Inter Ocean* 176
『シカゴ・デイリー・トリビューン』 *Chicago Daily Tribune* 211
『シカゴ・トリビューン』 *Chicago Toribune* 176
シカゴの大火 171
時 空 20,21,222,228,229,371
——と質量 222
——の運動 375
——の始まり 395
——の曲がり 231,232,374
始原的原子 395
『地獄編』 Inferno 109
視 差 196,197
しし座銀河団 361
視線速度 135
『十誡』 *The Ten Commandments* 10
シットウェル Edith Sitwell 340
質量と時空 222
島宇宙 82,193,209,215,318,341
——支持者 115
——説 259,260
——理論 97,104-106,120,121,148,150,239,249,250,300,301,328
——論争 334,343
シャイナー Julius Scheiner 99,100,134
写真乾板 61,95
「写真による暗い星雲の研究」 Photographic Investigations of Faint Nebulae 279
ジャズ・エイジ Jazz Age 10
シャプレー Harlow Shapley 19,23,165,166,170,171,183,203-215,253,259-264,293,297,326,329,331,335-338,341,342,351,354,384,407,411,412
ウィルソン山天文台時代の—— 190-193
大学時代の—— 188,189
幼少期の—— 186,187
——カーティスとの論争 238-249
——と渦巻き星雲 244,245,247,259
——とハッブル 298,300,303,304,307,316-319,327,360
——とヘール 190,200,207,208,210,212,241
——とラッセル 186,188,189,199,204,205,240,241,243,247,249
——のアリの研究 201,202,242
——の球状星団の研究 192-195,198,205,318
——の周期－光度関係 198-200
——のセファイド変光星の研究 212,213,244,246

クーリッジ　Calvin Coolidge　10,11
クック・レンズ　Cooke Lens　294
屈折望遠鏡　30,39,59,71
クラーク　Alvan Clark　43,44
クラーク　Agnes Clerke　97,99
クラーフ　Helge Kragh　371,396,400
クリーヴランド　Lemuel Cleveland　333
グリーンスタイン　Jesse Greenstein　325
クリスチャンソン　Gale Christianson　275
『グレート・ギャツビー』 The Great Gatsby　10
クレティアン　Henri Chrétien　409
『グローブ・デモクラット』 Globe-Democrat　187
クロスリー　Edward Crossley　52,53
クロスリー（反射）望遠鏡　Crossley reflector telescope　30,52-54,58,60-64,72,105,106,110,111,260,265,334,407
クロメリン　Andrew Crommelin　122
「系外銀河星雲の距離と視線速度との関係」 A Relation Between Distance and Radial Velocity Among Extra-Galactic Nebulae　355
ケーニヒストゥール天文台　Königstuhl Observatory　141
ゲーブル　Clark Gable　268,404
ゲール彗星　Gale's Comet　136
ケフェウス座　160
ケフェウス座デルタ型変光星　──▸セファイド変光星
ケロッグ　Oliver D. Kellogg　337
ケンウッド物理学天文台　Kenwood Physical Observatory　174
元素のスペクトル　47
ケンタウルス座アルファ星　193
ケンタウルス座の新星　117
ケンタウルス座Z星　98
ケント公爵夫妻　Duke and Duchess of Kent　77
『光学』 *Opticks*　38
恒　星　31,47,97,98
──が何でできているか　47
──系の命名　341
──の光度測定　158
──の固有運動　197
──の視線速度　277
──のスペクトル　48,96,99,100
──の直径の測定　297
──の等級　165,355
「恒星宇宙の配置に関する見解」 Remarks on the Arrangement of the Sidereal Universe　206
恒星雲　341
光　速　219,220
光　年　244
ゴールドバーグ　Leo Goldberg　263
ゴールドラッシュ　36
コーンウォリス　Lord Cornwallis　77
国際天文学連合　International Astronomical Union　301,302,350,379
国立科学アカデミー　National Academy of Sciences　148,238,241,242,261,329
『国立科学アカデミー会報』 *Proceedings of the National Academy of Science*　148,214,259,327,358
国立標準局　Bureau of Standards　119,122
コスモス・クラブ　Cosmos Club　120
ゴダード　Robert Goddard　242
ゴダール　Odon Godart　413
コダック社　Kodak company　359
コッティンガム　E. T. Cottingham　232,233
こと座RR型変光星　213
コペルニクス　Nicolaus Copernicus　16,170,210
──の法則　210,397
子持ち銀河　──▸M51
コモン　Andrew Common　52
コンクリン　Evelina Conklin　172
コンピューター（計算係の女性） 155-157,359

【さ　行】

『サイエンス』 *Science*　71

【か　行】

索引

【あ 行】

アーリス George Arliss 322

アインシュタイン Albert Einstein 21,69,239,243,350,378,413

——アメリカへの訪問 386-393

——相対性理論の発見 218-223,225-232,234-236,238

——の宇宙 226,371,374,376

——の法則 233-234

——の方程式 228,374

アインシュタイン Eduard Einstein 222

アインシュタイン Elsa Einstein 386-388,391

アエリオラ・グラウンド Aeriola Grand 297

アガシー George Agassiz 243,247

アガシー Louis Agassiz 37

『アストロノミッシェ・ナハリヒテン』 *Astronomische Nachrichtem* 68

『アストロフィジカル・ジャーナル』 *Astrophysical Journal* 51,170,206,260,277,282,296,300,347,413

アダムズ John Quincy Adams 33

アダムズ Walter Adams 183,191,213,214,240,253,256,281,289,291,292,305,345-347,390,412

アデライーデ Mary Adelaide 404

アボット Charles Greeley Abbot 239

天の川 14,15,31,112,120,121

——の見え方 78,79

アメリカ海軍天文台 U. S. Naval Observatory 11,37,39,409

アメリカ科学振興協会 American Association for the Advancement of Science 10,11,174,329,332

アメリカ科学振興協会賞 333

『アメリカ研究評議会報』 *Bulletin of the National Research Council* 248,249

アメリカ航空宇宙局 National Aeronautics and Space Administration 405

アメリカ哲学協会 American Philosophical Society 65,148,150

アメリカ天文学会 American Astronomical Society 10,146,147,259,279,329,330,332,373

アメリカ天文学・天体物理学会 Astronomical and Astrophysical Society of America 146

アリストテレス Aristotle 76

『アリゾナ・デイリー・サン』 *Arizona Daily Sun* 406

アルゴル 11

アルスーフィー Al-Sufi 83

アルタイル 61

アル - バクール 154

アルファ・ケンタウリ 193

『或る夜の出来事』 *It Happened One Night* 389

アレキパ Arequipa 154

アレゲニー天文台 Allegheny Observatory 33,50,51,55,263,264,297

暗黒星雲 112

暗黒帯 113

アンドロメダ座 82,114,315

アンドロメダ星雲（銀河、M31） 12,13,59,83,203,312,340,397

スライファーの探索した—— 134,139-143,146

ハッブルの探索した—— 328

——の大きさ 208

【著者紹介】
マーシャ・バトゥーシャク（Marcia Bartusiak）
天文学・物理学関係のジャーナリスト、サイエンス・ライターとして活躍する一方、マサチューセッツ工科大学では、サイエンス・ライティング・プログラムにおける客員教授として大学院生の指導にあったている。1971年ワシントンDCアメリカン大学を卒業、テレビ局で記者・キャスターを務め、NASAラングレー研究所の担当になって科学への関心を強め、オールド・ドミニオン大学の物理学修士課程に入学、応用光学分野の研究を行なった。その後、サイエンス・ライターとしてさまざまな出版物で天文学・物理学の記事を書き、現在は天文誌『アストロノミー』の編集アドバイザーであり、『ニューヨーク・タイムズ』、『ワシントン・ポスト』などで科学書の書評を担当している。1982年アメリカ物理学協会のサイエンス・ライティング賞を女性で初めて受賞し、2001年には二度目の受賞をしている。

【訳者紹介】
長沢　工（ながさわ・こう）
1932年生まれ。東京大学理学部天文学科を卒業し、東京大学大学院数物系研究科天文コース修士課程修了。理学博士。東京大学地震研究所勤務ののち1993年定年退官。主な著書には『天体の位置計算』『流星と流星群』『日の出・日の入りの計算』『天文台の電話番』『軌道決定の原理』（以上、地人書館）などがある。
永山淳子（ながやま・あつこ）
1961年生まれ。図書館情報大学（現筑波大学図書館情報専門学群）卒業。洋書輸入代理店勤務ののち、主として自然科学書の包括的な校正作業などに携わっている。

膨張宇宙の発見
ハッブルの影に消えた天文学者たち

2011年8月15日　初版第1刷

著　者　マーシャ・バトゥーシャク
訳　者　長沢　工・永山淳子
発行者　上條　宰
発行所　株式会社　**地人書館**
162-0835 東京都新宿区中町15
電話　03-3235-4422　　FAX　03-3235-8984
振替口座　00160-6-1532
e-mail chijinshokan@nifty.com
URL http://www.chijinshokan.co.jp/
印刷所　モリモト印刷
製本所　カナメブックス

ISBN978-4-8052-0836-6